"博学而笃志，切问而近思。"
（《论语》）

博晓古今，可立一家之说；
学贯中西，或成经国之才。

复旦博学·复旦博学·复旦博学·复旦博学·复旦博学·复旦博学

编者简介

黄均鼐，复旦大学微电子学系教授。1961年毕业于复旦大学物理系，曾在物理系、电子工程系和微电子学系从事教学和研究工作五十余年，长期从事半导体器件研制、半导体集成电路设计和集成电路计算机辅助设计软件的开发和算法研究。参与了包括锗、硅晶体管及射频卡、现场可编程门阵列（FPGA）等多种集成电路芯片的研制，合作出版6部有关晶体管、集成电路及FPGA的专著。

汤庭鳌，复旦大学微电子学系教授、博士生导师。1961年毕业于复旦大学物理学系。任中国电子学会理事、学术工作委员会委员，IEEE SSCS 上海支分会主席，IET（IEE）Fellow，IET上海分部副主席。主要研究领域为半导体工艺、器件的模型和模拟；MOS器件的小尺寸效应；铁电和阻变不挥发存储器研究等。曾合作出版专著1本，合作出版译著3本；在国内外学报和国际会议上发表论文二百多篇，编辑、出版国际会议论文集十余集。

胡光喜，博士，副研究员，硕士生导师。1982年至1986年在安徽大学学习，并获学士学位；1986年至1990年在西安交通大学学习，并获硕士学位；2000年至2003年在复旦大学学习，并获博士学位。2003年博士毕业后，留校任教至今。主要研究方向有半导体器件的建模与仿真、小尺寸半导体器件物理、量子统计物理。目前发表的第一作者或通讯作者SCI杂志文章有10多篇，国际会议文章多篇。

半导体器件原理

黄均鼐 汤庭鳌 胡光喜 编著

復旦大學出版社

内 容 提 要

本书不仅介绍了传统的p-n结、双极型晶体管、单栅MOS场效应管、功率晶体管等器件的结构、原理和特性，还介绍了新型多栅MOS场效应管、不挥发存储器以及肖特基势垒源/漏结构器件的原理和特性。力求突出器件的物理图像和物理概念，不仅有理论基础知识的阐述，还有新近研究成果的介绍。

本书可作为电子科学与技术类低年级本科生的教材，也可供高年级本科生以及研究生等参考使用。

前　言

自从黄均鼐教授和汤庭鳌教授合著的《双极型与 MOS 半导体器件原理》一书出版以来,已经过去 20 年了。在过去的 20 年里,半导体器件和集成电路得到迅速发展。MOS 器件的特征长度从微米级逐渐向亚微米级、深亚微米级发展,目前已达到 32 nm、22 nm,甚至更小。各种新结构的 MOS 器件,如双栅器件、围栅器件、鳍栅器件、肖特基势垒源/漏结构器件等相继出现,已经或即将被应用到下一代或再下一代的 MOS 器件和集成电路中。为应对器件尺寸缩小带来的对技术的挑战,各种新材料,如高介电常数材料、低介电常数材料等正在以 MOS 结构为基础的场效应器件中得到应用。各种存储器件迅猛发展,闪存已成为当今非挥发存储器的主流产品,新兴的铁电存储器、相变存储器和阻式存储器等也发展迅速,已经或即将得到广泛应用。

为了适应当前形势的发展,我们在原《双极型与 MOS 半导体器件原理》的基础上,对有关章节进行了改编,并增加了相关章节。全书的主要内容如下:第一章介绍半导体器件的物理基础;第二章介绍 p-n 结的基础知识;第三、第四、第五章阐述了双极型晶体管的工作原理及它的直流、频率、功率和开关特性;第六、第七、第八章以半导体表面特性为基础,讨论了 MOS 场效应管、功率管的结构、原理和主要特征;第九章着重介绍了小尺寸 MOSFET 的有关效应,并介绍了几个用于 SPICE 模拟软件中的模型;第十章介绍新型多栅 MOSFET;第十一章着重阐述不挥发存储器的结构、特征、原理等;第十二章介绍了肖特基势垒结构器件。前五章及附录由黄均鼐教授编写,第六、第七、第九、第十一章由汤庭鳌教授编写,第八、第十、第十二章由胡光喜副研究员编写。

本书可以作为电子科学与技术类低年级本科生的教材,也可供高年级本科生以及研究生等参考使用。

由于时间匆忙和形势发展太快,加之编者水平有限,错误和不足之处在所难免,恳请读者提出宝贵意见。

复旦大学信息学院周嘉教授、复旦大学出版社范仁梅和梁玲副编审,对于本书的出版发行,给予了很多的帮助,在此对她们表示感谢!同时作者胡光喜也感谢专用集成电路与系统国家重点实验室和上海市科委对本书出版给予的支持!

编者
2010 年 7 月

目录 Contents

第一章　半导体器件的物理基础 / 1
- 1.1　半导体的特性 / 1
  - 1.1.1　晶体的结构 / 1
  - 1.1.2　半导体在电性能上的独特性质 / 2
- 1.2　电子能级和能带 / 3
  - 1.2.1　电子的共有化运动 / 3
  - 1.2.2　晶体中的能带 / 3
- 1.3　半导体中的载流子 / 5
  - 1.3.1　电子密度和空穴密度表达式 / 5
  - 1.3.2　载流子密度与费密能级位置的关系 / 7
- 1.4　杂质半导体 / 8
  - 1.4.1　两种不同导电类型的半导体 / 9
  - 1.4.2　杂质半导体 / 10
- 1.5　非平衡载流子 / 10
  - 1.5.1　非平衡载流子的产生和复合 / 11
  - 1.5.2　非平衡载流子的寿命 / 12
  - 1.5.3　复合中心 / 13
- 1.6　载流子的运动 / 15
  - 1.6.1　载流子的漂移运动 / 15
  - 1.6.2　载流子的扩散运动 / 18

参考文献 / 20
习题 / 20

第二章　p-n 结 / 21
- 2.1　平衡 p-n 结 / 21
  - 2.1.1　空间电荷区和接触电位差 / 21
  - 2.1.2　空间电荷区的电场和电势分布 / 23

2.2 p-n 结的直流特性 / 28
- 2.2.1 加偏压 p-n 结的能带图及载流子和电流分布 / 28
- 2.2.2 p-n 结的伏安特性 / 30
- 2.2.3 势垒区的复合和大注入对正向伏安特性的影响 / 33
- 2.2.4 势垒区的反向产生电流 / 36

2.3 p-n 结电容 / 36
- 2.3.1 突变结势垒电容 / 36
- 2.3.2 线性缓变结势垒电容 / 38
- 2.3.3 扩散结的势垒电容 / 39
- 2.3.4 p-n 结的扩散电容 / 45

2.4 p-n 结击穿 / 47
- 2.4.1 电击穿 / 48
- 2.4.2 热击穿 / 51

参考文献 / 53

习题 / 53

第三章 晶体管的直流特性 / 55

3.1 概述 / 55
- 3.1.1 晶体管的基本结构 / 55
- 3.1.2 晶体管的放大作用 / 56
- 3.1.3 晶体管内载流子的传输及电流放大系数 / 57
- 3.1.4 晶体管的输入和输出特性 / 59

3.2 均匀基区晶体管的直流特性和电流增益 / 61
- 3.2.1 均匀基区晶体管直流特性的理论分析 / 61
- 3.2.2 均匀基区晶体管的短路电流放大系数 / 66

3.3 漂移晶体管的直流特性和电流增益 / 69
- 3.3.1 漂移晶体管的直流特性 / 69
- 3.3.2 漂移晶体管的电流增益 / 73

3.4 晶体管的反向电流和击穿电压 / 76
- 3.4.1 晶体管的反向电流 / 76
- 3.4.2 晶体管的击穿电压 / 77

3.5 晶体管的基极电阻 / 81
- 3.5.1 梳状晶体管的基极电阻 / 81
- 3.5.2 圆形晶体管的基极电阻 / 83

3.6 晶体管的小信号等效电路 / 84

参考文献 / 86

习题 / 86

第四章　晶体管的频率特性和功率特性 / 88

4.1　电流放大系数的频率特性 / 88
4.1.1　基区输运过程 / 89
4.1.2　共基极短路电流放大系数的频率关系 / 96
4.1.3　共发射极短路电流放大系数的频率关系 / 101

4.2　高频等效电路 / 105
4.2.1　本征晶体管小信号等效电路 / 105
4.2.2　混合 π 型等效电路 / 107

4.3　高频功率增益和最高振荡频率 / 110
4.3.1　高频功率增益 / 111
4.3.2　最高振荡频率 / 112

4.4　最大集电极电流 / 112
4.4.1　晶体管的大注入效应 / 112
4.4.2　有效基区扩展效应 / 116
4.4.3　发射极电流集边效应 / 119
4.4.4　最大集电极电流 / 120

4.5　晶体管的噪声特性 / 121
4.5.1　晶体管的噪声 / 121
4.5.2　晶体管噪声来源 / 122

参考文献 / 123
习题 / 124

第五章　晶体管的开关特性 / 125

5.1　二极管的开关作用 / 125
5.1.1　开关作用的定性分析 / 125
5.1.2　开关时间 / 127

5.2　晶体管的开关过程 / 128
5.2.1　晶体管的工作区 / 128
5.2.2　晶体管的开关过程 / 129

5.3　晶体管的开关时间 / 133
5.3.1　延迟时间 / 133
5.3.2　上升时间 / 135
5.3.3　储存时间 / 136
5.3.4　下降时间 / 138

5.4　开关晶体管的要求及工艺措施 / 138
5.4.1　正向压降和饱和压降 / 138
5.4.2　提高开关速度的措施 / 139

参考文献 / 139
习题 / 139

第六章　半导体表面特性及 MOS 电容 / 141

6.1　半导体表面和界面结构 / 141
6.1.1　清洁表面和真实表面 / 141
6.1.2　硅-二氧化硅界面的结构 / 143

6.2　表面势 / 145
6.2.1　空间电荷区和表面势 / 145
6.2.2　表面的积累、耗尽和反型 / 146
6.2.3　空间电荷面密度与表面势的关系 / 148
6.2.4　ϕ_s 及 W 与外加电压的关系 / 152

6.3　MOS 结构的电容-电压特性 / 154
6.3.1　理想 MOS 的 C-V 特性 / 154
6.3.2　实际 MOS 的 C-V 特性 / 158
6.3.3　MOS 结构 C-V 特性曲线的应用 / 161

6.4　MOS 结构的阈值电压 / 163
6.4.1　理想 MOS 结构的阈值电压 / 163
6.4.2　实际 MOS 结构的阈值电压 / 164

参考文献 / 166
习题 / 166

第七章　MOS 场效应晶体管的基本特性 / 167

7.1　MOS 场效应晶体管的结构和分类 / 168
7.1.1　MOS 场效应管的结构 / 168
7.1.2　MOS 场效应管的四种类型 / 169
7.1.3　MOS 场效应管的特征 / 171

7.2　MOS 场效应晶体管的特性曲线 / 172
7.2.1　MOS 场效应管的输出特性曲线 / 172
7.2.2　MOS 场效应管的转移特性曲线 / 174

7.3　MOS 场效应晶体管的阈值电压 / 175
7.3.1　n 沟道 MOS FET 的阈值电压 / 175
7.3.2　p 沟道 MOS FET 的阈值电压 / 175

7.4　MOS 场效应管的电流-电压特性 / 176
7.4.1　MOS FET 在线性工作区的电流-电压特性 / 176
7.4.2　饱和工作区的电流-电压特性 / 178
7.4.3　击穿区 / 179

7.4.4　亚阈值区的电流-电压关系　/ 180

7.5　MOS 场效应管的二级效应　/ 182
7.5.1　非常数表面迁移率效应　/ 182
7.5.2　衬底偏置效应　/ 184
7.5.3　体电荷变化效应　/ 186

7.6　MOS 场效应管的增量参数　/ 188
7.6.1　跨导 g_m　/ 188
7.6.2　增量电导（漏-源输出电导）g_D　/ 189
7.6.3　串联电阻对 g_D 和 g_m 的影响　/ 191
7.6.4　载流子速度饱和对 g_m 的影响　/ 191
7.6.5　g_m 的极限　/ 192

7.7　阈值电压 V_{TH} 的测量方法及控制方法　/ 192
7.7.1　1 μA 方法　/ 193
7.7.2　$\sqrt{I_{DS}}$-V_{GS} 方法　/ 193
7.7.3　10-40 方法　/ 193
7.7.4　修改的 10-40 方法　/ 194
7.7.5　输出电导法　/ 194
7.7.6　阈值电压 V_{TH} 的控制和调整　/ 195

7.8　MOS 场效应管的频率特性　/ 195
7.8.1　MOS 场效应管的宽带模型　/ 195
7.8.2　最高振荡频率　/ 196
7.8.3　寄生电容对最高振荡频率的影响　/ 198

7.9　MOS 场效应管的开关特性　/ 199
7.9.1　MOS 倒相器的定性描述　/ 199
7.9.2　单沟道 MOS 集成倒相器　/ 201
7.9.3　互补 MOS 集成倒相器　/ 204
7.9.4　耗尽型负载 MOS 集成倒相器　/ 205

参考文献　/ 206
习题　/ 207

第八章　半导体功率器件　/ 208

8.1　功率二极管　/ 208
8.1.1　功率二极管的正向特性　/ 208
8.1.2　功率二极管的反向特性　/ 209

8.2　双极型功率晶体管　/ 209
8.2.1　晶体管的最大耗散功率　/ 209

8.2.2　晶体管的二次击穿 / 210
8.2.3　晶体管的安全工作区 / 211
8.2.4　垂直结构的双极型功率晶体管 / 211

8.3　**MOS 型功率晶体管** / 213
8.3.1　用作功率放大的 MOS 功率晶体管 / 213
8.3.2　用作开关的 MOS 功率晶体管 / 214
8.3.3　MOS 功率晶体管的结构 / 215
8.3.4　MOS 功率晶体管的特性 / 216
8.3.5　MOS 功率器件中寄生的双极型晶体管 / 218

8.4　**温度对 MOS 晶体管特性的影响** / 219
8.4.1　温度对载流子迁移率的影响 / 219
8.4.2　阈值电压的温度效应 / 219
8.4.3　漏-源电流、跨导及导通电阻随温度的变化 / 220

参考文献 / 221

第九章　小尺寸 MOS 器件的特性 / 222

9.1　**非均匀掺杂对阈值电压的影响** / 222
9.1.1　阶梯函数分布近似 / 222
9.1.2　高斯分布情况 / 223

9.2　**MOS 场效应晶体管的短沟道效应** / 225
9.2.1　短沟道 MOS 管的亚阈值特性 / 226
9.2.2　几何划分电荷的模型 / 229
9.2.3　电势模型 / 232

9.3　**MOS 场效应管的窄沟道效应** / 234

9.4　**MOS 场效应管的小尺寸效应** / 237
9.4.1　小尺寸效应 / 237
9.4.2　MOS 场效应管按比例缩小规则 / 239
9.4.3　热电子效应 / 242
9.4.4　漏致势垒降低效应 / 247
9.4.5　栅感应漏端泄漏电流效应 / 248
9.4.6　源区和漏区电阻 / 248

9.5　**高介电常数的 MIS 场效应器件** / 249
9.5.1　等效栅氧化层厚度 / 249
9.5.2　高 K 介质的几个主要方案 / 250

9.6　**SPICE 模拟软件中 MOS 器件模型** / 251
9.6.1　阈值电压模型 / 251
9.6.2　SPICE 软件中应用的直流电流模型 / 252

参考文献 / 253
习题 / 254

第十章 多栅 MOS 场效应管 / 255

10.1 传统 MOSFET 的缺陷以及多栅 MOSFET 的优点 / 255
  10.1.1 传统 MOSFET 的缺陷 / 255
  10.1.2 多栅 MOSFET 的优点 / 256
10.2 双栅 MOSFET / 256
  10.2.1 双栅 MOSFET 的结构和制作工艺 / 256
  10.2.2 双栅 MOSFET 的解析模型 / 258
  10.2.3 量子力学效应对双栅器件阈值电压的影响 / 262
10.3 围栅 MOSFET 器件 / 264
  10.3.1 围栅 MOSFET 的制作工艺流程 / 265
  10.3.2 沟道均匀掺杂围栅 MOSFET 的解析模型 / 266
  10.3.3 沟道非掺杂围栅 MOSFET 的解析模型 / 268
10.4 FinFET 器件 / 271
  10.4.1 FinFET 器件的制作工艺流程 / 271
  10.4.2 FinFET 器件的解析模型和有关特性 / 272
参考文献 / 273

第十一章 不挥发存储器基础 / 275

11.1 引言 / 275
11.2 不挥发存储器概论 / 277
  11.2.1 不挥发存储器结构 / 277
  11.2.2 不挥发存储器的工作机理 / 277
  11.2.3 不挥发存储器的主要性能 / 279
11.3 浮栅雪崩注入型不挥发存储器的工作原理 / 279
  11.3.1 能带结构 / 279
  11.3.2 注入电荷与脉冲电压的关系 / 280
  11.3.3 间接隧穿过程 / 281
  11.3.4 FAMOS 的清除方法 / 282
11.4 电可编程浮栅不挥发存储器 / 282
  11.4.1 双结型和沟道注入型 / 282
  11.4.2 迭栅雪崩注入型 SAMOS / 283
  11.4.3 非雪崩注入型浮栅不挥发内存 AtMOS / 289
  11.4.4 MNOS 不挥发存储器 / 290
  11.4.5 MAOS 不挥发存储器 / 297

11.4.6　浮栅型闪存存储器　/　299
11.4.7　双密度闪存存储器（DDF Memory）　/　300

11.5　铁电不挥发存储器　/　301
11.5.1　铁电材料的基本特性　/　301
11.5.2　铁电薄膜的特性与应用　/　303
11.5.3　铁电存储器的分类　/　306
11.5.4　FeRAM 的结构和工作原理　/　306
11.5.5　非破坏性读出铁电不挥发存储器　/　310

11.6　电阻型不挥发存储器　/　315
11.6.1　引言　/　315
11.6.2　阻式存储器的有关特性　/　316
11.6.3　阻式存储器的工作机理　/　318

11.7　相变存储器　/　322
11.7.1　相变存储器简介　/　322
11.7.2　相变存储器的存储机理　/　323
11.7.3　相变存储器的电学特性　/　324

参考文献　/　326

第十二章　金属-半导体接触和肖特基势垒器件　/　328

12.1　金属-半导体接触的势垒模型　/　328
12.1.1　金属和半导体的功函数　/　328
12.1.2　金属和半导体的接触势垒　/　329
12.1.3　表面态对接触势垒的影响　/　331

12.2　金属-半导体接触整流理论　/　332
12.2.1　金属-半导体接触整流的定性分析　/　332
12.2.2　扩散理论　/　333
12.2.3　热电子发射理论　/　335
12.2.4　量子隧穿理论　/　338
12.2.5　镜像力理论　/　338

12.3　肖特基势垒二极管　/　340
12.3.1　镜像力因素　/　340
12.3.2　外加电场因素　/　341
12.3.3　场发射和热电子场发射因素　/　341
12.3.4　其他因素　/　342

12.4　肖特基势垒源/漏单栅结构的 MOSFET　/　342
12.4.1　单栅 SB MOSFET 的制作工艺流程　/　343
12.4.2　电流电压分析　/　343

12.4.3 阈值电压特性 / 346
12.4.4 亚阈值摆幅特性 / 347
12.5 肖特基势垒源/漏双栅结构 MOSFET 的模型介绍 / 348
参考文献 / 351

附录 / 352

附录Ⅰ 锗、硅、砷化镓的重要性质(300 K) / 352
附录Ⅱ 硅与几种金属的欧姆接触系数 R_c($\times 10^{-4}$ $\Omega \cdot cm^2$) / 353
附录Ⅲ 二氧化硅和氮化硅的重要性质(300 K) / 353
附录Ⅳ 余误差函数 / 354
附录Ⅴ 锗、硅电阻率与杂质浓度的关系 / 356
附录Ⅵ 锗、硅迁移率与杂质浓度的关系 / 356
附录Ⅶ 硅扩散层表面杂质浓度与扩散层平均电导率的关系曲线 / 357

主要符号表 / 372

第一章 半导体器件的物理基础

半导体器件的发明和广泛应用,是建立在对半导体材料特性、单晶生长、半导体中杂质的作用及载流子运动规律等方面进行详尽研究基础上的,因此在阐明器件工作原理前,必须先了解上述各项内容,这也就是本章的主要内容。

1.1 半导体的特性

自然界存在的固体材料中,按其结构形式可分为晶体及非晶体两类;按其导电能力则可分为导体、绝缘体和半导体三类。制造晶体管和集成电路的材料,如硅、锗、砷化镓等,属半导体晶体。

1.1.1 晶体的结构

晶体具有一定的结晶形状,它的原子按一定规律在空间中整齐地排列,形成一个个格点,称为晶格。不同的晶体通常有不同的晶格结构,常见的有如下五种立方结构:

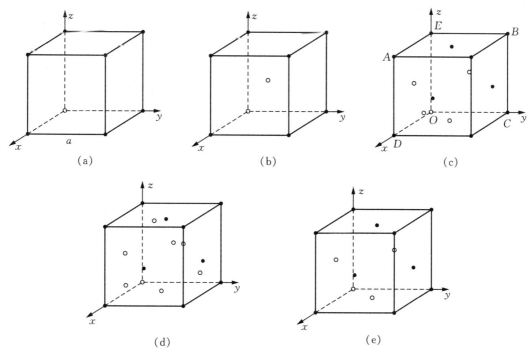

图 1-1 立方晶体的晶胞,简单立方(a)、体心立方(b)、面心立方(c)、金刚石结构(d)和闪锌矿结构(e)

(1) 简单立方晶体,如图 1-1(a)所示。立方晶格的每个角被一个原子占据,这些原子又被相邻的八个晶胞所共有,长度 a 称作晶格常数。

(2) 体心立方晶体,如图 1-1(b)所示。除了立方晶格的每个角上有一个原子外,在立方晶体的中心还有一个原子。钠、钼、钨等是具有这种结构的晶体。

(3) 面心立方晶体,如图 1-1(c)所示。在立方晶格的八个角上都有一个原子,在立方晶格的六个面的中心还各有一个原子。铝、铜、金、银等是具有这种结构的晶体。

(4) 金刚石结构,如图 1-1(d)所示。它是由两个面心立方晶格沿空间对角线错开四分之一长度互相套合而成。硅和锗就是具有这种结构的晶体。

(5) 闪锌矿结构,如图 1-1(e)所示。图中画出了砷化镓的结构:Ga 原子处在一个面心立方晶格上,As 原子处在另一个面心立方晶格上,因此可从金刚石结构获得闪锌矿结构。具有闪锌矿结构的其他材料还有磷化镓、硫化锌、硫化镉等。

观察图 1-1(c)可知,ABCD 平面内有六个原子。AEOD 平面内有五个原子,且这两个平面内原子间距不同。这表明,沿晶格的不同方向,原子排列的周期和密度情况是不相同的,晶体的机械、物理特性也不相同,这就是晶体的各向异性。通常用密勒指数来标志晶面的取向,它是这样得到的:

① 确定某一平面在直角坐标系三个轴上的截点,并以晶格常数为单位测出相应的截距;

② 取截距的倒数,然后约化为三个最小的整数,这就是密勒指数。

如图 1-2 所示,晶面 ABCD 在坐标轴上的截距为 1、1、∞,其倒数为 1、1、0,它的密勒指数便是(110)。图中列出了三个最主要晶面的密勒指数。晶面的方向垂直于晶面本身,并以写在方括号中的该晶面的密勒指数表示,如(111)面的晶向为[111]。对于金刚石结构,(100)面原子密度最小,(111)面原子密度最大。

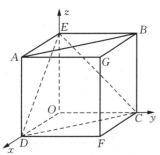

图 1-2 用密勒指数表示晶面:
晶面 ABCD 的密勒指数(110);
晶面 AGFD 的密勒指数(100);
晶面 CDE 的密勒指数(111)

1.1.2 半导体在电性能上的独特性质

(1) 半导体的电导率随温度升高而迅速增加。与金属相比,半导体电阻率的温度系数是负的,而金属的则是正的;半导体电阻率随温度变化很快,金属的则很慢。

(2) 杂质对半导体的导电能力有极为明显的影响。例如,纯硅的电阻率是 214 000 $\Omega \cdot cm$,若掺入万分之一杂质(如磷原子),此时尽管硅的纯度仍很高,但其电阻率却急剧降至 0.2 $\Omega \cdot cm$,几乎降低了一百万倍。

(3) 半导体的导电能力随光照而发生显著变化。例如,硫化镉薄膜的暗电阻为几十兆欧,受光照后,电阻降为几十千欧,阻值改变了几百倍,故可用作光敏电阻。

另外,半导体的导电能力还随电场、磁场作用而改变。

1.2 电子能级和能带

1.2.1 电子的共有化运动

从原子物理中我们知道,由于原子核对电子的静电引力,使电子只能在围绕原子核的半径很小的轨道上运动。当然,按照量子力学的观念,应采用电子云概念,即在空间的所有范围内都有找到某一电子的几率。对原子中的电子而言,其几率的最大值则局限在离原子核中心很小的范围内(玻尔半径数量级),轨道这一概念可视为电子云在空间分布几率最大值的轨迹。由于电子在空间运动的范围受到限制,因此它的能量就呈现不连续的状态,也就是电子的能量只能取彼此分立的一系列可能值——能级。以氢原子为例,它的原子核带一个正电荷,核外有一个绕核运动的电子。我们把该电子刚好脱离原子核束缚成为自由电子时的能量取为能量的零点,氢原子中电子可以取的能量特定值为

$$E_n = -\frac{2\pi^2 mq^4}{n^2 h^2}$$

式中 m 是电子质量;q 是电子电荷值;h 是普朗克常数;n 称为主量子数,取正整数。如 $n=1$, $E_1 = -13.6\text{ eV}$;$n=2$,$E_2 = -3.4\text{ eV}$……其能级图如图 1-3 所示。这表明电子可以处在能级 E_1 上,也可以处在 E_2 上……但不能处在 E_1 和 E_2 之间,或 E_2 和 E_3 之间,等等。原子中电子能量只能取一系列不连续的特定数值的规律称为电子能量的量子化。

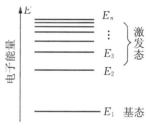

图 1-3 氢原子能级图

使两个氢原子彼此靠拢,形成一个氢分子,此时两个电子轨道将相遇而交叠,一个电子将同时受到两个原子核的影响,该电子不仅可以围绕自身原子核运动,而且可以转到另一个原子周围,即每一个电子属于两个原子共有,这种运动形式称为电子的共有化运动。由于每一电子受到两个原子核的影响,电子可能有的能量状态也发生了变化:从原来的一个能级分裂成两个能级。

类似地,晶体中电子也有共有化运动,这是因为晶体是由大量的原子按照一定的方式在空间有规则地排列而成,每立方厘米包含的原子数达到 10^{22} 数量级,原子间距仅为 Å 的量级(如硅的原子间距为 2.35 Å),因此,一个原子轨道上的电子必有可能转移到相邻原子上去,还可以从邻近原子再转移到更远的原子上去。晶体中任一电子实际上可以在整个晶体中从一个原子转移到另一个原子,不再只是围绕某一个原子核运动,这就是晶体中的电子共有化运动。在晶体中不但价电子的轨道有交叠,内层电子的轨道也可能有交叠,它们会形成共有化运动,只是内层电子的轨道交叠少,共有化程度弱些。

1.2.2 晶体中的能带

设有 N 个原子排列起来结合成晶体,根据不相容原理,原来属于 N 个单个原子的相同的价电子能级必定分裂为属于整个晶体的 N 个能级,其能量稍有差别。这些能级相互靠得很近,分布在一定的能量区域,称为能带,如图 1-4 所示。由于晶体中内层轨道电子的共有

化程度很弱,因此分裂成的能带也较窄,如图1-5所示。由图可知,两个能带之间的区域,不存在电子的能级,即这区域中不可能有电子,此区域称为禁带。

图1-4 从单个原子的能级(a)到N个原子结合成晶体后的能带(b)

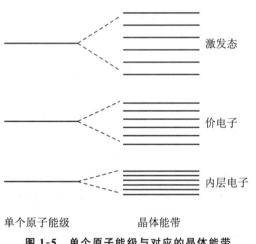

图1-5 单个原子能级与对应的晶体能带

根据不相容原理,电子不可能都集中在能量最低的一个能级上,它们一次由低到高填满各个能级和能带,在外力作用下,低能级中的电子可以吸收能量跃迁到高能级上去,使电子填充能级的情况发生变化。

由于组成晶体的原子不同,结合成晶体的方式不同,它们所形成的能带结构也不同。也就是说,不同晶体的能带宽度、间距(禁带宽度)和电子填充情况不同。一般来说,绝缘体的价带被电子填满(称满带),禁带较宽,激发态能带通常是空的(称为空带或导带),如图1-6(a)所示;半导体的能带结构和绝缘体相似,只是禁带较窄,如图1-6(b)所示,由于禁带较窄,在一定温度下,有一部分满带电子会被激发到导带,因此导电能力较绝缘体为强;导体的能带与绝缘体和半导体不同,它的价带没有被电子完全填满,或者它的价带与导带相重叠,如图1-6(c)所示。对于半导体的能带,用E_c表示导带底能量,E_v表示满带顶能量,如图1-7(a)所示,它的简化画法见图1-7(b)。今后分析半导体特性时,就采用简化画法。

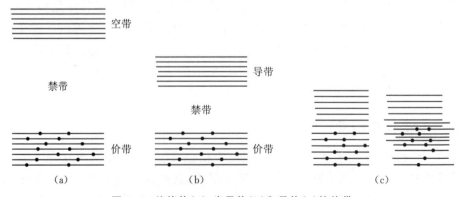

图1-6 绝缘体(a)、半导体(b)和导体(c)的能带

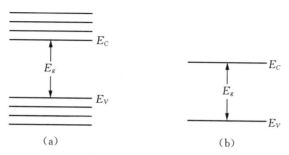

图 1-7 半导体能带(a)及其简化画法(b)

1.3 半导体中的载流子

1.3.1 电子密度和空穴密度表达式

在绝对零度时,半导体中的价带被电子填满,导带则是空的;在一定的温度下,价带中的电子会激发到导带中去,而且随着温度的升高,热激发不断增强,载流子数(包括导带中的电子及价带中的空穴)迅速增多,但并不会无限增大,这是由于导带中的电子在运动过程中有可能与空穴相遇,并释放出能量(如以热运动能量形式交还给晶格原子,以电磁辐射形式放出光子等),于是导带中的电子就跳回价带中的空能级,这就是电子与空穴的复合。上述结果表明,在一定温度下,产生作用使电子(空穴)密度增加,复合作用使电子(空穴)密度减小,在平衡时,单位时间产生的电子-空穴对数等于复合掉的电子-空穴对数,因此电子(空穴)密度不再改变。本征半导体中载流子密度 n_i 就是在热平衡状态下的载流子密度。

对于微观粒子的运动规律,通常用统计方法描述。设以 $N(E)$ 表示单位体积晶体中在能量 E 处的电子能级密度,令 $f(E)$ 表示电子填充能级 E 的几率,那么在 E 到 $E+dE$ 范围内的电子数就是

$$dn = f(E) \frac{dN(E)}{dE} \cdot dE \tag{1-1}$$

把(1-1)式在某一能量范围内积分,就可得到该能量区域内的电子总数。

根据量子力学中的测不准关系,我们可以导出单位体积晶体中能量为 E 的电子状态密度(已考虑了每个能级可容纳两个自旋方向相反的电子)为

$$\frac{dN(E)}{dE} = \frac{4\pi (2m_e^*)^{3/2}}{h^3} (E - E_C)^{1/2} \tag{1-2}$$

式中 E_C 为导带底的能量,h 为普朗克常数,m_e^* 是晶体中电子的有效质量。我们引入有效质量的概念,是由于晶体中电子运动和自由电子运动不同,前者除受外力作用外,还要受到晶格原子和其他电子的作用,我们把这些作用等效为晶体中的电子质量,这就是它们的有效质量。

类似地,单位体积晶体中能量为 E 的空穴状态密度为

$$\frac{dN(E)}{dE} = \frac{4\pi (2m_h^*)^{3/2}}{h^3} (E_V - E)^{1/2} \tag{1-3}$$

式中 m_h^* 为空穴的有效质量，E_V 是价带顶的能量。

电子按能量的分布可用费密分布函数来表示：

$$f(E) = \frac{1}{1 + e^{(E-E_F)/k_B T}} \tag{1-4}$$

式中 E 为电子能量；k_B 为玻尔兹曼常数；T 是绝对温度；E_F 是常数，称为费密能级，在大多数情况下，它在半导体能带的禁带范围内。

根据此分布函数，当 $T=0\,\mathrm{K}$ 时，对 $E<E_F$ 的能带区域，$f(E)=1$，即 $E<E_F$ 的能级是全满的；对 $E>E_F$ 的能带区域，$f(E)=0$，即该区域的能级是全空的，见图 1-8(a)。当 $T>0\,\mathrm{K}$ 时，对 $E=E_F$ 的能带区域，$f(E)=\frac{1}{2}$，电子占据能级的几率为 $\frac{1}{2}$；若 $E<E_F$，$f(E)>\frac{1}{2}$，且当 $E-E_F \gg k_B T$ 时，$f(E)$ 近似为 1；反之，若 $E>E_F$，$f(E)<\frac{1}{2}$，且当 $E-E_F \gg k_B T$ 时，$f(E)$ 近似为 0，见图 1-8(b)。

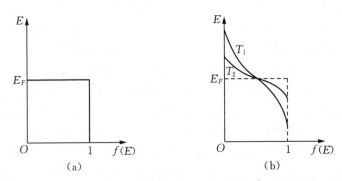

图 1-8 在 $T=0\,\mathrm{K}$(a) 和 $T>0\,\mathrm{K}$($T_1>T_2$)(b) 时的费密分布函数

由 (1-1)、(1-2) 及 (1-4) 式可以求得能量在 E 到 $E+\mathrm{d}E$ 范围的导带电子密度为

$$\begin{aligned}\mathrm{d}n &= f(E)\frac{\mathrm{d}N(E)}{\mathrm{d}E}\cdot \mathrm{d}E \\ &= \frac{4\pi}{h^3}(2m_e^*)^{3/2}(E-E_C)^{1/2}\frac{1}{e^{(E-E_F)/k_B T}+1}\mathrm{d}E\end{aligned} \tag{1-5}$$

把 (1-5) 式在导带范围内积分，就可以得到导带电子密度。为积分方便起见，可把积分上限扩到 ∞，这样做不会带来大的误差，这是由于导带电子主要集中在导带底附近，在导带顶或能量更高区域，电子的分布几率已减小到接近于零。再考虑分布函数 $f(E)$，对于多数半导体来说，E_g 在 $1\,\mathrm{eV}$ 左右，E_F 在禁带中，而室温时的 $k_B T=0.026\,\mathrm{eV}$，因此 $E-E_F \gg k_B T$，于是费密分布函数可简化为玻尔兹曼分布

$$f(E) = e^{-(E-E_F)/k_B T} \tag{1-6}$$

由此，导带中的电子密度为

$$n = \frac{4\pi}{h^3}(2m_e^*)^{3/2}\int_{E_C}^{\infty}(E-E_C)^{1/2}e^{-(E-E_F)/k_BT}dE$$

$$= \frac{4\pi}{h^3}(2m_e^*)^{3/2}e^{-(E_C-E_F)/k_BT}\int_0^{\infty}\sqrt{E_1}e^{-E_1/k_BT}dE_1 \tag{1-7}$$

$$= \frac{2(2\pi m_e^* k_B T)^{3/2}}{h^3}e^{-(E_C-E_F)/k_BT}$$

上式中 $E_1 = E - E_C$。如果令

$$N_C = \frac{2(2\pi m_e^* k_B T)^{3/2}}{h^3} = 4.82\times 10^{15}T^{3/2}\left(\frac{m_e^*}{m}\right)^{3/2} \tag{1-8}$$

其中 m 为自由电子质量,则(1-7)式可写为

$$n = N_C e^{-(E_C-E_F)/k_BT} \tag{1-9}$$

这就是半导体电子密度公式,其中 N_C 称为导带底有效能级密度,它的物理意义是:假定导带中电子能量都等于导带底的能量 E_C, N_C 就是相应的 E_C 能级的密度。

类似地,有价带顶的有效能级密度 N_V:

$$N_V = \frac{2(2\pi m_h^* k_B T)^{3/2}}{h^3} = 4.82\times 10^{15}T^{3/2}\left(\frac{m_h^*}{m}\right)^{3/2} \tag{1-10}$$

空穴密度为

$$p = N_V e^{-(E_F-E_V)/k_BT} \tag{1-11}$$

表 1-1 列出了半导体材料 Si、Ge 及 GaAs 的有效质量、有效能级密度及禁带宽度值。

表 1-1 Si、Ge 及 GaAs 的有效质量、有效能级密度及禁带宽度(300 K)(选自[1-1])

	$\dfrac{m_e^*}{m}$	$\dfrac{m_h^*}{m}$	$N_C(\mathrm{cm}^3)$	$N_V(\mathrm{cm}^3)$	$E_g(\mathrm{eV})$
Si	0.23	0.12	2.8×10^{19}	1.0×10^{19}	1.12
Ge	0.03	0.08	1.0×10^{18}	6.0×10^{18}	0.67
GaAs	0.07	0.09	4.7×10^{18}	7.0×10^{18}	1.43

1.3.2 载流子密度与费密能级位置的关系

1. 费密能级的位置

在半导体中,当温度一定时,N_C 和 N_V 是常数,且它们的值接近,公式中的指数因子是造成 n 和 p 差别很大的主要原因。对本征半导体,$n = p$,费密能级大致在禁带的中央,如图 1-9 所示。若用 E_i 表示本征半导体费密能级,由(1-9)或(1-11)式,利用 $n = p$,可得

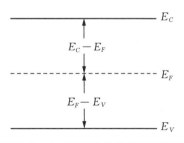

图 1-9 本征半导体的费密能级位置

$$E_i = \frac{1}{2}(E_C + E_V) + \frac{1}{2}k_B T \ln \frac{N_V}{N_C} \tag{1-12}$$

对 n 型半导体，$n > p$，其费密能级比较靠近导带；对 p 型半导体，$n < p$，其费密能级就比较靠近价带了。

2. 两种载流子密度乘积及本征载流子密度

将(1-9)和(1-11)式相乘，得

$$np = (N_V N_C)e^{-(E_C - E_V)/k_B T} = (N_V N_C)e^{-E_g/k_B T} \tag{1-13}$$

对确定的半导体材料，在一定温度下，N_V、N_C 和 E_g 是一定的，因此 np 为常数。利用本征半导体 $n = p = n_i$，有

$$np = N_V N_C e^{-E_g/k_B T} = n_i^2 \tag{1-14}$$

即

$$n_i = (N_V N_C)^{1/2} e^{-E_g/2k_B T} \tag{1-15}$$

n_i 随温度的变化主要是由于(1-15)式中指数项的作用，其次才是 N_V、N_C 的贡献。某些半导体的 n_i 随温度的变化如图 1-10 所示。

利用本征载流子密度来表达 n 和 p，可把(1-9)和(1-11)式改写成如下形式：

$$n = n_i e^{(E_F - E_i)/k_B T} \tag{1-16}$$

$$p = n_i e^{(E_i - E_F)/k_B T} \tag{1-17}$$

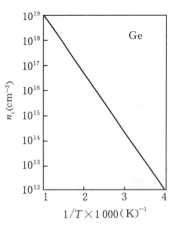
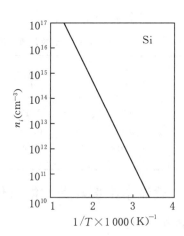

图 1-10　锗和硅的本征载流子密度随温度的变化

1.4　杂质半导体

半导体中掺入微量杂质会使其导电性能发生巨大变化，例如在硅中掺入百万分之一硼时，其室温电阻率即从 214 000 Ω·cm 降至 0.4 Ω·cm，约下降了 50 万倍。一般来说，半导

体中的杂质有两类：一类杂质的主要作用是改变半导体中的载流子密度，称为施主或受主杂质；另一类是促进半导体中载流子的产生和复合，称为复合中心杂质。对锗、硅等Ⅳ族元素半导体来说，Ⅴ族元素如磷、砷、锑等为施主杂质；Ⅲ族元素如硼、铝、镓等为受主杂质；铜、金、铁为复合中心杂质。

1.4.1 两种不同导电类型的半导体

一般来说，杂质进入半导体后，取代了晶格中的半导体（如硅）原子，成为替代式杂质，如图 1-11 所示。以磷原子为例，见图 1-11(a)，它有五个价电子，而硅晶体中每个原子只有四个最邻近的原子，因此，替代了硅的磷原子在同周围硅原子构成共价结合时，多出了一个价电子，此电子受到磷原子核正电荷的束缚，只能在其周围运动。当然，这种束缚比价键束缚的作用弱得多，只要很小的能量，这个多余的电子就可挣脱原子核的吸引，变成能在整个晶体中自由活动的导电电子，所以磷原子在硅中是施主杂质或是 n 型杂质。使这个多余电子激发到导带所需的能量称为施主杂质的电离能 ΔE，由于 ΔE 很小，施主杂质能级 E_n 位于靠近导带底的禁带中，如图 1-12(a)所示。类似地，硼原子在硅中是受主杂质，即 p 型杂质。受硼离子束缚的空穴，只要给以很小的能量就能脱离束缚就成为可以导电的自由运动的空穴。在能带图中，受主杂质的能级在靠近价带顶的禁带中，见图 1-12(b)。

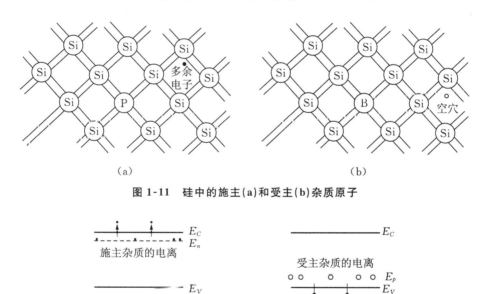

图 1-11 硅中的施主(a)和受主(b)杂质原子

图 1-12 半导体中的施主杂质能级 E_n(a)和受主杂质能级 E_p(b)

在纯净的半导体中，掺入施主杂质，施主电离后放出大量能导电的电子，使该半导体中电子密度 n 比空穴密度 p 大得多，称为 n 型半导体，其中电子是多数载流子（简称多子），空穴是少数载流子（简称少子）；类似地，在纯净半导体中，掺入受主杂质，受主电离后放出大量能导电的空穴，于是半导体中的空穴密度 p 大于电子密度 n，称为 p 型半导体，其中空穴是多数载流子，电子是少数载流子。

1.4.2 杂质半导体

一般来说,在室温下所有杂质都已电离,由于一个杂质原子可以提供一个载流子,假设掺入半导体的杂质浓度远大于本征载流子密度,则

$$n \text{ 型半导体}, n \approx N_d \ (N_d \text{ 为施主杂质浓度})$$

$$p \text{ 型半导体}, p \approx N_a \ (N_a \text{ 为受主杂质浓度})$$

根据(1-14)式,可以确定少数载流子密度

$$n \text{ 型半导体}, p = \frac{n_i^2}{n} \approx \frac{n_i^2}{N_d} \tag{1-18}$$

$$p \text{ 型半导体}, n = \frac{n_i^2}{p} \approx \frac{n_i^2}{N_a} \tag{1-19}$$

由于 N_d(或 N_a) $\gg n_i$,因此在杂质半导体中少数载流子比本征半导体的载流子密度 n_i 小得多,以 P-Si 为例,设 $N_a = 2 \times 10^{16} \text{ cm}^{-3}$,则 $p = 2 \times 10^{16} \text{ cm}^{-3}$,在室温下 $n_i = 1.5 \times 10^{10} \text{ cm}^{-3}$,少子(电子)密度为

$$n = \frac{n_i^2}{p} \approx 10^4 (\text{cm}^{-3})$$

如果在一块半导体中掺入 p 型杂质及 n 型杂质(设 $N_d > N_a$),那么在室温下,施主杂质全部电离,电子首先填满受主能级,导带中的电子密度变为 $N_d - N_a$,即净施主浓度,见图 1-13(a);类似地,在 p 型半导体中,载流子密度等于两种杂质浓度之差:

$$p = N_a - N_d \tag{1-20}$$

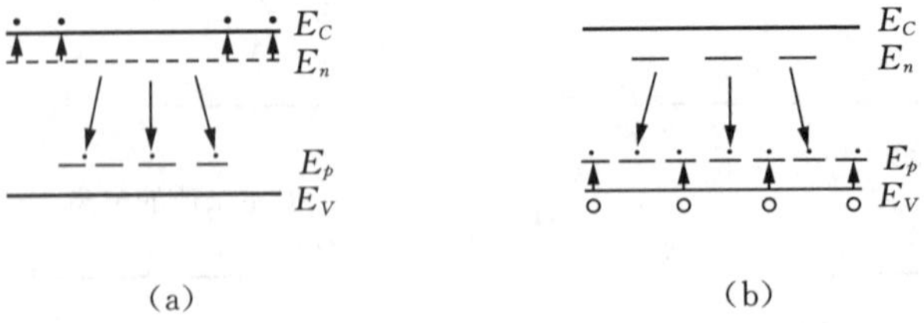

图 1-13 n 型半导体(a)和 p 型半导体(b)的杂质补偿

即净受主浓度,见图 1-13(b)。这种作用就是杂质的补偿作用,它在制造半导体晶体管中有重要应用。

1.5 非平衡载流子

以上几节我们讨论的半导体中载流子分布都是指平衡时的载流子分布,然而在实际应

用时,半导体往往是偏离平衡状态的。在外来因素的作用下,有可能在导带和价带增加载流子数目,我们以 Δn 和 Δp 表示增加的载流子。对 n 型半导体,Δn 表示非平衡多数载流子,Δp 表示非平衡少数载流子;对 p 型半导体,Δp 表示非平衡多数载流子,Δn 表示非平衡少数载流子。

1.5.1 非平衡载流子的产生和复合

实验证实,光照对半导体材料的电阻值有很大影响,当光照射在半导体材料上时,价带电子吸收了光的能量就有可能激发到导带中去,在导带中就出现了附加的电子密度 Δn,同时在价带中也出现了附加的空穴密度 Δp,从电子、空穴产生的机理看,它们是同时产生并成对出现的,它们就是非平衡载流子。于是,导带和价带中的载流子密度为

$$n = n_0 + \Delta n, \quad p = p_0 + \Delta p, \quad \Delta p = \Delta n \tag{1-21}$$

式中 n_0、p_0 表示某一温度下的平衡载流子密度,n 及 p 表示非平衡时的载流子密度,Δn 和 Δp 就是附加的载流子密度。由于这些附加载流子的导电作用,使材料的电导率增加,亦即材料电阻变小,这一现象称为光注入。

这些光注入的非平衡载流子不会无限增加,它们还要复合,当单位时间内产生的非平衡载流子与复合的非平衡载流子数目相等时,就达到平衡。非平衡载流子还可由电注入产生,它是和 p-n 结的工作相连的。关于 p-n 结特性的详细分析,我们将在第二章中叙述,这里先简单地说明电注入的情况。

一块半导体材料的一边是 p 型,另一边是 n 型,它们的交界处形成了 p-n 结,如图 1-14(a)所示。由于 p 区的空穴密度比 n 区高得多,它将向 n 区扩散,p-n 结交界面的 p 型侧半导体的电中性被破坏,出现带负

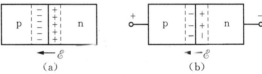

图 1-14 p-n 结(a)和正向偏置时的 p-n 结(b)

电的空间电荷区,亦即受主离子;类似地,n 区中的电子向 p 区扩散,也出现带正电的空间电荷区,即施主离子。在空间电荷区内形成了电场,称内建电场,其方向从 n 区指向 p 区。随着 p 区中空穴向 n 区扩散及 n 区中电子向 p 区扩散,电场 $\mathscr{E}$ 逐步增强,然而 $\mathscr{E}$ 将阻止空穴及电子的扩散运动,当 $\mathscr{E}$ 增大到对载流子的漂移作用与载流子的扩散作用抵消时,空间电荷区中的电荷不再增加,达到了平衡。

现在考察 p-n 结加上正向偏置的情况,见图 1-14(b),此时 p 区接正极,n 区接负极,外加电场与内建电场方向相反,因此削弱了内建电场,原来的平衡被破坏,其结果是 p 区中的空穴又开始向 n 区扩散,n 区中的电子又开始向 p 区扩散,这些载流子的运动,形成了 p-n 结的正向电流。由于 p 区中的多数载流子空穴扩散到 n 区就成为非平衡的少数载流子,即 n 区中的少数载流子比未加外加电压(平衡)时增加了,这就是空穴向 n 区注入。同样,在 p 区中有非平衡少数载流子电子注入,我们称这种注入现象为 p-n 结的电注入。

从 p 区注入到 n 区的空穴,不会在 n 区中越积越多,这是由于空穴不断与电子复合的结果。当单位时间内注入到 n 区的空穴数与在 n 区中复合掉的空穴数相等时,达到平衡,它所

形成的电流即 p-n 结正向电流的空穴电流部分；对 n 区注入到 p 区的电子也有类似结果，电子电流与空穴电流之和即 p-n 结正向偏置电流。

必须注意，光注入产生同等数量的非平衡多数载流子和少数载流子，而电注入则仅注入非平衡的少数载流子。

1.5.2 非平衡载流子的寿命

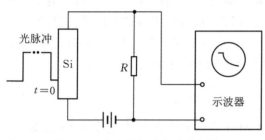

图 1-15 光电导衰减实验示意图

利用上节所述的光注入，我们可以进行光电导衰减的实验，如图 1-15 所示。我们用脉冲光照射在半导体硅上，用示波器观察电阻 R 两端的信号。设在 $t=0$ 时刻停止光照，那么在示波器上可以观察到电压指数衰减的曲线，这表明通过 R 的电流减小，亦即硅的电阻不断增大。从机理上说，这一现象表明由光照在硅中产生的附加电子空穴时，随着光照的结束而不断复合，这些非平衡载流子的变化规律如下：

$$\Delta n = \Delta n(0) e^{-t/\tau_n} \tag{1-22}$$

$$\Delta p = \Delta p(0) e^{-t/\tau_p} \tag{1-23}$$

式中 $\Delta n(0)$ 及 $\Delta p(0)$ 表示当光照刚停止时非平衡电子密度和非平衡空穴密度，由(1-21)式可知 $\Delta n(0) = \Delta p(0)$，$\tau_n$ 及 τ_p 分别表示电子寿命及空穴寿命。

由(1-22)式可知，当 $t = \tau_n$ 时，有

$$\Delta n(\tau_n) = \frac{\Delta n(0)}{e}$$

这表明 τ_n 就是非平衡电子衰减到原来数值的 e 分之一所需的时间。

从(1-22)式我们还可看到，非平衡载流子是逐步消失的，对某个载流子来说，它存在的时间有长有短，差别很大。如果我们把(1-22)式对 t 积分，就可得到所有非平衡载流子存在时间的总和，$\Delta n(0)$ 个非平衡载流子平均存在的时间是

$$\frac{\int_0^\infty \Delta n \, dt}{\Delta n(0)} = \frac{\Delta n(0) \int_0^\infty e^{-t/\tau_n} dt}{\Delta n(0)} = \tau_n$$

这就是少数载流子寿命的含义。

对于空穴有类似的结果，这里不再赘述。

我们把(1-22)式对时间求导数，得

$$\frac{d(\Delta n)}{dt} = -\frac{\Delta n(0)}{\tau_n} e^{-t/\tau_n} = -\frac{\Delta n}{\tau_n} \tag{1-24}$$

上式中 $\dfrac{d(\Delta n)}{dt}$ 表示非平衡载流子的增加率，等式右边的 $\dfrac{\Delta n}{\tau_n}$ 表示复合率，负的复合率 $-\dfrac{\Delta n}{\tau_n}$ 即为产生率，这表明非平衡载流子的复合率与寿命有关，寿命越短，复合率越大，也就是寿命的数值标志着非平衡载流子复合的快慢。

1.5.3 复合中心

导带中的附加电子可能和价带中的空穴复合，其释放出的能量以光子或声子的形式发射出来，发射光子的复合过程称辐射复合过程；以热耗散形式向晶格发射声子则为非辐射复合过程。

复合过程分为直接复合及间接复合两种。导带电子落到价带与空穴相复合的过程称直接复合过程；导带电子和价带空穴通过复合中心能级进行的复合称间接复合过程。实验表明，对锗、硅单晶，少数载流子的寿命与某些杂质密切有关，例如，在锗中，极微量的铜、铁可使少子寿命大大下降；金在硅中也有类似的作用。这是由于在锗、硅中，导带的最低能量和价带的最高能量在动量空间是不相重合的，导带中的一个电子向下跃迁至价带，不仅要改变它的能量，还要改变它的动量，以满足守恒原理。因此，硅或锗中的直接复合几率很低，通过位于禁带内的复合中心能级进行复合更为容易。复合中心可以是晶格中的杂质原子（如硅中的金）或缺陷（如空间技术中应用的太阳电池，由辐射引起的缺陷），它们对器件性能将会产生很大影响。

下面我们推导非简并情况由复合中心决定的非平衡载流子的复合率及寿命。我们先假设复合中心能级 E_t 是单一的，其密度为 N_t。被电子占有的复合中心密度为 n_t。电子由导带落入复合中心能级的过程称为电子俘获过程（见图1-16），复合中心俘获电子的速率 R_1 正比于未被电子占据的复合中心密度 $(N_t - n_t)$，也正比于导带中的电子密度 n：

$$R_1 = \gamma_n n (N_t - n_t) \tag{1-25}$$

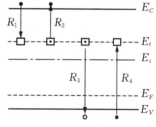

图 1-16　间接产生-复合过程

式中 γ_n 表示复合中心对电子的俘获系数。

与电子的俘获过程对应，也有电子产生过程。电子的产生速率 R_2 应与复合中心中的电子密度 n_t 成正比，

$$R_2 = C_n n_t \tag{1-26}$$

这里 C_n 表示复合中心产生电子的几率。

为导出 γ_n 与 C_n 的关系，我们考虑平衡情况。在平衡时，电子俘获率 R_1 等于电子产生率 R_2，且

$$n = N_C e^{-(E_C - E_F)/k_B T} \tag{1-27}$$

$$n_t = N_t \frac{1}{e^{(E_t - E_F)/k_B T} + 1} \tag{1-28}$$

将(1-27)及(1-28)式代入(1-25)及(1-26)式，并令它们相等，得

$$\gamma_n N_C e^{-(E_c-E_F)/k_BT} N_t \frac{e^{(E_t-E_F)/k_BT}}{e^{(E_t-E_F)/k_BT}+1} = C_n N_t \frac{1}{e^{(E_t-E_F)/k_BT}+1}$$

$$C_n = \gamma_n N_C e^{-(E_c-E_t)/k_BT} = n_1 \gamma_n \tag{1-29}$$

其中

$$n_1 = N_C e^{-(E_c-E_t)/k_BT} \tag{1-30}$$

是假设费密能级与复合中心能级重合时导带电子密度。利用(1-29)式可把(1-26)式改写为

$$R_2 = n_1 \gamma_n n_t \tag{1-31}$$

类似地，我们把电子由复合中心能级落入价带空穴的过程看作空穴俘获过程。由于只有被电子占据的复合中心能级才能俘获空穴，故空穴的俘获速率 R_3 和 n_t 成正比，也和价带空穴数成正比，即

$$R_3 = p\gamma_p n_t \tag{1-32}$$

式中 γ_p 表示复合中心对空穴的俘获系数。

空穴的产生速率 R_4 与未被电子占据的复合中心能级密度 $(N_t - n_t)$ 成正比，即

$$R_4 = C_p(N_t - n_t) \tag{1-33}$$

式中 C_p 为复合中心产生空穴的几率。

利用平衡条件 $R_3 = R_4$，与电子情况相似，得到

$$C_p = p_1 \gamma_p \tag{1-34}$$

$$R_4 = p_1 \gamma_p (N_t - n_t) \tag{1-35}$$

$$p_1 = N_V e^{-(E_t-E_F)/kT} \tag{1-36}$$

p_1 为假设费密能级和复合中心能级重合时的空穴密度。

$$电子净复合率 = R_1 - R_2 = \gamma_n n(N_t - n_t) - n_1 \gamma_n n_t \tag{1-37a}$$

$$空穴净复合率 = R_3 - R_4 = p\gamma_p n_t - C_p(N_t - n_t) \tag{1-37b}$$

由于电子、空穴是成对复合的，因此有

$$\gamma_n n(N_t - n_t) - n_1 \gamma_n n_t = p\gamma_p n_t - p_1 \gamma_p (N_t - n_t)$$

解得

$$n_t = N_t \frac{n\gamma_n + p_1 \gamma_p}{\gamma_n(n+n_1) + \gamma_p(p+p_1)} \tag{1-38}$$

注意到 $n_1 p_1 = N_V N_C e^{-E_g/kT} = n_i^2$，将(1-38)式代入(1-37)式可得电子空穴的复合率，

$$R = \frac{N_t \gamma_n \gamma_p}{\gamma_n(n+n_1) + \gamma_p(p+p_1)}(np - n_i^2) \quad (1\text{-}39)$$

将 $n = n_0 + \Delta n$, $p = p_0 + \Delta p$ 代入(1-39)式,并考虑到小信号条件,忽略 $\Delta p \Delta n$ 项,有

$$R = \frac{N_t \gamma_n \gamma_p (n_0 \Delta p + p_0 \Delta n)}{\gamma_n(n_0 + n_1) + \gamma_p(p_0 + p_1)}$$

由于复合率 $R = \frac{\Delta p}{\tau_p}$（或 $R = \frac{\Delta n}{\tau_n}$）,当 $\Delta p = \Delta n$ 时,有

$$\frac{1}{\tau} = \frac{N_t \gamma_n \gamma_p (n_0 + p_0)}{\gamma_n(n_0 + n_1) + \gamma_p(p_0 + p_1)} \quad (1\text{-}40)$$

对于强 n 型半导体,少子空穴寿命为

$$\tau_p = \frac{1}{N_t \gamma_p} \quad (1\text{-}41)$$

对于强 p 型半导体,少子电子寿命为

$$\tau_n = \frac{1}{N_t \gamma_n} \quad (1\text{-}42)$$

于是可将(1-39)式的电子空穴对的复合率表示为

$$R = \frac{np - n_i^2}{\tau_p(n + n_1) + \tau_n(p + p_1)} \quad (1\text{-}43)$$

1.6 载流子的运动

1.6.1 载流子的漂移运动

1. 迁移率

半导体中的载流子在电场强度为 $\mathscr{E}$ 的电场作用下,将作加速运动。但载流子的速度不会无限增大,这是由于载流子在运动过程中会与晶格原子、杂质原子或其他载流子碰撞,有可能失去其动能。可以想象,载流子与其他粒子相碰时,它的速度和运动方向将会改变,在碰撞过程中,载流子的速度可能变大,也可能变小;可能从晶格中获得能量,也可能把能量交给晶格;至于它的运动方向,一般说总会发生变化,从统计角度看,大量载流子在两次碰撞之间存在着一个路程的平均值,称为平均自由程,用 λ 表示;类似地,两次碰撞之间的时间称为自由时间,平均自由时间用 τ 来表示。下面我们以电子为例进行讨论。设电子每次碰撞后的热运动速度为 v_0,在有外电场 $\mathscr{E}$ 时,电场对电子的加速度为 $a = -q\mathscr{E}/m_e^*$。取某次碰撞的瞬时为 $t = 0$,则在 t 时电子的速度为

$$v = \int_0^t a \mathrm{d}t + v_0 = -\frac{q\mathscr{E}}{m_e^*}t + v_0 \quad (1\text{-}44)$$

在自由时间 τ 内,电子经过的路程为 $\int_0^\tau v\mathrm{d}t$,其平均速度为

$$\frac{\int_0^\tau v \mathrm{d}t}{\tau} = \frac{-q\mathscr{E}}{m_e^*}\frac{\tau}{2} + v_0 \tag{1-45}$$

式中含有 $\mathscr{E}$ 的项是由电场引起的定向速度，称漂移速度。

2. 迁移率的定义

设电场不是很强，电子经每次碰撞后均回复到热运动速度。根据统计结果知 v_0 项相互抵消，漂移速度并不抵消，我们用 v_d 表示，有

$$v_\mathrm{d} = \frac{-q\mathscr{E}}{m_e^*}\frac{\tau}{2} \tag{1-46}$$

定义 v_d 和 $\mathscr{E}$ 的绝对值之比为电子的迁移率 μ_n，有

$$\mu_n = \frac{q}{m_e^*}\frac{\tau}{2} \tag{1-47}$$

类似地，可求得空穴迁移率

$$\mu_p = \frac{q}{m_h^*}\frac{\tau}{2} \tag{1-48}$$

设在半导体上加以电场 $\mathscr{E}$，半导体中的电子密度为 n，则电流密度为

$$J_n = -qnv_\mathrm{d} = qn\mu_n\mathscr{E} \tag{1-49}$$

对于 p 型半导体，有

$$J_p = qpv_\mathrm{d} = qp\mu_p\mathscr{E} \tag{1-50}$$

必须注意，在半导体中电子和空穴的运动方向尽管相反，但其电流方向是一致的，都是电场 $\mathscr{E}$ 的方向，因此我们可用标量形式写出电流密度的表达式。当半导体中两种载流子均不能忽略时，电流密度为

$$J = qn\mu_n\mathscr{E} + qp\mu_p\mathscr{E} = (n\mu_n + p\mu_p)q\mathscr{E} = \sigma\mathscr{E} \tag{1-51}$$

$$\sigma = (n\mu_n + p\mu_p)q \tag{1-52}$$

σ 称为半导体的电导率。

我们注意到，在半导体中平衡载流子及非平衡载流子都能作漂移运动，因此电流密度公式(1-51)式中 p 及 n 应分别为空穴和电子的总密度，即既包括平衡空穴(电子)密度，也包括非平衡空穴(电子)密度。

对于 n 型半导体，$n \gg p$，(1-51)式可简化为

$$J = qn\mu_n\mathscr{E} \tag{1-53}$$

对于 p 型半导体，$p \gg n$，(1-51)式可简化为

$$J = qp\mu_p\mathscr{E} \tag{1-54}$$

一般来说,半导体中多数载流子比少数载流子多得多,因此通常可以认为漂移电流主要是多数载流子的漂移所形成的电流。

3. 影响迁移率的因素

由(1-47)及(1-48)式可知,对某种半导体,m_e^* 及 m_h^* 是一定的,迁移率大小主要决定于载流子的自由时间(或自由路程),自由时间是由载流子碰撞的几率决定的。载流子的碰撞也称为散射。

载流子的散射机构有下面几种:

(1) 晶格散射。温度越高,晶格热振动越剧烈,晶格散射也就越强烈,故迁移率随温度升高而下降。在硅中,若只考虑晶格碰撞,电子和空穴的迁移率可分别写为

$$\mu_{Ln} = 2.1 \times 10^9 T^{-2.5} \mathrm{cm^2/V \cdot s}$$

$$\mu_{Lp} = 2.3 \times 10^9 T^{-2.7} \mathrm{cm^2/V \cdot s}$$

(2) 电离杂质散射。载流子经过带电的电离杂质附近时会受到库仑力(引力或斥力)的作用,改变运动的轨迹,即发生散射。只考虑这类散射,迁移率与温度及杂质浓度的关系式可近似表达为

$$\mu_I = A \frac{T^{3/2}}{N_I} \tag{1-55}$$

式中 A 为常数,N_I 为电离杂质浓度。

(3) 其他散射。中性杂质、位错或其他缺陷对载流子均有散射作用,当然,在一般半导体材料中,前两种散射起主要作用,载流子的迁移率可写为

$$\frac{1}{\mu} = \frac{1}{\mu_L} + \frac{1}{\mu_I} \tag{1-56}$$

图 1-17 示出了硅中少子迁移率随温度及杂质浓度而变化的情形。由图可知,在杂质浓度较低时,迁移率与杂质浓度关系较弱,主要决定于晶格散射,因此温度越高,迁移率越低;在杂质浓度较高时,迁移率主要决定于杂质散射,杂质浓度越高,迁移率越低,而且随温度的变化也越小。电阻率 ρ 是描写物质导电能力强弱的一个参数,它为电导率的倒数

$$\rho = \frac{1}{\sigma} = \frac{1}{(n\mu_n + p\mu_p)q} \tag{1-57}$$

电阻率与温度的关系如图 1-18 所示,由图可知,当温度较低时,半导体中杂质全部电离,本征激发尚未发生,n 及 p 不变,但随温度升高,晶格散射增强,μ 下降,故电阻率 ρ 上升;随着温度升高,本征激发开始起作用,载流子密度随温度升高而剧增,使载流子密度的增加率远大于迁移率的下降率,其结果是电阻率随温度升高而下降,必须注意,杂质浓度越高,本征激发起作用的温度也越高;不同半导体即使具有相同的电阻率,本征激发开始起作用的温度也不相同。

由于迁移率随掺杂浓度而变化,因此半导体中电导率并非完全正比于杂质浓度,图 1-19 画出了硅的电阻率和杂质浓度的关系。硅材料的缺陷及补偿情况不同,同一杂质浓度下的迁移

率也稍有差别,实验表明,该图可适用于大多数硅材料,特别是杂质浓度较低($< 10^{19}$ cm^{-3})的硅材料。

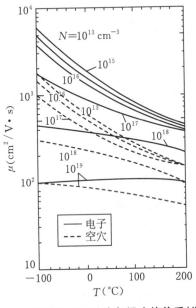

图 1-17　硅中少数载流子迁移率与温度的关系(选自[1-1])

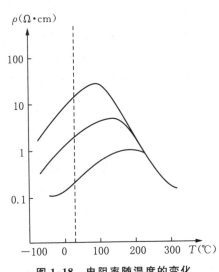

图 1-18　电阻率随温度的变化

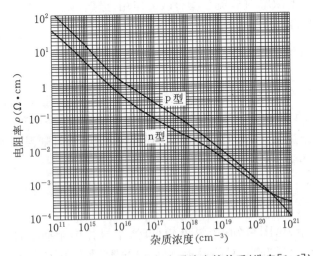

图 1-19　300 K 时硅的电阻率与杂质浓度的关系(选自[1-6])

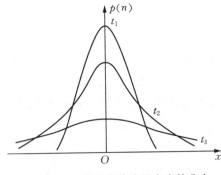

图 1-20　不同时刻载流子密度的分布

($t_1 < t_2 < t_3$)

1.6.2　载流子的扩散运动

1. 扩散流和扩散方程

在存有密度差异的半导体中,载流子有从高密度向低密度运动的趋向,这就是扩散。如图 1-20 所示,在 $t = 0$ 时刻在晶体内的某一平面上引入一些载流子,由于载流子热运动的结果,在 $x=0$ 处原来的高密度要向外扩展,直至载流子均匀分布于整个区域内,我们定义在单位时间内通过单位面积的载流子数目为扩散流密度,则扩散流服从费克第一定律

$$F = -D \frac{\mathrm{d}N}{\mathrm{d}x} \tag{1-58}$$

式中 F 是扩散流密度,D 是扩散系数,N 是载流子密度。

由(1-58)式可得电子和空穴的电流密度为

$$J_n = qD_n \frac{\mathrm{d}n}{\mathrm{d}x} \tag{1-59}$$

$$J_p = -qD_p \frac{\mathrm{d}p}{\mathrm{d}x} \tag{1-60}$$

我们以 Δp 表示非平衡空穴的密度,并考虑在 x 到 $x+\mathrm{d}x$ 处的小体积元。假设扩散入该体积元的空穴数和扩散出该体积元的空穴数不等,在单位时间、单位体积内减少的非平衡空穴数为 $\frac{\mathrm{d}F_p}{\mathrm{d}x}$,在单位时间、单位体积中复合掉的非平衡空穴数为 $\frac{\Delta p}{\tau_p}$,则单位时间、单位体积中减少的非平衡空穴数为

$$-\frac{\mathrm{d}(\Delta p)}{\mathrm{d}t} = \frac{\mathrm{d}F_p}{\mathrm{d}x} + \frac{\Delta p}{\tau_p} \tag{1-61}$$

将(1-58)式代入(1-61)式,得非平衡空穴的扩散方程为

$$-\frac{\mathrm{d}(\Delta p)}{\mathrm{d}t} = -D_p \frac{\mathrm{d}^2(\Delta p)}{\mathrm{d}x^2} + \frac{\Delta p}{\tau_p} \tag{1-62}$$

考虑稳态情况,$\frac{\mathrm{d}(\Delta p)}{\mathrm{d}t}=0$,扩散方程可写为

$$D_p \frac{\mathrm{d}^2(\Delta p)}{\mathrm{d}x^2} = \frac{\Delta p}{\tau_p} \tag{1-63}$$

类似地,电子的稳态扩散方程为

$$D_n \frac{\mathrm{d}^2(\Delta n)}{\mathrm{d}x^2} = \frac{\Delta n}{\tau_n} \tag{1-64}$$

2. 扩散系数与迁移率的关系

考虑热平衡时在 n 型硅中存在电场 $\mathscr{E}$,沿 x 方向,见图 1-21。在电场 $\mathscr{E}$ 的作用下,存在电子的漂移电流;同时由于电势能 $[-qV(x)]$ 的存在,电子密度是 x 的函数,于是存在扩散电流,它们分别为

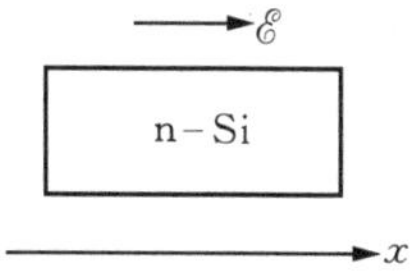

$$\sigma\mathscr{E} \text{ 及 } -\left(-qD_n \frac{\mathrm{d}n}{\mathrm{d}x}\right)$$

图 1-21 导出 D 和 μ 关系的示意图

在稳定情况下,它们之和等于零,即

$$qD_n \frac{\mathrm{d}n}{\mathrm{d}x} + \sigma\mathscr{E} = qD_n \frac{\mathrm{d}n}{\mathrm{d}x} + nq\mu_n \left(-\frac{\mathrm{d}V}{\mathrm{d}x}\right) = 0 \tag{1-65}$$

考虑到电势能$[-qV(x)]$对能带的影响,导带底为$E_c - qV(x)$,有

$$\frac{\mathrm{d}n(x)}{\mathrm{d}x} = n(x)\frac{q}{k_BT} \cdot \frac{\mathrm{d}V}{\mathrm{d}x} \tag{1-66}$$

将(1-66)式代入(1-65)式,得到μ与D之间的关系,

$$\frac{D_n}{\mu_n} = \frac{k_BT}{q} \tag{1-67}$$

称为爱因斯坦关系。类似地,对空穴有

$$\frac{D_p}{\mu_p} = \frac{k_BT}{q} \tag{1-68}$$

我们从平衡条件下推得了爱因斯坦关系,它也可应用于偏离平衡的情况。

参考文献

[1-1] H. F. Wolf, *Semiconductor*, New York, John Wiley & Sons Inc., 1971.
[1-2] R. A. 史密斯著,高鼎三等译,半导体,科学出版社,1987.
[1-3] 黄昆、谢希德,半导体物理学,科学出版社,1958.
[1-4] A. B. Philips, *Transistor Engineering*, McGraw-Hill, New York, 1962.
[1-5] 陈星弼、唐茂成,晶体管原理,国防工业出版社,1981.
[1-6] M. B. Prince, *Bell Syst. Tech. J.*, **41**, 387(1962).

习 题

1-1 画出立方晶格中的(100)及(111)晶面。

1-2 某一晶面如图 1-22 所示,试确定它的密勒指数。

1-3 硅是金刚石结构,它的晶格常数是 5.43 Å,计算其最邻近的原子间距。

1-4 ① 求 300 K 时本征 Si 的电阻率;
② 在每 10^5 Si 原子中掺入一个磷原子,求其电阻率。

1-5 在硅片中掺入 $2\times 10^{16}/\mathrm{cm}^3$ 的硼和 $10^{16}/\mathrm{cm}^3$ 的磷原子,计算室温下它的电子密度、空穴密度及电阻率。

1-6 某半导体材料在室温时 $\mu_n = 1\,350\ \mathrm{cm}^2/\mathrm{V} \cdot \mathrm{s}$,试计算电场为(1)$10^2$ V/cm 及(2)10^5 V/cm 时的电子漂移速度,讨论结果的有效性。

1-7 求下列情形的间接复合率:
① 电子和空穴密度远小于 n_i。
② 电子和空穴密度相等并远大于 n_i。

1-8 某含磷浓度为 $5.5\times 10^{16}/\mathrm{cm}^3$ 的硅薄膜,经光照后,电导率增加了一倍,问光照产生的非平衡载流子密度 Δn 和 Δp 是多少?

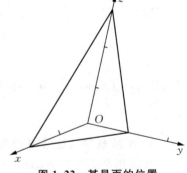

图 1-22 某晶面的位置

第二章 p-n 结

采用扩散、合金、离子注入等制造工艺,可以在一块半导体中获得不同掺杂的两个区域,这种 p 型区和 n 型区之间的冶金学边界称 p-n 结。双极型及 MOS 型半导体器件是由一个或几个 p-n 结组成的,研究 p-n 结的交、直流特性,是搞清这些器件机理的基础。本章先叙述 p-n 结空间电荷区中的电场、电位分布,然后推导 p-n 结的伏安特性,阐述它的电容效应,最后简单说明击穿机理。

形成 p-n 结的最常用方法是杂质扩散,得到的杂质分布为余误差函数或高斯函数。为数学处理方便起见,本章及下章在讨论 p-n 结特性和 p-n-p 晶体管特性时,通常用突变结或线性缓变结来近似地表示扩散结,这种结的杂质分布如图 2-1 所示。

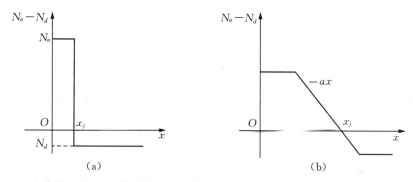

图 2-1 突变结(适用于窄扩散结)(a)和线性缓变结(适用于深扩散结)(b)中的杂质分布

2.1 平衡 p-n 结

2.1.1 空间电荷区和接触电位差

我们先考察两块分离的 p 型半导体及 n 型半导体,它们的能带如图 2-2(a)所示。由于在 p 型半导体中有大量空穴及少量电子,而 n 型半导体中则有大量电子少量空穴,因此它们的费密能级是不相等的。现在考虑在一块半导体上制成相邻接的 p 型区及 n 型区,n 区半导体中的电子比 p 区多得多,电子就由 n 区向 p 区扩散,在 p-n 结边界的 n 型侧留下带正电荷的施主离子;同样,空穴将从 p 区向 n 区扩散,在 p-n 结边界的 p 型侧留下带负电荷的受主离子,p-n 结交界面两侧不再呈现电中性,出现了带正、负电荷的区域,称为空间电荷区。空间电荷区中的电场方向由 n 区指向 p 区,称为 p-n 结的自建电场。这一自建电场的存在,使 p-n 结中不仅有载流子的扩散作用,而且也存在载流子的漂移作用,且它们的运动方向恰好相反,随着扩散运动的进行,空间电荷区的电场不断增强,使漂移运动也随之增强,最终将使载流子的扩散运动与漂移运动达到动态平衡,使 p-n 结的净电流为零。达到平衡时的 p-n 结能带图如图 2-2(b)所示,此时 p 区及 n 区中费密能级相等,即 $E_{Fp} = E_{Fn} = E_F$,这表明 p 区导带和价带的能量比 n 区的高 qV_D,V_D 称为 p-n 结的接触电势差。由于 n 区中导带电子运动到 p 区导带必须爬越能量为 qV_D 的势垒,因此空间电荷区也称为势垒区。

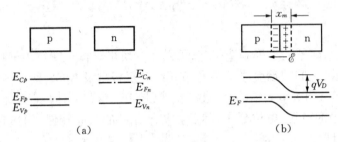

图 2-2 分离半导体的能带图(a)及平衡 p-n 结的能带图(b)

为求得接触电位差,我们考察热平衡时的情况,此时空穴电流必须为 0,即由

$$J_p = -qD_p \frac{\mathrm{d}p}{\mathrm{d}x} + qp\mu_p \mathscr{E} \tag{2-1}$$

可解得空间电荷区中的电场强度为

$$\mathscr{E} = \frac{k_B T}{q} \frac{1}{p} \frac{\mathrm{d}p}{\mathrm{d}x} \tag{2-2}$$

推导中我们利用了爱因斯坦关系 $\frac{D}{\mu} = \frac{k_B T}{q}$。令 ψ 表示电势,则(2-2)式也可写为

$$\mathscr{E} = \frac{\mathrm{d}\psi}{\mathrm{d}x} = \frac{k_B T}{q} \frac{1}{p} \frac{\mathrm{d}p}{\mathrm{d}x} \tag{2-3}$$

将(2-3)式在空间电荷区内积分:

$$-\int_{\psi_p}^{\psi_n} \mathrm{d}\psi = \frac{k_B T}{q} \int_{p_p}^{p_n} \frac{\mathrm{d}p}{p}$$

$$-(\psi_n - \psi_p) = \frac{k_B T}{q} \ln \frac{p_n}{p_p}$$

而接触电势差 $V_D = \psi_n - \psi_p$,于是

$$V_D = \frac{k_B T}{q} \ln \frac{p_p}{p_n} \tag{2-4a}$$

由图 2-2 的能带图可知,它就是 p 型和 n 型半导体中原先费密势之差,即

$$V_D = \psi_{Fn} - \psi_{Fp} = \frac{k_B T}{q} \ln \frac{p_p}{p_n} \tag{2-4b}$$

在室温下杂质均已电离,因此有

$$p_p = N_a(-x_p), \quad p_n = \frac{n_i^2}{n_n} = \frac{n_i^2}{N_d(x_n)}$$

假设坐标原点取在 p-n 结冶金结处，$-x_p$ 为空间电荷区 p 型半导体侧的边界坐标，x_n 为空间电荷区 n 型半导体侧的边界坐标，$N_a(-x_p)$ 和 $N_d(x_n)$ 分别表示 $-x_p$ 处的受主杂质浓度和 x_n 处的施主杂质浓度，把上式代入 (2-4) 式可得

$$V_D = \frac{k_B T}{q} \ln \frac{N_a(-x_p) N_d(x_n)}{n_i^2} \tag{2-5}$$

对于突变结，两边杂质分布是均匀的，有

$$V_D = \frac{k_B T}{q} \ln \frac{N_a N_d}{n_i^2} \tag{2-6a}$$

对于线性缓变结，杂质分布为 $N(x) = ax$，其中 a 为杂质的浓度梯度。设空间电荷区厚度为 x_m，有

$$V_D = 2 \frac{k_B T}{q} \ln \frac{a x_m}{2 n_i} \tag{2-6b}$$

典型突变结的 $N_a = 10^{18}\ \text{cm}^{-3}$、$N_d = 10^{16}\ \text{cm}^{-3}$，室温时的 $\frac{k_B T}{q} \approx 0.026\ \text{V}$，对锗合金结来说 $V_D \approx 0.37\ \text{V}$（$n_i = 2.5 \times 10^{13}\ \text{cm}^{-3}$）；对硅合金结，则有 $V_D \approx 0.75\ \text{V}$（$n_i = 1.5 \times 10^{10}\ \text{cm}^{-3}$）。

硅线性缓变结的接触电势差 V_D 与杂质浓度梯度的关系曲线如图 2-3 所示。

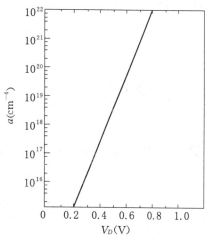

图 2-3　硅线性缓变结的 V_D-a 曲线（选自 [2-1]）

2.1.2　空间电荷区的电场和电势分布

下面我们以突变结为例来导出空间电荷区的电场和电势分布。

图 2-4 画出了突变结的一维杂质分布及空间电荷区的电荷密度、电场和电势分布。

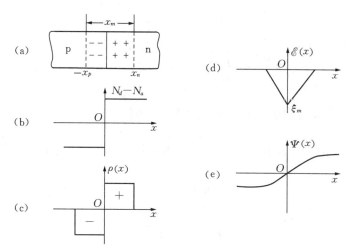

图 2-4　突变结 (a) 的杂质浓度 (b)、电荷密度 (c)、电场强度 (d) 和电势 (e) 分布图

我们从泊松方程出发来导出空间电荷区中的电势分布。泊松方程是描述空间电荷区中电荷密度和电场(电势)之间关系的方程式,即

$$\nabla^2 \psi = -\frac{\rho}{\varepsilon\varepsilon_0} \tag{2-7a}$$

式中 ε、ε_0 分别表示相对介电常数及真空电容率,ρ 为电荷密度。为简单起见,以一维方程描述 p-n 结空间电荷区中 ψ 与 ρ 的关系,于是(2-7a)式可写为

$$\frac{d^2\psi}{dx^2} = -\frac{\rho(x)}{\varepsilon\varepsilon_0} \tag{2-7b}$$

考虑到杂质全部电离,在空间电荷区中有

$$\rho(x) = q(N_d - N_a + p - n) \tag{2-8}$$

假设空间电荷区中的自由载流子密度为零,即采用耗尽层近似,电荷密度就可表达为

$$\left.\begin{array}{ll}\rho(x) = -qN_a & (-x_p < x < 0) \\ \rho(x) = qN_d & (0 < x < x_n) \\ \rho(x) = 0 & (x < -x_p \text{ 或 } x > x_n)\end{array}\right\} \tag{2-9}$$

把(2-9)式代入(2-7b)式可得

$$\left.\begin{array}{ll}\dfrac{d^2\psi}{dx^2} = \dfrac{qN_a}{\varepsilon\varepsilon_0} & (-x_p < x < 0) \\ \dfrac{d^2\psi}{dx^2} = -\dfrac{qN_d}{\varepsilon\varepsilon_0} & (0 < x < x_n)\end{array}\right\} \tag{2-10}$$

积分一次,并根据如下的边界条件来决定常数:在空间电荷区的边界上电场强度为零,可得

$$\mathscr{E}(x) = \begin{cases} -\dfrac{d\psi}{dx} = -\dfrac{qN_a}{\varepsilon\varepsilon_0}(x + x_p) & (-x_p < x < 0) \\ -\dfrac{d\psi}{dx} = \dfrac{qN_d}{\varepsilon\varepsilon_0}(x - x_n) & (0 < x < x_n) \end{cases} \tag{2-11}$$

由此我们得到空间电荷区中的电场呈线性分布,且为负值;在 p 型侧,斜率为 $-\dfrac{qN_a}{\varepsilon\varepsilon_0}$,在 n 型侧的斜率为 $\dfrac{qN_d}{\varepsilon\varepsilon_0}$,如图 2-4(d)所示。$x = 0$ 处为电场最强的地方,在该点电场连续,于是有

$$\mathscr{E}_m = -\frac{qN_a}{\varepsilon\varepsilon_0}x_p = \frac{-qN_d}{\varepsilon\varepsilon_0}x_n \tag{2-12}$$

即

$$qN_a x_p = qN_d x_n \tag{2-13}$$

其物理意义是空间电荷区两侧正负电荷的总数必须相等。

把(2-11)式再积分一次,并考虑下列边界条件:取 $x=0$ 处的电位为零,可得电位分布:

$$\psi(x) = \begin{cases} \dfrac{qN_a}{2\varepsilon\varepsilon_0}x^2 + \dfrac{qN_a x_p}{\varepsilon\varepsilon_0}x & (-x_p < x < 0) \\ -\dfrac{qN_d}{2\varepsilon\varepsilon_0}x^2 + \dfrac{qN_d x_n}{\varepsilon\varepsilon_0}x & (0 < x < x_n) \end{cases} \tag{2-14}$$

如图 2-4(e)所示。

令 x_m 表示空间电荷区宽度 $x_n + x_p$,由(2-13)式可得

$$\left. \begin{array}{l} x_n = \dfrac{N_a x_m}{N_a + N_d} \\ x_p = \dfrac{N_d x_m}{N_a + N_d} \end{array} \right\} \tag{2-15}$$

设加在 p-n 结上的外加电压为 V,若忽略空间电荷区以外的电压降,则根据(2-14)式有

$$V_D - V = \psi(x_n) - \psi(-x_p) = \dfrac{q}{2\varepsilon\varepsilon_0}(N_d x_n^2 + N_a x_p^2) \tag{2-16}$$

将(2-15)式代入(2-16)式得

$$x_m = \left[\dfrac{2\varepsilon\varepsilon_0}{q}(V_D - V)\dfrac{N_a + N_d}{N_d N_a}\right]^{1/2} \tag{2-17}$$

对于单边突变结,空间电荷区主要向 n 型侧或 p 型侧扩展,故有

$$x_m \approx \begin{cases} x_n = \left[\dfrac{2\varepsilon\varepsilon_0}{q}\dfrac{(V_D - V)}{N_d}\right]^{1/2} & (p^+\text{-}n \text{ 结}) \\ x_p = \left[\dfrac{2\varepsilon\varepsilon_0}{q}\dfrac{(V_D - V)}{N_a}\right]^{1/2} & (n^+\text{-}p \text{ 结}) \end{cases} \tag{2-18}$$

设在硅突变 p-n 结中, $N_d = 10^{16}$ cm^{-3},$N_a = 4 \times 10^{18}$ cm^{-3},则算得零偏时的势垒高度、耗尽层宽度和最大电场强度分别为

$$V_D = \dfrac{k_B T}{q} \ln \dfrac{N_a N_d}{n_i^2} = 0.83(\text{V})$$

$$x_m \approx x_n = \left[\dfrac{2\varepsilon\varepsilon_0}{q}\dfrac{(V_D - V)}{N_d}\right]^{1/2} = 3.29 \times 10^{-5}(\text{cm})$$

$$\mathscr{E}_m = \dfrac{-qN_D}{\varepsilon\varepsilon_0}x_n = -5 \times 10^4 (\text{V/cm})$$

由此可知,零偏时 p-n 结空间电荷区中的电场强度即达每厘米数万伏,若加上反向偏压,则可高达每厘米数十万伏。

对于线性缓变结,耗尽层内杂质分布可写为

$$N_d - N_a = ax$$

于是
$$\rho(x) = qax \tag{2-19}$$

泊松方程可表达为
$$\frac{d^2\psi}{dx^2} = -\frac{q}{\varepsilon\varepsilon_0}ax \tag{2-20}$$

解此方程,并取 $x = 0$ 处的电位为零,我们可得电场分布为
$$\mathscr{E}(x) = \frac{qa}{2\varepsilon\varepsilon_0}\left[x^2 - \left(\frac{x_m}{2}\right)^2\right] \tag{2-21}$$

最大电场强度在 $x = 0$ 处,可写为
$$\mathscr{E}_m = -\frac{qa}{2\varepsilon\varepsilon_0}\left(\frac{x_m}{2}\right)^2 \tag{2-22}$$

电势分布函数为
$$\psi(x) = -\frac{qa}{6\varepsilon\varepsilon_0}x^3 + \frac{qax_m^2}{8\varepsilon\varepsilon_0}x \tag{2-23}$$

空间电荷区宽度为
$$x_m = \left[\frac{12\varepsilon\varepsilon_0(V_D - V)}{qa}\right]^{1/3} \tag{2-24}$$

设某一硅线性缓变结的杂质浓度梯度 $a = 5 \times 10^{20} \text{ cm}^{-4}$,可算得零偏时的接触电势差、势垒宽度及最大电场强度分别如下:

接触电势差由图 2-3 查得 $V_D = 0.7 \text{ V}$,因此势垒宽度
$$x_m = \left[\frac{12\varepsilon\varepsilon_0(V_D - V)}{qa}\right]^{1/3} = 4.79 \times 10^{-5} \text{ (cm)}$$

最大电场强度
$$\mathscr{E}_m = -\frac{qa}{2\varepsilon\varepsilon_0}\left(\frac{x_m}{2}\right)^2 = -2.2 \times 10^4 \text{ (V/cm)}$$

线性缓变结的杂质分布、电荷密度、电场和电势分布如图 2-5 所示。

我们在求解泊松方程时,假设势垒区中载流子是耗尽的,即空间电荷区中没有载流子,但实际情况是耗尽层中有一定数量的载流子,其密度和中性区中的载流子密度之间存在玻耳兹曼关系。

若以对称的突变结($N_a = N_d$)为例,在势垒区 n 型侧,电子的玻耳兹曼分布为
$$n(x) = n_n^0 e^{-qV(x)/k_BT}$$

式中 n_n^0 为中性区的电子密度,$qV(x)$ 为势垒区与中性区导带底的能量差。取势垒区中某点 x',它的电势比中性区低 $\frac{3kT}{q}$,则该点的电子密度为

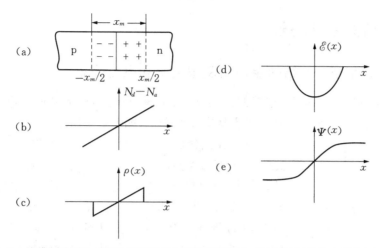

图 2-5 线性缓变结(a)的杂质浓度(b)、电荷密度(c)、电场强度(d)和电势(e)分布图

$$n(x') = n_n^0 e^{-3} \approx 0.05 N_d$$

这表明在该点载流子密度仅为中性区的 5%，即 95% 的载流子"耗尽"了，因此可采用耗尽的假设，从 x' 到中性区，耗尽近似越来越差，直至到中性区，载流子全部保留。

由(2-14)式的电势表达式考虑到对称突变结，可求出 x' 到中性区的距离为

$$\frac{x_m}{2} - x' = \frac{x_m}{2}\left(\frac{6k_B T}{qV_D}\right)^{1/2}$$

若取 $V_D = 20\frac{k_B T}{q}$，则

$$\frac{x_m}{2} - x' \approx 0.55\frac{x_m}{2}$$

由此可知大约有一半势垒区中的载流子并未耗尽。

考虑到势垒区中载流子并未耗尽的情况，电场和载流子分布如图 2-6 中虚线所示，即在势垒区边界上电场或载流子密度并不突变为零，而有一个逐渐过渡的区域，它也同样对势垒电容值有影响，我们在 2.3 节中采用耗尽层近似求出势垒电容表达式后再进行修正，就是考虑了这一影响。线性缓变结也有类似情况，这里不再赘述。

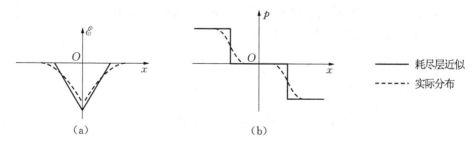

图 2-6 对称突变结的空间电荷区中，电场强度(a)和载流子密度(b)的分布

2.2 p-n 结的直流特性

2.2.1 加偏压 p-n 结的能带图及载流子和电流分布

在 p-n 结上加以正向偏压,随着偏压的升高,电流很快上升;加以反向电压,电流很小,且几乎不随电压而变化,如图 2-7 所示。

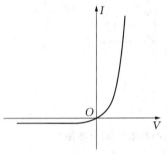

图 2-7 p-n 结伏安特性曲线

下面我们分析为什么会出现这种现象。在 p-n 结上加以正向电压 V_F,若忽略势垒区外中性区的电压降,则结上的电势差由平衡时的 V_D 下降为 $(V_D - V_F)$,即势垒高度变为 $q(V_D - V_F)$,也就是 n 区的能级相对于 p 区上升了 qV_F,如图 2-8(a) 所示。由于势垒高度降低了 qV_F,使原先平衡的扩散电流和漂移电流被破坏了,势垒区中电场减弱,减小了漂移电流数值,扩散电流超过漂移电流,于是有净电流流过 p-n 结,p 区空穴向 n 区扩散,n 区电子向 p 区扩散,使势垒区两边的 p 区及 n 区均有少数载流子积累,这些少子不断向 p 区及 n 区内部扩散,在扩散过程中逐渐与多子复合,使少子数不断减少而趋于热平衡值。

p-n 结上加以正向电压,使势垒区两侧的载流子密度超过了平衡值,因此不再能用统一的费密能级来描述它们,我们引入空穴和电子的准费密能级的概念,则非平衡时的载流子密度仍可用平衡时的载流子密度表达式来计算;也就是说,(1-9) 及 (1-11) 式仍适用,只要把准费密能级值代替原先的费密能级值即可。

我们先讨论空穴费密能级的变化情况。在 p 区内部,由于注入到 p 区的电子已复合完毕,即 p 区空穴就是它热平衡时的值,因此费密能级仍为热平衡时的值 E_{Fp};在势垒区附近一个扩散长度范围内,由于注入的非平衡少数载流子——电子的存在,电子和空穴的准费密能级将分离,如果考虑小注入情况,则在上述区域内空穴密度仍近似等于热平衡时的空穴密度,这意味着在此区域内空穴的准费密能级 E'_{Fp} 与其热平衡时的值 E_{Fp} 相重合,在势垒区内空穴的准费密能级变化很小,且势垒区很薄,近似认为其准费密能级值不变,仍为热平衡时的空穴费密能级值 E_{Fp},在空穴的一个扩散长度范围内的 n 区,由于注入的空穴不断与电子复合,空穴密度迅速减少,要求准费密能级 E'_{Fp} 增大,直到在空穴扩散长度处,空穴密度基本上达到 n 区中空穴的热平衡时的数值,即 E'_{Fp} 与 n 区的费密能级 E_{Fn} 重合,E'_{Fp} 的变化示于图 2-8(a)。类似地可得到电子的准费密能级 E'_{Fn} 的变化,如图 2-8(a) 所示。从图中我们可以看到,在 n 型侧势垒区边界 x_n 处的空穴密度为

$$p(x_n) = N_V e^{-(E'_{Fp} - E_{Vn})/k_B T} \tag{2-25}$$

由于在 x_n 处 E'_{Fp} 近似等于中性 p 区的 E_{Fp},于是

$$E'_{Fp} - E_{Vn} = E_{Fp} - E_{Vp} + q(V_D - V_F) \tag{2-26}$$

代入 (2-25) 式有

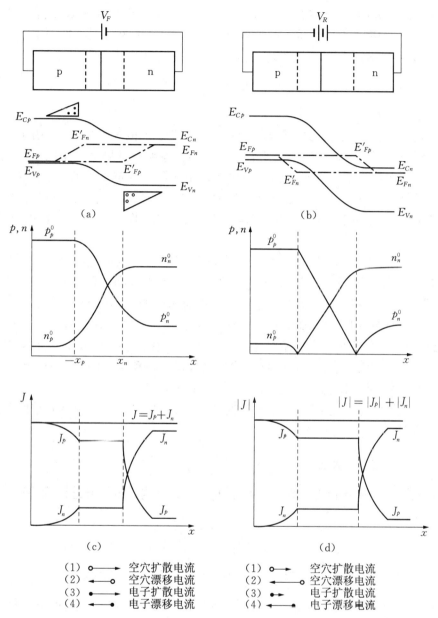

图 2-8 外加电压下 p-n 结的能带图;正偏 p-n 结的准费密能级变化情况(a);反偏 p-n 结的准费密能级变化情况(b);正偏时载流子密度与电流密度分布(c);反偏时载流子密度与电流密度分布(d)

$$p(x_n) = N_V e^{-(E_{F_p}-E_{V_p})/k_B T} e^{-q(V_D-V_F)/k_B T}$$

$$= p_p^0 e^{-q(V_D-V_F)/k_B T} = p_n^0 e^{qV_F/k_B T} \qquad (2-27)$$

其中使用了 $\dfrac{p_p^0}{p_n^0} = e^{qV_D/k_B T}$ 的关系。

随着注入的空穴向 n 区内部运动而逐步复合,非平衡空穴数逐步减少,直至等于中性 n 区的空穴数,即大约在一个空穴扩散长度内,注入的空穴数即衰减到接近于中性 n 区平衡时的空穴密度,如图 2-8(a)所示。类似地,可得$(-x_p)$处的电子密度为

$$n(-x_p) = n_p^0 \mathrm{e}^{qV_F/k_BT} \tag{2-28}$$

其分布也示于图 2-8(a)。

在 p 区,主要是空穴电流密度 J_p;在 p 区的一个电子扩散长度范围内,由于注入少子的存在,且不断与空穴复合,使空穴电流略有减少。我们忽略空间电荷区中的产生-复合作用,因此该区域内空穴电流密度不变;在 n 区,注入的空穴不断与电子复合,使空穴电流不断减少,电子电流逐步增加;也就是说,空穴电流不断转化为电子电流,在一个空穴扩散长度以外的 n 区就基本上转化为电子电流。至于电子电流的分布,也与空穴电流有类似的结果,见图 2-8(c)。

在 p-n 结上加反向偏压 V_R,结上的势垒高度从 qV_D 上升至 $q(V_D+V_R)$,势垒区中的自建电场 $\mathscr{E}$ 增大,载流子的漂移电流超过了扩散电流,p-n 结有净电流流过。由于破坏了 p-n 结的平衡,我们仍以准费密能级来描述 p-n 结。在势垒区的边界的 p 区侧,由于反向偏压的作用,少子(电子)被扫向 n 区,因此电子数几乎为零;在 p 区内部,就有电子扩散到$(-x_p)$处,因此准费密能级主要在一个电子扩散长度范围内变化,类似地,在 n 区中空穴准费密能级主要也是在一个空穴扩散长度内变化。我们仍假设电子和空穴的准费密能级在空间电荷区内不变,于是得到准费密能级的变化情况,如图 2-8(b)所示。

根据上述定性叙述,再参照正向 p-n 结的情况,我们可以画出反偏 p-n 结的载流子及电流密度分布情况,如图 2-8(d)所示。

2.2.2　p-n 结的伏安特性

考虑载流子在 p-n 结中以一维方式运动,那么空穴和电子的一维连续性方程分别为

$$\left. \begin{aligned} \frac{\partial p_n}{\partial t} &= -\frac{1}{q}\frac{\partial J_p}{\partial x} - \frac{\Delta p_n}{\tau_p} \\ \frac{\partial n_p}{\partial t} &= \frac{1}{q}\frac{\partial J_n}{\partial x} - \frac{\Delta n_p}{\tau_n} \end{aligned} \right\} \tag{2-29}$$

式中 $\Delta p_n = p_n - p_n^0$ 及 $\Delta n_p = n_p - n_p^0$ 分别为非平衡空穴密度和电子密度,p_n^0 为 n 区中平衡时的空穴密度,n_p^0 为 p 区中平衡时的电子密度,τ_p 和 τ_n 为空穴和电子的寿命,J_p 和 J_n 为空穴和电子的电流密度,它们分别为

$$\left. \begin{aligned} J_p &= qp_n\mu_p\mathscr{E} - qD_p\frac{\partial p_n}{\partial x} \\ J_n &= qn_p\mu_n\mathscr{E} + qD_n\frac{\partial n_p}{\partial x} \end{aligned} \right\} \tag{2-30}$$

把(2-30)式代入(2-29)式,并忽略载流子运动的漂移分量,可以得到如下形式的一维连续性方程:

$$\left.\begin{array}{l}\dfrac{\partial p_n}{\partial t}=D_p\dfrac{\partial^2 p_n}{\partial x^2}-\dfrac{\Delta p_n}{\tau_p}\\[6pt]\dfrac{\partial n_p}{\partial t}=D_n\dfrac{\partial^2 n_p}{\partial x^2}-\dfrac{\Delta n_p}{\tau_n}\end{array}\right\} \qquad (2\text{-}31)$$

在稳定情况下，载流子密度不随时间变化，若不考虑平衡载流子密度随距离的变化，空穴和电子的连续性方程可改写为

$$\left.\begin{array}{l}\dfrac{\mathrm{d}^2\Delta p_n}{\mathrm{d}x^2}-\dfrac{\Delta p_n}{L_p^2}=0\\[6pt]\dfrac{\mathrm{d}^2\Delta n_p}{\mathrm{d}x^2}-\dfrac{\Delta n_p}{L_n^2}=0\end{array}\right\} \qquad (2\text{-}32)$$

式中 $L_p=\sqrt{D_p\tau_p}$，$L_n=\sqrt{D_n\tau_n}$，分别为空穴和电子的扩散长度。

下面我们从 (2-32) 第一式出发来求解空穴的分布，该方程的通解是

$$\Delta p_n = A\mathrm{e}^{x/L_p}+B\mathrm{e}^{-x/L_p} \qquad (2\text{-}33)$$

设 W_n 表示 n 型半导体的厚度（见图 2-9），通常情况下 $W_n \gg L_p$，为数学上处理方便，我们取如下边界条件：

$$\left.\begin{array}{l}x=0,\quad \Delta p_n=p_n^0(\mathrm{e}^{qV_J/k_BT}-1)\\ x\to\infty,\quad \Delta p_n=0\end{array}\right\} \qquad (2\text{-}34)$$

把 (2-34) 式代入 (2-33) 式，可解得

$$\left.\begin{array}{l}A=0\\ B=p_n^0(\mathrm{e}^{qV_J/k_BT}-1)\end{array}\right\} \qquad (2\text{-}35)$$

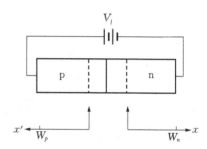

图 2-9 推导 p-n 结正向电流时的 p-n 结示意图

于是，非平衡空穴密度为

$$\Delta p_n = p_n^0(\mathrm{e}^{qV_J/k_BT}-1)\mathrm{e}^{-x/L_p} \qquad (2\text{-}36)$$

在 $x=0$ 处的空穴电流密度为

$$J_p = -qD_p\dfrac{\mathrm{d}p_n}{\mathrm{d}x}\bigg|_{x=0} = \dfrac{qD_p p_n^0}{L_p}(\mathrm{e}^{qV_J/k_BT}-1) \qquad (2\text{-}37)$$

类似地，可从 (2-32) 第二式出发，把坐标原点取在势垒区 p 型侧边界处，坐标正向沿 x 相反方向，解得 p 区中电子分布及势垒区 p 型侧边界处的非平衡电子密度和电子电流密度分别为

$$\Delta n_p = n_p^0(\mathrm{e}^{qV_J/k_BT}-1)\mathrm{e}^{-x'/L_n} \qquad (2\text{-}38)$$

$$J_n = \dfrac{qD_n n_p^0}{L_n}(\mathrm{e}^{qV_J/k_BT}-1) \qquad (2\text{-}39)$$

假定在势垒区中没有产生复合作用，即电流通过势垒区时不变，于是得到通过 p-n 结的总电流为

$$J = J_p + J_n = \left(\frac{qD_p p_n^0}{L_p} + \frac{qD_n n_p^0}{L_n}\right)(e^{qV_J/k_BT} - 1) \tag{2-40}$$

对于更为严格的结果,即边界条件(2-34)第二式改为

$$x = W_n, \quad \Delta p_n = 0$$

则非平衡空穴、电子密度分布及其电流密度分别为

$$\Delta p_n = p_n^0(e^{qV_J/k_BT} - 1)\frac{\sh\left(\frac{W_n - x}{L_p}\right)}{\sh\left(\frac{W_n}{L_p}\right)} \tag{2-41}$$

$$\Delta n_p = n_p^0(e^{qV_J/k_BT} - 1)\frac{\sh\left(\frac{W_p - x'}{L_n}\right)}{\sh\left(\frac{W_p}{L_n}\right)} \tag{2-42}$$

$$J = \left(\frac{qD_p p_n^0}{L_p}\cth\frac{W_n}{L_p} + \frac{qD_n n_p^0}{L_n}\cth\frac{W_p}{L_n}\right)(e^{qV_J/k_BT} - 1) \tag{2-43}$$

当 $W_n \gg L_p, W_p \gg L_n$ 时,由于 $\cth\frac{W_n}{L_p} \approx 1$, $\cth\frac{W_p}{L_n} \approx 1$,(2-43)式即简化为(2-40)式;若 $W_n \ll L_p, W_p \ll L_n$,则 $\cth\frac{W_n}{L_p} \approx \frac{L_p}{W_n}$, $\cth\frac{W_p}{L_n} \approx \frac{L_n}{W_p}$,(2-43)式有如下形式:

$$J = \left(\frac{qD_p p_n^0}{W_n} + \frac{qD_n n_p^0}{W_p}\right)(e^{qV_J/k_BT} - 1) \tag{2-44}$$

必须注意,我们在导出(2-40)式时,作过一些简化的假设,现归纳如下:

(1) 外电压完全降落在空间电荷区,在空间电荷区以外的材料上不存在电场;

(2) 设 $W_n \gg L_p, W_p \gg L_n$,并设非平衡少子到达 p 区或 n 区电极之前均已复合完,即达到热平衡时的数值,由此边界条件可近似写为(2-34)式;

(3) 在势垒区中不存在产生和复合,即电流通过势垒区时其值不变;

(4) 注入的少子密度远小于多子密度,即假定小注入情况;

(5) 不讨论表面对 p-n 结载流子运动的影响。

(2-40)、(2-43)及(2-44)式是 p-n 结的直流基本方程,也称理想二极管定律。

在反向电压下,V_J 为负值,且 $|V_J| \gg \frac{k_BT}{q}$,因此在直流基本方程中指数项可略去,p-n 结的电流密度为常数:

$$J_0 = \begin{cases} -\left[\dfrac{qD_p p_n^0}{L_p}\cth\dfrac{W_n}{L_p} + \dfrac{qD_n n_p^0}{L_n}\cth\dfrac{W_p}{L_n}\right] \\ -\left(\dfrac{qD_p p_n^0}{L_p} + \dfrac{qD_n n_p^0}{L_n}\right) \quad (W_n \gg L_p, W_p \gg L_n) \\ -\left(\dfrac{qD_p p_n^0}{W_n} + \dfrac{qD_n n_p^0}{W_p}\right) \quad (W_n \ll L_p, W_p \ll L_n) \end{cases} \tag{2-45}$$

于是,通过 p-n 结的电流可表示为

$$J = |J_0|(e^{qV_j/k_BT} - 1) \tag{2-46}$$

对单边突变结,若为 p^+-n 结,有

$$J_0 \approx \begin{cases} -\dfrac{qD_p p_n^0}{L_p}\text{cth}\dfrac{W_n}{L_p} \\ -\dfrac{qD_p p_n^0}{L_p} & (W_n \gg L_p) \\ -\dfrac{qD_p p_n^0}{W_n} & (W_n \ll L_p) \end{cases} \tag{2-47}$$

若为 n^+-p 结,有

$$J_0 \approx \begin{cases} -\dfrac{qD_n n_p^0}{L_n}\text{cth}\dfrac{W_p}{L_n} \\ -\dfrac{qD_n n_p^0}{L_n} & (W_p \gg L_n) \\ -\dfrac{qD_n n_p^0}{W_p} & (W_p \ll L_n) \end{cases} \tag{2-48}$$

2.2.3 势垒区的复合和大注入对正向伏安特性的影响

上面导出的 p-n 结伏安特性,我们并未考虑势垒区的复合及大注入条件,下面我们将考虑它们对正向伏安特性的影响。

1. 势垒区的复合

我们假定:

$$\left.\begin{array}{l} p = n \\ \tau_n = \tau_p = \tau \\ n_1 = p_1 = n_i \end{array}\right\} \tag{2-49}$$

式中 n_1 和 p_1 分别是费密能级与复合中心能级重合时导带的电子密度和价带的空穴密度。

上述假设表明,我们考虑的是势垒区中的本征面,不计电子和空穴寿命的差异,且认为复合中心能级处于最有效的情况:位于禁带的中央。考虑到势垒区中电子为玻耳兹曼分布,该区中电子密度与 n 区势垒边界处的电子密度有如下关系

$$n(x) = n_n^0 \exp\{q[\psi(x) - \psi(x_n)]/k_BT\}$$

坐标系的选取与求得(2-14)式时相同,x 点的空穴密度与 n 区势垒边界处的空穴密度的关系为

$$p(x) = p_n \exp\{-q[\psi(x) - \psi(x_n)]/k_BT\}$$

而

$$p_n = p_n^0 e^{qV_j/k_BT}$$

于是将 $p(x)n(x) = n_i^2 e^{qV_j/k_BT}$ 代入(1-43)式,可得

$$R = \frac{n_i}{2\tau} \frac{e^{qV_J/k_BT} - 1}{e^{qV_J/2k_BT} + 1}$$

势垒区中的复合电流密度为

$$J_R = \int_0^{x_m} qR \, dx = qx_m \frac{n_i}{2\tau} \frac{e^{qV_J/k_BT} - 1}{e^{qV_J/2k_BT} + 1} \tag{2-50}$$

当 $V_J > \dfrac{2k_BT}{q}$ 时，得

$$J_R = qx_m \frac{n_i}{2\tau} e^{qV_J/2k_BT} \tag{2-51}$$

对于 p^+-n 结来说，扩散电流可表达为

$$J_D = \frac{qD_p p_n^0}{L_p}(e^{qV_J/k_BT} - 1)$$

仍假定 $V_J > \dfrac{2k_BT}{q}$，并利用(1-15)式有

$$\frac{J_D}{J_R} = \frac{2}{x_m} \frac{L_p}{N_d} n_i e^{qV_J/2k_BT} = \frac{2L_p\sqrt{N_CN_V}}{x_mN_d} e^{(-E_g+qV_J)/2k_BT} \tag{2-52}$$

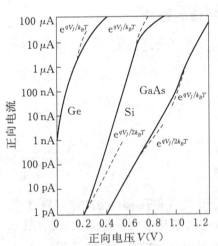

图 2-10 室温下三种不同材料的二极管的伏安特性(选自[2-2])

这表明扩散电流和复合电流的比值主要取决于 E_g, V_J 及 T，在室温下，常用的半导体材料的情况如下：

对锗 p-n 结，$E_g = 0.67$ eV，在一般的正向电压 ($V_J < 0.3$ V)下，$J_D \gg J_R$，可不考虑复合电流；

对砷化镓，$E_g = 1.43$ eV，当 $V_J < 0.9$ V 时，$J_R \gg J_D$，可不考虑扩散电流；

对硅，$E_g = 1.12$ eV，当 $V_J < 0.3$ V 时，$J_R \gg J_D$，以复合电流为主，此时正向电流按 $e^{qV_J/2k_BT}$ 规律变化；当 $V_J > 0.45$ V 时，$J_D \gg J_R$ 以扩散电流为主。

上述三种材料的正向伏安特性示于图 2-10。

2. 大注入

在 p-n 结中，当注入的少数载流子密度达到甚至超过多数载流子密度时，称为大注入。下面我们将以 p^+-n 结为例来说明大注入情况下的伏安特性。

在 p^+-n 结的势垒区边界上(设 $x=0$)，注入的空穴密度为

$$p(0) = p_n^0 e^{qV_J/k_BT} = \frac{n_i^2}{n_n(0)} e^{qV_J/k_BT} \tag{2-53}$$

由于注入的空穴密度很大，与 n 区中电子密度相比不能忽略，为维持半导体体内的电中性，在势垒区的边界上电子密度将变为

$$n_n(0) = n_n^0 + p(0) \tag{2-54}$$

将(2-54)式代入(2-53)式得

$$p(0)\left[1 + \frac{p(0)}{n_n^0}\right] = \frac{n_i^2}{n_n^0} e^{qV_J/k_BT} \tag{2-55}$$

在大注入的情况下,假定 $p(0) \gg n_n^0$,则(2-55)式可化简为

$$p(0) = n_i e^{qV_J/2k_BT} \tag{2-56}$$

考虑到由小注入向大注入过渡时,指数项中的系数逐渐由 1 变为 2,因此在一般情况下,(2-56)式可写为

$$p(0) = n_i e^{qV_J/nk_BT} \tag{2-57}$$

于是

$$J_p \sim e^{qV_J/nk_BT} \tag{2-58}$$

在小注入时 $n = 1$,在大注入 $n = 2$,p^+-n 结的正向电流随电压按 $e^{qV_J/2kT}$ 规律变化。在图 2-10 中,当电压较高时正向伏安曲线偏离虚线,这正表明了这一变化规律。

根据简化的假设,并考虑到大注入时漂移项对电流的贡献,可以推得 p^+-n 结在 $W_n \ll L_p$ 时大注入情况下的空穴电流密度表达式为

$$J_p = 2qD_p \frac{n_i}{W_n} e^{qV_J/2k_BT} \tag{2-59}$$

把(2-59)式与小注入的电流密度公式相比较,除了上面已指出的电流随电压变化规律不同外,还有如下不同:

(1) 大注入时正向电流的扩散系数比小注入时增加了一倍;

(2) 大注入时空穴电流密度与 n 区的杂质浓度无关,但与 n_i 成正比,而小注入时空穴电流密度是与 n_i^2/N_D 成正比的。

由(2-40)式可知,正向伏安特性的电流密度与电压成指数关系,也就是在较小的正向电压下,电流很小,正向电压增加到某一值以后,电流迅速上升。通常规定正向电流达到某一值(一般在几百微安到几毫安范围内)时的正向电压称为正向导通电压(正向阈值电压)V_F,其值与掺杂浓度和温度有关,室温下锗 p-n 结的 V_F 约为 0.3 V,硅 p-n 的 V_F 约为 0.7 V。

根据(2-40)式,考虑到 p^+-n 结情况,有

$$I = AJ = \frac{AqL_p N_C N_V}{\tau_p N_d} e^{(-E_g+qV_J)/k_BT}$$

指数前的系数对掺杂浓度相同的锗、硅 p-n 结来说是差不多的,但它们的指数项则有较大的差异,禁带越宽,要达到相同电流的正向阈值电压 V_F 越大。由于 $(E_g)_{Si} - (E_g)_{Ge} = 1.12 - 0.72 = 0.4 (eV)$,因此当掺杂浓度相同时,在室温下硅 p^+-n 结的正向阈值电压比锗高 0.4 V;对同种材料来说,低掺杂一边的杂质浓度(上例的 N_D)越高,正向阈值电压 V_F 越大。

由于 p-n 结正向电流随温度升高而上升,故正向阈值电压随温度升高而下降。

2.2.4 势垒区的反向产生电流

根据(2-50)式,当 $V_J < 0$ 时,式中的指数项可略去,势垒区中的复合电流为负值,即反映为势垒产生电流,产生电流密度为

$$|J_G| = \frac{qn_i x_m}{2\tau} \quad (2-60)$$

考虑了这部分电流对反向电流的贡献,我们可以得出如下结果:

(1) p-n 结反向电流为反向扩散电流与反向产生电流之和,其值比只考虑反向扩散电流时为大,特别是对禁带宽度 E_g 较大的半导体(如硅),反向电流的主要贡献为 p-n 结的势垒区产生电流;

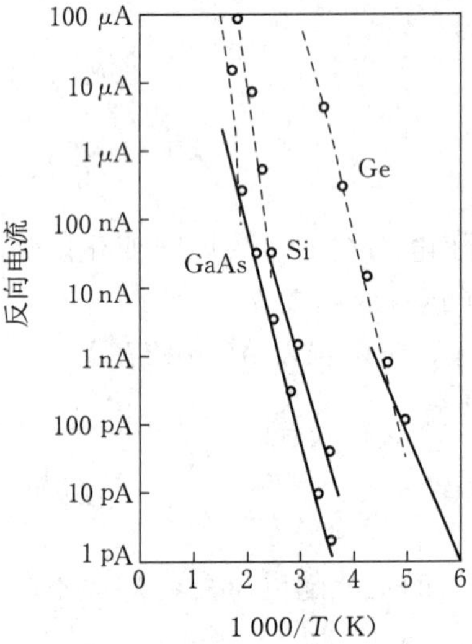

(2) 由于势垒区产生电流与势垒宽度 x_m 成正比,在 J_G 起主要作用的 p-n 结中,反向电流不饱和;

(3) 取反向扩散电流密度与反向产生电流密度的比,得

$$\frac{J_D}{J_G} = \frac{2L_p n_i}{x_m N_D} \quad (\text{p}^+\text{-n 结}) \quad (2-61)$$

而

$$n_i = \sqrt{N_C N_V} e^{-E_g/2k_0 T}$$

对禁带宽度小的材料,如锗 p-n 结,通常温度下以扩散电流为主,仅在低温时才以势垒产生电流为主。对硅 p-n 结,E_g 较大,通常温度下以势垒区产生电流为主,只有在很高温度下才以扩散电流为主。对砷化镓 p-n 结,E_g 更大,在实际可用的温度范围内,始终以产生电流为主,如图 2-11 所示。

图 2-11 反向电流与温度的关系
(选自[2-2])

2.3 p-n 结电容

p-n 结的正反向电流有很大差异,表明它的正向电阻很小而反向电阻很大,亦即它可用于整流。实验证实,仅当频率较低时,p-n 结才能有效地整流,随着频率升高,整流特性较差,甚至会完全失去整流作用,其原因是 p-n 结的电容效应,如图 2-12 所示。在高频时,由于电容的旁路作用,使 p-n 结反向阻抗大大降低,从而使整流作用失效。

p-n 结电容可分为势垒电容及扩散电容,前者由势垒区中的空间电荷随外加电压变化而引起,后者由势垒区两边积累的非平衡少子电荷随外加电压变化所引起。

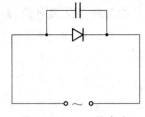

图 2-12 p-n 结电容的旁路作用

2.3.1 突变结势垒电容

在平衡时,p-n 结的势垒区中存在电荷。设势垒厚度为 x_m,见图 2-13(a);在 p-n 结上加

以正向电压(或者 p-n 结上的正向电压增加,或 p-n 结上的反向电压减小),势垒宽度减小,这就要求 p 区的空穴和 n 区的电子流入空间电荷区,补偿杂质离子的电荷,使之成为中性区,这相当于空间电荷区"充电",如图 2-13(b);再在 p-n 结上加反向电压(或在 p-n 结上的正向电压减小,或 p-n 结上的反向电压增加),势垒宽度增加,有一部分空穴和电子从半导体的电中性区流出而成为空间电荷区,这相当于空间电荷区的"放电",见图 2-13(c)。

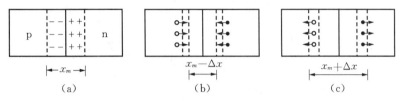

图 2-13 在平衡时(a)和加正偏(b)或反偏(c)后 p-n 结势垒电容的变化

根据(2-13)式,势垒区中的电荷量为

$$|Q| = AqN_a x_p = AqN_d x_n$$

或

$$|Q| = A\left[2q\varepsilon\varepsilon_0 \frac{N_a N_d}{N_a + N_d}(V_D - V_J)\right]^{1/2} \tag{2-62}$$

按照电容的定义

$$C = \frac{dQ}{dV}$$

可得突变结势垒电容为

$$C_T = A\left[\frac{q\varepsilon\varepsilon_0}{2(V_D - V_J)}\left(\frac{N_a N_d}{N_a + N_d}\right)\right]^{1/2} \tag{2-63}$$

根据(2-17)式,可把(2-63)式改写为

$$C_T = A\frac{\varepsilon\varepsilon_0}{x_m} \tag{2-64}$$

这是平板电容器的公式,即可把 p-n 结的势垒电容看作平板电容器,其板距为势垒宽度 x_m。

对 p^+-n 结,$N_a \gg N_d$,(2-63)式可写为

$$C_T = A\left[\frac{q\varepsilon\varepsilon_0 N_d}{2(V_D - V_J)}\right]^{1/2} \tag{2-65}$$

对 n^+-p 结,$N_d \gg N_a$,(2-63)式可写为

$$C_T = A\left[\frac{q\varepsilon\varepsilon_0 N_a}{2(V_D - V_J)}\right]^{1/2} \tag{2-66}$$

这表明,单边突变结的势垒电容与掺杂浓度较低一侧的杂质浓度的平方根成正比,而与 $(V_D - V_J)$ 的平方根成反比。

锗和硅单边突变结的势垒电容、势垒宽度与电压及杂质浓度的关系示于图 2-14，图中 N_B 为轻掺杂侧的杂质浓度，也称衬底浓度。

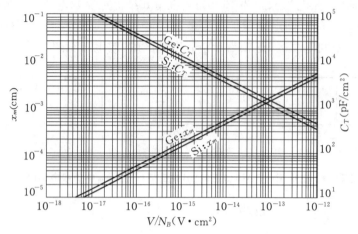

图 2-14　突变结势垒电容，势垒宽度与 V/N_B 的关系（$V=V_D-V_J$）（选自[2-3]）

在推导空间电荷区的电荷公式时，我们采用了耗尽层近似。因为(2-63)式是近似的，在较高的反偏下才较精确，零偏时的误差可达 40%，在 10 V 反偏时，误差才降至 3%。误差较大的原因是空间电荷区中存在自由载流子，计入自由载流子的作用，可推得对称突变结的势垒电容为

$$C_T = A\left[\frac{q\varepsilon\varepsilon_0}{2(V_D-V_J-2k_BT/q)}\left(\frac{N_aN_d}{N_a+N_d}\right)\right]^{1/2} \quad \left(1\leqslant\frac{N_a}{N_d}\leqslant 10\right) \quad (2\text{-}67)$$

不对称突变结的势垒电容为

$$C_T = A\left\{\frac{q\varepsilon\varepsilon_0 N_d}{2\left[V_D-V_J+\frac{k_BT}{q}\left(1-\ln\frac{N_a}{N_d}\right)\right]}\right\}^{1/2} \quad \left(\frac{N_a}{N_d}>10\right) \quad (2\text{-}68)$$

这里对称及不对称的含义是指 p-n 结两边杂质浓度差异的情况，列于各式的括号内。

由(2-67)式及(2-68)式可知，计入空间电荷区中的自由载流子作用，相当于势垒高度降低某一值，对称 p-n 结的势垒高度的实际值比耗尽层近似的结果低 $\frac{2k_BT}{q}$；不对称的 p-n 结，两者相差

$$\frac{k_BT}{q}\left(1-\ln\frac{N_a}{N_d}\right)$$

在较大反偏时，由于可以忽略 $\frac{2k_BT}{q}$ 或 $\frac{k_BT}{q}\left(1-\ln\frac{N_a}{N_d}\right)$，因此(2-63)式仍可使用。

2.3.2　线性缓变结势垒电容

在耗尽层近似的假设条件下，根据图 2-5，线性缓变结的空间电荷区内的总电荷量为

$$Q = \frac{A}{8}aqx_m^2 = \frac{1}{8}Aaq\left[\frac{12\varepsilon\varepsilon_0(V_D - V_J)}{qa}\right]^{2/3} \tag{2-69}$$

根据电容的定义,对 $V_D - V_J$ 求导,可得

$$C_T = A\left[\frac{qa\,(\varepsilon\varepsilon_0)^2}{12(V_D - V_J)}\right]^{1/3} \tag{2-70}$$

由于没有计入空间电荷区中的自由载流子,(2-70)式在零偏、正偏及低反偏下误差较大,如果计入自由载流子的影响,有

其中
$$\left.\begin{aligned} C_T &= A\left[\frac{qa\,(\varepsilon\varepsilon_0)^2}{12(V_g - V_J)}\right]^{1/3} \\ V_g &= \frac{2}{3}\frac{k_B T}{q}\ln\left[\frac{a^2\varepsilon\varepsilon_0\frac{k_B T}{q}}{8qn_i^3}\right] \end{aligned}\right\} \tag{2-71}$$

对硅 p-n 结,当 a 在 $10^{16} \sim 10^{23}\,\mathrm{cm^{-4}}$ 范围内,V_g 比 V_D 小 100 mV,因此可用 $V_D - 100$ mV 来代替(2-70)式中的 V_D,就得到较为精确的结果。更为精确的结果用 $V_D - 125$ mV 来代替(2-70)式中的 V_D,这里除了计入自由载流子的影响外,还考虑了接触电位差随外加电压的变化。

2.3.3　扩散结的势垒电容

在制造 p-n 结的常用扩散工艺中,若维持表面浓度 N_B 不变,则半导体中的杂质分布为余误差函数:

$$N(x) = N_S \operatorname{erfc}\frac{x}{2\sqrt{Dt}} \tag{2-72}$$

式中 D 为扩散温度下的扩散系数,t 为扩散时间;若维持半导体表面的杂质总量不变(在表面预淀积一定总量的杂质),设单位面积上有 N_I 个杂质原子,在进行主扩散后的杂质分布为高斯分布:

$$N(x) = \frac{N_I}{\sqrt{\pi Dt}}\exp\left(-\frac{x^2}{4Dt}\right) = N_S \exp\left(-\frac{x^2}{4Dt}\right) \tag{2-73}$$

采用耗尽层近似,计算了扩散结势垒电容,其势垒厚度与结电容的一组曲线示于图 2-15,图中 N_S 表示扩散层表面杂质浓度,N_B 表示衬底杂质浓度,x_m 为势垒区总宽度,x_1 为深入扩散层那部分势垒区的宽度。这组曲线适用于上述两种分布。它们相差甚微。由图中可见,随着 $V_D - V_J$ 的增大,曲线汇集于一条平行于斜坐标的直线,这相当于单边突变结,电容只决定于原材料杂质浓度,与扩散结深无关。x_m 与 $(V_D - V_J)^{1/2}$ 成正比,当 $(V_D - V_J)$ 之值较小时,各曲线分散且平行,相当于 x_m 与 $(V_D - V_J)^{1/3}$ 成正比,即线性缓变结的情形。

图 2-15 所示的曲线,由于是在耗尽层近似条件下取得的,因此仅适用于反偏较高的情况,而对于晶体管来说,实际应用时通常发射结为正向,正偏结的电容约为零偏电容的 2~3 倍,一般可取 2.5 倍。

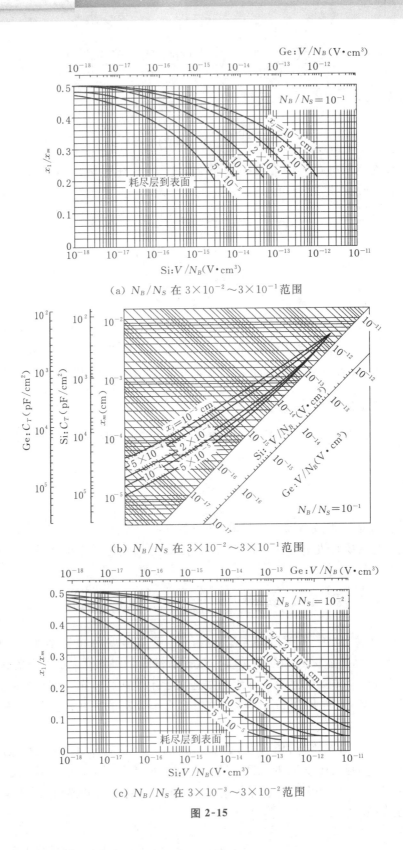

(a) N_B/N_S 在 $3\times10^{-2}\sim3\times10^{-1}$ 范围

(b) N_B/N_S 在 $3\times10^{-2}\sim3\times10^{-1}$ 范围

(c) N_B/N_S 在 $3\times10^{-3}\sim3\times10^{-2}$ 范围

图 2-15

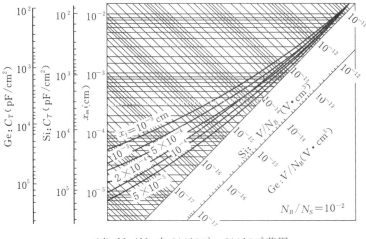

(d) N_B/N_S 在 $3\times10^{-3}\sim3\times10^{-2}$ 范围

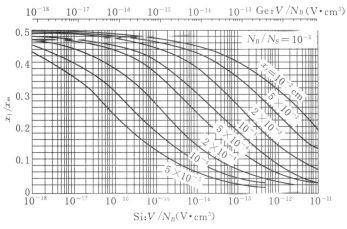

(e) N_B/N_S 在 $3\times10^{-4}\sim3\times10^{-3}$ 范围

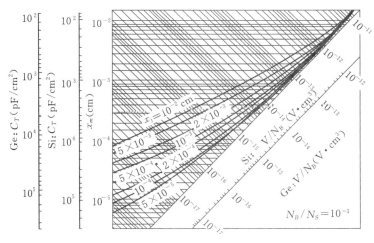

(f) N_B/N_S 在 $3\times10^{-4}\sim3\times10^{-3}$ 范围

图 2-15

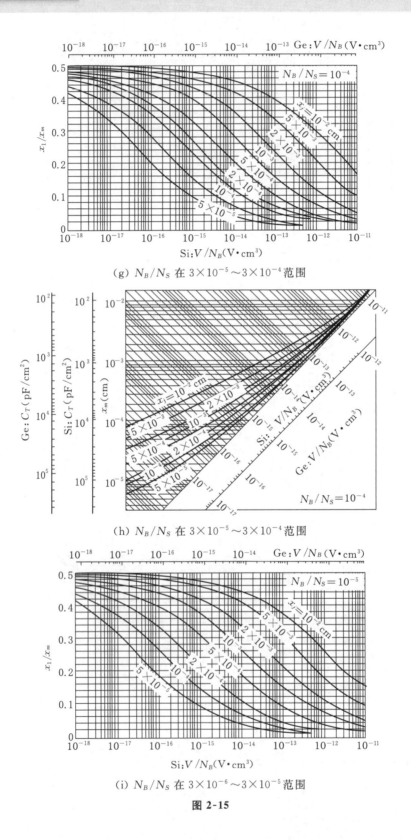

(g) N_B/N_S 在 $3\times10^{-5} \sim 3\times10^{-4}$ 范围

(h) N_B/N_S 在 $3\times10^{-5} \sim 3\times10^{-4}$ 范围

(i) N_B/N_S 在 $3\times10^{-6} \sim 3\times10^{-5}$ 范围

图 2-15

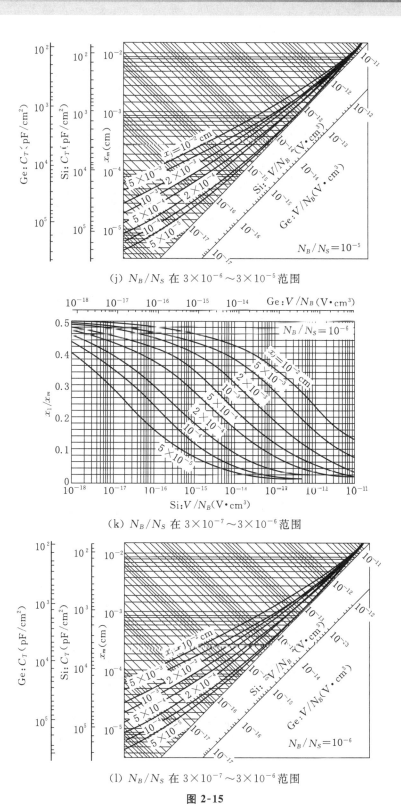

(j) N_B/N_S 在 3×10^{-6}~3×10^{-5} 范围

(k) N_B/N_S 在 3×10^{-7}~3×10^{-6} 范围

(l) N_B/N_S 在 3×10^{-7}~3×10^{-6} 范围

图 2-15

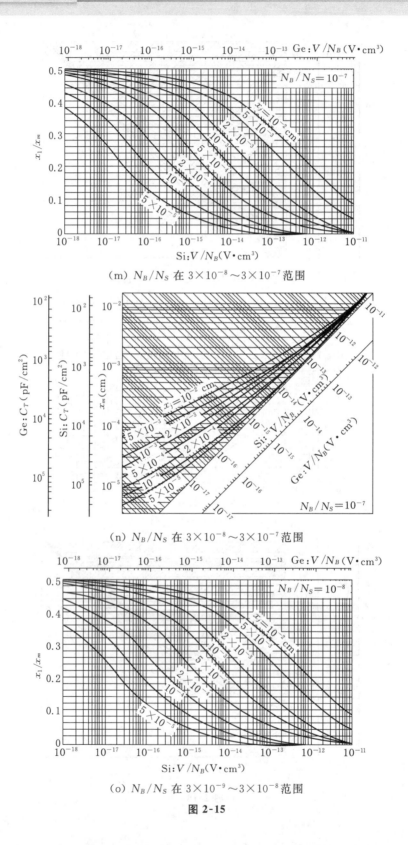

(m) N_B/N_S 在 $3\times10^{-8}\sim3\times10^{-7}$ 范围

(n) N_B/N_S 在 $3\times10^{-8}\sim3\times10^{-7}$ 范围

(o) N_B/N_S 在 $3\times10^{-9}\sim3\times10^{-8}$ 范围

图 2-15

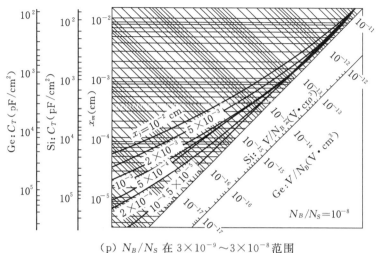

(p) N_B/N_S 在 $3\times 10^{-9} \sim 3\times 10^{-8}$ 范围

图 2-15　扩散结势垒电容和势垒宽度

2.3.4　p-n 结的扩散电容

1. p-n 结的小信号交流特性

若在 p^+-n 结的直流偏压上叠加一交流电压，则可把注入到 n 区的空穴密度分为直流及交流两个分量，再假设叠加的交流分量为正弦信号，那么我们可以把 n 区中的空穴密度表示为

$$p(x,t) = p_0(x) + p_1(x)\mathrm{e}^{\mathrm{j}\omega t} \tag{2-74}$$

式中 $p_0(x)$ 表示空穴密度的直流分量，$p_1(x)$ 表示空穴密度的交流分量幅值，ω 是角频率。将 (2-74) 式代入连续性方程 (2-29)，可得直流分量 $p_0(x)$ 的微分方程 (在 2.2.2 节中已获得其解) 及交流分量的微分方程，后者的形式如下：

$$\frac{\mathrm{d}^2 p_1(x)}{\mathrm{d}x^2} - \frac{1}{L_p^2}(1+\mathrm{j}\omega\tau_p)p_1(x) = 0 \tag{2-75}$$

式中 L_p 为扩散长度，即 $L_p^2 = D_p\tau_p$。设加在 p-n 结上的电压为

$$V = V_0 + V_1 \mathrm{e}^{\mathrm{j}\omega t} \tag{2-76}$$

V_0 为电压的直流分量，V_1 为电压的交流分量的幅值，于是可得 $x=0$ 处的空穴密度为

$$p(0,t) = p_n^0 \mathrm{e}^{q(V_0+V_1\mathrm{e}^{\mathrm{j}\omega t})/k_BT} \tag{2-77}$$

考虑到小信号条件，把上式展开，并取一级近似，则有

$$p(0,t) = p_n^0 \mathrm{e}^{qV_0/k_BT}\left(1 + \frac{qV_1}{k_BT}\mathrm{e}^{\mathrm{j}\omega t}\right) \tag{2-78}$$

由此可列出边界条件如下：

$$x = 0, \quad p_1(0) = p_n^0 e^{qV_0/k_BT} \frac{qV_1}{k_BT} \tag{2-79}$$

$$x \to \infty, \quad p_1 = 0$$

与求解直流时的微分方程(2-32)式相似,可求得(2-75)式解为

$$p_1(x) = p_n^0 e^{qV_0/k_BT} \cdot \frac{qV_1}{k_BT} e^{-\frac{x}{L_p}(1+j\omega\tau_p)^{1/2}} \tag{2-80}$$

再由扩散电流公式 $i_p = -AqD_p \dfrac{\mathrm{d}p_1}{\mathrm{d}x} e^{j\omega t}$ 求得电流如下:

$$i_p = i_{p1} e^{j\omega t} \tag{2-81a}$$

$$i_{p1} = A\left[\frac{qD_p p_n^0}{L_p} \cdot \frac{q}{k_BT}(1+j\omega\tau_p)^{1/2} e^{qV_0/k_BT}\right] e^{-\frac{x}{L_p}(1+j\omega\tau_p)^{1/2}} V_1 e^{j\omega t} \tag{2-81b}$$

式中 i_{p1} 及 V_1 分别是交流电流及电压的幅值。

由于通过 p$^+$-n 结的电流主要是空穴电流,电子电流可忽略,因此交流导纳为

$$y = \frac{i_p(0)}{V_1 e^{j\omega t}} = A \frac{qD_p p_n^0}{L_p} e^{qV_0/k_BT} \frac{q}{k_BT}(1+j\omega\tau_p)^{1/2}$$

$$\approx \frac{qI_F}{k_BT}(1+j\omega\tau_p)^{1/2} \tag{2-82}$$

式中 I_F 为直流电流(参见(2-46)及(2-47)式)。

考虑到频率较低情况,即 $\omega\tau_p \ll 1$,用级数展开之,并略去高次项,可得

$$y = \frac{qI_F}{k_BT}\left(1+j\omega\frac{\tau_p}{2}\right) = g + j\omega g\left(\frac{\tau_p}{2}\right) \tag{2-83}$$

式中

$$g = \frac{qI_F}{k_BT} \tag{2-84}$$

称为 p-n 结的电导,其物理意义就是 p-n 结的直流工作点(I_0, V_0)处的斜率。由于 p-n 结直流伏安特性是非线性的,因此随直流工作点的不同而斜率不同。

2. p-n 结的扩散电容

由导纳表达式(2-83)式可知,虚部的导纳反映了 p-n 结扩散区内的少子电荷随外界电压变化的情况,可把它看成电容:当电压增大,扩散区的少子积累增加,相当于电容充电;当电压减小,扩散区电荷减小,相当于电容放电,这一电容被称为 p-n 结扩散电容。根据(2-83)式,扩散电容为

$$C_D = g \cdot \frac{\tau_p}{2} \tag{2-85}$$

我们也可从 p-n 结的少子扩散区中所积累的电荷随电压的变化来导出扩散电容的表达

式，p-n 结中注入 n 区的空穴总电荷为

$$Q_n = Aq \int_0^{L_p} \Delta p(x) \mathrm{d}x \tag{2-86}$$

假定少子分布为线性分布：

$$\Delta p_n(x) = \Delta p_n(0)\left(1 - \frac{x}{L_p}\right)$$

$$= p_n^0(\mathrm{e}^{qV_0/k_BT} - 1)\left(1 - \frac{x}{L_p}\right) \tag{2-87}$$

代入(2-86)式可得

$$Q_n = \frac{1}{2}Aqp_n^0(\mathrm{e}^{qV_0/k_BT} - 1)L_p \tag{2-88}$$

扩散电容为

$$C_{Dn} = \frac{\mathrm{d}Q_n}{\mathrm{d}V_0} = \frac{1}{2}AqL_p\left(\frac{q}{k_BT}\right)p_n^0 \mathrm{e}^{qV_0/k_BT} \tag{2-89}$$

对 p$^+$-n 结来说，主要是 n 区中的少子积累，对扩散电容的贡献也主要是这部分少子，于是有

$$C_D = \left(\frac{q}{k_BT}\right)\left(\frac{\tau_p}{2}\right)\frac{AqD_p p_n^0 \mathrm{e}^{qV_0/k_BT}}{L_p}$$

$$= \left(\frac{qI_F}{k_BT}\right)\cdot\left(\frac{\tau_p}{2}\right) = g \cdot \left(\frac{\tau_p}{2}\right) \tag{2-90}$$

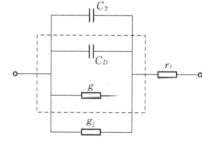

图 2-16 p-n 结的等效电路

p-n 结的等效电路如图 2-16 所示，图中虚线框的 g 和 C_D 是由连续方程直接导出的，称为 p-n 结的本征导纳，用 y_i 表示。在 y_i 上再加上 p-n 结的势垒电容 C_T、漏导 g_l 及串联电阻 r_s，就构成结构完整的等效电路。

在较高频率下，必须考虑级数展开的高次项，此时可把(2-82)式直接分解出实部和虚部得

$$y = \frac{qI_F}{k_BT}\left\{\left[\frac{1}{2}(1+\omega^2\tau_p^2)^{1/2} + \frac{1}{2}\right]^{1/2} + \mathrm{j}\left[\frac{1}{2}(1+\omega^2\tau_p^2)^{1/2} - \frac{1}{2}\right]^{1/2}\right\} \tag{2-91}$$

必须指出，扩散电容的概念只适用与频率 f 低于 $\frac{1}{2\pi\tau}$ 的情况，因为此时任意一瞬间的电压才对应着几乎稳定的少子分布，在更高的频率时，扩散电容概念将失去意义。

2.4 p-n 结击穿

p-n 结在反向电压下电流很小，当反向电压上升到 V_B 时电流突然变得很大，如图 2-17 所示，V_B 称为击穿电压。

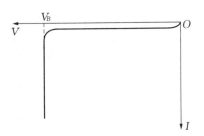

图 2-17 p-n 结的反向击穿

引起反向击穿的机构主要有雪崩效应、隧道效应和热效应三种,由雪崩效应和隧道效应引起的击穿统称为电击穿,由热效应引起的击穿称为热击穿。

发生击穿的 p-n 结,若未采取保护措施,会导致 p-n 结烧毁。可以利用 p-n 结击穿现象来稳定电路中的电压,作为稳压管使用,在该电路中有保护电阻以防止 p-n 结电流的无限增大。

2.4.1 电击穿

1. 雪崩击穿

在高反偏的 p-n 结势垒区中电场很强,载流子在强电场作用下将获得很大的动能,会发生碰撞电离激发出的新的电子–空穴对,这些新的电子–空穴对在强电场作用下,又会产生新的载流子,这种过程将不断继续下去,使新产生的载流子像雪崩似地增加,故称雪崩倍增效应。

我们定义雪崩倍增因子 M,它等于通过 p-n 结的总电流与进入势垒区的原始载流子电流之比。

再定义碰撞电离率 α_i:每一电子(或空穴)在单位距离内产生的电子–空穴对数。据此,每一个进入势垒区的载流子在经过整个势垒区 x_m 后,产生的电子–空穴对数 m 为

$$m = \int_0^{x_m} \alpha_i \, dx \tag{2-92}$$

这里我们假定电子和空穴的电离率相等,这对砷化镓是正确的,但对锗及硅则并不正确。为简化分析,我们仍作此假定。

当一个原始载流子进入势垒区后,产生 m 对第二代电子–空穴对,后者又产生 $m \cdot m = m^2$ 对第三代电子–空穴对,它又产生第四代 $m^2 \cdot m = m^3$ 对电子–空穴对,这样下去,总共产生的电子–空穴对数为

$$1 + m + m^2 + m^3 + \cdots = \frac{1}{1-m} = \frac{1}{1 - \int_0^{x_m} \alpha_i \, dx} \tag{2-93}$$

因此总电流 I 与进入势垒区的原始载流子的电流 I_0 之比为

$$M = \frac{I}{I_0} = \frac{1}{1 - \int_0^{x_m} \alpha_i \, dx} \tag{2-94}$$

M 就是雪崩倍增因子。当

$$\int_0^{x_m} \alpha_i \, dx \to 1 \text{ 时}, M \to \infty$$

此时流过 p-n 结的电流就很大,发生雪崩击穿。

在分析锗晶体管的雪崩击穿电压的基础上得出雪崩倍增因子的经验公式为

$$M = \frac{1}{1 - \left(\dfrac{V}{V_B}\right)^n} \tag{2-95}$$

式中 V_B 为雪崩击穿电压，n 为常数。该公式可近似用于硅 p-n 结。将锗、硅的 n 数值列于表 2-1。

表 2-1　雪崩倍增因子表达式中的 n 值

	n 型	p 型
硅	4	2
锗	3	6

图 2-18 画出了雪崩倍增的示意图，对 p^+-n 结来说，反向电流主要来自 n 区中的空穴，每一个空穴经过势垒区时由于 $m = \int_0^{x_m} \alpha_i \mathrm{d}x \to 1$，产生一对电子-空穴，其中空穴即被强电场扫入 p^+ 区，而电子在势垒区中运动，又产生一对电子-空穴，电子流入 n 区，空穴在势垒区中运动时又产生新的电子-空穴对，这个过程进行下去，就使电流很大。

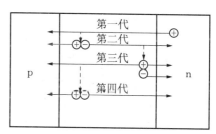

图 2-18　雪崩倍增过程

若把碰撞电离率 α_i 与电场关系的表达式代入(2-94)式，并利用雪崩击穿的条件，可以求得击穿电压的表达式。下面我们仅列出适用于各种半导体材料的普适经验公式。

对单边突变结有

$$V_B = 60 \left(\frac{E_g}{1.1}\right)^{3/2} \left(\frac{N_B}{10^{16}}\right)^{-3/4} (\mathrm{V}) \tag{2-96}$$

式中 E_g 为禁带宽度，单位是 eV；N_B 为低掺杂侧半导体的杂质浓度，单位是 cm^{-3}。常用半导体单边突变结的雪崩击穿电压如图 2-19 所示。

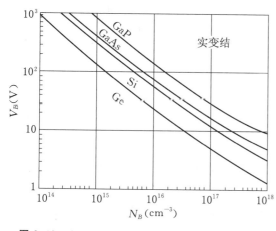

图 2-19　Ge、Si、GaAs、GaP 单边突变结的雪崩击穿电压与半导体中掺杂浓度的关系

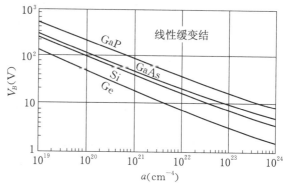

图 2-20　Ge、Si、GaAs、GaP 线性缓变结的雪崩击穿电压与半导体中掺杂浓度的关系

对线性缓变结的雪崩击穿电压,类似地有如下的经验公式:

$$V_B = 60 \left(\frac{E_g}{1.1}\right)^{6/5} \left(\frac{a}{3 \times 10^{20}}\right)^{-2/5} (\text{V}) \qquad (2\text{-}97)$$

式中 a 为线性缓变结的杂质浓度梯度,单位是 cm^{-4}。

线性缓变结的雪崩击穿电压与杂质浓度梯度的关系如图 2-20 所示。

文献[2-13]计算了硅扩散结的雪崩击穿电压与衬底杂质浓度的关系曲线,如图 2-21 所示,图中 N_B 是衬底杂质浓度,x_j 是扩散结结深,N_S 是扩散层表面杂质浓度。上述曲线与实验符合得较好。

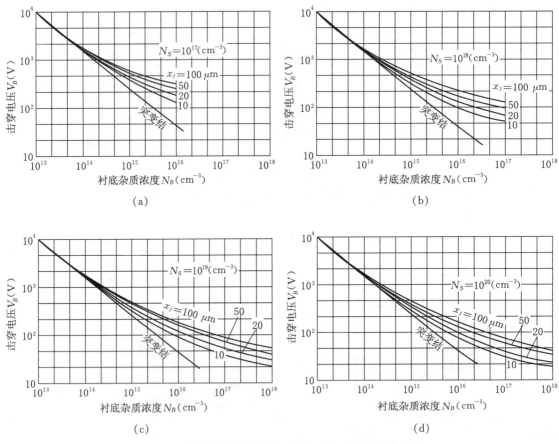

图 2-21 硅扩散结雪崩击穿电压与衬底杂质浓度的关系

雪崩击穿电压 V_B 与温度有关,根据雪崩击穿的机理,载流子在强电场区中运动时,通过碰撞电离而产生新的电子-空穴对。要实现碰撞电离,载流子必须积累一定的能量,随着温度的增加,半导体晶格振动加强,载流子与晶格碰撞几率增大,从而因碰撞而损失能量也就增加,因此要达到碰撞电离所需的动能,必须有更强的电场,因此,雪崩击穿电压随温度的增加而增加,也就是 V_B 的温度系数通常是正的。

2. 隧道击穿

由于电子具有波粒二象性,它可以穿过势能比电子动能高的势垒区,从而由 p 区的价带到达 n 区的导带,这种现象称为隧道效应,如图 2-22 所示。由于隧道效应而使 p-n 结击穿,称隧道击穿,也称齐纳击穿。

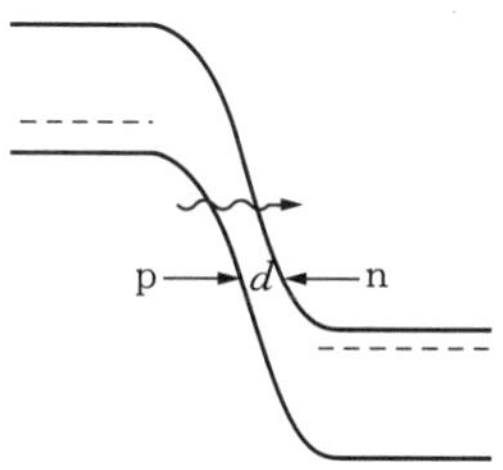

由量子力学计算可知,隧道电流

$$I_T \sim \exp\left(-\frac{4\sqrt{m^* E_g}}{3\hbar}d\right) \tag{2-98}$$

图 2-22 隧道效应

式中 m^* 为载流子的有效质量,E_g 为禁带宽度,$\hbar = \left(\dfrac{h}{2\pi}\right)$($h$ 为普朗克常数),d 如图 2-22 所示。由图 2-22 可知

$$d = \left(\frac{E_g}{q\mathscr{E}}\right) \tag{2-99}$$

因此,随着电场 $\mathscr{E}$ 的增大,d 变得很小,即使隧道电流 I_T 人人增大。

在锗和硅的 p-n 结中,引起隧道击穿所需的电场强度约为 10^6 V/cm,在重掺杂的 p-n 结中,势垒区宽度很小,在不太高的反偏下,势垒区中就可达到上述电场强度。

隧道击穿的击穿电压主要决定于 d,而 d 又正比于 E_g[见(2-99)式],多数半导体的禁带宽度 E_g 随温度增加而减小,亦即随着温度升高,击穿电压降低,击穿电压的温度系数是负的。

研究表明,击穿电压 $V_B < 4\left(\dfrac{E_g}{q}\right)$ 时主要是隧道击穿,$V_B > 6\left(\dfrac{E_g}{q}\right)$ 时主要是雪崩击穿,击穿电压在 $4 \sim 6\left(\dfrac{E_g}{q}\right)$ 之间,则是隧道效应和雪崩倍增效应的结合。对硅来说,$E_g = 1.12$ eV,若 $V_B < 4.5$ V 为隧道击穿,$V_B > 6.7$ V 为雪崩击穿;锗的 $E_g = 0.67$ eV,$V_B < 2.7$ V 的为隧道击穿,$V_B > 4.0$ V 的为雪崩击穿。

综上所述,我们可以把两种击穿作一比较,列于表 2-2。

表 2-2 隧道击穿与雪崩击穿的比较

	齐纳击穿			雪崩击穿		
	单边突变结 $N(\text{cm}^{-3})$	线性缓变结 $a(\text{cm}^{-4})$	击穿电压 $V_B(\text{V})$	单边突变结 $N(\text{cm}^{-3})$	线性缓变结 $a(\text{cm}^{-4})$	击穿电压 $V_B(\text{V})$
Si	$> 6 \times 10^{17}$	$> 5 \times 10^{23}$	< 4.5	$< 3 \times 10^{17}$	$< 1 \times 10^{23}$	> 6.7
Ge	$> 1 \times 10^{18}$	$> 2 \times 10^{23}$	< 2.7	$< 1 \times 10^{17}$	$< 4 \times 10^{22}$	> 4.0
温度系数	负温度系数			正温度系数		

2.4.2 热击穿

当 p-n 结中流过电流时,结发热,温度上升,特别在加以反偏的 p-n 结上,结温升高会使反向电流大大增加,从而进一步使结温上升,若没有良好的散热条件,会导致结的烧毁,这就是热击穿。

在 p-n 结上加以反向偏压 V_B,流过反向电流 I_0,其功率耗散为 $P = I_0 V_R$,这一功率损耗导致结温由环境温度 T_0 升到 T_j,设 p-n 结的热阻为 R_T,则单位时间带走的热量为 $\dfrac{T_j - T_0}{R_T}$,在热平衡时有

$$\frac{T_j - T_0}{R_T} = V_R I_0 \tag{2-100}$$

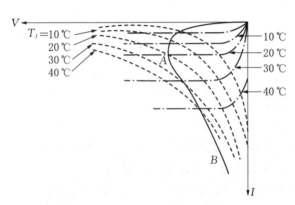

图 2-23 热击穿时的反向伏安曲线

对某一 T_j,(T_j, T_0) 是常数,V_R-I_0 曲线为双曲线。对不同的 T_j,(2-100)式是一族双曲线,如图 2-23 所示。

反向电流强烈地依赖温度:

$$I_0 \sim T_j^3 \exp\left(-\frac{E_{g0}}{k_B T_j}\right) \tag{2-101}$$

式中 E_{g0} 是 0 K 时的禁带宽度。不同的结温的伏安曲线如图 2-23 的点划线所示。

显而易见,反向伏安特性必须同时满足(2-100)及(2-101)式,因而实际的伏安特性由该两式的交点决定,如图 2-23 的实线所示,在 AB 段出现负阻效应。

p-n 结二极管在反偏工作时的示意图如图 2-24(a)所示。

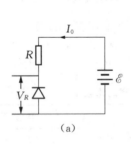 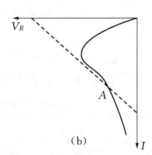

图 2-24 不恰当的工作点会使二极管发生热击穿

图(a)中 $\mathscr{E}$ 为外加直流电压,V_R 为二极管上的反向压降,则反向电流为

$$I_0 = \frac{\mathscr{E} - V_R}{R} \tag{2-102}$$

该式在 V-I 坐标中为直线即负载线,如图 2-24(b)中虚线所示。若该负载线与二极管的伏安曲线交于负阻区,如图 2-24(b)的 A 点,那么反向电流 I_0 任一微小增量 ΔI 均导致 V_R 降低,使 I_0 继续增大,这一恶性循环导致二极管烧毁,即热击穿。因此,二极管的工作点不应选

在负阻区上,这在功率管应用时尤应注意。此外,I_0 越大,管子越易发生热击穿,因此锗管比硅管更易发生热击穿。

参考文献

[2-1] H. C. Lin, *Integrated Electronics*, Holden-Day Book Co., 1967.
[2-2] A·S·格罗夫著,齐建译,半导体器件(物理与工艺),科学出版社,1976.
[2-3] A. B. Philips, *Transistor Engineering*, McGraw-Hill, New York, 1962.
[2-4] D. P. Kennedy, *Solid State Electronics*, **20**(4), 311(1977).
[2-5] R. Chawla and K. Gummel, *IEEE Tran. Electron Devices*, ED-**18**(3),178(1971).
[2-6] S. P. Morgen, F. M. Smits, *Bell Syst. Tech. J.*, **39**(6), 1573(1960).
[2-7] P. Van. Overstraeten, W. Nuyts, *J. Appl. Phys*, **43**(10), 4040(1972).
[2-8] H. Lawrence, M. Warner, *Bell Syst. Tech. J.*, 39, 389(1960).
[2-9] H. C. Poon, H. K. Gummel, *Proc. IEEE Lett.*, **57**(12), 2182(1969).
[2-10] S. L. Miller, *Phys. Rew.*, 99, 1234(1955).
[2-11] 宋南辛、徐义刚,晶体管原理,国防工业出版社,1980.
[2-12] S. M. Sze, G. Gibbons, *Appl. Phys. Lett.*, **8**(5), 111, (1966).
[2-13] R. L. Davies, *IEEE Trans. Electron Devices*, ED-**13**(12), 872(1962).
[2-14] H. F. Wolf, *Semiconductor*, Wiley-Inter-Science, New York, London, 1971.

习 题

2-1 设突变结两边的掺杂浓度均不能忽略,则接触电势差 V_D 和深入到 n 区和 p 区的势垒厚度 x_n 和 x_p 分别可以表示为

$$V_D = \frac{qN_aN_d(x_n+x_p)^2}{2\varepsilon\varepsilon_0(N_a+N_d)}$$

$$x_n = \left[\frac{2\varepsilon\varepsilon_0 V_D N_a}{qN_d(N_a+N_d)}\right]^{1/2}$$

$$x_p = \left[\frac{2\varepsilon\varepsilon_0 V_D N_d}{qN_a(N_a+N_d)}\right]^{1/2}$$

试推导之。

2-2 p^+-n 结中设 n 区的杂质浓度接近本征载流子浓度 n_i,试计算该结的接触电势差 V_D。

2-3 导出线性缓变结最大电场强度、电势分布、空间电荷区宽度及接触电势差的表达式。

2-4 锗 p^+-n 结的 n 区杂质浓度为 $N_D = 10^{15}/\text{cm}^3$,若外加电压为 $3\frac{kT}{q}$,求室温时 n 型侧势垒区边界的注入空穴密度,且判定是否满足小注入条件。

2-5 锗合金结二极管,p 区电阻率为 $0.001\ \Omega \cdot \text{cm}$,n 区为 $2.5\ \Omega \cdot \text{cm}$,n 区厚 $25\ \mu\text{m}$,面积为 $1.3 \times 10^{-3}\text{cm}^2$。计算室温下注入空穴密度等于 n 区热平衡电子密度时的正向电流。

2-6 硅 p-n 结的参数如下:

$$N_d = 10^{16}\text{cm}^{-3},\ N_a = 5 \times 10^{18}\text{cm}^{-3},\ \tau_n = \tau_p = 1\ \mu\text{s},\ A = 0.01\ \text{cm}^2$$

p 区及 n 区的宽度远大于少子的扩散长度。在室温下求正向电流为 1 mA 时的外加电压。

2-7 p-n结的空穴注射效率定义为在 $x = x_n$ 处的 I_p/I，试推导其表达式为

$$\gamma = \frac{I_p}{I} = \frac{1}{1 + \dfrac{\sigma_n L_p}{\sigma_p L_n}}$$

在二极管中欲使 γ 接近于 1，应采取哪些措施？

2-8 试计算锗合金二极管在室温下单位面积的势垒电容，已知 $N_a = 10^{18}\,\text{cm}^{-3}$，$N_d = 10^{15}\,\text{cm}^{-3}$ 和外加电压为 0 V。

2-9 硅合金结二极管的参数如下：

$$A = 1\,\text{mm}^2,\ W_p = 10\,\mu\text{m},\ W_n = 100\,\mu\text{m}$$
$$N_d = 10^{15}\,\text{cm}^{-3},\ N_a = 10^{17}\,\text{cm}^{-3}$$
$$\text{在 n 区}, D_p = 10\,\text{cm}^2/\text{s};\ \tau_p = 10^{-5}\,\text{s}$$
$$\text{在 p 区}, D_n = 25\,\text{cm}^2/\text{s};\ \tau_n = 4 \times 10^{-6}\,\text{s}$$

试计算在正偏 0.5 V 时的势垒电容和扩散电容，并比较之。

2-10 n 型硅衬底杂质浓度 $N_d = 5 \times 10^{16}\,\text{cm}^{-3}$，先预淀积 10^{15} 硼原子/cm²，再在 1 200 ℃ 下扩散 1 h 制成 p-n 结，设结面积为 $10^{-3}\,\text{cm}^2$，试计算零偏和反偏（−10 V）时的势垒电容（1 200 ℃ 下硼在硅中的扩散系数为 $2.25 \times 10^{-13}\,\text{cm}^2/\text{s}$）。

2-11 设 p^+-n 结中 n 区长度比空穴扩散长度大得多，在 $t = 0$ 时刻之前流过的电流为 I，$t = 0$ 以后电流呈指数衰减

$$i(t) = I\text{e}^{-t/\tau_p}$$

试计算：

(1) n 区内存储的电荷 $Q(t)$（是时间的函数）；

(2) 假定空穴在任何时候都是指数分布，试求结上电压 $V(t)$。

2-12 硅 p^+-n 结要求雪崩击穿电压为 60 V，n 区的杂质浓度应为多少？

第三章 晶体管的直流特性

半导体二极管由一个 p-n 结构成,利用 p-n 结的单向导电特性,二极管在整流、检波等方面获得了广泛应用;晶体管(半导体三极管)是由两个 p-n 结构成的三端器件。由于两个 p-n 结靠得很近,它具有放大电信号的能力,因此在电子电路中获得了更广泛的应用。本章将在 p-n 结理论的基础上讨论晶体管为什么有放大作用,以及其他一些特性,如反向电流、击穿电压、基极电阻。

3.1 概述

3.1.1 晶体管的基本结构

晶体管中的两个 p-n 结,一个称为发射结,另一个称为集电结。我们把两个 p-n 结划分为三个区:发射区、基区及集电区,相应的三个电极称为发射极、基极和集电极,并用 E、B、C(或 e、b、c)表示。晶体管有两种基本结构:p-n-p 管和 n-p-n 管,它们的结构图和符号图示于图 3-1(图中每个 p-n 结的势垒区均未画出,以下各图除有特殊需要外,均以此种方式表示)。

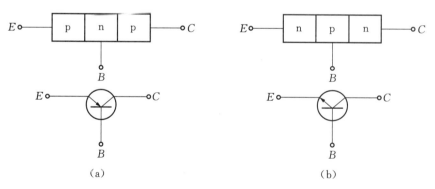

图 3-1　p-n-p 晶体管(a)和 n-p-n 晶体管(b)的结构和符号

尽管晶体管的制造工艺千差万别,但在理论上分析它的直流特性时,往往分成两类:一为基区杂质是均匀分布的,另一为基区杂质分布是不均匀的。前者的典型例子是合金结晶体管,其结构示意图如图 3-2(a)所示,图中还示出了它的杂质分布:发射区、基区及集电区中的杂质都为均匀分布。基区杂质为非均匀分布的晶体管种类很多,平面型晶体管则为使用最广泛的一种,其结构及采用扩散法制备发射区和基区时的杂质分布如图 3-2(b)所示。

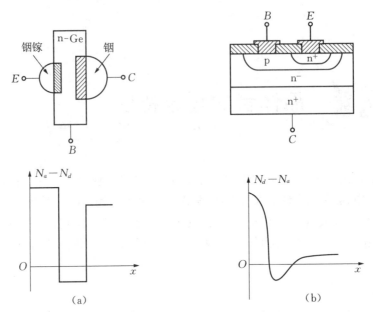

图 3-2 合金结晶体管(a)及平面型晶体管(b)的结构和杂质分布示意图

3.1.2 晶体管的放大作用

适当连接晶体管,可使它具有放大作用,典型的电路连接如图 3-3(a)所示。

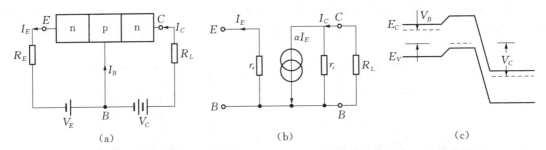

图 3-3 共基极连接的 n-p-n 晶体管放大电路的线路图(a)、等效电路(b)和能带图(c)

对 n-p-n 晶体管,当发射结(E-B 结)处于正向时,有大量电子从发射区注入到基区(由以下几节分析可知,虽然也有空穴自基区注入到发射区,但其数量比注入到基区的电子少得多,而对晶体管放大作用有贡献的仅为注入到基区的电子,因此下面仅考虑电子的运动情况)。如果两个结的距离(即基区宽度 W_b)很小,也就是比基区中的电子扩散长度 L_p 小得多,那么绝大部分电子可通过基区到达集电结边界,并在集电结电压 V_C 的作用下扫至集电区,形成集电极电流,它可用下式表达:

$$I_C = \alpha I_E + I_{CB0} \tag{3-1}$$

式中 I_C 是集电极电流;I_E 是发射极电流;α 是共基极电流放大系数,即发射极电流中对集电极电流有贡献的那部分电流(电子电流)所占的百分比,它是很接近于 1 的常数;I_{CB0} 是集电结反向饱和电流,这是由集电结加反向偏压 V_c 所引起的电流。

通常情况下,I_{CB0} 比 I_B 小得多,而 α 又接近 1,故

$$I_C \approx \alpha I_E \tag{3-2}$$

由上式可知,共基极连接的晶体管放大电路,对电流无放大作用。那么晶体管为什么有放大作用?我们考察图 3-3(b)晶体管的等效电路,输入回路的电流为 I_E,发射结电阻为 r_e,由于发射结处于正向,因此正向电阻 r_e 很小;在输出回路中,集电结加反偏,其结电阻 r_c 很大。集电极电流由 αI_E 及 I_{CB0} 两部分组成,与 I_E 有关的仅为 αI_E 项,因此输出回路为电流源 αI_E 与反向结电阻 r_c 并联而成,如图 3-3(b)所示。输入电压和输入功率为

$$V_i = I_E r_e$$

$$P_i = I_E^2 r_e$$

输出电压和输出功率为

$$V_o = I_C R_L$$

$$P_o = I_C^2 R_L$$

电压放大倍数为

$$G_V = \frac{I_C R_L}{I_E r_e} \approx \frac{R_L}{r_e}$$

功率放大倍数为

$$G_P = \frac{I_C^2 R_L}{I_E^2 r_e} \approx \frac{R_L}{r_e}$$

为使晶体管的输出功率最大,负载电阻 R_L 必须与晶体管输出阻抗 r_c 匹配,即 $R_L = r_c$(为说明方便起见,这里未考虑集电结的交流阻抗),而 r_c 是反偏的 p-n 结电阻,其值很大,即 $R_L \gg r_e$,因此 G_V 及 $G_P \gg 1$,这表明共基极连接的晶体管虽无电流放大,但仍有电压及功率放大。

加以偏压后的晶体管能带图示于图 3-3(c)。

因此,晶体管具有放大作用是由于:

(1) 基区宽度很小,即从发射区注入到基区的载流子绝大部分可到达集电区;

(2) 发射结正偏,不仅使结电阻很小,而且基区中存在着大量由发射区注入的少数载流子;

(3) 集电结反偏,结电阻很大。

3.1.3 晶体管内载流子的传输及电流放大系数

图 3-4 画出了 n-p-n 晶体管内部载流子传输的过程。图中用虚线表示电子流,实线表示空穴流;相对的箭头表示复合,相反的箭头表示产生。按图 3-3(a)所示的情况,发射结处于正偏,大量电子从发射区注入到基区,同时也有空穴从基区注入到发射区。在发射区中,有一部分电子流与空穴流复合,即发射区中有一部分电子流逐步转换为空穴流,如图中1、4所

示(这里忽略了发射结势垒区中的复合);注入到基区中的电子流有一部分与基区中的空穴流复合,即转换为空穴流,如图中的 2、5,注入到基区的大部分电子由于扩散(及漂移)运动到达集电结边界,在集电结反向强电场的作用下被扫入集电区,并从集电极流出,即图中 3 所示;在集电结反向电压作用下,集电结势垒区及在扩散长度内产生的电子-空穴对,在电场的作用下分别流向集电区和基区,形成集电极反向饱和电流,如图中 6、7 所示。根据对晶体管放大作用的分析,我们知道由发射区注入并到达集电区的电子电流 3 才对放大作用有贡献,我们希望这部分电流大,其他分量尽可能小。

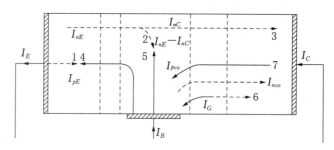

图 3-4　载流子传输过程图

直流共基极电流放大系数的定义为

$$\alpha = \frac{I_C}{I_E} \tag{3-3}$$

按照图 3-4 所示的输运过程,α 由以下三个因子组成:

$$\alpha = \gamma \beta^* \alpha^* \tag{3-4}$$

式中 γ 称为发射效率,也称为注射比,它表示注入到基区的电子电流与发射极总电流之比

$$\gamma = \frac{J_{nE}}{J_E} = \frac{J_{nE}}{J_{nE} + J_{pE}} = \frac{1}{1 + J_{pE}/J_{nE}} \tag{3-5}$$

式中 J_E 是发射极电流密度,J_{pE}、J_{nE} 分别是发射极空穴电流密度和电子电流密度。根据以上分析,就 γ 而言,对放大作用有贡献的是注入到基区的电子电流 J_{nE},J_{pE} 并无贡献,因此希望 J_E 中 J_{nE} 大、J_{pE} 小,或者 J_{pE}/J_{nE} 尽可能小,从而使 γ 接近于 1。

β^* 称为基区输运系数,它表示到达集电结的电子电流与注入到基区的电子电流之比,即

$$\beta^* = \frac{J_{nC}}{J_{nE}} \tag{3-6}$$

式中 J_{nC} 表示到达集电结的电子电流密度。根据 β^* 的定义,它反映了载流子在基区中的复合损失,为使 β^* 接近 1,要求基区中复合损失越小越好。

α^* 称为集电区倍增因子,它表示集电极总电流与到达集电结的电子电流之比,即

$$\alpha^* = \frac{J_C}{J_{nC}} \tag{3-7}$$

一般来说，α^* 等于 1，仅在集电区杂质浓度很低的情况下，α^* 才可能大于 1。

根据这些定义，有

$$\alpha = \gamma \beta^* \alpha^* = \frac{J_{nE}}{J_E} \frac{J_{nC}}{J_{nE}} \frac{J_C}{J_{nC}} = \frac{J_C}{J_E}$$

当集电结反向电压增加到雪崩电压附近时，集电结势垒区产生雪崩倍增效应，使集电极电流迅速增大，此时，在电流放大系数中还应乘以雪崩倍增因子

$$\alpha = \gamma \beta^* \alpha^* M \tag{3-8}$$

尽管以上讨论及定义是针对 n-p-n 晶体管的，但同样适用于 p-n-p 晶体管，只要将电子和空穴对换即可。

实际电路中晶体管有三种连接法：共基极、共发射极及共集电极，如图 3-5 所示。设晶体管处于线性放大区，在这三种接法中，发射结均为正偏，集电结均为反偏。在电子线路中最常用的是共射极接法，它具有较高的电流放大倍数和功率放大倍数；共集电极接法则用得较少。

共发射极电流放大系数定义为集电极电流 I_C 与基极电流 I_B 之比：

$$\beta = \frac{J_C}{J_B} \tag{3-9}$$

为导出 β 与 α 的关系，我们考察图 3-5(b)，把 $I_B = I_E - I_C$ 代入(3-9)式，可得

$$\beta = \frac{I_C}{I_E - I_C} = \frac{I_C / I_E}{1 - I_C / I_E} = \frac{\alpha}{1 - \alpha} \tag{3-10}$$

或者

$$\alpha = \frac{\beta}{1 + \beta} \tag{3-11}$$

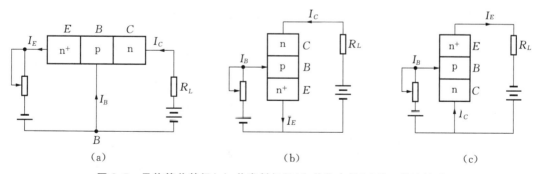

图 3-5　晶体管共基极(a)、共发射极(b)和共集电极(c)的三种连接法

由(3-10)式可知，由于 $\alpha \approx 1$，因此 β 值要比 α 值大得多。

3.1.4　晶体管的输入和输出特性

n-p-n 晶体管共基极输入及输出特性示于图 3-6。图 3-6(a)是输入特性，由图可见 I_E 随

V_{BE} 而指数上升,与正向 p-n 结特性一致,随着 $|V_{CB}|$ 的增加,I_E 随 V_{BE} 上升得更快,这是由于基区宽度 W_b 随 $|V_{CB}|$ 的增加而减小,从而导致 I_B 增大。图 3-6(b)表示共基极输出特性,$I_B=0$ 时,$I_C=I_{CB0}$,即集电结反向饱和电流,I_C 按 αI_E 的规律随 I_E 而增加,若 I_E 一定,I_C 基本上不随 V_{CB} 变化,在 V_{CB} 下降到 0 以后,I_C 才逐步下降到 0,这是由于只有当集电结处于正偏状态后,才能阻止由发射区注入基区的少子流向集电区。此时,晶体管进入饱和区。

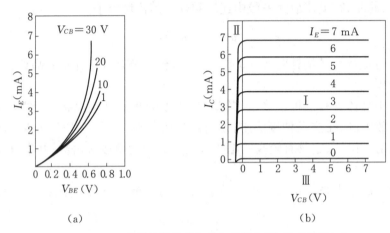

图 3-6　n-p-n 晶体管的共基极输入特性(a)和输出特性(b)

n-p-n 晶体管共发射极输入和输出的特性如图 3-7 所示。图 3-7(a)所示的输入特性与正向 p-n 结伏安特性相似,且随着 $|V_{CE}|$ 增加而使 I_B 减小,这是由于 $|V_{CE}|$ 增加会使 W_b 减小,基区中的复合电流减小,从而使 $V_{BE}=0$ 时,I_B 不为 0,这是由于此时 $V_{CB}\neq0$,集电结有 I_{CB} 流过,使 $I_B=-I_{CB0}$。图 3-7(b)所示为 n-p-n 晶体管的共发射极输出特性曲线,当 $I_B=0$ 时,流过晶体管的电流为 I_{CE0},随着 I_B 增加,I_C 以 βI_B 的规律上升;从图中可以看到,随 $|V_{CE}|$ 增加,I_C 略上升,这是由于 W_b 减小而使 β 增大的结果;当 $|V_{CE}|$ 减小到一定值(对硅管来说,该值约为 0.7 V)而使集电结转为正偏后,I_C 迅速下降,该区域就是晶体管的饱和区。

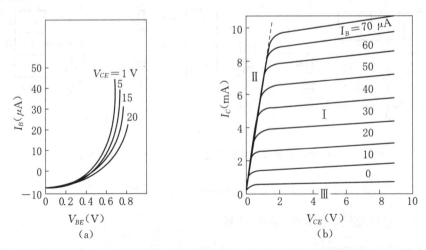

图 3-7　n-p-n 晶体管共发射极输入特性(a)与输出特性(b)

Chapter 3 第三章 晶体管的直流特性

我们可以把晶体管输出特性分为三个区域：Ⅰ为线性工作区，Ⅱ为饱和区，Ⅲ为截止区。Ⅰ区工作的晶体管，发射结处于正偏，集电结处于反偏；Ⅱ区工作的晶体管，发射结和集电结均处于正偏；Ⅲ区工作的晶体管，发射结和集电结都为反偏。

3.2 均匀基区晶体管的直流特性和电流增益

3.2.1 均匀基区晶体管直流特性的理论分析

在以后的各节分析中，我们多采用 n-p-n 晶体管来推导有关公式，若相应变换有关符号及某些正负号，则其结果同样适用于 p-n-p 晶体管。

合金晶体管通常是均匀基区晶体管的典型例子，因此我们首先假定发射结及集电结是理想的突变结，也就是发射区、基区及集电区中杂质是均匀分布的，它们的浓度分别为 N_e、N_b、N_c。考虑到室温下杂质已全部电离，各区域平衡时的多数载流子密度等于该区域杂质的浓度：

$$发射区，n_{ne}^0 = N_e$$
$$基区，p_{pb}^0 = N_b$$
$$集电区，n_{nc}^0 = N_c$$

在晶体管的两个 p-n 结上未加外界偏压时，各区域的多数载流子及少数载流子分布是均匀的，如图 3-8(b) 的上、下两条水平线所示。

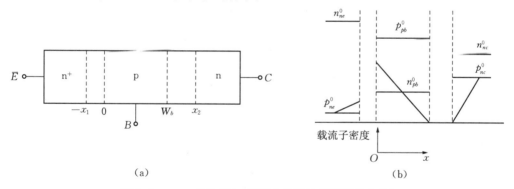

图 3-8 n-p-n 晶体管(a)及其内的载流子密度分布(b)

在晶体管的线性放大区，发射结为正偏，集电结为反偏。在正偏电压作用下，电子从发射区注入到基区，引起基区中靠发射结边界处的电子积累，空穴从基区注入到发射区，使发射区靠发射结边界处有空穴积累。假定势垒中不存在复合，且载流子服从玻尔兹曼分布，则发射结势垒两侧的少数载流子密度可分别表示为

$$p_{ne}(-x_1) = p_{ne}^0 e^{qV_E/k_BT} \tag{3-12}$$

$$n_{pb}(0) = n_{pb}^0 e^{qV_E/k_BT} \tag{3-13}$$

式中 V_E 为发射结外加偏压，p_{ne}^0 为平衡时发射区空穴密度，n_{pb}^0 为平衡时基区电子密度。坐标

系选取法如图 3-8(b)所示。

由于集电结是反偏，且 $|V_C| \gg k_B T/q$，势垒区两侧的少数载流子密度几乎为零，它们分别表示为

$$n_{pb}(W_b) = n_{pb}^0 e^{qV_C/k_B T} \approx 0 \tag{3-14}$$

$$p_{nc}(x_2) = p_{nc}^0 e^{qV_C/k_B T} \approx 0 \tag{3-15}$$

式中 V_C 为集电结外加偏压，p_{nc}^0 为集电区中平衡时的空穴密度。

我们考察基区中非平衡少数载流子(电子)的分布。在 $x=0$ 处，非平衡电子密度为

$$\Delta n_{pb}(0) = n_{pb}(0) - n_{pb}^0 = n_{pb}^0 (e^{qV_E/k_B T} - 1) \tag{3-16}$$

在 $x = W_b$ 处，非平衡电子密度为

$$\Delta n_{pb}(W_b) = n_{pb}(W_b) - n_{pb}^0 \approx -n_{pb}^0 \tag{3-17}$$

在实际晶体管中，基区宽度 W_b 比基区中少子(电子)扩散长度 L_{nb} 小得多，因此可以把非平衡电子的分布近似地看作为线性分布，即发射结正偏所引起的非平衡电子在基区中的分布为

$$\Delta n'_{pb}(x) = n_{pb}^0 (e^{qV_E/k_B T} - 1)\left(1 - \frac{x}{W_b}\right) \tag{3-18}$$

由集电结反偏所引起的非平衡电子在基区的分布为

$$\Delta n''_{pb}(x) = -n_{pb}^0 \frac{x}{W_b} \tag{3-19}$$

基区中非平衡电子的分布应为 $\Delta n'_{pb}$ 与 $\Delta n''_{pb}$ 的叠加，即

$$\begin{aligned}\Delta n_{pb}(x) &= \Delta n'_{pb}(x) + \Delta n''_{pb}(x) \\ &= n_{pb}^0 (e^{qV_E/k_B T} - 1)\left(1 - \frac{x}{W_b}\right) - n_{pb}^0 \frac{x}{W_b}\end{aligned} \tag{3-20a}$$

我们还可以从稳态连续性方程(扩散方程)出发，得

$$\frac{d^2 n_{pb}(x)}{dx^2} - \frac{n_{pb}(x) - n_{pb}^0}{L_{nb}^2} = 0 \tag{3-21}$$

利用(3-13)及(3-14)式的边界条件，可解得基区中非平衡电子的分布函数为

$$\Delta n_{pb}(x) = \frac{n_{pb}^0 (e^{qV_E/k_B T} - 1)\mathrm{sh}\left(\dfrac{W_b - x}{L_{nb}}\right) + n_{pb}^0 (e^{qV_C/k_B T} - 1)\mathrm{sh}\left(\dfrac{x}{L_{nb}}\right)}{\mathrm{sh}\left(\dfrac{W_b}{L_{nb}}\right)} \tag{3-20b}$$

考虑到 $W_b \gg L_{nb}$ 及 $|V_C| \gg k_B T/q$，(3-20b)式可简化为(3-20a)式*。

---

* 利用 $\mathrm{sh}\, y = y + \dfrac{y^3}{6} + \cdots \approx y$，若 $y \ll 1$

下面我们推导发射区中非平衡空穴的分布。在发射区中空穴分布的边界条件为

$$\left. \begin{array}{l} P_{ne}(-x_1) = P_{ne}^0 e^{qV_E/k_BT} \\ P_{ne}(-\infty) = P_{ne}^0 \end{array} \right\} \tag{3-22}$$

在这里,我们假定发射区宽度比少数载流子(空穴)的扩散长度大得多,故在发射极接触处可在数学上近似为 $-\infty$,该处的少数载流子密度为其平衡值。如(3-22)式所示。

我们仍近似认为在发射区中非平衡空穴的分布为线性分布,且在 $x = -(L_{pe}+x_1)$ 处,非平衡空穴密度为零,于是可写出它的分布

$$\Delta p_{ne}(x) = p_{ne}(x) - p_{ne}^0 = p_{ne}^0 (e^{qV_E/k_BT} - 1)\left(1 + \frac{x+x_1}{L_{pe}}\right) \quad (x \leqslant -x_1) \tag{3-23a}$$

与基区中电子分布类似,如果从扩散方程出发,利用(3-22)式的边界条件,可得解为

$$\Delta p_{ne}(x) = p_{ne}^0 (e^{qV_E/k_BT} - 1)\exp\left(\frac{x+x_1}{L_{pe}}\right) \quad (x \leqslant -x_1) \tag{3-23b}$$

把(3-23b)式中的指数项展开,并只取一次幂,即得(3-23a)式。

集电区中空穴分布的边界条件:

在 $x = x_2$ 处,$p_{nc}(x_2) = p_{nc}^0 e^{qV_C/k_BT}$

在 $x \to +\infty$ 处,$p_{nc}(\infty) = p_{nc}^0$ $\qquad$ (3-24)

我们近似认为集电区中非平衡空穴的分布为线性分布,且在 $x = x_2 + L_{pc}$ 处非平衡空穴密度为零,那么在集电区中非平衡空穴的分布为

$$\Delta P_{nc}(x) = P_{nc}(x) - P_{nc}^0 = P_{nc}^0 (e^{qV_C/k_BT} - 1)\left(1 - \frac{x-x_2}{L_{pc}}\right) \quad (x \geqslant x_2) \tag{3-25a}$$

考虑到 $|V_C| \gg k_BT/q$,集电区中空穴的分布可进一步简化为

$$P_{nc}(x) = P_{nc}^0 \left(\frac{x-x_2}{L_{pc}}\right) \quad (x \geqslant x_2) \tag{3-25b}$$

类似地,从扩散方程出发,考虑到边界条件(3-24)式,可解得集电区中非平衡空穴的分布为

$$\Delta P_{nc}(x) = P_{nc}(x) - P_{nc}^0 = P_{nc}^0 (e^{qV_C/k_BT} - 1)\exp\left(-\frac{x-x_2}{L_{pc}}\right) \quad (x \geqslant x_2) \tag{3-25c}$$

展开括号外面的指数项,并只取一次幂,即得(3-25b)式。

计算电流时我们假定在晶体管的发射区、基区及集电区中不存在电场,即各区域的电流只需考虑扩散电流。

先计算基区中电子的扩散电流密度。假设基区中非平衡电子的分布如(3-20a)式所示,有

$$J_{nB}(x) = qD_{nb}\frac{dn_{pb}(x)}{dx} = -\frac{qD_{nb}n_{pb}^0}{W_b}e^{qV_E/k_BT} \tag{3-26a'}$$

基区中各处的电子电流密度为常数是意料中的，这是因为我们假定了基区中的电子为线性分布，即不考虑电子在基区中的复合，因此电流密度与 x 无关。考虑到 $V_E \gg k_B T/q$，且为正值，故 $e^{qV_E/k_B T} \approx (e^{qV_E/k_B T} - 1)$。为形式上与以后公式一致起见，将(3-26a')式改写成为

$$J_{nB}(x) = -\frac{qD_{nb}n_{pb}^0}{W_b}(e^{qV_E/k_B T} - 1) \tag{3-26a}$$

如果从(3-20b)式出发，可求得扩散电流密度为

$$J_{nB}(x) = -\frac{qD_{nb}}{L_{nb}}\left[\frac{n_{nb}^0(e^{qV_E/k_B T} - 1)\operatorname{ch}\left(\frac{W_b - x}{L_{nb}}\right) - n_{pb}^0(e^{qV_C/k_B T} - 1)\operatorname{ch}\left(\frac{x}{L_{nb}}\right)}{\operatorname{sh}\left(\frac{W_b}{L_{nb}}\right)}\right] \tag{3-26b}$$

利用上式可以求得 $J_{nB}(0)$ 及 $J_{nB}(W_b)$，我们看到 $x=0$ 处的电子电流密度确比 $x=W_b$ 处的电子电流密度大，这表明存在基区复合。

考虑到 $\frac{W_b}{L_{nb}} \ll 1$，(3-26b)式中的双曲函数可按泰勒级数展开，并取一次幂，同时考虑到 $|V_C| \gg k_B T/q$，则可把(3-26b)式写成为(3-26a)式。

根据(3-23a)式，求得发射区的空穴电流密度为

$$J_{pE}(x) = -\frac{qD_{pe}p_{ne}^0}{L_{pe}}(e^{qV_E/k_B T} - 1) \tag{3-27a}$$

从(3-23b)式出发，可求得发射区中空穴电流密度分布为

$$J_{pE}(x) = -qD_{pe}\frac{dp_{ne}}{dx}$$
$$= -\frac{qD_{pe}p_{ne}^0}{L_{pe}}(e^{qV_E/k_B T} - 1)\exp\left(\frac{x + x_1}{L_{pe}}\right) \quad (x \leqslant -x_1) \tag{3-27b}$$

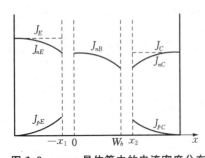

图 3-9　n-p-n 晶体管中的电流密度分布

取 $x=-x_1$，即在发射结势垒区靠发射区一边的边界处，(3-27b)式即可写为(3-27a)式，因此(3-27a)式表示 $x=-x_1$ 处的空穴电流密度。若不计发射区中的复合，该电流密度就是常数。

发射区的空穴电流密度分布如图 3-9 所示，它沿着 $(-x)$ 方向减小，这是由于由基区注入到发射区的空穴不断与发射区内的电子复合而转换成电子电流。

由(3-25a)式，可得集电区的空穴电流密度为

$$J_{pC}(x) = -\frac{qD_{pc}p_{nc}^0}{L_{pc}}(e^{qV_C/k_B T} - 1) \tag{3-28a}$$

若从(3-25c)式出发，可得集电区的空穴电流密度分布为

$$J_{pC}(x) = \frac{qD_{pc}p_{nc}^0}{L_{pc}}(e^{qV_C/k_BT}-1)\exp\left(-\frac{x-x_2}{L_{pc}}\right) \quad (x \geqslant x_2) \tag{3-28b}$$

集电区空穴电流密度随 x 增加而减小,即集电区的空穴电流不断转化为电子电流,如图 3-9 所示。

发射极电流密度等于发射区某一位置的电子电流密度和空穴电流密度之和,且它与坐标 x 无关。在 $x=-x_1$ 处求 J_{nE} 及 J_{pE} 最为方便,这是由于 $J_{pE}(-x_1)$ 由(3-27a)式所示,若不计发射结势垒区的复合,则 $J_{nE}(-x_1) = J_{nB}(0)$,后者如(3-26a)式所示,于是得到发射极电流密度为

$$J_E = J_{nE}(-x_1) + J_{pE}(-x_1) = J_{nB}(0) + J_{pE}(-x_1)$$

$$\approx -q\left(\frac{D_{nb}n_{pb}^0}{W_b} + \frac{D_{pe}p_{ne}^0}{L_{pe}}\right)(e^{qV_E/k_BT}-1) \tag{3-29a}$$

或者根据(3-26b)和(3-27b)式,有

$$J_E = -q\left[\frac{D_{nb}n_{pb}^0}{L_{nb}}\text{cth}\left(\frac{W_b}{L_{nb}}\right) + \frac{D_{pe}p_{ne}^0}{L_{pe}}\right](e^{qV_E/k_BT}-1)$$

$$+ \frac{qD_{nb}n_{pb}^0}{L_{nb}}\text{csch}\left(\frac{W_b}{L_{nb}}\right)(e^{qV_C/k_BT}-1) \tag{3-29b}$$

集电极电流密度等于集电区内电子和空穴的电流密度之和,根据(3-26a)及(3-28a)式,且忽略集电结势垒区中的复合,可得

$$J_C = J_{nC}(x_2) + J_{pC}(x_2) = J_{nB}(W_b) + J_{pC}(x_2)$$

$$= -q\frac{D_{nb}n_{pb}^0}{W_b}(e^{qV_E/k_BT}-1) + q\frac{D_{pc}p_{nc}^0}{L_{pc}}(e^{qV_C/k_BT}-1) \tag{3-30a}$$

或者根据(3-26b)及(3-28b)式,得到集电极电流的表达式

$$J_C = -\left[\frac{qD_{nb}n_{pb}^0}{L_{nb}}\text{csch}\left(\frac{W_b}{L_{nb}}\right)\right](e^{qV_E/k_BT}-1)$$

$$+ q\left[\frac{D_{nb}n_{pb}^0}{L_{nb}}\text{cth}\left(\frac{W_b}{L_{nb}}\right) + \frac{D_{pc}p_{nc}^0}{L_{pc}}\right](e^{qV_C/k_BT}-1) \tag{3-30b}$$

(3-29)及(3-30)式即为均匀基区晶体管的直流伏安特性,它是均匀基区晶体管的基本方程。

综上所述,我们在导出伏安特性表达式时作了如下几点假设:

(1) 发射结和集电结是理想的突变结,即杂质在发射区、基区、集电区都是均匀分布的;

(2) 晶体管是一维的,发射结和集电结是平行平面结,两结的面积相等;

(3) 外加电场都降落在势垒区,势垒区以外的半导体材料或电极接触上都没有电场;

(4) 发射区和集电区的长度比少数载流子的扩散长度大得多,因此其两端的少数载流子密度等于其平衡值;

(5) 势垒区宽度比少数载流子扩散长度小得多,可忽略势垒区中的复合作用,也就是通

过势垒前后的电流值不变；

(6) 注入基区的少数载流子比基区的多数载流子少得多，即不考虑大注入效应。

3.2.2 均匀基区晶体管的短路电流放大系数

1. 发射效率

根据对 n-p-n 晶体管发射效率 γ 的定义(见(3-5)式)，有

$$\gamma = \frac{J_{nE}}{J_E} \approx \frac{1}{1+\dfrac{J_{pE}}{J_{nE}}} \tag{3-31}$$

将(3-26a)及(3-27a)式代入，可得

$$\frac{J_{pE}}{J_{nE}} = \frac{D_{pe} p_{ne}^0 W_b}{D_{nb} n_{pb}^0 L_{pe}} \tag{3-32}$$

根据较严格计算的结果，上式成立的条件有两个：一是集电结短路($V_C = 0$)；二是基区宽度 W_b 比基区中电子的扩散长度 L_{nb} 小得多，后者在导出(3-32)式时必须满足，因此我们对(3-32)式附加 $V_C = 0$ 的条件后使推导结果与严格计算的结果一致。类似地，在导出 γ、β^*、α^* 等量时，均要求 $V_C = 0$，因此我们称导出的 α 为短路电流放大系数。

将(3-32)式代入(3-31)式可得

$$\gamma = \frac{1}{1+\dfrac{D_{pe} p_{ne}^0 W_b}{D_{nb} n_{pb}^0 L_{pe}}} \tag{3-33}$$

发射区及基区中平衡时的少数载流子密度可表示为

$$p_{ne}^0 = \frac{n_i^2}{N_e}, \quad n_{pb}^0 = \frac{n_i^2}{N_b}$$

假设发射区和基区中电子和空穴的迁移率分别相等，再利用爱因斯坦关系，则有

$$\frac{D_{pe} p_{ne}^0 W_b}{D_{nb} n_{pb}^0 L_{pe}} = \frac{\mu_{pe} N_b W_b}{\mu_{nb} N_e L_{pe}} = \frac{\mu_{pb} N_b W_b}{\mu_{nb} N_e L_{pe}} = \frac{\rho_e W_b}{\rho_b L_{pe}} \tag{3-34}$$

代入(3-33)式得

$$\gamma = \frac{1}{1+\dfrac{\rho_e W_b}{\rho_b L_{pe}}} \tag{3-35}$$

还要根据方块电阻的定义：

$$R_{\Box b} = \frac{\rho_b}{W_b}, \quad R_{\Box e} = \frac{\rho_e}{L_{pe}}$$

把 γ 写成如下形式：

$$\gamma = \frac{1}{1+\dfrac{R_{\square e}}{R_{\square b}}} \tag{3-36}$$

根据(3-34)及(3-35)式,为提高 γ,必须提高 N_e/N_b,即降低 $\dfrac{R_{\square e}}{R_{\square b}}$,降低 N_b 会造成晶体管的基极电阻增大、功率增益下降、噪声系数上升、大电流特性变坏等弊端,因此通常采用提高 N_e 来提高发射效率,使 γ 很接近于 1。

2. 基区输运系数

根据对 n-p-n 晶体管基区输运系数 β^* 的定义(3-6)式,并根据(3-26b)式,取 $x=W_b$ 及 $x=0$ 的值 $J_{nB}(W_b)$ 和 $J_{nB}(0)$ 代入,同时考虑集电结短路即 $V_C=0$ 的条件,可得

$$\beta^* = \left.\frac{J_{nC}}{J_{nE}}\right|_{V_C=0} = \left.\frac{J_{nB}(W_b)}{J_{nB}(0)}\right|_{V_C=0} = \frac{-\operatorname{csch}\left(\dfrac{W_b}{L_{nb}}\right)}{-\operatorname{cth}\left(\dfrac{W_b}{L_{nb}}\right)} = \operatorname{sech}\left(\dfrac{W_b}{L_{nb}}\right) \tag{3-37}$$

将双曲函数展开*,并取到二次幂,可得

$$\beta^* = 1 - \frac{1}{2}\left(\frac{W_b}{L_{nb}}\right)^2 \tag{3-38}$$

我们还可从另一角度考察 β^*。根据 β^* 的物理意义,我们知道它是由于基区少数载流子通过基区时的复合而使其值小于 1 的,设基区复合的电流密度为 J_{VB},则

$$J_{nC} = J_{nE} - J_{VB}$$

于是

$$\beta^* = \frac{J_{nC}}{J_{nE}} = 1 - \frac{J_{VB}}{J_{nE}} \tag{3-39}$$

为求得 J_{VB},我们考察基区中非平衡少数载流子-电子的分布,设为线性分布,如图 3-10 所示。(应当指出,如果存在基区复合,基区内的少子分布就不会是线性的,考虑到晶体管基区宽度 W_b 远小于基区中少子的扩散长度 L_{nb},复合很少,因此近似仍可看成为线性分布。)在单位时间内,单位基区面积上少子复合的数量等于非平衡少子总数除以少子寿命 τ_{nb},也就是图 3-10 中的阴影面积除以 τ_{nb}。

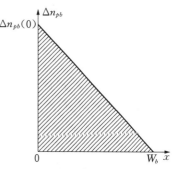

图 3-10 基区中非平衡少子密度的分布

基区少子单位时间单位面积的复合数 $= \dfrac{\Delta n_{pb}(0) \cdot W_b}{2\tau_{nb}}$

于是

$$J_{VB} = -\frac{q \cdot \Delta n_{pb}(0) W_b}{2\tau_{nb}} \tag{3-40}$$

---

* 利用 $\operatorname{sech} y = 1 - \dfrac{y^2}{2} + \dfrac{5y^4}{24} + \cdots \approx 1 - \dfrac{y^2}{2}$

而
$$\Delta n_{pb}(0) = n_{pb}^0 (e^{qV_E/k_BT} - 1)$$

把上式与(3-26a)式代入(3-39)式,有

$$\beta^* = 1 - \frac{J_{VB}}{J_{nE}} = 1 - \frac{J_{VB}}{J_{nB}} = 1 - \frac{-\dfrac{qn_{pb}^0(e^{qV_E/k_BT}-1)W_b}{2\tau_{nb}}}{-\dfrac{qD_{nb}n_{pb}^0}{W_b}(e^{qV_E/k_BT}-1)} = 1 - \frac{1}{2}\frac{W_b^2}{D_{nb}\tau_{nb}} = 1 - \frac{1}{2}\left(\frac{W_b}{L_{nb}}\right)^2$$

(3-41)

(3-41)与(3-38)式完全相同,可知 β^* 表达式中的第二项就是基区中非平衡少子的复合所引起的。

为提高 β^*,必须选用良好的单晶体,使少子寿命 τ 较长,同时也会使 D_{nb} 较大,还应使 W_b 小。当前的平面型晶体管,W_b 已达 $1\,\mu m$ 以下,β^* 往往在 0.98 以上。

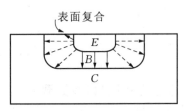

图 3-11　表面复合对 β^* 的影响

实际晶体管的发射结面积不是无穷大,从发射区进入基区的少子不可能仅沿一维方向运动,在发射区的边缘,少子运动会逐渐散开来。显然有一部分会流至表面而被复合掉(见图 3-11),这部分少子与表面复合速度 s 成正比。对平面管,若计及表面复合,基区输运系数近似地可用下式计算:

若发射区截面为圆形、直径为 d_e 时,有

$$\beta^* = 1 - \frac{1}{2}\left(\frac{W_b}{L_{nb}}\right)^2 - \frac{4sW_b^2}{d_e D_{nb}} \qquad (3\text{-}42a)$$

若发射区截面为狭长方条、宽为 d_e 时,有

$$\beta^* = 1 - \frac{1}{2}\left(\frac{W_b}{L_{nb}}\right)^2 - \frac{2sW_b^2}{d_e D_{nb}} \qquad (3\text{-}42b)$$

s 的数值与工艺有密切关系,且很难进行控制。用作线性放大的平面晶体管,体复合已可作得非常小,表面复合往往起着主要作用,如果严格控制表面的处理工艺,则表面复合又可忽略。下面讨论时我们通常不计入表面复合项。

3. 集电区倍增因子和雪崩倍增因子

晶体管中电流到达集电结后,可能产生倍增效应,即集电极电流大于到达集电结之电子电流。追究其原因,一是集电区倍增效应;二是雪崩倍增效应。至于雪崩倍增效应,已在第二章作了讨论,这里我们仅讨论集电区倍增效应。

集电区倍增效应主要发生在集电区电阻率比较高的晶体管中,这是由于当电流流过高电阻率的集电区时,产生较大的压降,上节的基本假设(3)已不能满足。集电区中有电场存在,这一电场使少数载流子(空穴)流向集电结,集电区电阻率越高,产生的欧姆电场越强,集电区中平衡的少子密度也就越大,附加的少子漂移电流也越大,于是集电极电流与到达集电

结的电子电流之比也越大，即 $\alpha^* = J_C/J_{nc}$ 越大。

分析表明，在集电极电流较小的情况下，集电区倍增因子可表示为

$$\alpha^* = 1 + \frac{\sigma_{pc}}{2\sigma_{nc}} \quad \text{(n-p-n 管)} \tag{3-43}$$

式中 σ_{pc} 为只考虑空穴时的集电区电导，σ_{nc} 为集电区电导；

$$\alpha^* = 1 + \frac{\sigma_{nc}}{2\sigma_{pc}} \quad \text{(p-n-p 管)} \tag{3-44}$$

式中 σ_{nc} 为只考虑电子时的集电区电导，σ_{pc} 为集电区电导；

或者改写为两种类型晶体管均可适用的形式：

$$\alpha^* = 1 + \frac{1}{2} q^2 n_i^2 \mu_{nc} \mu_{pc} \rho_c^2 \tag{3-45}$$

式中 ρ_c 为集电区电阻率。由式(3-45)可见，α^* 与 ρ_c 有关，ρ_c 越大，α^* 有可能明显大于1。另外，α^* 还与 n_i 有关，对于锗晶体管，只有 $\rho_c > 5\,\Omega\cdot\text{cm}$ 时，α^* 才会大于1；硅晶体管因 n_i 很小，α^* 接近1，仅当高温时，n_i 急剧升高，α^* 才可能明显大于1。

对于大多数正常工作的晶体管，$\alpha^* M \approx 1$，因此可将 n-p-n 晶体管的电流放大系数 α 写为

$$\alpha = \gamma \beta^* = \left(1 + \frac{\rho_e W_b}{\rho_b L_{pe}}\right)^{-1} \left(1 - \frac{W_b^2}{2L_{nb}^2}\right) \tag{3-46}$$

或取一级近似

$$\alpha \approx 1 - \frac{\rho_e W_b}{\rho_b L_{pe}} - \frac{W_b^2}{2L_{nb}^2} \tag{3-47}$$

共射极晶体管的电流放大系数为

$$\frac{1}{\beta} \approx 1 - \alpha = \frac{\rho_e W_b}{\rho_b L_{pe}} + \frac{W_b^2}{2L_{nb}^2} \tag{3-48}$$

3.3 漂移晶体管的直流特性和电流增益

3.3.1 漂移晶体管的直流特性

1. 基区自建电场

根据晶体管制造工艺的不同，非均匀晶体管中基区的杂质分布通常有两种类型，图3-12(a)是合金扩散管杂质分布的示意图，这种管子的集电结是缓变结，发射结是突变结，基区杂质有一定梯度；图3-12(b)是外延平面晶体管的杂质分布示意图，发射结及集电结都是缓变结，基区中杂质也有一定的梯度。图(b)与图(a)不同的是，图(b)在靠近发射结处的基区杂质具有负的梯度，其余部分基区则有正的梯度。

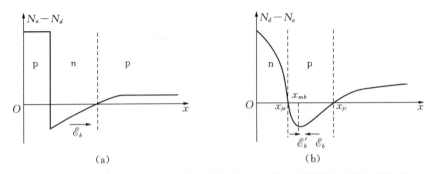

图 3-12 两种典型晶体管——合金扩散管(a)和外延平面管(b)的杂质分布

我们先考虑图 3-12(a)，由于基区中杂质存在浓度梯度，其多数载流子(在 p-n-p 晶体管中是电子)的分布也存在密度梯度，它使电子作扩散运动，这一运动的产生破坏了基区中的电中性，为维持电中性，基区中就产生如图所示方向的电场，它阻止了基区中电子的扩散运动，电场的大小恰好使电场产生的电子漂移流与因杂质浓度梯度所引起的扩散流相抵消，这一电场就称为缓变基区自建电场，也称为内建电场，用 $\mathscr{E}_b$ 表示。它的存在，加速了少子(空穴)在基区中的运动，即注入到基区的空穴除作扩散运动外，还作漂移运动，因此这种晶体管称为漂移晶体管，以与均匀基区的扩散晶体管相区别。

再考察图 3-12(b)，基区中杂质浓度的峰值在 x_{mb} 处，根据上面分析，x_{mb} 左边，自建电场方向如图中 $\mathscr{E}_b'$，它阻止电子流向集电区，称阻滞电场，这一部分基区就称为阻滞区；在 x_{mb} 的右边，自建电场为 $\mathscr{E}_b$，其方向为加速电子流向集电区，称加速电场，这一部分称为**加速区**。一般说，晶体管中的阻滞区所占的比例很小，为简化分析，通常不考虑它对载流子运动的影响；也就是说，我们仍假定基区的净杂质浓度峰值在发射结处。

考虑了基区中自建电场对电流的贡献，基区中空穴及电子电流密度可写为

$$J_{pB} = q\mu_{pb}p_{pb}\mathscr{E}_b - qD_{pb}\frac{\mathrm{d}p_{pb}}{\mathrm{d}x} \tag{3-49}$$

$$J_{nB} = q\mu_{nb}n_{pb}\mathscr{E}_b - qD_{nb}\frac{\mathrm{d}n_{pb}}{\mathrm{d}x} \tag{3-50}$$

在平衡时，空穴电流密度为 0，由此求得 $\mathscr{E}_b$ 为

$$\mathscr{E}_b = \frac{D_{pb}}{\mu_{pb}} \cdot \frac{1}{p_{pb}^0} \cdot \frac{\mathrm{d}p_{pb}^0}{\mathrm{d}x} = \frac{k_B T}{q} \cdot \frac{1}{p_{pb}^0} \frac{\mathrm{d}p_{pb}^0}{\mathrm{d}x} \tag{3-51a}$$

平衡时基区中的空穴密度等于基区的杂质浓度 N_b，于是上式写为

$$\mathscr{E}_b = \frac{k_B T}{q} \frac{1}{N_b} \frac{\mathrm{d}N_b}{\mathrm{d}x} \tag{3-51b}$$

在平面晶体管的实际工艺中，基区扩散通常采用瞬时平面源(杂质总量不变)及恒定扩散源(表面杂质浓度不变)方法，因此杂质分布为高斯分布或余误差分布，$\mathscr{E}_b$ 是一个复杂的函数，且与位置有关。为简化起见，我们希望基区电场是常数，为此假定基区的杂质分布为指

数分布，设为

$$N_b(x) = N_b(0) e^{-\frac{\eta}{W_b}x} \tag{3-52}$$

把坐标原点取在发射结处（势垒区忽略之），见图 3-13，把(3-52)式代入(3-51b)式得

$$\mathscr{E}_b = -\frac{k_B T}{q} \frac{\eta}{W_b} \tag{3-53}$$

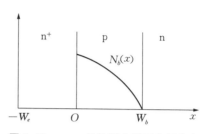

图 3-13 n-p-n 晶体管中基区杂质分布为指数分布（坐标原点取在发射结处）

式中负号表示自建电场的方向与 x 方向相反。由(3-53)式可知，$\mathscr{E}_b$ 是常数，它与位置无关。η 称为基区电场因子。由(3-52)式 η 可写为

$$\eta = \ln \frac{N_b(0)}{N_b(W_b)} \tag{3-54}$$

继续考虑电子电流浓度。为此，我们把(3-51b)式代入(3-50)式，可得

$$J_{nB} = qD_{nb}\left(\frac{n_{pb}}{N_b}\frac{dN_b}{dx} + \frac{dn_{pb}}{dx}\right) \tag{3-55}$$

若忽略基区中空穴的复合，即 J_{nB} 为常数，我们可以用 N_b 乘(3-55)式两端，并从 x 到 W_b 积分，得

$$\frac{J_{nB}}{qD_{nb}}\int_x^{W_b} N_b(x)dx = \int_x^{W_b} \frac{d(n_{pb}N_b)}{dx}dx \tag{3-56}$$

近似认为在 $x=W_b$ 处，$n_{pb}=0$，有

$$n_{pb}(x) = -\frac{J_{nB}}{qD_{nb}N_b(x)}\int_x^{W_b} N_b(x')dx' \tag{3-57}$$

积分后得到

$$n_{pb}(x) = -\frac{J_{nB}}{qD_{nb}}\left(\frac{W_b}{\eta}\right)\left[1 - e^{-\frac{\eta}{W_b}(W_b-x)}\right] \tag{3-58}$$

若忽略发射极电子电流在发射结势垒区中的复合，即用 J_{nE} 代替上式中的 J_{nB}，有

$$n_{pb}(x) = -\frac{J_{nE}}{qD_{nb}}\left(\frac{W_b}{\eta}\right)\left[1 - e^{-\frac{\eta}{W_b}(W_b-x)}\right] \tag{3-59}$$

基区中电子分布与电场因子 η 有密切关系，其归一化的分布曲线如图 3-14 所示；$\eta=0$ 相当于均匀基区，η 越大，基区电场越强。由图可知，基区中大部分区域的电子密度梯度较小，只有在近集电结处电子密度梯度才增大。

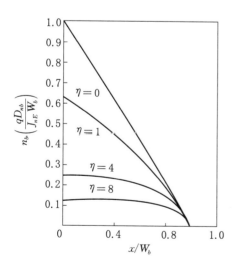

图 3-14 不同电场因子下基区中的少子分布

2. 漂移晶体管的直流特性

(3-29a)式是$V_c = 0$而$V_E \neq 0$的发射极电流表达式，考虑到晶体管中电流的实际流动方向与这里定义的J_E正方向相反，我们对(3-29a)式加上负号，并改写成如下形式：

$$J_E = J_{ES}(e^{qV_E/k_BT} - 1) \tag{3-60}$$

对均匀基区晶体管来说，J_{ES}由下式表达：

$$J_{ES} = q\left(\frac{D_{nb}n_{pb}^0}{W_b} + \frac{D_{pe}p_{pb}^0}{L_{pe}}\right) \tag{3-61}$$

我们在导出(3-60)式时，曾假定集电结偏压为零，而发射结偏压为正，实际上该式与发射结偏压的正负无关，这是因为当$V_E < 0$时，少子运动的基本规律未变，只是结的势垒的少子密度比平衡时减少，电流方向与正偏时的方向相反而已。(3-61)式的含义是当b、c短路时，e-b结的反向饱和电流。物理意义是当e-b结反偏时，基区中的少子(电子)以$\frac{n_{pb}^0}{W_b}$的浓度梯度流向发射区，发射区中的少子(空穴)则以$\frac{p_{pb}^0}{L_{pe}}$的梯度流向基区，它们之和构成了e-b结的反向饱和电流。

对漂移晶体管，J_{ES}的表达式与(3-61)式不同。由于实际晶体管的J_{ES}并非只决定于少子的一维运动，且多从测量中获得J_{ES}值，加之漂移晶体管的J_{ES}表达式较复杂，这里不再列出，有兴趣的读者可以参阅资料[3-3]。

$V_C = 0$时的集电极电流为

$$J_C = \alpha J_E = -\alpha J_{ES}(e^{qV_E/k_BT} - 1) \tag{3-62}$$

下面考察晶体管反向工作的情况，即当$V_E = 0$而$V_C \neq 0$时的集电极电流表达式，其形式与(3-62)式相似，只是此时晶体管的集电区起着发射区的作用，而发射区则起着集电区的作用。考虑到晶体管中电流的实际方向与这里定义的J_C正方向相反，必须在表达式中加上负号，与(3-62)式相似，有

$$J_C = -J_{CS}(e^{qV_C/k_BT} - 1) \tag{3-63}$$

对于均匀基区晶体管，有

$$J_{CS} = q\left(\frac{D_{nb}n_{pb}^0}{W_b} + \frac{D_{pc}p_{nc}^0}{L_{pc}}\right) \tag{3-64}$$

它表示e、b短路时的集电结反向饱和电流，其物理意义是当e、b短路且b-c结反偏时，基区中的少子(电子)以$\frac{n_{pb}^0}{W_b}$的梯度流向集电区；集电区中的少子(空穴)则以$\frac{p_{nc}^0}{L_{pc}}$的梯度流向基区，它们之和构成了b-c结的反向饱和电流。

对漂移晶体管，J_{CS}的表达式可参阅资料[3-3]。

令 α_I 表示晶体管反向运用时的电流放大系数,于是当 $V_E = 0$ 时反向运用的晶体管的发射极电流密度可写为

$$J_E = \alpha_I J_C = -\alpha_I J_{CS}(e^{qV_C/k_B T} - 1) \tag{3-65}$$

从正向晶体管及反向晶体管的分析中可知,若 V_E 及 V_C 均不为 0,总电流应为正向管及反向管电流的叠加,即

$$J_E = J_{ES}(e^{qV_E/k_B T} - 1) - \alpha_I J_{CS}(e^{qV_C/k_B T} - 1) \tag{3-66}$$

$$J_C = \alpha J_{ES}(e^{qV_E/k_B T} - 1) - J_{CS}(e^{qV_C/k_B T} - 1) \tag{3-67}$$

上两式就是晶体管的伏安特性方程,在四个参量 J_E, J_C, V_E 及 V_C 中,已知两个量(如 V_E 及 V_C)就可决定另两个量(如 J_E 及 J_C)。

可以证明,α_I 与 α 之间存在如下关系:

$$\alpha I_{ES} = \alpha_I I_{CS} \tag{3-68}$$

对于均匀基区晶体管,利用(3-47)、(3-61)、(3-64)各式,类似于(3-33)式可求得反向晶体管的发射效率 γ_I,并考虑到晶体管正、反向运用时 β^* 不变,读者可以很容易求得(3-68)式。

3.3.2 漂移晶体管的电流增益

1. 发射效率

在(3-56)式中,如果取 $x = 0$,且不计发射结势垒区中的复合,有

$$J_{nE} = J_{nB} = \frac{qD_{nb}\int_0^{W_b} d(n_{pb}N_b)}{\int_0^{W_b} N_b dx} \tag{3-69}$$

考虑到在 $x = 0$ 处,有

$$n_{pb}(0) = n_{pb}^0(0)e^{qV_E/k_B T} = \frac{n_i^2}{N_b(0)}e^{qV_E/k_B T}$$

在 $x = W_b$ 处,

$$n_{pb}(W_b) \approx 0$$

于是,(3-69)式可写为

$$J_{nE} = J_{nB} = -\frac{qD_{nb}n_i^2 e^{qV_E/k_B T}}{\int_0^{W_b} N_b(x) dx} \tag{3-70}$$

与获得(3-70)式的过程完全相同,发射结空穴电流同样可以写为

$$J_{pE} = -\frac{qD_{pe}n_i^2 e^{qV_E/k_BT}}{\int_{-W_e}^{0} N_e(x)dx} \tag{3-71}$$

根据 γ 的定义，有

$$\gamma = \frac{1}{1+J_{pE}/J_{nE}} = \frac{1}{1+\dfrac{D_{pe}\int_0^{W_b} N_b(x)dx}{D_{nb}\int_{-W_e}^{0} N_e(x)dx}} \tag{3-72}$$

我们分别定义发射区和基区的方块电阻为

$$R_{\square e} = \frac{1}{q\mu_{ne}\int_{-W_b}^{0} N_e(x)dx} \tag{3-73}$$

$$R_{\square b} = \frac{1}{q\mu_{pb}\int_{0}^{W_b} N_b(x)dx} \tag{3-74}$$

利用爱因斯坦关系，并假定 $\mu_{pe} = \mu_{pb}$、$\mu_{ne} = \mu_{nb}$，则(3-72)式可改写为

$$\gamma = \frac{1}{1+\dfrac{R_{\square e}}{R_{\square b}}} \approx 1 - \frac{R_{\square e}}{R_{\square b}} \tag{3-75}$$

提高 γ 的途径与均匀基区的情况相似，即需要提高发射区杂质总量对基区杂质总量之比，也就是降低发射区方块电阻对基区方块电阻之比。

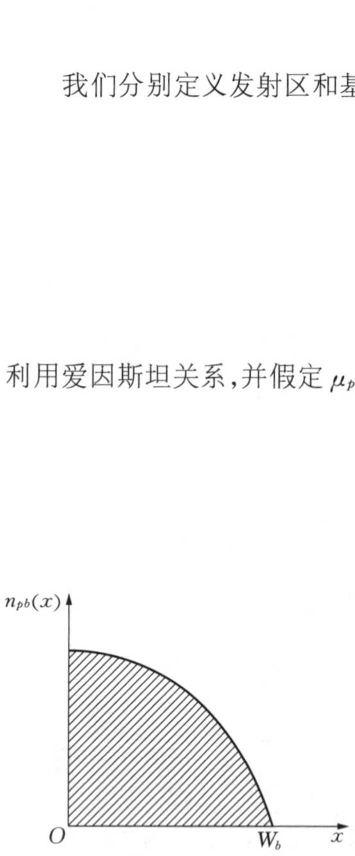

2. 基区输运系数

在单位时间内单位基区面积上少子复合的数量等于单位面积基区中少子总数除以少子寿命 τ_{nb}，如图3-15所示。阴影部分面积为单位面积基区中少子总量，它可由(3-57)式在 $0 \sim W_b$ 上积分求得，即

图 3-15 注入基区的少子分布

单位面积基区的少子总数

$$= \int_0^{W_b} n_{pb}(x)dx = -\frac{J_{nB}}{qD_{nb}}\int_0^{W_b}\frac{1}{N_b(x)}\left[\int_x^{W_b} N_b(x)dx\right]dx$$

$$= -\frac{J_{nB}}{qD_{nB}}\int_0^{W_b}\frac{1}{N_b(0)e^{-\frac{\eta}{W_b}x}}\left[\int_x^{W_b} N_b(0)e^{-\frac{\eta}{W_b}x}dx\right]dx$$

$$= -\frac{J_{nB}}{qD_{nB}}\int_0^{W_b}\frac{W_b}{\eta}\left[1-e^{(\frac{\eta}{W_b}x-\eta)}\right]dx$$

$$= -\frac{J_{nB}}{qD_{nb}}\frac{W_b^2}{\eta}\left(1-\frac{1}{\eta}+\frac{e^{-\eta}}{\eta}\right)$$

基区中的复合电流密度为单位时间、单位基区面积上的少子复合数与$(-q)$的乘积,即

$$J_{VB} = \frac{J_{nB}}{D_{nb}\tau_{nb}} \frac{W_b^2}{\eta}\left(1 - \frac{1}{\eta} + \frac{\mathrm{e}^{-\eta}}{\eta}\right) \tag{3-76}$$

根据基区输运系数的定义,有

$$\beta^* = 1 - \frac{J_{VB}}{J_{nB}} = 1 - \frac{W_b^2}{D_{nb}\tau_{nb}}\frac{1}{\eta}\left(1 - \frac{1}{\eta} + \frac{\mathrm{e}^{-\eta}}{\eta}\right) \tag{3-77a}$$

比较(3-77a)式与(3-41)式可知,漂移晶体管与扩散晶体管的β^*在形式上完全一致,只是前者多了一项与基区自建电场有关的因子。令

$$\frac{1}{\lambda} = \frac{\eta - 1 + \mathrm{e}^{-\eta}}{\eta^2} \tag{3-78a}$$

则缓变基区晶体管的基区输运系数为

$$\beta^* = 1 - \frac{1}{\lambda}\left(\frac{W_b}{L_{nb}}\right)^2 \tag{3-77b}$$

此式对均匀基区及缓变基区晶体管均适用。我们考虑$\eta = 0$即均匀基区情况,有

$$\lim_{\eta \to 0}\left(\frac{\eta - 1 + \mathrm{e}^{-\eta}}{\eta^2}\right) = \frac{1}{2},\text{即 }\lambda = 2$$

(3-77b)式化为(3-41)式。当η稍大时,有

$$\frac{1}{\lambda} \approx \frac{\eta - 1}{\eta^2} \tag{3-78b}$$

当η到更大时,有

$$\frac{1}{\lambda} \approx \frac{1}{\eta} \tag{3-78c}$$

由于基区自建电场的存在,加速了基区中少子运动,从而使复合电流减小,提高了基区输运系数值。

缓变基区的电流放大系数为

$$\alpha = \gamma\beta^* = \left(1 + \frac{R_{\square e}}{R_{\square b}}\right)^{-1}\left[1 - \frac{1}{\lambda}\left(\frac{W_b}{L_{nb}}\right)^2\right] \tag{3-79}$$

共射极短路电流放大系数为

$$\frac{1}{\beta} = \frac{R_{\square e}}{R_{\square b}} + \frac{1}{\lambda}\left(\frac{W_b}{L_{nb}}\right)^2 \tag{3-80}$$

为提高电流放大系数,必须降低发射区与基区的方块电阻之比,减小基区宽度W_b,提高基区自建电场因子η,提高基区少子寿命和迁移率。

3.4 晶体管的反向电流和击穿电压

3.4.1 晶体管的反向电流

1. I_{CB0}

当发射极开路时,集电极-基极的反向电流定义为 I_{CB0},如图 3-16 所示。

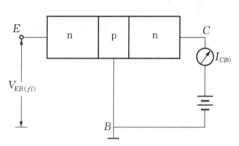

图 3-16 测量 I_{CB0} 的示意图

反向电流主要由少子电流及多子电流两部分组成,由于集电结加反向偏压,势垒区两边的少子密度比平衡时的少子密度低得多,因此基区中的少子(电子)及集电区中的少子(空穴)都向结区扩散,形成反向电流的少子部分,而少子则由体内复合中心及界面态复合中心产生,锗晶体管的反向电流主要是少子电流。势垒区的产生电流是由势垒区中的复合中心提供的,它是多子电流,也构成了反向电流,硅晶体管的反向电流主要是多子电流。

根据 I_{CB0} 的定义及(3-29b)式和(3-30b)式,可以求得少子部分的反向电流为(仅考察它的绝对值)

$$I_{CB0} = A\left[\frac{qD_{nb}n_{pb}^0}{W_b}(1-\gamma) + \frac{qD_{pc}p_{nc}^0}{L_{pc}}\right] \quad (3-81)$$

对于硅晶体管来说,I_{CB0} 主要来自集电结势垒区的产生电流,可近似写为

$$I_{CB0} \approx A \cdot q \frac{n_i}{2\tau} x_m \quad (3-82)$$

式中 x_m 为集电结势垒区宽度。

2. I_{EB0}

集电极开路时发射极-基极结的反向电流定义为 I_{EB0},与求取 I_{CB0} 时类似,可通过(3-29b)和(3-30b)式求得为

$$I_{EB0} = A\left[\frac{qD_{nb}n_{pb}^0}{W_b}(1-\gamma_I) + \frac{qD_{pe}p_{ne}^0}{L_{pe}}\right] \quad (3-83)$$

式中 γ_I 是晶体管反向工作时的发射效率。

至于硅管的 I_{EB0} 完全与(3-82)式类似。

3. I_{CE0}

基极开路($I_B = 0$)时的集电极-发射极反向电流,称为 I_{CE0},见图 3-17.

由于集电极电流与发射极电流有如下关系:

$$I_C = \alpha I_E + I_{CB0}$$

在测试 I_{CE0} 时,基极开路,故

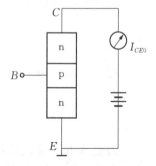

图 3-17 测量 I_{CE0} 的示意图

因此
$$I_C = I_E = I_{CE0}$$
$$I_{CE0} = \alpha I_{CE0} + I_{CB0}$$
$$I_{CE0} = \frac{I_{CB0}}{1-\alpha} = (1+\beta)I_{CB0} \tag{3-84}$$

式中 β 是共射极电流放大系数。需注意，β 是集电极电流为 I_{CE0} 时的电流放大系数，比正常工作时的 β 要小得多。

4. $V_{EB(fl)}$

在测量 I_{CB0} 时，发射极开路，发射极-基极间存在电位差，称为发射极浮动电压，用 $V_{EB(fl)}$ 表示。

由(3-29b)式，当 $J_E = 0$ 时，且 $|V_C| \gg \dfrac{k_B T}{q}$，可求得

$$e^{qV_E/kT} - 1 = \frac{-\operatorname{sech}\left(\dfrac{W_b}{L_{nb}}\right)}{1 + \dfrac{D_{pe} p_{ne}^0 L_{nb}}{D_{nb} p_{nb}^0 L_{ne}} \operatorname{th}\left(\dfrac{W_b}{L_{nb}}\right)} = -\gamma \beta^* = -\alpha$$

此时的 V_E 即 $V_{EB(fl)}$，因此有

$$V_{EB(fl)} = \frac{k_B T}{q} \ln(1-\alpha) \tag{3-85}$$

一般来说，α 的值在 $0.98 \sim 0.99$，由此得 $V_{EB(fl)}$ 为 $100 \sim 120$ mV。对锗管，此结果与实验值基本相符；但硅管在室温时 $V_{EB(fl)}$ 小于 1 mV。

在说明这种差别的原因之前，我们先定性解释 $V_{EB(fl)}$ 的来源：当集电结加反向偏压时，基区中的少子被抽向集电极，由于发射极开路，使发射结两边的载流子不平衡，发射区的多子通过发射结流入基区，以补充基区少子的流失，发射区多子流向基区，使发射区带电。对 n-p-n 晶体管来说，发射区带正电，于是就出现正的浮动电压 $V_{EB(fl)}$，稳态时，该电压使来自基区(或势垒区)的电子电流与发射区流向基区的电子电流之和为零，$V_{EB(fl)}$ 不再变化。

基于上述分析，发射极浮动电压与基区的少子电流或势垒区的产生电流有关。如 n-p-n 晶体管，就只与它的电子电流分量有关，因此文献[3-5]中得到了锗、硅普适的表达式：

$$V_{EB(fl)} = CI_{CB0} \tag{3-86}$$

其中 C 为常数，单位为 Ω，室温时 C 约为 10^5 Ω。由于硅管的 I_{CB0} 比锗管小得多，因此前者的发射极浮动电压也比后者小得多。

3.4.2 晶体管的击穿电压

1. BV_{EB0} 和 BV_{CB0}

定义集电极开路时发射极-基极的击穿电压为 BV_{EB0}；定义发射极开路时集电极-基极击

穿电压为 BV_{CB0}，它们可用第二章中讨论 p-n 结击穿电压的公式计算之。应注意的是，若发射结两边的掺杂浓度颇高，则可能发生齐纳击穿或介于雪崩击穿和齐纳击穿之间；一般情况下，晶体管中 p-n 结的击穿皆为雪崩击穿，此时才可用第二章中所列公式计算。

2. BV_{CE0}、BV_{CER}、BV_{CEX}、BV_{CES}

我们定义：

基极开路，集电极-发射极的击穿电压为 BV_{CE0}；

基极-发射极短路，集电极-发射极的击穿电压为 BV_{CES}；

基极-发射极接电阻 R_b，集电极-发射极的击穿电压为 BV_{CER}；

基极-发射极接电阻 R_b 和反偏电压 V_{BB}，集电极-发射极的击穿电压为 BV_{CEX}。

上述各击穿电压的相应电路和击穿特性示于图 3-18。首先讨论 BV_{CE0}。

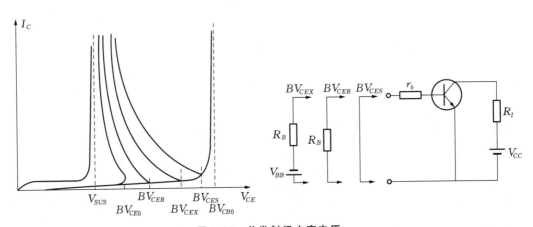

图 3-18　共发射极击穿电压

基极开路时的集电极电流为

$$I_C = I_{CE0} = \frac{I_{CB0}}{1-\alpha}$$

当集电结发生雪崩击穿时，I_{CB0} 及 α 都应乘上雪崩倍增因子 M，有

$$I_C = \frac{MI_{CB0}}{1-\alpha M} \tag{3-87}$$

当 $\alpha M = 1$ 时，集电极电流可为任意大，此时发生击穿。

有不少管子在发生击穿（图 3-18 上的 BV_{CE0} 处）后通过一段负阻区而达到稳定电压 V_{SUS}，通常我们称 V_{SUS} 为维持电压。这里我们将定性说明为什么有的管子会出现这种现象，为此我们将伏安特性曲线重画于图 3-19，考察曲线 1 及 2 两种情况。设该两管子的 I_{CB0} 一样，在同样的 V_{CB} 下 M 也一样，大电流下 α 值也一样；它们的差

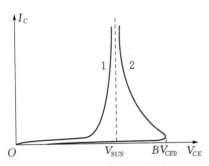

图 3-19　基极开路时 C-E 的伏安特性

别是当电流较小时,管 2 的 α 已很快下降,而管 1 的 α 则并未下降或下降不多,仅当电流很小时它才下降。在电流较大时,该两管都处于 V_{SUS};当 I_c 下降至某一值时,由(3-87)式可知,α 仍维持在原值或接近原值的管 1 应使 M 减小,也就是要求 V_{CB} 降低,于是曲线向左移动;但管 2 的 α 值在此时已变小,要求 M 值较大才能维持 I_c 值,即曲线向右移动,这就使管 2 出现负阻区,当 I_c 很小时,对应的 M 也应下降,曲线 2 的点子又重新左移,于是得到图 3-19 所示的击穿特性。

由雪崩倍增因子的经验公式(2-95),得

$$M = \frac{1}{1 - \left(\frac{V_{CB}}{V_B}\right)^n}$$

根据(3-87)式,$M = \frac{1}{\alpha}$ 时发生击穿,此时应为维持电压 V_{SUS},于是

$$V_{SUS} = V_B(1-\alpha)^{\frac{1}{n}} \approx V_B \beta^{-\frac{1}{n}} = \frac{BV_{CB0}}{\sqrt[n]{\beta}} \tag{3-88}$$

设某管的 $BV_{CE0} = 100\ \text{V}$、$\beta = 150$、$n = 4$,则 V_{SUS} 仅为 28 V。此时 $M = 1.007$,很接近 1,而不是无穷大。

当发射极-基极之间接有电路时,C、E 之间的击穿电压的近似推导可参阅[3-3],这里只列出结果:

基极-发射极间接以电阻 R_b 和反偏电压源 V_{bb},则

$$BV_{CEX} = BV_{CB0}\left[1 - \frac{(R_b + r_b)I_{CB0}}{V_{BB} + V_J}\right]^{1/n} \tag{3-89}$$

式中 V_J 是发射结的正向导通电压,对锗管约为 0.2 V,对硅管约为 0.6 V。

基极-发射极之间串联电阻 R_b,则

$$BV_{CER} = BV_{CB0}\left[1 - \frac{(R_b + r_b)I_{CB0}}{V_J}\right]^{1/n} \tag{3-90}$$

基极-发射极短路(即 $R_b = 0$,$V_{BB} = 0$),有

$$BV_{CES} = BV_{CB0}\left[1 - \frac{r_b I_{CB0}}{V_J}\right]^{1/n} \tag{3-91}$$

应该指出,上述击穿电压表达式均利用了雪崩倍增因子 M 的经验表达式(2-95),它对硅晶体管又不太适用,有关硅平面晶体管的维持电压计算可参阅[3-6,3-7]。

3. 穿通电压 V_{pT}

随着集电结反向电压的增加,集电结势垒向两边扩展,基区有效宽度 W_{beff} 减小。如果晶体管的基区掺杂浓度比集电区低,基区宽度 W_b 又较小,则有可能在集电结发生雪崩击穿之前,W_{beff} 减小到零,即发射区到集电区之间只有空间电荷区而无中性的基区,这种现象称为基区穿通。发生基区穿通时的集电极电压称穿通电压 V_{pT},在 V_{pT} 下,集电极电流将迅速

上升。

下面我们先讨论在发射极开路情况下，基区穿通时的伏安特性。图 3-20 画出了 n-p-n 晶体管基区穿通后的空间电荷区情况及电子势能的分布曲线。由于集电区的电子势能比发射区低，因此发射区电子容易通过空间电荷区而到达集电区。发射区电子流向集电区，造成靠近结处的发射区的电子短缺，即正电荷增加，于是发射结附近的势垒高度增加，如图 3-20(b)所示，这一势垒阻止了电子的流动。

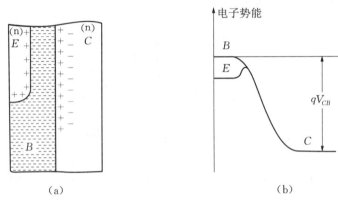

图 3-20 晶体管穿通时的空间电荷(a)及电子势能分布(b)

在基区穿通之前，开路的发射极存在浮动电压 $V_{EB(fl)}$ 其值很小，通常可以忽略。在基区穿通后如果 V_{CB} 继续增加，发射区会有更多的电子流走，电子势能将更低，但整个基区变为耗尽区后其中的负电荷数量不再改变，即 V_{CE} 不变，近似等于 V_{pT}，V_{CB} 中的剩余部分就使 $V_{EB(fl)}$ 增加，即

$$V_{EB(fl)} = V_{CB} - V_{pT}$$

如图 3-21 所示，$V_{EB(fl)}$ 的增加，意味着发射结附近的耗尽区加宽，势垒增高，当 $V_{EB(fl)}$ 增大到使该结发生雪崩击穿时，来自外电源的流向发射区的电子就不受限制地流向集电区，从而使 I_{CB0} 无限增大，发生击穿。

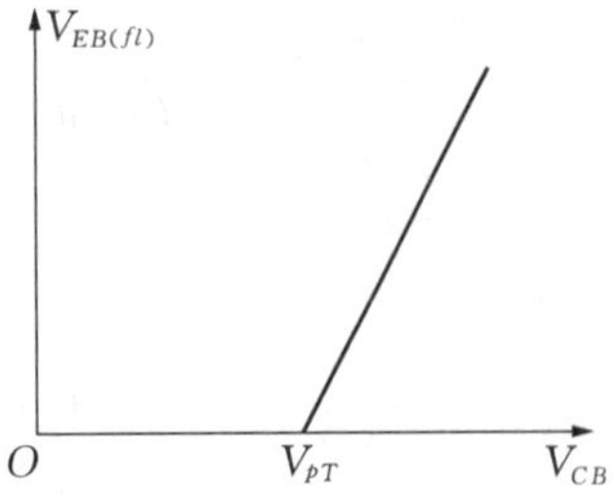

在共射极连接时，一旦发生基区穿通，发射区的载流子就可无阻碍地流向集电区，发射区缺少的电荷则由外电路补充，即 $V_{CE} \approx V_{pT}$ 时，$I_C \to \infty$，发生击穿。

图 3-21 发射极开路时 $V_{EB(fl)}$-V_{CB} 关系图

对于合金结晶体管，集电结是合金结，根据势垒高度的公式(2-18)第一式易求得穿通电压为

$$V_{pT} = \frac{qN_d W_b^2}{2\varepsilon\varepsilon_0} \tag{3-92}$$

至于平面型晶体管一类的集电结的势垒区主要向集电区扩散，一般不会发生基区穿通现象。

3.5 晶体管的基极电阻

晶体管的基区中有两类载流子在流动,一类是从发射区注入到基区的少数载流子(对 n-p-n 晶体管来说是电子),另一类是多数载流子,它主要起这样的作用:提供注入到基区的少子的复合所需的多子,提供向发射区注入少子所需的多子。近似地说,基区中少子的运动是垂直于结面的扩散运动(如有自建电场,还应加上漂移运动),而多子流的运动方向则与少子扩散流的方向垂直,是平行于结面的漂移运动,由于基区很薄,基区存在一定的电阻 r_b,在多子流过基区时会产生压降,它对晶体管的特性有影响,如发射极电流集边效应,放大、频率特性变差和基极电阻引起的噪声等。

基极电阻通常称为基极扩展电阻,这是由于沿发射结结面上基极电流和电压分布是不均匀的,见图 3-22。下面将讨论两种典型晶体管的基极电阻。

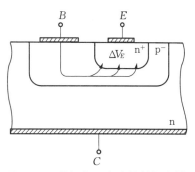

图 3-22 基极电阻存在使基极电流及发射结电压分布不均匀

3.5.1 梳状晶体管的基极电阻

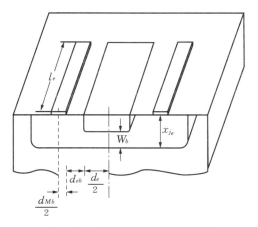

图 3-23 双基极条晶体管示意图

我们先考察梳状晶体管中一个单元——双基极条晶体管的基极电阻,见图 3-23。该晶体管的发射极长为 l_e,发射极宽度为 d_e,基区宽度为 W_b,基极金属电极条宽为 d_{Mb},基极金属电极与发射极的距离为 d_{eb},集电结结深为 x_{je},基极电阻由四部分组成:

发射区下面的电阻 r_{b1},发射极和基极金属电极之间的电阻 r_{b2},基极金属电极下面部分的电阻 r_{b3},以及基极金属电极与半导体的接触电阻 r_{b4},下面分别计算之。

在 r_{b1} 部分,基极电流分布是不均匀的:在发射区边缘基极电流为 $\dfrac{I_B}{2}$(考虑到有两条基极),而在发射区中心,基极电流近似为 0。假定基极电流是线性分布的,并令坐标原点在发射区边沿上,此 $I_B(x)$ 时可写为

$$I_B(x) = \frac{I_B}{2}\left(1 - \frac{x}{d_e/2}\right)$$

在发射区下面的基极电流流经的截面积为 $l_e W_b$,则 $\mathrm{d}x$ 长的基区微分电阻为

$$\mathrm{d}R = \frac{\bar\rho_{b1}\,\mathrm{d}x}{l_e W_b}$$

式中 $\bar{\rho}_{b1}$ 为发射区下面基区的平均电阻率。基极电流流经这部分电阻时的功率为

$$I_B^2(x)\mathrm{d}R = \frac{I_B^2}{4}\left(1-\frac{2x}{d_e}\right)^2 \frac{\bar{\rho}_{b1}\mathrm{d}x}{l_e W_b}$$

将上式从 0 到 $\frac{d_e}{2}$ 之间积分，并乘以 2 即为基极电流流经发射区下面的基区时所需的总功率（注意，乘 2 是由于双基极条之故，因此上式积分的结果仅为总功率之半）

$$I_B^2 r_{b1} = 2\int_0^{d_e/2} \frac{I_B^2}{4}\left(1-\frac{2x}{d_e}\right)^2 \frac{\bar{\rho}_{b1}}{l_e W_b}\mathrm{d}x = \frac{I_b^2 \bar{\rho}_{b1} d_e}{12 l_e W_b}$$

于是

$$r_{b1} = \frac{\bar{\rho}_{b1} d_e}{12 l_e W_b} = \frac{R_{\square b1} d_e}{12 l_e} \tag{3-93}$$

式中 $R_{\square b1}$ 为发射区下面的基区方块电阻。

r_{b2} 容易求得，考虑到双基极条，它可表示为

$$r_{b2} = \frac{\bar{\rho}_{b2} d_{eb}}{2 l_e x_{jc}} = \frac{R_{\square b2} d_{eb}}{2 l_e} \tag{3-94}$$

式中 $\bar{\rho}_{b2}$ 为发射区以外那部分基区的平均电阻率，$R_{\square b2}$ 为其方块电阻。

考虑到图 3-23 的双基极条晶体管仅为梳状晶体管的一个单元，亦即它的两边还有其他完全相同开关的单元，为此，计算该单元的 r_{b3} 时，基极金属条的宽度只能取作 $\frac{d_{Mb}}{2}$，另一半应算在旁边单元内。该区域的电流分布也是不均匀的，因此可类似于计算 r_{b1} 的方法来求得 r_{b3}。

$$r_{b3} = \frac{\bar{\rho}_{b2} d_{Mb}}{12 x_{jc} l_e} = \frac{R_{\square b2} d_{Mb}}{12 l_e} \tag{3-95}$$

$$r_{b4} = \frac{R_c}{d_{Mb} l_e} \tag{3-96}$$

式中 R_c 为金属与半导体接触的欧姆接触系数。

因此梳状晶体管的一个小单元的基极电阻为

$$r_b = \frac{R_{\square b1} d_e}{12 l_e} + \frac{R_{\square b2} d_{eb}}{2 l_e} + \frac{R_{\square b2} d_{Mb}}{12 l_e} + \frac{R_c}{d_{Mb} l_e} \tag{3-97}$$

具有 n 条发射区的梳状晶体管的基极电阻应为 n 个小单元的基极电阻的并联，因此 (3-97) 式的 n 分之一：

$$r_b = \frac{1}{n}\left(\frac{R_{\square b1} d_e}{12 l_e} + \frac{R_{\square b2} d_{eb}}{2 l_e} + \frac{R_{\square b2} d_{Mb}}{12 l_e} + \frac{R_c}{d_{Mb} l_e}\right) \tag{3-98}$$

3.5.2 圆形晶体管的基极电阻

圆形晶体管管芯结构示意见图 3-24。设发射区的直径为 d_e，基极金属条的内直径为 d_b，外直径为 d_B。

圆形晶体管的基极电阻由三部分构成：发射区下面的基极电阻 r_{b1}，发射区与基极金属条之间的电阻 r_{b2} 及金属基极条的接触电阻 r_{b3}。在这里我们忽略了金属接触条下面的基极电阻，因为它的值较小。

先求 r_{b1}，在半径为 r 处的基极电流可写为

$$I_B(r) = I_B \left(\frac{r}{d_e/2}\right)^2 = 4I_B \frac{r^2}{d_e^2}$$

r 到 $r+\mathrm{d}r$ 之间的微分电阻为

$$\mathrm{d}R = \frac{\bar{\rho}_{b1}\mathrm{d}r}{2\pi r W_b}$$

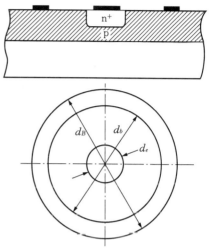

图 3-24 圆形晶体管的管芯结构

式中 $\bar{\rho}_{b1}$ 为发射区下面部分的基区平均电阻率。基极电流流经 $\mathrm{d}R$ 这部分电阻时的功率耗散为

$$I_B^2(r)\mathrm{d}R = I_B^2 \left(\frac{4r^2}{d_e^2}\right)^2 \frac{\bar{\rho}_{b1}\mathrm{d}r}{2\pi r W_b}$$

从 0 到 $\frac{d_e}{2}$ 之间积分得

$$I_B^2 r_{b1} = \int_0^{d_e/2} I_B^2 \left(\frac{4r^2}{d_e^2}\right)^2 \frac{\bar{\rho}_{b1}\mathrm{d}r}{2\pi r W_b} = \frac{I_B^2 \bar{\rho}_{b1}}{8\pi W_b}$$

于是

$$r_{b1} = \frac{\bar{\rho}_{b1}}{8\pi W_b} = \frac{R_{\square b1}}{8\pi} \tag{3-99}$$

式中 $R_{\square b1}$ 为发射区下面基区的方块电阻。

计算 r_{b2} 时，同样考虑 r 到 $r+\mathrm{d}r$ 之间的微分电阻为

$$\mathrm{d}R = \frac{\bar{\rho}_{b2}\mathrm{d}r}{2\pi r x_{je}}$$

将上式从 $\frac{d_e}{2}$ 到 $\frac{d_b}{2}$ 之间积分，即得 r_{b2} 如下：

$$r_{b2} = \int_{d_e/2}^{d_b/2} \frac{\bar{\rho}_{b2}\mathrm{d}r}{2\pi r x_{jc}} = \frac{\bar{\rho}_{b2}}{2\pi x_{jc}} \ln \frac{d_b}{d_e} = \frac{R_{\square b2}}{2\pi} \ln \frac{d_b}{d_e} \tag{3-100}$$

式中 $\bar{\rho}_{b2}$ 为发射区外面的基区平均电阻率，$R_{\square b2}$ 为它的方块电阻。

金属条基极的接触电阻为

$$r_{b3} = \frac{R_c}{\frac{\pi}{4}(d_B^2 - d_b^2)} = \frac{4R_c}{\pi(d_B^2 - d_b^2)} \tag{3-101}$$

式中 R_c 为金属与半导体接触的欧姆接触系数。

于是，圆形晶体管的基极电阻为

$$r_b = \frac{\bar{\rho}_{b1}}{8\pi W_b} + \frac{\bar{\rho}_{b2}}{2\pi x_{jc}}\ln\frac{d_b}{d_e} + \frac{4R_c}{\pi(d_B^2 - d_b^2)} \tag{3-102a}$$

或写为

$$r_b = \frac{R_{\square b1}}{8\pi} + \frac{R_{\square b2}}{2\pi}\ln\frac{d_b}{d_e} + \frac{4R_c}{\pi(d_B^2 - d_b^2)} \tag{3-102b}$$

文献[3-8]中列出了某些图形的电阻计算公式，如图3-25所示，这些图形的组合可得晶体管的电阻表达式。

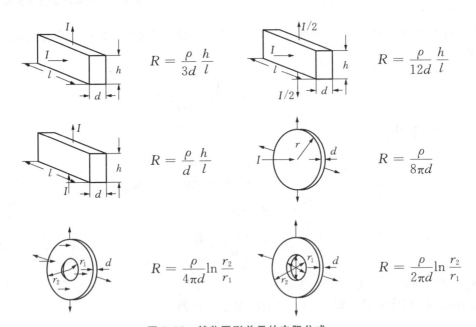

图3-25 某些图形单元的电阻公式

3.6 晶体管的小信号等效电路

根据(3-66)及(3-67)式可知，晶体管的电流与电压有指数关系，因此可以写成如下形式：

$$I_E = a_{11}(e^{qV_E/k_BT} - 1) - a_{12}(e^{qV_C/k_BT} - 1) \tag{3-103}$$

$$I_C = a_{21}(e^{qV_E/k_BT} - 1) - a_{22}(e^{qV_C/k_BT} - 1) \tag{3-104}$$

对于均匀基区晶体管，a_{ij} 可表达为

$$\begin{cases} a_{11} = -A\left[\dfrac{qD_{nb}n_{pb}^0}{L_{nb}}\mathrm{cth}\left(\dfrac{W_b}{L_{nb}}\right) + \dfrac{qD_{pe}p_{ne}^0}{L_{pe}}\right] \\ a_{22} = -A\left[\dfrac{qD_{nb}n_{pb}^0}{L_{nb}}\mathrm{cth}\left(\dfrac{W_b}{L_{nb}}\right) + \dfrac{qD_{pc}p_{nc}^0}{L_{pc}}\right] \\ a_{12} = a_{21} = -A\left[\dfrac{qD_{nb}n_{pb}^0}{L_{nb}}\mathrm{csch}\left(\dfrac{W_b}{L_{nb}}\right)\right] \end{cases} \tag{3-105}$$

本章所导出的电流-电压关系式中，电流和电压的参考方向如图 3-26(a) 所示，它与网络理论中规定的方向不一致，后者的定义方向如图 3-26(b) 所示，对比图(a)与(b)我们可以看到，两者的区别仅在于 V_E、V_C 及 I_C 定义的方向不同，因此，我们只要改变 (3-103) 及 (3-104) 式上的上述三个量的符号，就可以得到适用于网络理论需要的电流-电压表达式。

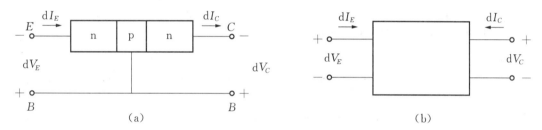

图 3-26 本章公式中(a)和网络理论中(b)规定的电流、电压方向

$$I_E = a_{11}(e^{-qV_E/k_BT} - 1) - a_{12}(e^{-qV_C/k_BT} - 1) \tag{3-106}$$

$$I_C = -a_{21}(e^{-qV_E/k_BT} - 1) + a_{22}(e^{-qV_C/k_BT} - 1) \tag{3-107}$$

对上述两式求微分，得

$$dI_E = -\frac{qa_{11}}{k_BT}e^{-qV_E/k_BT}dV_E + \frac{qa_{12}}{k_BT}e^{-qV_C/k_BT}dV_C \tag{3-108}$$

$$dI_C = \frac{qa_{21}}{k_BT}e^{-qV_E/k_BT}dV_E - \frac{qa_{22}}{k_BT}e^{-qV_C/k_BT}dV_C \tag{3-109}$$

或写成如下形式：

$$i_e = y_{11}v_e + y_{12}v_c \tag{3-110}$$

$$i_c = y_{21}v_e + y_{22}v_c \tag{3-111}$$

这是 Y 参数等效电流方程式，等效电路如图 3-27(a) 所示，y 参数可表示为

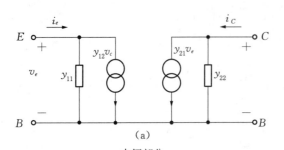

$$y_{11} = -\frac{qa_{11}}{k_BT}e^{-qV_E/k_BT} \quad \text{或} \quad y_{11} = \frac{\partial I_E}{\partial V_E}$$

$$y_{12} = \frac{qa_{12}}{k_BT}e^{-qV_C/k_BT} \quad \text{或} \quad y_{12} = \frac{\partial I_E}{\partial V_C}$$

$$y_{21} = \frac{qa_{21}}{k_BT}e^{-qV_E/k_BT} \quad \text{或} \quad y_{21} = \frac{\partial I_C}{\partial V_E}$$

$$y_{22} = -\frac{qa_{22}}{k_BT}e^{-qV_C/k_BT} \quad \text{或} \quad y_{22} = \frac{\partial I_C}{\partial V_C}$$

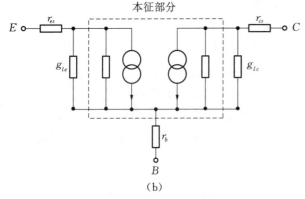

图 3-27(a)中的 Y 参数是由一维连续方程导出的,称为本征参数,其等效电路称为晶体管的本征部分,对实际晶体管,还需加上某些参数,例如,基极电阻 r_b、发射极和集电极串联电阻 r_{es} 及 r_{cs}、发射结和集电结的漏导 g_{le} 及 g_{lc},由此得到的等效电路如图 3-27(b)所示,其虚线内部为本征晶体管等效电路。

图 3-27 小信号 Y 参数等效电路

参考文献

[3-1] R. L. Pritchard, *Electrical Characteristics of Transistors*, McGraw-Hill Book Company, New York, 1967.

[3-2] L. P. Hunter, *Handbook of Semiconductors Electronics*, Sec. 4, McGraw-Hill Book Company, New York, 1956.

[3-3] 宋南辛、徐义刚,晶体管原理,国防工业出版社,1980.

[3-4] J. J. Ebers, J. L. Moll, *Proc. IRE*, 42, 1761~1772, 1954.

[3-5] J. S. Bora, *Microelectronics and Reliability*, **12**(4), 343 (1973).

[3-6] W. D. Raburn, W. H. Cansey, *Microelectronics*, **6**(3), 4 (1975).

[3-7] H. M. Rein, *Solid State Electronics*, **19**(2), 145 (1976).

[3-8] R. M. Warner, J. N. Fordemwalt, *Integrated Circuits*, McGraw-Hill, New York, 1965.

习 题

3-1 (1) 画出 p-n-p 晶体管在平衡时及正常有源工作模式下的能带图;
(2) 画出 p-n-p 晶体管在正常有源工作模式下的各区域少数载流子分布及电流分布;
(3) 写出均匀基区 p-n-p 晶体管的 γ 和 β^* 的表达式,可参考 n-p-n 晶体管的 γ 表达式(3-33)及 β^* 表达式(3-41)。

3-2 (1) 推导(3-68)式;
(2) 推导(3-81)式。

3-3 n-p-n 硅晶体管的参数如下:基区宽度 $W_b = 2\,\mu m$,基区为均匀掺杂,且 $N_B = 5\times 10^{16}\,cm^{-3}$,基区中少子寿命 $\tau_{nb} = 1\,\mu s$,发射极面积 $A_e = 0.01\,cm^2$。若集电结反偏,发射极电子电流 $I_{nE} = 1\,mA$。试

计算发射结的基区一侧非平衡少子密度、发射结电压及基区输运系数 β^*。

3-4 上题中设晶体管发射区的掺杂浓度为 $10^{18}\,\mathrm{cm}^{-3}$，$x_{je}=0.5\,\mu\mathrm{m}$，$\tau_{Pe}=10\,\mathrm{ns}$，试计算发射效率和共发射极电流放大系数。

3-5 当均匀基区晶体管的基区宽度等于少子的扩散长度时，求最大电流增益。

3-6 对称的 p^+-n-p^+ 锗合金结晶体管基区宽度 $W_b=5\,\mu\mathrm{m}$，基区杂质浓度 $N_b=5\times 10^{15}\,\mathrm{cm}^{-3}$。基区少子寿命 $\tau_{pb}=10\,\mu\mathrm{s}$，结面积 $A_E=A_C=10^{-3}\,\mathrm{cm}^2$。

(1) 证明饱和电流 $I_{ES}=I_{CS}$；

(2) 计算 $V_{EB}=0.26\,\mathrm{V}$，$V_{CB}=-50\,\mathrm{V}$ 时的基极电流 I_B；

(3) 计算上述条件下的 α 和 β（假定 $\gamma \approx 1$）。

3-7 缓变基区的硅 n-p-n 晶体管的基区杂质为指数分布，从发射结处浓度为 $2\times 10^{18}\,\mathrm{cm}^{-3}$ 下降到集电结处为 $5\times 10^{15}\,\mathrm{cm}^{-3}$，基区宽度为 $1.4\,\mu\mathrm{m}$，其他参数为

$$A_e = 3\times 10^{-8}\,\mathrm{cm}^2,\ W_e = 2.4\,\mu\mathrm{m}$$
$$\overline{N_e} = 5\times 10^{19}\,\mathrm{cm}^{-3},\ W_c = 12\,\mu\mathrm{m}$$
$$N_c = 5\times 10^{15}\,\mathrm{cm}^{-3},\ \tau_{pe} = 0.5\,\mu\mathrm{s}$$
$$\tau_{nb} = 0.5\,\mu\mathrm{s},\ \mu_{pe} = 100\,\mathrm{cm}^2/\mathrm{V}\cdot\mathrm{s}$$
$$\mu_{nb} = 1\,000\,\mathrm{cm}^2/\mathrm{V}\cdot\mathrm{s}$$

试计算集电结反偏为 6 V 时的 β。

3-8 双极型晶体管的 $x_{jc}=3\,\mu\mathrm{m}$，$x_{je}=1.5\,\mu\mathrm{m}$，$N_b(0)=5\times 10^{17}\,\mathrm{cm}^{-3}$，$N_c=5\times 10^{15}\,\mathrm{cm}^{-3}$，假定基区杂质为指数分布，试求：

(1) 基区自建电场；

(2) 基区中 $\dfrac{x}{W_b}=0.2$ 处扩散电流分量和由基区自建电场引起的漂移电流分量之比。

3-9 导出单基条的基极电阻表达式。

3-10 高频晶体管中常采用覆盖式结构，其一个小单元的图形如图 3-28 所示，小单元发射极条长为 l_e，条宽为 S_e，沿发射极条长方向的浓基区网格宽度为 S_b，发射区的浓基区网格的距离为 l_{eb} 和 S_{eb}，基极电极条宽为 S_{Mb}。如果晶体管共有 n 个小单元，试证明，其基极电阻为

$$r_b = \frac{1}{n}\left[\frac{R_{\Box b1}S_e}{12l_e}+\frac{R_{\Box b2}S_{eb}}{2l_e}+\frac{R_{\Box b3}l_e}{12S_b}+\frac{R_{\Box b3}l_{eb}}{2S_b}+\frac{R_c}{S_{Mb}(S_e+2S_{eb}+S_b)}\right]$$

式中 $R_{\Box b1}$ 为发射区下面基区的方块电阻，$R_{\Box b2}$ 为淡基区的方块电阻，$R_{\Box b3}$ 为浓基区的方块电阻。

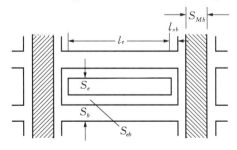

图 3-28 晶体管覆盖结构示意图

第四章 晶体管的频率特性和功率特性

当信号频率升高时,晶体管的放大特性要发生变化,如放大系数减小,相移增加等,这些变化的主要原因是势垒电容及扩散电容的充放电。当晶体管的放大能力下降到一定程度时就无法使用,这表明使用频率有一个极限。本章的第一部分(4.1~4.3)讨论频率对晶体管性能的影响,也就是讨论几个主要的高频参数:截止频率、特征频率、高频功率增益和最高振荡频率等。

为使晶体管在工作时输出尽可能大的功率,要求它有良好的功率特性,晶体管的功率特性主要受集电极最大电流、最高电压、最大耗散功率及二次击穿等的限制。超过了限度,晶体管就不能工作,甚至会失效。在本章的这一部分(4.4和4.5两节)我们围绕晶体管的安全工作区讨论上述这些参数。本章的最后一节简单讨论了晶体管的噪声问题。

4.1 电流放大系数的频率特性

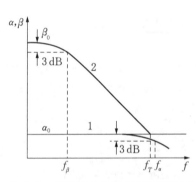

图 4-1 电流放大系数与频率的关系

图 4-1 画出了晶体管的电流放大系数随频率的变化。曲线 1 表示共基极电流放大系数 α 随频率的变化,曲线 2 表示共发射极电流放大系数 β 随频率的变化。在低频时,α 及 β 不随频率变化,此时的值记为 α_0 及 β_0,即电流放大系数的低频值。随着频率的升高,电流放大系数下降。我们定义当电流放大系数下降到低频值的 $\frac{1}{\sqrt{2}}$ (即 0.707)时的频率为晶体管的截止频率。在共基极电路中,称为共基极截止频率,即 α 截止频率,用 f_α 表示,或用圆频率 ω_α 表示;在共发射极电路中,称为共发射极截止频率,即 β 截止频率,用 f_β 表示,或圆频率 ω_β 表示。

通常用以 dB 为单位表示电流放大系数,即

$$\alpha = 20 \lg \alpha \text{(dB)} \tag{4-1}$$

$$\beta = 20 \lg \beta \text{(dB)} \tag{4-2}$$

当 $\omega = \omega_\alpha$ 时,$\alpha = 20 \lg \dfrac{\alpha_0}{\sqrt{2}} \text{(dB)}$

当 $\omega = \omega_\beta$ 时,$\beta = 20 \lg \dfrac{\beta_0}{\sqrt{2}} \text{(dB)}$

这表示在截止频率时,电流放大系数下降 3 dB。

在共发射极电路中,尽管当频率升至 ω_β 时会使电流放大系数下降,但晶体管还是有电流放大作用。我们定义 β 值降到 1(0 dB)时的频率为特征频率 f_T,此时晶体管就没有电流放大作用了。

从实验可知,当 $\omega > \omega_\beta$ 时,随频率升高近似地按线性规律下降,有如下关系:

$$f|\beta| = 常数$$

根据 f_T 的定义,当 $f = f_T$ 时,$|\beta| = 1$,因此上式的常数就是 f_T,故有

$$f|\beta| = f_T \tag{4-3}$$

所以 f_T 也称为电流增益-带宽乘积。

频率升到 f_T,晶体管尽管没有电流放大作用,但还有电压放大,即它的功率增益还大于 1。我们定义晶体管的功率增益降为 1 时的频率为最高振荡频率 f_m,这表明若晶体管在这频率下振荡,那么输出功率全部反馈到输入端,才能维持继续振荡;高于这一频率,晶体管就无法维持振荡。

在高频工作的晶体管,除电流放大系数幅值变小外,还要发生相移,即输出电流相对于输入电流产生相位滞后。

4.1.1 基区输运过程

晶体管稳态工作时,由发射区注入到基区的少子渡过基区到达集电区成为集电极电流;当输入端加以交流信号,则输出的集电极电流也随之发生变化。由于少子通过基区需要一定的时间 τ_b,而且由于少子的运动是在热运动的基础上叠加扩散运动(以及漂移运动,如果存在基区自建电场的话),而前者的运动速度又远高于后者,造成少子通过基区时在时间上的分散,这两者均使基区输运系数 β^* 随频率而变。我们以 β_0^* 表示低频的基区输运系数。

在第三章中我们求解时,是通过求解扩散方程,得到晶体管的直流特性后,再按 β_0^* 的定义来求得的;在交流情况下,应从求解连续性方程入手,求得交流伏安特性后再得到 β_0^*,尽管在求解过程中作了许多近似,如把少子运动看作一维运动,忽略势垒区的复合、小注入等,但求解仍很复杂。Beaufoy 等在 1957 年引入电荷控制法,它先对连续性方程在整个基区上积分,作一些简化假设后,得到少子总电荷方程,该方程易于求解。该方程最初用于求解晶体管开关过程的大信号问题而获得成功,具有概念清楚、方法简捷、物理意义明了等优点。把此法用于求解交流小信号问题,同样具有上述优点。

1. β^* 的求得

注入基区的少子,通过基区的平均时间为 τ_b,由于 τ_b 的存在,对输运中的少子发生三个影响:

(1) 由发射区注入到基区的少子,在基区内停留的 τ_b 时间内要损失一部分,如果少子的寿命为 τ,那么复合损失部分占总数的 τ_b/τ,使 β^* 值成为 $1 - \dfrac{\tau_b}{\tau}$,这一因子在加上交流信号

时也同样存在。因此我们在计算 β^* 的频率关系时，可以暂不考虑这一因子，只要在最后结果中乘上这一因子就得到正确结果。

(2) 平均地说，流出基区的少子比进入基区的少子延迟了时间 τ_b，这表明输出的信号电流比输入信号电流在相位上滞后了 $\omega\tau_b$。如果以复平面来表示这一相位的滞后，那么在 β^* 的表达式中应包含 $e^{-j\omega\tau_b}$ 的因子。

(3) β^* 的幅值比 β_0^* 的幅值小，而且频率越高，小得越多。其原因如下：在扩散晶体管中，少子是靠扩散运动渡过基区的。扩散运动在本质上是粒子的杂乱热运动的结果（应指出，对于漂移晶体管，少子的运动尽管还要加上电场的漂移作用，但它相对于粒子的热运动来说，还是可以忽略的），τ_b 的含义实际上是大量粒子越过基区所需的不同时间的平均值。这是由于粒子进入基区后，由于杂乱的热运动及碰撞过程，经过各不相同的曲折路径，先后到达集电结边缘，被结中强电场拉入集电区。同一时刻进入基区的粒子，有的经过比 τ_b 短的时间到达集电结，有的经过比 τ_b 长的时间到达集电结。各粒子越过基区的时间不一致，称为渡越时间的分散。各粒子渡越时间的分布如图 4-2 所示，τ_b 是曲线横坐标的平均值。τ_b 小，渡越时间分散也小，如图中虚线所示。由图可得如下结论：若在 $t=0$ 时刻，由发射区向基区注入一个很窄的矩形脉冲电流，那么在集电极上收到的脉冲幅度变小，脉冲持续时间变长，这都是由于渡越时间分散的结果。

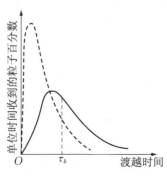

图 4-2 渡越时间的分布

在直流状态下，设基区少子电荷为 Q，τ_b 代表平均渡越时间，则集电极电流（设为 n-p-n 晶体管）为

$$i_{n0} = \frac{Q}{\tau_b} \tag{4-4a}$$

式中 $\frac{1}{\tau_b}$ 表示注入基区的少子在单位时间内被集电极取走的几率。

由于基区宽度比少子的扩散长度小得多，因此基区中任一处的少子到达集电结的几率几乎相等，也就是不管少子在基区什么地方，它几乎有同等机会被集电结取走。设在 $t=0$ 时，向基区注入一群少子，那么图 4-3 中曲线 1 表示集电结在单位时间内收到少子的百分数与集电结收到少子的时间的关系；曲线 2 表示基区各处的少子到达集电结边缘的几率均为 $1/\tau_b$ 时渡越时间的分散情况（这里我们假定少子一进入基区就有可能被集电结取走），它们之间的差别已很小。另外，只要交流信号的周期比 τ_b 长，基区中少子分布近似与直流时一样，这表明(4-4a)式也适用于交流情况。电荷控制法就是假设少子电流只决定于基区中少子电荷的总数而和具体分布无关。

若不考虑基区中少子的复合，少子电荷 Q 的变化仅由

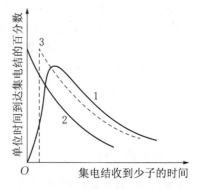

图 4-3 渡越时间的分布

$i_{ne} - i_{nc}$ 引起,即

$$\frac{dQ}{dt} = i_{ne} - i_{nc} \tag{4-5}$$

式中 i_{ne} 及 i_{nc} 分别代表发射极电子电流和集电极电子电流的瞬时值。我们用 I_{ne} 及 I_{nc} 代表它们的幅值,那么有

$$i_{ne} = I_{ne} e^{j\omega t} \tag{4-6}$$

$$i_{nc} = I_{nc} e^{j\omega t} \tag{4-7a}$$

其中 ω 为交流信号的圆频率。

由(4-4a)及(4-5)式消去 Q,同时考虑到基区复合的损失后,得

$$\beta^* = \frac{1 - \tau_b/\tau}{1 + j\omega\tau_b} = \frac{\beta_0^*}{1 + j\omega\tau_b} \tag{4-8a}$$

上式的幅值为

$$|\beta^*| = \frac{\beta_0^*}{\sqrt{1 + \omega^2 \tau_b^2}} \tag{4-9}$$

滞后的相角为

$$\varphi = \arctan \omega\tau_b \tag{4-10}$$

由上两式可见,随着频率的升高,基区输运系数的幅值减小,滞后的相移增加。

2. 延迟时间与超相移因子

实际情况是,进入基区的少子必须经过一定的延迟时间 τ_{del} 后才有可能被集电极以一定几率取走。因此,渡越时间的分布曲线如图 4-3 中虚线 3 所示,在上述各式也必须考虑这一附加的延迟时间。原先,少子在基区停留的平均时间为 τ_b,现在因为必须在 τ_{del} 时间以后才可能被集电结取走,于是被集电结取走的平均时间就变为

$$\tau_b' = \tau_b - \tau_{del} \tag{4-11}$$

单位时间内被集电结取走的几率应改为 $\dfrac{1}{\tau_b'}$ 于是,(4-4a)式应改为

$$i_{n0} = \frac{1}{\tau_b'} \tag{4-4b}$$

考虑到延迟时间 τ_{del} 的影响,集电结电流比发射结电流滞后一个相角 $\omega\tau_{del}$,因此把(4-7a)式改写为

$$i_{nc} = I_{nc} e^{j\omega(t-\tau_{del})} \tag{4-7b}$$

由(4-4b)、(4-5)式,并考虑到(4-6)及(4-7b)式,同时考虑到基区复合的损失后,可解得

$$\beta^* = \frac{\beta_0^* e^{-j\omega\tau_{del}}}{1 + j\omega\tau_b} \tag{4-8b}$$

理论分析表明,对扩散晶体管,τ_{del} 可按下式计算:

$$\tau_{del} = 0.19 \frac{W_b^2}{2D_{nb}} = 0.19\tau_b \tag{4-12}$$

代入(4-11)式,并换写成下列形式:

$$\frac{1}{\tau_b'} = \frac{1}{\tau_b - \tau_{del}} \approx \frac{1.22}{\tau_b} \tag{4-13}$$

令 $m = 0.22$,则有

$$\frac{1}{\tau_b'} = \frac{1+m}{\tau_b}$$

或

$$m = \frac{\tau_b - \tau_b'}{\tau_b'} = \frac{\tau_{del}}{\tau_b'}$$

代入(4-8b)式,可得

$$\beta^* = \frac{\beta_0^* \, e^{-jm\omega\tau_b'}}{1 + j\omega\tau_b'} \tag{4-8c}$$

式中 m 称为超相移因子,其物理意义是:发射极电流的变化,不能立即反映为集电极电流的变化,必须经过 $m\omega\tau_b'$ 的相位滞后集电极电流才会变化,其后的相位滞后才由基区渡越时间的分散所引起。m 就是由基区渡越时间所引起的相移之外再附加部分的因子。

3. 基区输运系数 β^* 在复平面上的表示

在复平面的实轴上取单位长度 $OA = 1$,即假定 $\beta_0^* = 1$,如图 4-4 所示。过 A 点向下作实轴的垂线 AB,$AB = \omega\tau_b$。(由于集电极电流的相位落后于发射极电流,因此虚值 $j\omega\tau_b$ 落在第四象限,即 $\boldsymbol{AB} = -j\omega\tau_b$。)以 OA 为直径,在第四象限作半圆,与 OB 交于 P 点,那么 P 点的轨迹就是 β^* 随 ω 变化的轨迹。这是由于 $\triangle OPA$ 与 $\triangle OAB$ 相似,考虑到 $|\boldsymbol{OA}| = 1$,有

$$|\boldsymbol{OP}| = \frac{1}{\omega^2\tau_b^2}$$

由于 $\boldsymbol{OP}$ 在第四象限,因此

$$\boldsymbol{OP} = \frac{1}{1 + j\omega\tau_b}$$

由图 4-4 可知,如果我们将 $\boldsymbol{OA}$ 看作发射极电子电流 I_{ne},那么 $\boldsymbol{OP}$ 就代表集电极电流,其值为 $I_{nc} \approx |\beta^*| I_{ne}$,也就是集电极电流的幅值减小,相位滞后,由于 $\boldsymbol{OA} = \boldsymbol{OP} + \boldsymbol{PA}$,即 $\boldsymbol{I}_{ne} = \boldsymbol{I}_{nc} + \boldsymbol{I}_{pb}$,这表明发射区注入基区电流的变化,引起基区中积累电荷的变化,根据电中性条件,基区中多子电荷也产生同样数量的变化,这就是基区的多子电流,它的相位比集电极流 I_{nc} 提前 $\frac{\pi}{2}$。其物理过程是:基区中少子积累的变化,必须在发射结电容充放电完成后才发生,这就反映在基极电流的相位超前于发射极电流的变化。

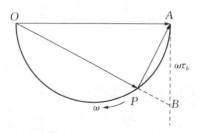

图 4-4 β^* 的复平面表示

下面我们讨论在计入超相移因子 m 后，β^* 在复平面的轨迹。考察(4-8c)式可以看到若超相移因子 $m=0$，则它与(4-8a)式的差别只是前者以 τ_b' 代替了后者的 τ_b，因此它的轨迹仍是圆，如图 4-5 中虚线所示。如果计入超相移因子 m，那么 β^* 比 $\boldsymbol{OP}$ 又滞后了 $m\omega\tau_b'$，亦即 $\boldsymbol{OP}$ 应再顺时针转过 $m\omega\tau_b'$ 弧度，也就是 $\boldsymbol{OP'}$（$|\boldsymbol{OP'}|=|\boldsymbol{OP}|$）才代表集电极电流，因此(4-8c)式表示的是 P' 点的轨迹，如图 4-5 中实线所示。

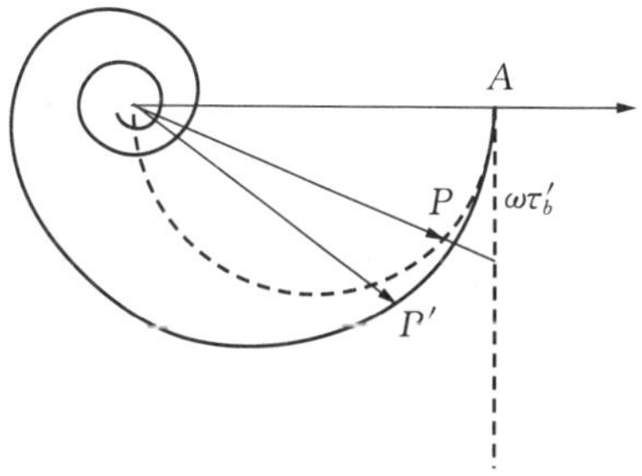

图 4-5　计及超相移因子后 β^* 在复平面上的表示

4. 漂移晶体管的 β^*

根据 β_0^* 的定义：

$$\beta_0^* = 1 - \frac{\tau_b}{\tau_{nb}}$$

与(3-41)式比较，可以得到在均匀基区情况下，

$$\tau_b = \frac{1}{2}\frac{W_b^2}{D_{nb}} \tag{4-14}$$

对漂移晶体管来说，把 β_0^* 与(3-77b)式比较，可得

$$\tau_b = \frac{1}{\lambda}\frac{W_b^2}{D_{nb}} \tag{4-15}$$

尽管在漂移晶体管中基区存在自建电场，加速了少子的运动，但基区中还是存在少子的扩散作用，即还存在基区渡越时间的分散，使集电极电流与发射极电流之间有相位差。与均匀基区情况类似，发射极电流的变化并不能使集电极电流立即发生变化，必须在延迟一段时间 τ_{del} 后才改变，计算得出，对内建电场因子为 η 的漂移晶体管来说，τ_{del} 及 τ_b' 可近似表示为

$$\tau_{del} = \frac{0.22 + 0.098\eta}{1.22 + 0.098\eta}\tau_b \tag{4-16}$$

$$\tau_b' = \tau_b - \tau_{del} = \frac{1}{1.22 + 0.098\eta}\tau_b \tag{4-17}$$

(4-16)式表明，基区自建电场越强，即 η 越大，τ_{del} 在 τ_b' 中所占的比例越大。

把(4-16)及(4-17)式代入(4-8b)式，可得漂移晶体管的有关参数如下：

$$\beta^* = \beta_0^* \frac{e^{-jm\omega\tau_b'}}{1+j\omega\tau_b'} \tag{4-18}$$

$$m = 0.22 + 0.098\eta \tag{4-19}$$

$$\frac{1}{\tau_b'} = \frac{1.22 + 0.098\eta}{\tau_b} = \frac{1+m}{\tau_b} \tag{4-20}$$

或把 τ_b' 表示为

$$\tau'_b = \frac{W_b^2}{(1+m)\lambda D_{nb}} \tag{4-21}$$

由(4-18)～(4-21)式可知,缓变基区晶体管的基区输运系数与电场因子 η 有关,随着 η 的增大,β^* 的幅值及相移均发生变化,其在复平面上的表示如图 4-6(a)所示。从图中可见,若不计超相移因子,即 $m=0$,则当 $\omega=\omega_b=\dfrac{1}{\tau'_b}$ 时,β^* 的幅值下降为 $\dfrac{\beta_0^*}{\sqrt{2}}$,相位落后 $45°$,这是一级近似的结果;若计及超相移因子的贡献,即 $m\neq 0$,则对均匀基区晶体管,$\eta=0.22$,超相移部分为 $-12.6°$,即总的相位变化为落后 $57.6°$。对于缓变基区晶体管,当 $\eta=2$ 时,超相移达 $-23.8°$,总相移为 $-68.8°$;当 $\eta=4$ 时,超相移为 $-35°$,总相移为 $-80°$,等等,如图 4-6(a)所示。β^* 随频率变化的详细复平面图如图 4-6(b)所示。

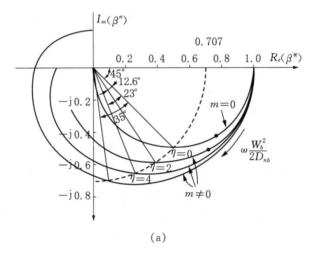

(a)

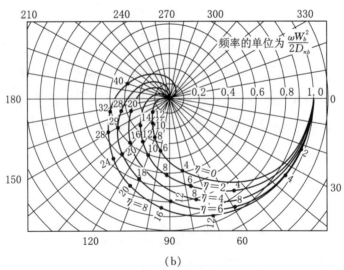

(b)

图 4-6　基区输运系数的复平面图

5. 发射结扩散电容

我们还可从发射极电流对发射结电容的充放电来导出基区输运系数 β^* 的表达式。基区中少子电荷储存的变化，从另一角度看，反映了发射极与基极间的电容作用。设发射结上的电压有微小的增加 v_{eb}，基区中少子的分布从曲线 1 变为曲线 2，如图 4-7 所示。所增加的少子，由发射区流入；另一方面，为了维持基区的电中性，基极有同样数量的多子电荷流入基区，因此发射极–基极间存在电容效应，我们用发射极扩散电容 C_{De} 来表示。由此我们得出这样的结论：设发射结电压为 v_{eb}，发射结电阻为 r_e，那么发射极电流有两部分组成：其一为流过 r_e 之电流 $\dfrac{v_{eb}}{r_e}$，其二为引起基区中少子积累变化的电容 C_{De} 的充放电电流，可表示为

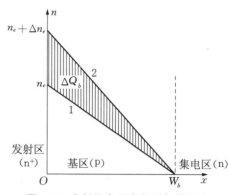

图 4-7　发射结电压变化引起基区少子积累的变化

$$\frac{dQ}{dt} = C_{De}\frac{dV_{EB}}{dt}$$

于是

$$i_{ne} = \frac{v_{eb}}{r_e} + C_{De}\frac{dV_{EB}}{dt} \tag{4-22}$$

这就是说，对发射结来说，存在 C_{De}，它并联在 r_e 两端，其等效电路如图 4-8 所示。

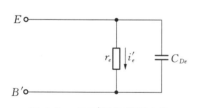

图 4-8　E-B' 间的等效电路

我们再考察集电区所接收到的少子电流。根据晶体管中基区输运过程可知，流过结电阻 r_e 的发射极电流 i_e' 可以被集电区所接收，而流过 C_{De} 的发射极电流，只能改变基区中少子的积累，它不能被集电区所接收，因此不计基区中的复合时有

$$i_{nc} = \frac{v_{eb}}{r_e} \tag{4-23}$$

我们先看直流情况下基区中少子积累情况，设发射结电压为 V_{EB}，根据渡越时间 τ_b 的定义，从发射区注入的电子电流 $\left(\approx \dfrac{V_{EB}}{r_e}\right)$ 在 τ_b 时间内所获得的电荷即为基区中积累的电荷 Q：

$$Q = \frac{V_{EB}}{r_e}\tau_b$$

当发射结电压变化 v_{eb} 时，基区中积累电荷变化为

$$\Delta Q = \frac{v_{eb}}{r_e}\tau_b$$

即
$$C_{De} = \frac{\Delta Q}{\Delta V_{EB}} = \frac{\Delta Q}{v_{eb}} = \frac{\tau_b}{r_e} \tag{4-24}$$

考虑到流过电容 C_{De} 的电流相位超前，有

$$i_e = v_{eb}\left(\frac{1}{r_e} + j\omega C_{De}\right)$$
$$= \frac{v_{eb}}{r_e}(1 + j\omega C_{De} r_e) \tag{4-25}$$

$$\beta^* = \frac{i_{nc}}{i_{ne}} \approx \frac{i_{nc}}{i_e} = \frac{1}{1 + j\omega C_{De} r_e}$$

如果计入基区中的复合损失，上式再乘以 β_0^*，并考虑(4-24)式得

$$\beta^* = \frac{\beta_0^*}{1 + j\omega C_{De} r_e} = \frac{\beta_0^*}{1 + j\omega \tau_b} \tag{4-26}$$

它与(4-8a)式完全一致。

高频下少子在基区中的输运过程较复杂，因此图 4-8 所示的等效电路仅适用于 $\omega < \frac{1}{\tau_b}$ 的情况，即使在这一频率下，用求解连续方程所得到的 C_{De} 表达式仅为(4-24)式的 $\frac{2}{3}$ 左右：

$$C_{De} = \frac{2}{3} \frac{\tau_b}{r_e} \tag{4-27}$$

这是由于基区中少子电荷的变化既与 I_{ne} 有关，又与 I_{nc} 有关。

在共发射极电路中，C_{De} 的数值反映了基极的充放电电流，即基区多子电荷的变化（当然它与少子总电荷相等），因此 C_{De} 表达式仍为(4-24)式。

对于缓变基区晶体管，共基极电路中发射极扩散电容的表达式为

$$C_{De} = \frac{qI_E}{k_B T} \frac{W_b^2}{2D_{nb}} \left[\frac{2}{\eta}\left(1 - \frac{1-e^{-\eta}}{\eta}\right)\right] \tag{4-28}$$

基区输运系数仍可用(4-26)式来计算。

4.1.2　共基极短路电流放大系数的频率关系

1. 发射极延迟时间常数 τ_e

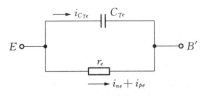

图 4-9　讨论 γ 时的发射极支路

发射结电容除 C_{De} 外，还有 p-n 结势垒电容 C_{Te}，当发射结电压发生变化时，C_{Te} 也要充放电，电流为 $v_{eb} \cdot j\omega C_{Te}$，相位比 i'_e 超前。

C_{Te} 的充放电对发射效率有影响，C_{De} 则没有影响，因此我们可以把发射极支路的等效电路画成如图4-9的形

式。对 n-p-n 晶体管,直流(或低频)的发射效率定义为

$$\gamma_0 = \frac{I_{ne}}{I_{ne} + I_{pe}}$$

考虑到势垒电容的分流作用,在高频时,发射效率应定义为

$$\gamma = \frac{i_{ne}}{i_{ne} + i_{pe} + i_{C_{T_e}}} = \frac{i_{ne}}{i_{ne} + i_{pe}} \left[\frac{1}{1 + i_{C_{T_e}}/(i_{ne} + i_{pe})} \right] \tag{4-29}$$

式中第一个因子为不考虑势垒电容时的发射效率,即本征晶体管发射效率,或 γ_0;第二个因子为发射结势垒电容对发射效率的影响,根据图 4-9 的等效电路,r_e 两端和 C_{Te} 两端的电压相等,即

$$(i_{ne} + i_{pe})r_e = \frac{i_{C_{T_e}}}{1 + \mathrm{j}\omega C_{Te}}$$

或

$$\frac{i_{C_{T_e}}}{i_{ne} + i_{pe}} = \mathrm{j}\omega\, r_e C_{Te}$$

代入(4-29)式有

$$\gamma = \frac{\gamma_0}{\mathrm{j}\omega r_e C_{Te}} \tag{4-30a}$$

令

$$r_e C_{Te} = \tau_e \tag{4-31}$$

τ_e 称为发射极延迟时间常数,则

$$\gamma = \frac{\gamma_0}{1 + \mathrm{j}\omega\tau_e} \tag{4-30b}$$

或令

$$\frac{1}{\omega_e} = r_e C_{Te} = \tau_e \tag{4-32}$$

γ 又可表示成

$$\gamma = \frac{\gamma_0}{1 + \mathrm{j}\omega/\omega_e} \tag{4-30c}$$

其幅值为

$$|\gamma| = \gamma_0 \left(1 + \frac{\omega^2}{\omega_e^2}\right)^{-1/2} \tag{4-33}$$

当 $\omega = \omega_e$ 时,有

$$\gamma = \frac{\gamma_0}{\sqrt{2}}$$

因此,称 ω_e 为发射效率截止圆频率。

发射效率的相位可写为

$$\varphi = \arctan\frac{\omega}{\omega_e} \tag{4-34}$$

应当指出,通常工作条件下晶体管的发射结处于正偏,因此上列各式中的 C_{Te} 应为正偏下的势垒电容值。

在获得上述各项结果时,我们把 $\dfrac{i_{ne}}{i_{ne}+i_{pe}}$ 作为 γ_0 来考虑,这在直流或低频情况是正确的。在调频情况下,i_{ne} 及 i_{pe} 均与频率有关,因此 γ_0 原则上也与频率有关,如果在 $\omega < \dfrac{2D_{nb}}{W_b^2}$ 的情况下,且取一级近似,那么本征晶体管的发射效率几乎不随频率而变化,保持其低频值 γ_0,这对均匀基区晶体管及缓变基区晶体管均是如此。

2. 集电结势垒区渡越时间 τ_d

在通常工作条件下,晶体管的集电结加反偏,载流子到达集电结边界时,被势垒区中的强电场拉向集电区,因此穿过势垒区的时间 t_d 很短,通常可以忽略。当信号频率进入微波范围时,t_d 与信号周期相比就不能忽略,此时必须考虑它的作用。

当电场强度大于 10^4 V/cm 时,载流子的漂移速度达到散射极限速度,以 v_m 表示。对硅,$v_m = 8.5 \times 10^6$ cm/s;对锗,$v_m = 6 \times 10^6$ cm/s。集电结反偏时其势垒区中的电场强度一般大于 10^4 V/cm,因此载流子穿过势垒区的时间为(设势垒区宽度为 x_m)

$$t_d = \frac{x_m}{v_m} \tag{4-35}$$

我们定义集电结势垒区输运系数为

$$\beta_d = \left.\frac{j_{nc}(x_m)}{j_{nc}(0)}\right|_{V_c=\text{常数}} \tag{4-36}$$

式中 $j_{nc}(x_m)$ 表示流出集电结势垒区的电子电流密度,近似等于集电极总电流 j_{nc},$j_{nc}(0)$ 表示流入集电结势垒区的电子电流密度。

少子以有限速度通过耗尽层时,在层内形成运动的空间电荷,见图 4-10。运动的空间电荷在其所在处产生传导电流。在其所在处的前后产生位移电流,通过集电结的电流为该两部分电流之和。

$$j_c = j_{nc} + \frac{\partial}{\partial t}(\varepsilon\varepsilon_0 \mathscr{E}) \tag{4-37}$$

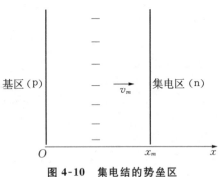

图 4-10 集电结的势垒区

式中 j_c 是通过势垒区的总电流密度,j_{nc} 为传导电流密度,式中第二项为位移电流密度,$\mathscr{E}$ 为势垒区电场强度。

n-p-n 晶体管的传导电流密度为

$$j_{nc} = -qnv_m \tag{4-38}$$

式中 n 为电子密度,且可写为

$$n(x,t) = n(x)e^{j\omega t} \tag{4-39a}$$

若忽略势垒区中的产生-复合作用,由连续方程可得

$$\frac{\partial n}{\partial t} = \frac{1}{q} \frac{\partial j_{nc}}{\partial x} \tag{4-40}$$

将(4-38)及(4-39a)式代入(4-40)式,可得

$$\frac{\mathrm{d}n(x)}{\mathrm{d}x} = -\mathrm{j}\omega \frac{n(x)}{v_m} \tag{4-41}$$

解得

$$n(x) = n(0)\exp\left(-\mathrm{j}\omega \frac{x}{v_m}\right) \tag{4-39b}$$

将(4-38)和(4-39)式代入(4-37)式,在整个势垒区积分:

$$\int_0^{x_m} j_c \mathrm{d}x = -\int_0^{x_m} qv_m n(0) \mathrm{e}^{\mathrm{j}\omega\left(t-\frac{x}{v_m}\right)} \mathrm{d}x + \frac{\partial}{\partial t}\int_0^{x_m} \varepsilon\varepsilon_0 \mathscr{E}\mathrm{d}x$$

忽略势垒区中的产生-复合,求得 j_c 为

$$j_c = -qv_m n(0)\mathrm{e}^{\mathrm{j}\omega t}\frac{1-\exp\left(-\mathrm{j}\omega\frac{x_m}{v_m}\right)}{\mathrm{j}\omega\frac{x_m}{v_m}} + \frac{\varepsilon\varepsilon_0}{x_m}\frac{\partial V_c}{\partial t} \tag{4-42}$$

由于集电结交流短路,$V_C \approx$ 常数,即 $\frac{\partial V_C}{\partial t} = 0$,有

$$j_{nc}(x_m) = j_c = -qv_m n(0)\mathrm{e}^{\mathrm{j}\omega t}\frac{1-\mathrm{e}^{-\mathrm{j}\omega t_d}}{\mathrm{j}\omega t_d} \tag{4-43}$$

而

$$j_{nc}(0) = -qv_m n(0)\mathrm{e}^{\mathrm{j}\omega t} \tag{4-44}$$

于是

$$\beta_d = \frac{j_{nc}(x_m)}{j_{nc}(0)} = \frac{1-\mathrm{e}^{-\mathrm{j}\omega t_d}}{\mathrm{j}\omega t_d} \tag{4-45a}$$

把指数项展开,并取二级近似,有

$$\beta_d \approx \frac{1}{1+\mathrm{j}\omega\frac{t_d}{2}} = \frac{1}{1+\mathrm{j}\omega\tau_d} = \frac{1}{1+\mathrm{j}\omega/\omega_d} \tag{4-45b}$$

式中

$$\tau_d = \frac{t_d}{2} = \frac{x_m}{2v_m} \tag{4-46}$$

称为集电结势垒区渡越时间,其值约为载流子以 v_m 速度通过集电结势垒区所需时间之半。

$$\omega_d = \frac{2v_m}{x_m} \tag{4-47}$$

称为集电结势垒区输运系数截止圆频率。

3. 集电极延迟时间常数

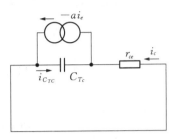

图 4-11 集电结势垒电容的简化充电回路

对集电结势垒电容 C_{Tc} 的充放电,造成集电极延迟时间。对 C_{Tc} 的充电电流必须通过 r_{es}(发射极串联电阻)、r_e(发射结电阻)、(r_{cs} 集电极串联电阻),一般情况下,r_{es} 很小,在高频时,r_e 被发射结电容短路,它们均可忽略。因此,C_{Tc} 在集电结交流短路的情况下,C_{Tc} 的充电回路可简化为如图 4-11 所示。由图可知,电流源 $\alpha i_e = i_{nc}$ 一部分对 C_{Tc} 充电($i_{C_{Tc}}$),一部分通过 r_{cs} 流到外电路(i_c),于是我们定义集电极衰减因子为

$$\alpha_c = \frac{i_c}{i_{nc}} = \left(1 + \frac{i_{C_{Tc}}}{i_c}\right)^{-1} \tag{4-48}$$

而

$$\frac{i_{C_{Tc}}}{i_c} = \frac{r_{cs}}{1/j\omega C_{Tc}} = j\omega r_{cs} C_{Tc} \tag{4-49}$$

于是

$$\alpha_c = \frac{1}{1+\omega r_{cs} C_{Tc}} = \frac{1}{1+\omega \tau_c} = \frac{1}{1+\omega/\omega_c} \tag{4-50}$$

式中

$$\tau_c = r_{cs} C_{Tc} \tag{4-51}$$

称为集电极延迟时间常数,

$$\omega_t = \frac{1}{r_{cs} C_{Tc}} \tag{4-52}$$

称为集电极截止圆频率。

(4-50)式可解释如下:集电结势垒区中的位移电流会在势垒区外感生 i_{nc} 电流,此电流并不能立即转为集电极电流 i_c,这是由于集电区有电阻 r_{cs},i_{nc} 对 C_{Tc} 充电的时间常数为 τ_c,i_c 与 i_{nc} 相比,相位滞后 $\omega\tau_c$,幅度减小。

4. 共基极短路电流放大系数截止频率

根据共基极短路电流放大系数的定义:

$$\alpha = r\beta^* \beta_d \alpha_c$$

把(4-30)、(4-18)、(4-45)和(4-50)四式代入,并忽略二次幂以上各项,可近似得

$$\alpha \approx \frac{\alpha_0 e^{-jm\frac{\omega}{\omega_t}}}{1+j\omega\left[r_e C_{Te} + \frac{W_b^2}{(1+m)\lambda D_{nb}} + \frac{x_m}{2v_m} + r_{cs} C_{Tc}\right]} \tag{4-53a}$$

或写成

$$\alpha = \frac{\alpha_0 e^{-jm\frac{\omega}{\omega_t}}}{1+j(\omega/\omega_a)} \tag{4-53b}$$

式中

$$\frac{1}{\omega_a} = r_e C_{Te} + \frac{W_b^2}{(1+m)\lambda D_{nb}} + \frac{x_m}{2v_m} + r_{cs} C_{Tc} \qquad (4-54)$$

为总的延迟时间,其中 ω_a 为共基极电流放大系数截止圆频率。或将上式写成

$$f_a = \frac{\omega_a}{2\pi} \qquad (4-55)$$

共基极短路电流放大系数的幅值和相位可以写成如下:

$$|\alpha| = \frac{\alpha_0}{\sqrt{1+\left(\frac{\omega}{\omega_a}\right)^2}} = \frac{\alpha_0}{\sqrt{1+\left(\frac{f}{f_a}\right)^2}} \qquad (4-56)$$

$$\varphi = -\arctan\left(\frac{m\omega}{\omega_b} + \frac{\omega}{\omega_a}\right) = -\arctan\left(\frac{mf}{f_b} + \frac{f}{f_a}\right) \qquad (4-57a)$$

当 ω_b 比 ω_a、ω_d 及 ω_c 低很多时,ω_a 主要决定于 ω_b,即 $\omega_a \approx \omega_b$。于是上式可写为

$$\varphi = -\arctan\left[(1+m)\frac{\omega}{\omega_a}\right] = -\arctan\left[(1+m)\frac{f}{f_a}\right] \qquad (4-57b)$$

(4-53)～(4-57)式为共基极短路电流放大系数和共基极截止频率的常用表达式,直到 $5\left(\frac{2D_{nb}}{W_b^2}\right)$ 的频率范围内都比较精确。它们对均匀基区晶体管和缓变基区晶体管都适用,只是 λ 值不同而已。

4.1.3 共发射极短路电流放大系数的频率关系

1. β 表达式

共发射极电流放大系数与共基极电流放大系数有如下关系:

$$\beta = \frac{\alpha}{1-\alpha} \qquad (3-10)$$

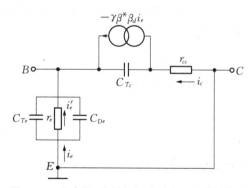

图 4-12 集电极-发射极短路时求 α 的等效电路

该公式在直流情况下使用无问题。在交流情况下使用,不能直接把(4-53)式代入来求 β,原因是我们定义的 β 为共发射极连接时集电极-发射极交流短路的电流放大系数;而由(4-53)式所推得的 α 为共基极连接时集电极-基极交流短路的电流放大系数。为利用(3-10)式求 β,必须求出集电极-发射极交流短路时的 α,为此,我们考察图 4-12 所示的等效电路,在集电极-发射极回路中,有

$$i_c r_{cs} + (i_c + \gamma \beta^* \beta_d i_e)\frac{1}{j\omega C_{Te}} - i_e' r_e = 0 \qquad (4-58)$$

式中 i'_e 为流过发射结电阻 r_e 的电流,它与发射极电流 i_e 有如下关系:

$$i'_e r_e = \frac{i_e}{\frac{1}{r_e} + j\omega(C_{Te} + C_{De})}$$

或写为

$$i'_e = \frac{i_e}{1 + j\omega r_e(C_{De} + C_{Te})} \tag{4-59}$$

把(4-59)式代入(4-58)式,整理后得

$$\frac{i_c}{i_e} = \frac{1}{1 + j\omega r_{cs} C_{Tc}}\left[-\gamma \beta^* \beta_d + \frac{j\omega r_e C_{Tc}}{1 + j\omega r_e(C_{De} + C_{Te})}\right] \tag{4-60a}$$

再根据(4-8)、(4-30)及(4-45)式,并作适当简化得

$$\gamma \beta^* \beta_d = \frac{\gamma_0 \beta_0^* \, e^{-jm(\omega/\omega_s)}}{[1 + j\omega r_e(C_{De} + C_{Te})]\left(1 + j\omega \dfrac{x_m}{2v_m}\right)} \tag{4-61}$$

(4-61)式代入(4-60a)式,略去二次幂以上的项,再考虑到图 4-12 中 i_c 的方向与我们求 α 时规定的 i_c 方向相反,应对(4-60a)式加负号,就得到集电极-发射极短路条件下的共基极电流放大系数为

$$\alpha\Big|_{v_{cs}=0} = \frac{-i_c}{i_e} = \frac{\alpha_0 e^{-jm(\omega/\omega_s)}}{1 + j\omega\left[r_e(C_{De} + C_{Te} + C_{Tc}) + \dfrac{x_m}{2v_m} + r_{cs} C_{Tc}\right]} \tag{4-60b}$$

与(4-53a)式相比较,可知它们的差别仅在于上式中 $r_e(C_{Te} + C_{Tc})$ 相当于(4-53a)式中 $r_e C_{Te}$,为此我们令

$$\tau'_e = r_e(C_{Te} + C_{Tc}) \tag{4-62}$$

则(4-60b)式就可写为

$$\alpha\Big|_{v_{cs}=0} = \frac{\alpha_0 e^{-jm(\omega/\omega_s)}}{1 + j\omega(\tau'_e + \tau_b + \tau_d + \tau_c)} = \frac{\alpha_0 e^{-jm(\omega/\omega_s)}}{1 + j(\omega/\omega'_a)} \tag{4-60c}$$

将(4-60c)式代入(3-10)式就可求得共发射极短路电流放大系数为

$$\beta = \frac{\dfrac{\alpha_0 e^{-jm(\omega/\omega_s)}}{1 + j(\omega/\omega'_a)}}{1 - \dfrac{\alpha_0 e^{-jm(\omega/\omega_s)}}{1 + j(\omega/\omega'_a)}} \tag{4-63a}$$

把上式分母中的指数项展开,略去二次幂以上的项,取分子中的 $\alpha_0 \approx 1$,并取 $\beta_0 \approx \dfrac{1}{1-\alpha_0}$,得

$$\beta = \frac{\beta_0 \mathrm{e}^{-jm\frac{\omega}{\omega_b}}}{1+\mathrm{j}\omega\,\beta_0\left(\dfrac{1}{\omega'_a}+\dfrac{m}{\omega_b}\right)} = \frac{\beta_0 \mathrm{e}^{-jm\frac{\omega}{\omega_b}}}{1+\mathrm{j}\omega/\omega_\beta} \tag{4-63b}$$

式中

$$\frac{1}{\omega_\beta} = \beta_0\left(\frac{1}{\omega'_a}+\frac{m}{\omega_b}\right) \tag{4-64a}$$

ω_β 称为共发射极电流放大系数截止圆频率,亦即当 $\omega = \omega_\beta$ 时,β 的幅值降为 β_0 的 $\dfrac{1}{\sqrt{2}}$。

以 ω'_a 的表达式代入(4-64)式,可得

$$\omega_\beta = \frac{1}{\beta_0}\left[r_e(C_{Te}+C_{Tc})+\frac{W_b^2}{(1+m)\lambda D_{nb}}+\frac{x_m}{2v_m}+r_{cs}C_{Tc}\right]^{-1} \tag{4-64b}$$

如果共基极短路电流放大系数截止频率主要取决于基区输运系数截止频率,并考虑到在通常工作条件下晶体管的 $C_{Te} \gg C_{Tc}$,有 $\omega'_a \approx \omega_b \approx \omega_a$,则(4-64a)式可写为

$$\omega_\beta \approx \frac{\omega_a}{\beta_0(1+m)} \text{ 或 } f_\beta \approx \frac{f_a}{\beta_0(1+m)} \tag{4-64c}$$

性能良好的晶体管的 β_0 很大(几十甚至上百),由(4-64c)式可见,共发射极电流放大系数截止频率比共基极电流放大系数截止频率低得多。

经精确的分析得到

$$\beta = \frac{\beta_0 \mathrm{e}^{-\mathrm{j}\left(\frac{1-K}{\sqrt{K}}\cdot\frac{\omega}{\omega_a}\right)}}{1+\mathrm{j}\dfrac{\omega}{K(1-\alpha_0)\omega_a}} \tag{4-65}$$

式中

$$K = \frac{1}{1+m}$$

(4-65)式直到 $f = f_a$ 时,幅值误差在 $0.01\,\mathrm{dB}$ 以内,相位误差在 $1.3°$ 以内。

2. 特征频率

共发射极短路电流放大系数降到 1 时的频率称为特征频率,用 f_T(或圆频率 ω_T)表示。

由(4-63b)式,β 的幅值可写为

$$|\beta| = \beta_0\left[1+\left(\frac{\omega}{\omega_\beta}\right)^2\right]^{-1/2} = \left[\left(\frac{1}{\beta_0}\right)^2+\omega^2\left(\frac{1}{\omega'_a}+\frac{m}{\omega_b}\right)^2\right]^{-1/2} \tag{4-66}$$

当 $\omega = \omega_T$ 时,$|\beta| = 1$,有

$$\left(\frac{1}{\beta_0}\right)^2+\omega_T^2\left(\frac{1}{\omega'_a}+\frac{m}{\omega_b}\right)^2 = 1 \tag{4-67}$$

通常 $\beta_0 \gg 1$,于是等式左端的 $\dfrac{1}{\beta_0}$ 可忽略,因此

$$\omega_T^2 \left(\frac{1}{\omega_a'} + \frac{m}{\omega_b}\right)^2 = 1$$

或

$$\frac{1}{\omega_T} = \frac{1}{\omega_a'} + \frac{m}{\omega_b} \tag{4-68a}$$

$$\frac{1}{f_T} = 2\pi \left(\frac{1}{\omega_a'} + \frac{m}{\omega_b}\right) \tag{4-68b}$$

代入 ω_a' 及 ω_b 的表达式,有

$$\frac{1}{f_T} = 2\pi(\tau_e' + \tau_b + \tau_d + \tau_c + m\tau_b)$$

$$= 2\pi \left[\gamma_e(C_{Te} + C_{Tc}) + \frac{W_b^2}{\lambda D_{nb}} + \frac{x_m}{2v_m} + r_{cs}C_{Tc}\right] \tag{4-69}$$

如果以 $C_c = C_{Tc} + C_{pad} + C_x$ (式中 C_{pad} 为延伸电极电容,C_x 为管壳寄生电容)的总集电极电容来代替上式的 C_{Tc},那么 f_T 有更为精确的结果。

定义了 ω_T 后,根据(4-68a)式,我们还可把(4-68b)式改写为

$$\beta = \frac{\beta_0 e^{-jm(\omega/\omega_a)}}{1 + j\beta_0(\omega/\omega_T)} \tag{4-70}$$

设 $\omega > \omega_\beta$,β 的幅值为

$$|\beta| = \beta_0 \left[1 + \beta_0^2 \left(\frac{\omega}{\omega_T}\right)^2\right]^{-1/2} \approx \frac{f_T}{f} \tag{4-71a}$$

即

$$f_T = |\beta| f \tag{4-71b}$$

此式表明,在 $f_\beta < f(<f_a)$ 的范围内,$|\beta|$ 与 f 的乘积为常数,即 f_T,因此 f_T 称电流增益-带宽积。$|\beta|$ 与 f 的曲线关系如图 4-1 所示,在 $f > f_\beta$ 范围内,有 -6 dB/oct.(oct. 表示倍频程)的关系。由(4-71b)还可知,可在 $f > f_\beta$ 而远比 f_T 为低的频率下来测试特征频率,从而大大降低了对测试仪器的性能要求。

由(4-68b)式,如果共基极电流放大系数截止频率 ω_a 主要取决于基区渡越时间截止频率 ω_b,那么 $\omega_a' \approx \omega_a \approx \omega_b$,则

$$f_T \approx \frac{f_a}{1 + m} \tag{4-72}$$

由(4-64c)及(4-72)式,还可得

$$f_T \approx \beta_0 f_\beta \tag{4-73}$$

从上两式可知,f_T 与 f_a 很接近,但比 f_β 大 β_0 倍。

由特征频率表达式(4-69)可知,要提高 f_T,必须减小四个时间常数,下面分别讨论之。

(1) 在一般的高频晶体管中,四个时间常数以 τ_b 为最长,因此设法减小 τ_b 成为提高 f_T

的主要因素。

$$\tau_b = \frac{W_b^2}{\lambda D_{nb}}$$

① 降低晶体管的基区宽带 W_b,这是减小 τ_b 关键所在,采用离子注入工艺,W_b 已达亚微米级;

② 提高基区电场因子 η,以增大常数 λ。为提高 η,就要求提高基区两端的杂质浓度比,即增大 $\frac{N_B(0)}{N_B(W_b)}$,但是 D_{nb} 与杂质浓度有关,提高 $N_B(0)$,将使少子扩散系数下降,因此增大 η 与提高 D_{nb} 有矛盾。文献[4-7～9]分析了少子扩散系数随浓度的变化以及对 τ_b 的影响,从而得出 η 的取值范围为 3～6,此时可得最小的 τ_b 值。

(2) 为减小 τ_e,必须减小发射结电阻 r_e 及发射结电容 C_{Te},但前者由线路的工作点决定,因此从设计角度而言,就是减小发射结面积以减小 C_{Te}。

(3) 为减小 τ_d,必须减小集电结的势垒宽度 x_m,即降低集电极电阻率,但它又与提高击穿电压有矛盾。因此,必须根据不同要求作适当选择。

(4) 为降低 τ_c,必须减小集电极串联电阻 r_{cs} 及集电极电容 C_c。为此,降低集电区电阻率及减小集电区厚度以减小 r_{cs},缩小集电结面积及延伸电极面积以减少 C_c。然而,它们与提高击穿电压有矛盾,应兼顾两方面要求。

综合之,提高 f_T 的主要途径是:减小基区宽度 W_b,减小结面积(发射结及集电结),适当降低集电区电阻率和厚度。

4.2 高频等效电路

从电路理论角度看,不必涉及晶体管内部载流子运动的复杂过程,只需知道两个输入端与两个输出端的电压与电流的关系。晶体管表示成等效电路形式,正是为了适应电路分析的需要。

4.2.1 本征晶体管小信号等效电路

晶体管的电流变量有两个,第三个电流可由已知的两个导出。例如,已知 I_C 及 I_E,另一电流 I_B 可由基尔霍夫第一定律求出;电压变量也有两个,例如已知 V_{EB} 及 V_{CB},则第三个电压为 $V_{CE} = V_{CB} - V_{EB}$。在四个变量中,自变量只有两个,另两个可通过一定关系式求得,我们可取任意两个量作为独立变量。在共基极电路中,通常以 I_E 及 V_{CB} 作为自变量,V_{EB} 及 I_C 为 I_E 及 V_{CB} 的函数,当 I_E 及 V_{CB} 有微小变化时,有

$$dV_{EB} = \frac{\partial V_{EB}}{\partial I_E}\bigg|_{V_{CB}} dI_E + \frac{\partial V_{EB}}{\partial V_{CB}}\bigg|_{I_E} dV_{CB}$$

$$dI_C = \frac{\partial I_C}{\partial I_E}\bigg|_{V_{CB}} dI_E + \frac{\partial I_C}{\partial V_{CB}}\bigg|_{I_E} dV_{CB}$$

这里微分量就是信号量,我们用小写字母表示,于是上式可改写为

$$v_{eb} = \left.\frac{\partial V_{EB}}{\partial I_E}\right|_{V_{CB}} i_e + \left.\frac{\partial V_{EB}}{\partial V_{CB}}\right|_{I_E} v_{cb} \tag{4-74}$$

$$i_c = \left.\frac{\partial I_C}{\partial I_E}\right|_{V_{CB}} i_e + \left.\frac{\partial I_C}{\partial V_{CB}}\right|_{I_E} v_{cb} \tag{4-75}$$

在上两式中，V_{CB} 及 I_E 与信号大小无关，是共基极电路中的工作点；各偏微商项是在一定的 V_{CB} 及 I_E 下取值。对某一放大电路，工作点固定，因此上两式中各系数也固定。于是，在小信号运用中各信号量之间成线性关系。

先看(4-75)式右端第一项系数，它就是共基极小信号短路电流放大系数 α：

$$\alpha = \left.\frac{\partial I_C}{\partial I_E}\right|_{V_{CB}} \tag{4-76}$$

再看(4-74)式右端第一项系数，它就是发射结电阻 r_e：

$$r_e = \left.\frac{\partial V_{EB}}{\partial I_E}\right|_{V_{CB}} \tag{4-77}$$

在 n-p-n 晶体管通常工作条件下，$V_{CB} < 0$，因此 $I_E \sim (e^{qV_{EB}/kT} - 1)$，有

$$\frac{\mathrm{d}I_E}{\mathrm{d}V_{EB}} = \frac{qI_E}{k_BT}$$

即

$$r_e = \frac{k_BT}{qI_E} \tag{4-78}$$

r_e 随工作点 I_E 而变，如室温下工作电流 $I_E = 1\,\mathrm{mA}$，$r_e = 26\,\Omega$，然后看(4-75)式右端第二项系数，它是集电结电阻的倒数：

$$\frac{1}{r_c} = \left.\frac{\partial I_C}{\partial V_{CB}}\right|_{I_E} \tag{4-79}$$

共基极晶体管电路中的输出端集电极上总接有负载电阻，其上流过集电极电流 I_C，现在设 I_C 增加，那么在负载电阻上的压降增加，从而使集电结两端的反向偏压减小(即 V_{CB} 增加)，集电结势垒宽度变小，引起基区有效宽度 W_{beff} 增加，使基区中少子的梯度下降，导致集电极电流减少。由此，集电极电流的变化不仅与 I_E 的变化有关，而且还与上述效应有关。这一效应称为基区宽度调制效应。

最后看(4-74)式右端第二项系数，它反映了晶体管的反馈效应，晶体管中的发射极电流主要是注入基区的少子电流，要求 I_E 不变，就意味着基区中少子分布斜率不变，示意图见图 4-13。设 V_{CB} 增加(注意，对 n-p-n 晶体管，集电结加反偏，

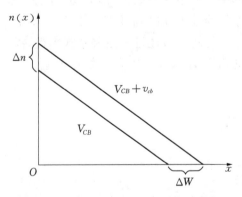

图 4-13　基区调制效应之二(设 I_E 不变)

V_{CB} 增加,意味着集电结上所加的反向偏压减小),使集电结势垒宽度减小,基区有效宽度 W_{beff} 增加 (ΔW),要使少子斜率不变,必须使 $n(0)$ 增加,这要依赖 V_{EB} 的增加才能达到。这是另一种基区调制效应,我们定义:

$$\mu_{ec} = \frac{\partial V_{EB}}{\partial V_{CB}}\bigg|_{I_E} \quad (4-80)$$

称为发射极开路时的反向电压转换比,它为正值,一般为 10^{-4} 数量级。

把上述各式代入(4-74)及(4-75)式,得

$$v_{eb} = r_e i_e + \mu_{ec} v_{cb} \quad (4-81)$$

$$i_c = \alpha i_e + \frac{1}{r_c} v_{cb} \quad (4-82)$$

由上式可画出晶体管的 T 形等效电路如图 4-14 所示。在输入端,电流 i_e 在 r_e 有一压降 $i_e r_e$,另有输出端电压 v_{cb} 引起的电压源 $\mu_{ec} v_{cb}$,其方向如图所示。输入端的电流 i_e 引起输出端电流 αi_e,因此输出端有一恒流源 αi_e,方向如图所示。此外,由于基区宽度调制效应,当输出端有信号电压 v_{cb} 时,有一正比于此电压的电流流经集电极,于是可用并联于电流源的电阻 r_c 来表示,见图 4-14。

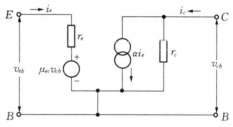

图 4-14 本征晶体管的 T 形等效电路

上述等效电路也称为 h 参数等效电路。

在实际晶体管中,E、B 极之间还存在发射结的扩散电容 C_{De} 及势垒电容 C_{Te},C、B 极之间存在着集电结势垒电容 C_{Tc},基区有基极电阻 r_{bb},于是对图 4-14 的等效电路修正,如图 4-15 所示。

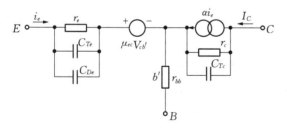

图 4-15 共基极 T 形等效电路

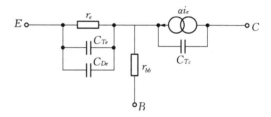

图 4-16 高频时的 T 形等效电路

在高频时,由于 $r_c \gg \dfrac{1}{\omega C_{Tc}}$,$r_c$ 可以忽略;在输出回路中的 C_{Tc} 与 r_{bb} 上的电压会反馈到输入回路,其作用远较 $\mu_{ec} V_{cb'}$($V_{cb'}$ 为 BC 结势垒区两边的电压)为强,因此可以略去后者。于是,高频时的 T 形等效电路就如图 4-16 所示。

4.2.2 混合 π 形等效电路

在共发射极电路中,采用混合 π 形等效电路时,物理意义明确,在各频段(除微波管的高

频频段外)容易简化。这种接法的四个变量 I_C、I_B、V_{CB}、V_{EB} 中用后两个作自变量,可导出混合 π 形等效电路。当 V_{CB} 及 V_{EB} 有微小变化时,I_C 及 I_B 的变化为

$$dI_C = \frac{\partial I_C}{\partial V_{EB}}\bigg|_{V_{CB}} dV_{EB} + \frac{\partial I_C}{\partial V_{CB}}\bigg|_{V_{EB}} dV_{CB} \tag{4-83}$$

$$dI_B = \frac{\partial I_B}{\partial V_{EB}}\bigg|_{V_{CB}} dV_{EB} + \frac{\partial I_B}{\partial V_{CB}}\bigg|_{V_{EB}} dV_{CB} \tag{4-84}$$

我们用小写字母表示上两式的微分变量,可得

$$i_c = \frac{\partial I_C}{\partial V_{EB}}\bigg|_{V_{CB}} v_{eb} + \frac{\partial I_C}{\partial V_{CB}}\bigg|_{V_{EB}} v_{cb} \tag{4-85}$$

$$i_b = \frac{\partial I_B}{\partial V_{EB}}\bigg|_{V_{CB}} v_{eb} + \frac{\partial I_B}{\partial V_{CB}}\bigg|_{V_{EB}} v_{cb} \tag{4-86}$$

我们先考察(4-85)式的第一项,当 B、C 交流短路时,E、B 间电压的变化引起电流($I_C = I_E$)的变化,反映了发射结电阻 r_e,因此 $\frac{\partial I_C}{\partial V_{EB}}\bigg|_{V_{CB}} = \frac{1}{r_e}$。

再看(4-86)式的第一项,在 B、C 交流短路时,i_b 由两部分组成:

(1) 基区复合电流

$$i_{b1} = \frac{\tau_b}{\tau} i_e = \frac{\tau_b}{\tau} \frac{v_{cb}}{r_e}$$

假定 $\gamma = 1$,则 $\frac{\tau_b}{\tau} = 1 - \beta_0^* = 1 - \alpha_0 \approx \frac{1}{\beta_0}$,有

$$i_{b1} = \frac{v_{eb}}{\beta_0 r_e} = v_{eb} * g_{be} \tag{4-87}$$

式中

$$g_{be} = \frac{1}{\beta_0 r_e}$$

(2) 储存在基区中的少子电荷发生变化引起的基极多子电流

$$i_{b2} = \frac{dQ}{dt} = \frac{d(C_{De} V_{EB})}{dt} = j\omega C_{De} v_{eb} \tag{4-88}$$

于是获得基极总电流为

$$i_b = i_{b1} + i_{b2} = (g_{be} + j\omega C_{De}) v_{eb} \tag{4-89}$$

由此我们可得 B、C 交流短路时的等效电路,如图 4-17 所示。

下面讨论 E、B 交流短路时 v_{cb} 对等效电流的贡献。v_{cb} 会使 W_b 变化,从而引起少子分布变化,如图 4-18 所示。它将产生三方面影响:

(1) B、C 扩散电容的充放电。由于有效基区宽度的变化,引起基区中少子积累的变化,如图 4-18 中的 ΔQ 所示。这部分积累电荷的变化,引起基极电流(多子)和集电极电流的变化,反应出集电结扩散电容的充放电效应。

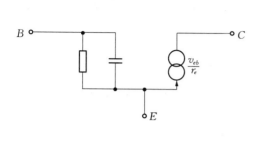
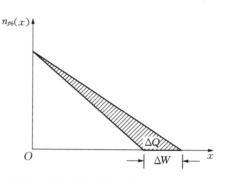

图 4-17　B、C 交流短路时的等效电路　　图 4-18　基区有效宽度的变化引起基区中少子分布的变化

$$C_{Dc} = \frac{\partial Q}{\partial V_{cb}}\bigg|_{V_{eb}=\text{常数}}$$

而

于是　　$Q \approx I_E \tau_b$

$$C_{Dc} = I_E \frac{\partial \tau_b}{\partial W}\frac{\mathrm{d}W}{\mathrm{d}V_{CB}} + \tau_b \frac{\partial I_E}{\partial W}\frac{\mathrm{d}W}{\mathrm{d}V_{CB}} \tag{4-90}$$

由于　　$\tau_b \sim W^2$

故

$$\frac{\mathrm{d}\tau_b}{\mathrm{d}W} = \frac{2\tau_b}{W}$$

又

$$I_E \sim \frac{n_{pb}(0)}{W}$$

有

$$\Delta I_E \sim \frac{n_{pb}(0)}{W} - \frac{n_{pb}(0)}{W-\Delta W} \approx \frac{n_{pb}(0)}{W}\left[1 - \frac{1}{1-\frac{\Delta W}{W}}\right]$$

因此

$$\Delta I_E \approx - I_E \frac{\Delta W}{W}$$

代入(4-90)式得

$$C_{Dc} = I_E \tau_b \frac{1}{W}\frac{\mathrm{d}W}{\mathrm{d}V_{CB}} v_{cb} \tag{4-91}$$

(2) 设基区电荷增加 ΔQ，那么少子复合电流也增加 $\frac{\Delta Q}{\tau}$，它引起集电极电流的变化为

$$\frac{C_{Dc}v_{cb}}{\tau} = \frac{I_E \tau_b}{\tau}\frac{1}{W}\frac{\mathrm{d}W}{\mathrm{d}V_{CB}}v_{cb}$$

这一效应等效于 B、C 间接入一电阻 r_{bc}，有

$$\frac{1}{r_{bc}} = I_E \frac{\tau_b}{\tau}\frac{1}{W}\frac{\mathrm{d}W}{\mathrm{d}V_{CB}} = I_E(1-\beta_0^*)\frac{1}{W}\frac{\mathrm{d}W}{\mathrm{d}V_{CB}} \tag{4-92}$$

(3) 基区少子分布的斜率发生变化，使 I_E 及 I_C 均发生变化，相当于 C、E 间接一电阻 r_{ce}，类似于 ΔI_E 求法，可得

$$\frac{1}{r_{ce}} = \frac{i_c}{v_{cb}} = \frac{dI_C}{dV_{CB}} = -I_C \frac{1}{W} \frac{dW}{dV_{CB}} \tag{4-93}$$

除上述三项外，还有基极电阻 r_{bb}，势垒电容 C_{Te} 及 C_{Tc}，于是混合 π 形等效电路如图 4-19 所示。

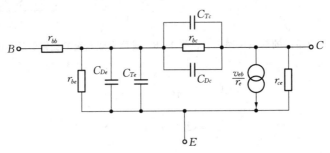

图 4-19 混合 π 形等效电路

图 4-20 表示 Si 平面管在室温时，工作点为 $V_{CE}=10\,\mathrm{V}$、$I_C=10\,\mathrm{mA}$ 的混合 π 形等效电路及各元件值。

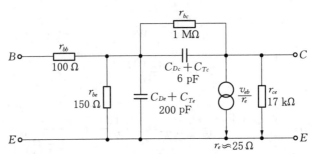

图 4-20 π 形等效电路示例

我们考察两个分界频率：

$$f_1 = \frac{1}{2\pi r_{bc}(C_{Dc}+C_{Tc})} = 27(\mathrm{kHz})$$

$$f_2 = \frac{1}{2\pi r_{bc}(C_{De}+C_{Te})} = 5.2(\mathrm{kHz})$$

(1) 低频段，即 $f < f_1 = 27(\mathrm{kHz})$，$C_c = C_{Dc}+C_{Tc}$ 及 $C_e = C_{De}+C_{Te}$ 均可忽略；
(2) 中频段，即 $27(\mathrm{kHz}) < f < 5.2(\mathrm{MHz})$，$C_e$ 及 r_{bc} 可忽略；
(3) 高频段，即 $f > 5.2(\mathrm{MHz})$，r_{bc} 及 r_{be} 均可忽略。

4.3 高频功率增益和最高振荡频率

晶体管的特征频率反映了共发射极连接的晶体管的电流放大系数为 1 时的极限频率，

在此频率下,晶体管还存在功率放大。本节将讨论功率增益为 1 时的极限频率,即晶体管的最高振荡频率。

4.3.1 高频功率增益

为求得共发射极晶体管的功率增益,我们先画出它的等效电路,把图 4-16 画成共发射极连接,就如图 4-21(a)所示。设共发射极电路的输出端负载为 Z_L,在高频下,E、B 间的电容 $C_e(=C_{De}+C_{Te})$ 的容抗比 r_{bb} 小,也比 C_{Tc} 与 Z_L 的串联阻抗小,故可视 E、B' 为短路,此时的等效电路如图 4-21(b)所示。应注意,在这里我们把共基极连接中的电流源 αI_E 改画成共发射极连接中的 βI_B,同样把共基极连接中的阻抗 $Z_C\left(=\dfrac{1}{j\omega C_{Tc}}\right)$ 化为共发射极连接时的 $\dfrac{Z_C}{1+\beta}$。

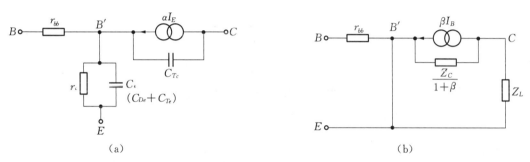

图 4-21 共发射极高频 T 形等效电路

根据(4-71)式,在 $f > f_\beta$ 时,$|\beta|=f_T/f$;又据(4-63)式,β 的相角近似为 $-90°$,即 I_B 比 I_C 提前 $90°$,于是

$$\beta = -j\frac{f_T}{f} \tag{4-94}$$

令

$$g_c = \frac{1+\beta}{Z_C} = \left(1-j\frac{f_T}{f}\right)j\omega C_{Tc}$$

$$= j\omega C_{Tc} + 2\pi f_T C_{Tc} \tag{4-95}$$

它相当于电阻 $\dfrac{1}{2\pi f_T C_{Tc}}$ 与电容 C_{Tc} 的并联。

由电路理论知,负载阻抗是输出阻抗的共轭复量时,输出功率最大,此时恒流源 βI_B 有一半电流流经负载,故

$$P_{\max} = \left|\frac{\beta I_B}{2}\right|^2 \frac{1}{2\pi f_T C_{Tc}} = \frac{f_T}{8\pi C_{Tc} f^2}|I_B|^2 \tag{4-96}$$

晶体管的输入功率为 $|I_B|^2 r_{bb}$,于是最大功率增益为

$$K_{P\max} = \frac{f_T}{8\pi C_{Tc} r_{bb} f^2} \tag{4-97}$$

频率提高一倍,功率增益下降 4 倍,即 6 dB/oct.。

定义高频优值 M 为功率增益与频率平方的乘积:

$$M = K_{P\max} f^2 = \frac{f_T}{8\pi r_{bb}C_{Tc}} \tag{4-98}$$

它标志晶体管的放大能力,也称增益-带宽积。

4.3.2 最高振荡频率

定义最大功率增益等于 1 时的频率为最高振荡频率,它代表了晶体管具有放大能力的极限。这是因为在振荡环路中,仅当功率放大系数大于 1 时晶体管才可在正反馈条件下维持振荡,否则就无法振荡。令(4-97)式的 $K_{P\max} = 1$ 得

$$f_M = \sqrt{\frac{f_T}{8\pi r_{bb}C_{Tc}}} \tag{4-99}$$

若使用频率非常高,必须考虑管壳的寄生参量,特别是发射极引线电感 L_e,此时的等效电路如图 4-22 所示。前已述,在共轭匹配时,负载 Z_L 上流过的电流为

$$\frac{\beta I_B}{2} = \frac{-j}{2}\frac{f_T}{f} I_B$$

在 L_e 上产生与 I_B 同相的电压为

$$j\omega L_e \left(\frac{-j}{2}\frac{f_T}{f} I_B\right) = \pi f_T L_e I_B$$

此时回路的输入功率变为

$$|I_B|^2 r_{bb} + |I_B|^2 \pi f_T L_e$$

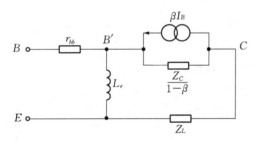

图 4-22 发射极引线电感不能忽略时的高频等效电路

于是在 f_M 的表达式中应以 $r_{bb} + \pi f_T L_e$ 来代替 r_{bb}:

$$f_M = \sqrt{\frac{f_T}{8\pi(r_{bb} + \pi f_T L_e)C_{Tc}}} \tag{4-100}$$

4.4 最大集电极电流

为使晶体管电路的输出功率大,要求晶体管能输出较大的电流,但大电流工作的晶体管电流放大系数和截止频率都要下降,从而限制了输出功率。因此,在讨论晶体管的功率特性时,我们先讨论晶体管的最大集电极电流。

4.4.1 晶体管的大注入效应

类似于 p-n 结中对于大注入的定义,在晶体管中,大注入是指从发射区注入到基区的少数载流子(如 n-p-n 晶体管中为电子)密度很大,与基区中的多数载流子密度接近甚至更大的情况。由于大量载流子注入到基区,产生基区电导调制效应和自建电场,下面讨论这两个

效应。

我们以 n-p-n 均匀基区晶体管为例来说明晶体管的大注入效应,对于缓变晶体管,仅写出其结果。

1. 基区电导调制效应

根据大注入的定义,在发生大注入时,注入到基区的少数载流子已不能忽略,为维持基区的电中性,在基区中建立了和注入少子有同样密度梯度的多子分布,从而使基区电阻率显著下降,这称为基区电导调制效应。

设晶体管基区的电阻率为 ρ_b,有

$$\rho_b = \frac{1}{q\mu_{pb} p_{pb}^0} = \frac{1}{q\mu_{pb} N_B} \tag{4-101}$$

式中 p_{pb}^0 为平衡时基区中空穴浓度,N_B 为基区的受主杂质浓度。室温下,$p_{pb}^0 \approx N_B$,在大注入时,基区中的空穴密度为

$$p_{pb} \approx p_{pb}^0 + n_e(x) = N_B + n_e(x) \tag{4-102a}$$

或写出平均值形式:

$$\bar{p}_{pb} \approx p_{pb}^0 + n_E/2 = N_B + n_E/2 \tag{4-102b}$$

式中 n_E 为注入到发射结基区边界的电子密度,即 $n_e(0) = n_E$,设注入到基区中的电子分布为线性分布,那么基区中的平均电子密度为 $\frac{n_E}{2}$。基区中空穴的分布与电子相同,积累空穴的平均密度亦为 $\frac{n_E}{2}$,因此基区中的平均空穴密度就如(4-102b)式所示。同理,基区中的平均电子密度也可写为

$$\bar{n}_b \approx \frac{n_E}{2} \tag{4-103}$$

于是基区电阻率

$$\rho_b' = \frac{1}{q\mu_{pb}\left(N_B + \frac{n_E}{2}\right) + q\mu_{nb}\frac{n_E}{2}} \tag{4-104}$$

我们近似认为基区中电子迁移率和空穴迁移率相等,即 $\mu_{pb} = \mu_{nb}$,那么(4-104)式可简化为

$$\rho_b' = \frac{1}{q\mu_{pb} N_B(1 + n_E/N_B)} = \rho_b\left(\frac{1}{1 + n_E/N_B}\right) \tag{4-105}$$

因此,随着 n_E 的增加,ρ_b' 将显著下降。

2. 大注入自建电场

大注入时基区中载流子分布如图 4-23 所示。由图可见,由于空穴密度梯度的存在,必定会向集电结方向扩散,集电结上加的是反向偏压,它阻止空穴流向集电区,因此在集电结

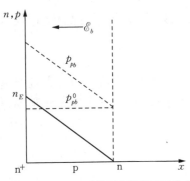

图 4-23 大注入时基区中的载流子分布

的基区侧有空穴累积,由于扩散运动,在发射结的基区侧空穴密度将降低,从而在基区中产生由集电结指向发射结的电场 $\mathscr{E}_b$,如图 4-23 所示,这一自建电场为大注入自建电场。当 $\mathscr{E}_b$ 对空穴的漂移作用与空穴的扩散作用(它们恰好相反)相抵消时,空穴运动达到动态平衡,$\mathscr{E}_b$ 将不再增加。由此可得

$$q\mu_{pb}p_{pb}\mathscr{E}_b - qD_{pb}\frac{\mathrm{d}p_{pb}}{\mathrm{d}x} = 0$$

$$\mathscr{E}_b = \frac{k_B T}{q} - \frac{1}{p_{pb}}\frac{\mathrm{d}p_{pb}}{\mathrm{d}x} \tag{4-106a}$$

考虑到 $\frac{\mathrm{d}p_{pb}}{\mathrm{d}x} \approx \frac{\mathrm{d}n_{pb}}{\mathrm{d}x}$,上式又可写为

$$\mathscr{E}_b = \frac{kT}{q} - \frac{1}{p_{pb}}\frac{\mathrm{d}n_{pb}}{\mathrm{d}x} \tag{4-106b}$$

这一电场加速了基区中电子的运动,于是电子电流密度应写为

$$J_{nB} = q\mu_{nb}n_{pb}\mathscr{E}_b + qD_{nb}\frac{\mathrm{d}n_{pb}}{\mathrm{d}x} = qD_{nb}\frac{\mathrm{d}n_{pb}}{\mathrm{d}x}\left(1 + \frac{n_{pb}}{p_{pb}}\right) \tag{4-107}$$

忽略发射结势垒区及基区中的复合,上式括号中的值可以用发射结靠近基区边界处的值代入,于是通过发射结的电子电流可写为

$$J_{nE} = J_{nB} = qD_{nb}\frac{\mathrm{d}n_{pb}}{\mathrm{d}x}\left(1 + \frac{n_E}{n_E + N_B}\right) \tag{4-108}$$

在小注入时,$n_E \ll N_B$,(4-108)式恢复为小注入时电流密度的表达式;在大注入时,$n_E \gg N_B$,则(4-108)式成为

$$J_{nB} = 2qD_{nb}\frac{\mathrm{d}n_{pb}}{\mathrm{d}x} \tag{4-109}$$

即基区中少子电流比小注入时增加一倍,我们可以理解为大注入时少子的扩散系数比小注入时增加一倍。

根据第 3 章中的(3-48)式,小注入时均匀基区晶体管共发射极电流放大系数为

$$\frac{1}{\beta} = \frac{\varrho_e W_b}{\rho_b L_{pe}} + \frac{W_b^2}{2L_{nb}^2} \tag{3-48}$$

此式中忽略了发射结势垒区的复合及基区表面复合。式中第一项是发射效率的倒数,在大注入时,ρ_b 变为 ρ_b',上式第一项应修正为

$$\frac{J_E}{J_{nE}} = \frac{\varrho_e W_b}{\rho_b L_{pe}}\left(1 + \frac{n_E}{N_B}\right) \tag{4-110}$$

我们近似认为基区中电子分布为线性分布,则(4-109)式可写为

$$J_{nB} = -2qD_{nb}\frac{n_E}{W_b}$$

此式表明，J_{nB} 的方向为 $(-x)$ 方向。如果我们仅考虑电流密度的数值，并忽略发射结势垒区中的复合，那么

$$n_E = \frac{W_b}{2qD_{nb}}J_{nB} = \frac{W_b}{2qD_{nb}}J_{nE} \tag{4-111}$$

代入(4-110)式，可得

$$\frac{J_E}{J_{nE}} = \frac{\rho_e W_b}{\rho_b L_{pe}}\left(1 + \frac{W_b}{2qD_{nb}N_B}J_{nE}\right) \tag{4-112}$$

上式中的第二项为复合项，表示基区复合电流密度 J_{VB} 与基区电子电流密度 J_{nB} 之比。根据图 4-23，J_{VB} 仍可写为

$$J_{VB} = \frac{qW_b n_E}{2\tau_{nb}} \tag{4-113}$$

J_{nB} 的普遍表达式如(4-108)式所示，式中 $qD_{nb}\dfrac{\mathrm{d}n_{pb}}{\mathrm{d}x}$ 项即为小注入时的基区电子电流表达式，考虑到(3-48)式中的第二项，有

$$\frac{J_{VB}}{J_{nB}} = \frac{J_{VB}}{qD_{nb}\dfrac{\mathrm{d}n_{pb}}{\mathrm{d}x}} \cdot \frac{1}{1 + \dfrac{n_E}{n_E + N_B}} = \frac{W_b^2}{2L_{nb}^2}\frac{1 + n_E/N_B}{1 + 2n_E/N_B} \tag{4-114}$$

于是，在大注入时共发射极电流放大系数可近似表达成

$$\frac{1}{\beta} = \frac{\rho_e W_b}{\rho_b L_{pe}}\left(1 + \frac{W_b}{2qD_{nb}N_B}J_{nE}\right) + \frac{W_b^2}{2L_{nb}^2}\left(\frac{1 + n_E/N_D}{1 + 2n_E/N_B}\right) \tag{4-115}$$

设 $n_E/N_B \gg 1$，则

$$\frac{1 + n_E/N_B}{1 + 2n_E/N_B} \approx \frac{1}{2}$$

此时(4-115)式可改写为

$$\frac{1}{\beta} = \frac{\rho_e W_b}{\rho_b L_{pe}}\left(1 + \frac{W_b}{2qD_{nb}N_B}J_{nE}\right) + \frac{W_b^2}{2L_{nb}^2} \tag{4-116}$$

由上式可见，在大注入时，复合项降为原值之半，且不随电流而变；发射效率项的倒数随发射极电流而正比增加，因此 $\dfrac{1}{\beta}$ 随发射极电流而线性增加，其示意图见图 4-24，其中曲线①表示 $\dfrac{1}{\beta}$ 的变化；曲线②表示发

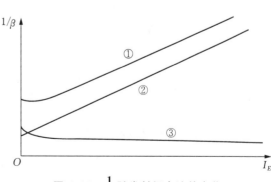

图 4-24　$\dfrac{1}{\beta}$ 随发射极电流的变化

射效率的变化；曲线③表示复合变化。当注入电流很大时，(4-116)式可近似写为

$$\frac{1}{\beta} \approx \frac{\rho_e W_b}{\rho_b L_{pe}} \frac{W_b}{2qD_{nb}N_B} J_{nE} \tag{4-117}$$

因此 $\frac{1}{\beta}$ 随 J_{nE} 而线性增加。

发射效率随发射极电流增加而降低的物理模型是：注入到基区的少子增加，引起基区中多子以同样程度的增加，其效应相当于基区中杂质浓度增加，从而导致发射效率降低。

下面我们讨论大注入时的频率特性。由于发射结电阻 $r_e \sim \frac{1}{I_E}$，发射极延迟时间 $\tau_e \sim r_e$，故 $\tau_e \sim \frac{1}{I_E}$，因此随着注入电流增加，$\tau_e$ 减小，使 f_T 升高。因此也可看出，在小电流下，由于 r_e 很大，使 τ_e 大，从而 f_T 变得很低。

再考察电子在基区的渡越时间 τ_b。根据定义，基区中的电子电流为基区中积累电子总数除以 τ_b，也就是

$$\tau_b = \frac{q}{J_{nB}} \int_0^{W_b} n_{pb} \, dx \tag{4-118}$$

设基区中电子分布为线性分布，则

$$\int_0^{W_b} n_{pb} \, dx = \frac{1}{2} n_E W_b \tag{4-119}$$

把(4-119)及(4-111)式代入(4-118)式，有

$$\tau_b = \frac{W_b^2}{4D_{nb}} \tag{4-120}$$

与(4-14)式相比较，知大注入时 τ_b 比小注入时减少了一半。

对于缓变基区晶体管，有

$$\frac{1}{\beta} \approx \frac{R_{\square e}}{R_{\square b}} \left(1 + \frac{I_{nE} W_b^2}{4 D_{nb} Q_{BO}}\right) + \frac{W_b^2}{4 D_{nb} \tau_{nb}} \tag{4-121}$$

式中 Q_{BO} 为基区中杂质电荷总量。当注入很大时，上式括号中第二项起主要作用，于是与均匀基区晶体管的情况类似，$\frac{1}{\beta} \sim I_E$。

假定基区中杂质为指数分布，则缓变基区晶体管的基区渡越时间为

$$\tau_b = \frac{W_b^2}{4D_{nb}} \left[1 + \frac{2qD_{nb}N_B(0)}{J_{nE}W_b} \left(e^{-\eta} - \frac{1-e^{-\eta}}{\eta} \right) \right] \tag{4-122}$$

式中 η 为基区电场因子，当 $\eta \to 0$，即为均匀基区晶体管时，(4-122)式可化为(4-120)式。

4.4.2 有效基区扩展效应

在大电流下，晶体管的有效基区宽度将增加，称为有效基区扩展效应，也称克尔克效应。

我们先说明有效基区扩展的物理过程，并以 n$^+$-p-n$^+$ 晶体管为例来说明之。如图 4-25(a)

所示,把平衡时集电结的势垒宽度分为 δ_1 及 δ_2 两部分,其中 δ_1 为深入基区部分的势垒宽度,δ_2 为深入集电区部分的势垒宽度。设基区和集电区的杂质浓度分布为 N_B(受主杂质浓度)和 N_C(施主杂质浓度),且 $N_C \gg N_B$,根据势垒区中电荷量必须相等的原理,有

$$qN_B\delta_1 = qN_C\delta_2 \tag{4-123}$$

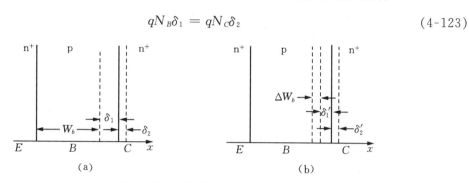

图 4-25 有效基区扩展效应

根据杂质浓度的差异($N_B \ll N_C$),有 $\delta_1 \gg \delta_2$。在小注入时,注入到基区的少子很少,因此通过集电结势垒区的载流子也很少,即它们与 N_B、N_C 相比可忽略,(4-123)式成立。大注入时,通过集电结势垒区的电子密度很大,与 N_B 相比已不能忽略,且通过势垒区的速度有限,因此需要一定时间。于是,自由载流子通过势垒区会使区中电荷发生变化,此时,集电结靠基区侧的电荷量变为 $q(N_B+n_b)\delta_1'$,其中 n_b 为通过集电结势垒区的电子密度,δ_1' 为此时在基区侧的势垒厚度;集电区一侧的电荷量是 $q(N_C-n_b)\delta_2'$,由于 $N_C \gg N \approx n_b$,因此后者的 n_b 可忽略,且 $\delta_2' \approx \delta_2$,故

$$q(N_B+n_b)\delta_1' = qN_C\delta_2 \tag{4-124}$$

比较(4-123)与(4-124)式可知,$\delta_1' < \delta_1$。定义

$$\Delta W_b = \delta_1 - \delta_1' \tag{4-125}$$

称感应基区宽度。在大电流密度下,$\Delta W_b > 0$,有效基区宽度为

$$W_{beff} = W_b + \Delta W_b \tag{4-126}$$

这就是有效基区扩展效应。

计入集电结势垒区中的电子电荷,解泊松方程

$$\frac{d^2\psi}{dx^2} = -\frac{q}{\varepsilon\varepsilon_0}(N_B+n_b) \tag{4-127}$$

可以求得集电结势垒宽度 δ_m 与集电极电流密度 J_C 的关系为

$$\delta_m = \delta_{m0}\left(1+\frac{J_C}{J_{Cr}}\right)^{-1/2} \tag{4-128}$$

式中 δ_{m0} 为小注入时集电结势垒区宽度,J_{Cr} 为

$$J_{Cr} = qv_mN_B \tag{4-129}$$

称为临界电流密度,即当 $J_C = J_{Cr}$ 时,$\delta_m = \delta_{m0}/\sqrt{2}$,$v_m$ 为载流子通过集电结势垒区的最大速度。

当 J_C 很大时,$\delta_m \to 0$,有效基区一直扩展到冶金结处。

根据感应基区宽度的表达式,有效基区宽度可写为

$$W_{beff} = W_b + \delta_{m0}\left[1 - \frac{1}{(1+J_C/J_{Cr})^{1/2}}\right] \tag{4-130}$$

有效基区宽度扩展,使基区渡越时间为(已考虑大注入条件)

$$\tau_b = \frac{(W_b + \Delta W_b)^2}{4D_{nb}} + \frac{(W_b + \Delta W_b)}{v_m} \tag{4-131}$$

考虑到集电结势垒区变窄,集电结势垒区渡越时间应修改为

$$\tau_d = \frac{\delta_{m0} - \Delta W_b}{2v_m} \tag{4-132}$$

于是,特征频率可表示成

$$\frac{1}{\omega_T} = \left(\frac{k_BT}{qI_E}\right)C_{Te} + \frac{(W_b + \Delta W_b)^2}{4D_{nb}} + \frac{(W_b + \Delta W_b)}{v_m} + \frac{\delta_{m0} - \Delta W_b}{2v_m} \tag{4-133}$$

上式表明,随着 I_E 的增加,开始 ω_T 上升,随后由于有效基区扩展效应而下降。

大电流密度下,共发射极电流放大系数 β 的表达式为

$$|\beta| = \frac{\beta_0}{\left[1 + \left(\frac{\beta_0\omega}{\omega_T}\right)^2\right]^{1/2}} \tag{4-134}$$

式中 ω_T 应以(4-133)式代入。

对于缓变基区晶体管若以 n^+-p-n^--n^+ 晶体管为例,可求得有效基区宽度为

$$W_{beff} = W_b + W_c\left[1 - \left(\frac{J_{Cr} - qv_mN_C}{J_C - qv_mN_C}\right)^{1/2}\right] \tag{4-135}$$

式中 W_c 为 n^- 区厚度;v_m 为载流子通过集电结势垒区的最大漂移速度;N_C 为 n^- 区的杂质浓度;J_{Cr} 为临界电流密度,用下式表示:

$$J_{Cr} = qv_m\left(\frac{2\varepsilon\varepsilon_0V_C}{qW_c^2} + N_C\right) \tag{4-136}$$

式中 V_C 为集电结外加偏压。

特征频率可表示为

$$\frac{1}{\omega_T} = \left(\frac{k_BT}{qI_E}\right)C_{Te} + \frac{(W_b + \Delta W_b)^2}{4D_{nb}} + \frac{(W_b + \Delta W_b)}{v_m} + \frac{W_c - \Delta W_b}{2v_m} \tag{4-137}$$

与(4-133)式不同的仅以 W_c 替代了 δ_{m0}。

资料[4-12]分析表明,共发射极电流放大系数 β 随电流的变化为反比关系,因此考虑基区扩展效应后,β 随电流增大而下降。

4.4.3 发射极电流集边效应

在计算基极电阻时,我们已提及基极电流流过 r_b 时会产生横向压降,从而使实际加在 E、B 结上的正向偏压沿远离基极电极方向而减小。考虑双基极条情况,上述效应使发射结中心部分的电流密度大大降低,发射极电流主要集中在发射极的边缘部分,此称为发射极电流集边效应,如图 4-26 所示。设发射极条宽为 S_e,条长 l_e,基区宽度 W_b,坐标原点取在发射极中心。令基极电流流经基极电阻上的压降为 $V(y)$,发射极电流可表示为

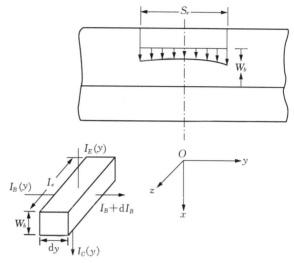

图 4-26 发射极电流集边效应

$$I_E(y) = I_E(0)e^{qV(y)/k_BT} \quad (4-138)$$

考虑基极电流流过 dy 时的电压降 $dV(y)$,

$$dV(y) = \frac{dy}{l_e W_b}\rho_b I_B(y) = \rho_b J_B(y)dy$$

即

$$\frac{dV}{dy} = \rho_b J_B(y) \quad (4-139)$$

式中 ρ_b 为发射区下面基区的电阻率,与 y 无关。

电流是连续的,即流过如图 4-26 所示的体积元的电流和为零,故

$$l_e W_b dJ_B + l_e dy(J_C - J_E) = 0$$

即

$$\frac{dJ_B}{dy} = \frac{J_E - J_C}{W_b} = \frac{(1-\alpha)J_E}{W_b} \quad (4-140)$$

把(4-139)式代入(4-140)式有

$$\frac{d^2V}{dy^2} = \frac{\rho_b(1-\alpha)}{W_b}J_E(0)e^{qV(y)/k_BT} \quad (4-141)$$

其一级近似的表达式为

$$\frac{d^2V}{dy^2} = \frac{\rho_b(1-\alpha)}{W_b}J_E(0)\left(1+\frac{qV}{k_BT}\right) \quad (4-142)$$

取边界条件:$y=0$ 处,$V(0)=0$;$J_B(0)=0$,且由(4-139)式有

$$\left.\frac{dV}{dy}\right|_{y=0} = 0$$

则可解得

$$V(y) + \frac{k_B T}{q} = \frac{k_B T}{q} \mathrm{ch}\left\{\left[\frac{\rho_b(1-\alpha)J_E(0)}{W_b k_B T/q}\right]^{1/2} y\right\} \tag{4-143}$$

由上式可知,距发射极中心越远(即 y 越大),基区横向压降越大,发射极电流集边效应也越显著。我们定义发射极有效半宽度 S_{eff},它表示发射极取此半宽度时,发射极中心处与边界处的基极电流横向压降为 $k_B T/q$,即

$$V(S_{eff}) = k_B T/q \tag{4-144}$$

于是

$$S_{eff} = 1.32\left[\frac{W_b k_B T/q}{(1-\alpha)\rho_b J_E(0)}\right]^{1/2} \tag{4-145a}$$

由(4-138)式,在 $y = S_{eff}$ 处,发射极电流密度最大,用 J_{Ep} 表示,且

$$J_{Ep} = 2.718 J_E(0)$$

发射极电流密度的平均值为

$$\bar{J}_E = \frac{1}{V(S_{eff}) - V(0)}\int_0^{k_B T/q} J_E(0)e^{qV/k_B T}dV = 1.718 J_E(0)$$

于是可把 S_{eff} 表示为

$$S_{eff} = \begin{cases} 2.17\left[\dfrac{W_b \beta(k_B T/q)}{\rho_b J_{Ep}}\right]^{1/2} \\ 1.73\left[\dfrac{W_b \beta(k_B T/q)}{\rho_b \overline{J_E}}\right]^{1/2} \end{cases} \tag{4-145b}$$

4.4.4 最大集电极电流

基区电导调制效应及有效基区扩展效应均会使晶体管特性变差,因此必须定义各自的最大电流限制。

(1) 受基区电导调制效应限制的最大发射极电流密度 J_{EM} 定义为注入到发射结势垒区边界上的少子密度等于基区杂质浓度时的发射极电流密度。于是,对均匀基区晶体管有

$$J_{EM} = \frac{2qD_{nb}N_B}{W_b} \tag{4-146a}$$

对缓变基区则有

$$J_{EM} = \frac{2qD_{nb}\overline{N_B}}{W_b} \tag{4-146b}$$

(2) 受有效基区扩展效应限制的集电极最大电流密度 J_{CM} 定义为基区开始扩展时的临

界电流密度,对均匀基区晶体管有

$$J_{CM} = J_{Cr} = qv_m N_B \tag{4-129}$$

对缓变基区晶体管有

$$J_{CM} = J_{Cr} = qv_m \left[\frac{2\varepsilon\varepsilon_0 V_C}{qW_c^2} + N_C \right] \tag{4-136}$$

通常括号中第一项可忽略,则

$$J_{CM} = J_{Cr} \approx qv_m N_C \tag{4-147}$$

最大集电极电流密度取决于上述两种效应求得的 J_{EM} 及 J_{CM} 中较小者。

在晶体管或集成电路设计中,还常采用最大线电流密度,其定义为单位发射极长度上的电流密度,用 J_{CML} 表示:

$$J_{CML} = \frac{I_{CM}}{2l_e} = \frac{J_{CM} \cdot l_e \cdot 2S_{eff}}{2l_e} = J_{CM} \cdot S_{eff} \tag{4-148a}$$

以(4-145b)式代入有

$$J_{CML} = 2.17 \left[\frac{(k_B T/q) W_b \beta J_{CM}}{\rho_b} \right]^{1/2} \tag{4-148b}$$

4.5 晶体管的噪声特性

4.5.1 晶体管的噪声

噪声是在晶体管放大的有用信号上叠加一种无规则的扰动。如果输入信号较大,晶体管的噪声较小,则在晶体管放大器的输出端可以观察到放大了的信号如图 4-27(a)所示;如果输入信号小,晶体管产生的噪声大,那么晶体管放大器的输出端就难以分辨出输入信号,这就是噪声淹没了信号,如图 4-27(b)所示。由于晶体管产生噪声,使它放大微弱信号的能力受到限制。

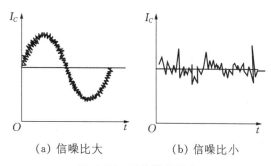

(a) 信噪比大   (b) 信噪比小

图 4-27 晶体管的噪声

晶体管放大器输出端的噪声,来源于输入端的外界噪声及晶体管自身产生的噪声。后者是由于晶体管内大量带点微粒的无规则运动引起电流(或电压)的无规则的微小起伏而产生。

晶体管噪声性能的好坏不能只用其输出噪声的功率来表示,而只能与信号相比较才有实际意义,因此我们用下式定义噪声系数 F:

$$F = \frac{P_{Si}/P_{Ni}}{P_{So}/P_{No}} \tag{4-149}$$

式中 P_{Si} 为输入信号功率,P_{Ni} 为输入噪声功率;P_{So} 为输出信号功率,P_{No} 为输出噪声功率。该式中的分子称为输入信噪比,分母称为输出信噪比,用 K_p 表示晶体管的功率增益,则

(4-149)式又可写为

$$F = \frac{P_{Si}/P_{Ni}}{P_{So}/P_{No}} = \frac{P_{Si}}{P_{Ni}} \cdot \frac{P_{No}}{K_P P_{Si}} = \frac{1}{K_P} \frac{P_{No}}{P_{Ni}} = \frac{输出噪声功率}{放大了的输入噪声功率} \quad (4\text{-}150)$$

若用 dB 表示噪声系数,则

$$N_F = 10\lg F (\text{dB}) \quad (4\text{-}151)$$

平面型晶体管的噪声通常为 10 dB,较好的则为 5 dB,经特殊设计的低噪声管为 1~2 dB。

4.5.2 晶体管噪声来源

既然噪声来源于大量带电微粒的无规则运动,因此要用统计方法来处理,亦即噪声电流和噪声电压都要用均方值来表示。

(1) $1/f$ 噪声。这是一种低频噪声,如硅平面管,当频率在 10^3 Hz 以下时,$1/f$ 噪声较显著。实验发现,$1/f$ 噪声电流均方值可表示为

$$\overline{i_f^2} = K I_B^\gamma f^{-\alpha} \Delta f \quad (4\text{-}152)$$

式中 I_B 为基极电流;f 为工作频率;Δf 为测试系统宽带;γ 和 α 为常数,由实验测定,大约为 1;K 为经验常数,视不同晶体管而异。

由上式可知,$\overline{i_f^2}$ 与 $1/f$ 成正比,故称 $1/f$ 噪声。

通常认为 $1/f$ 噪声的来源为表面的界面态及晶格缺陷,因此为降低 $1/f$ 噪声,可采用完美晶体管器件工艺,以减少晶体缺陷;改善表面处理以减少界面态。

(2) 热噪声。晶体管中载流子的无规则热运动叠加在有规则运动上,就产生了偏离宏观平均值的无规则变化的电流,这就是热噪声。温度越高,载流子热运动越剧烈,上述无规则变化的电流也越大,热噪声也就越大。根据统计分析,热噪声电压的均方值可写为

$$\overline{e_{th}^2} = 4k_B T R \Delta f \quad (4\text{-}153)$$

式中 R 为产生热噪声的半导体材料电阻,Δf 为频宽,k_B 为波尔兹曼常数,T 为绝对温度。

发射区、集电区及基区的半导体材料体电阻和接触电阻都是热噪声源,由于基极电阻较大,且在晶体管的输入端,因此它是热噪声的主要来源,降低 r_b 是减小热噪声的主要途径。

热噪声的等效电路如图 4-28 所示。它们分别用恒压源及恒流源画出,在图(b)中,无噪声电导 $G = \dfrac{1}{R}$,电流源可表示为

$$\overline{i_{th}^2} = 4k_B T G \Delta f \quad (4\text{-}154)$$

(3) 散粒噪声。当晶体管的发射结处于正偏时,有少数载流子从发射区注入到基区,由于越过发射结势垒区的少子在平均值附近有统计起伏,从而引起注入电流的起伏,这是产生散粒噪声的原因之一;注入基区中的

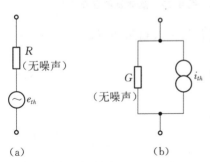

图 4-28 热噪声的恒压源(a)和恒流源(b)等效电路

少子有一部分在基区复合，而热激发将产生电子-空穴对，造成净复合率的起伏，因此即使发射结的注入电流恒定，集电极电流也因上述原因而起伏，这是第二个原因，由此产生的噪声，有时也称为分配噪声。

散粒噪声电流的均方值可用下式表示：

$$\overline{i_{sh}^2} = 2qI\Delta f \tag{4-155}$$

式中 q 为电子电荷，I 为通过 p-n 结的直流电流，Δf 为频宽。

散粒噪声的等效电路如图 4-29 所示，与热噪声等效电路类似，g_0 为无噪声电导，它为 p-n 结的结电导，在恒压源中噪声电压的均方值为

$$\overline{e_{sh}^2} = 2k_B T r_0 \Delta f \tag{4-156}$$

式中 $r_0 = \dfrac{1}{g_0}$ 为无噪声电阻，它就是 p-n 结的结电阻。

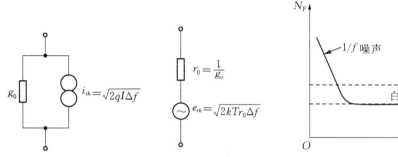

图 4-29 散粒噪声恒流源(a)和恒压源(b)等效电路

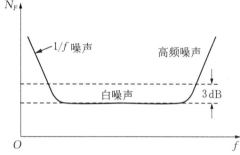

图 4-30 晶体管噪声系数与频率关系

从上面分析可知，晶体管的热噪声和散粒噪声与频率无关，称为白噪声。

噪声的频谱曲线如图 4-30 所示。在低频区主要是 $1/f$ 噪声；中频区为热噪声和散粒噪声，N_F 较小；在高频区，主要也为热噪声和散粒噪声，但因高频时电流放大系数下降，因此 N_F 上升。

参考文献

[4-1] R. Beaufoy, J. J. Spark$_B$es, *ATE J.*, **13**, 310~324(1957).
[4-2] 陈星弼,四川省电子学会第二届学术会议论文选集,p.168,1964.
[4-3] D. E. Thomas, J. L. Moll, *Proc. IRE*, **46**, 1177(1958).
[4-4] 陈星弼、唐茂成,晶体管原理,国防工业出版社,1981.
[4-5] R. L. Prichard, *Electrical Characteristics of Transistors*, McGraw-Hill New York, 1967.
[4-6] 宋南辛、徐义刚,晶体管原理,国防工业出版社,1980.
[4-7] L.K.Muheshwari, K.V.Ramanan, *Solid State Electron.*, **18**(12), 1143(1975).
[4-8] A. N. Daw, *Solid State Electronics*, **17**(10), 1108 (1974).
[4-9] A. N. Daw, *Solid State Electronics*, **16**(6), 669(1973).
[4-10] W. M. Webster, *Proc. IRE*, **42**, 914(1954).

[4-11] C. T. Kirk$_B$, *IRE Trans. on Electron Devices*, ED-**9**, 164(1962).
[4-12] P. L. Hower, *IEEE Trans. on Electron Devices*, ED-**20**(4), 426(1973).
[4-13] J. Olmstead, et. al., *RCA Rev.*, **32**(2), 221(1971).
[4-14] J. L. Plumb, E. R. Kenette, *IRE Trans. on Electron Devices*, ED-**10**, 304(1963).

习 题

4-1 定性说明晶体管电流放大系数随频率升高而下降的原因。

4-2 试分析漂移晶体管中基区电场因子 η 对管子频率特性的影响,定性说明 η 的取值范围。

4-3 某高频晶体管的参数为: $\alpha_0 = 0.97$,在 $100\,\mathrm{MHz}$ 时 $\beta = 15.2\,\mathrm{dB}$、超相移因子 $m = 0.43$,求此管的 f_α、f_β 及 f_T。

4-4 硅 n-p-n 缓变基区晶体管,设发射区杂质为均匀分布,基区杂质为指数分布,它在发射结处的杂质浓度为 $10^{18}\,\mathrm{cm}^{-3}$,在集电结处的杂质浓度为 $5 \times 10^{15}\,\mathrm{cm}^{-3}$,基区宽度 $W_b = 2\,\mu\mathrm{m}$,集电区宽度 $W_c = 10\,\mu\mathrm{m}$,发射极和集电极面积均为 $5 \times 10^{-4}\,\mathrm{cm}^2$,工作点为:$I_E = 10\,\mathrm{mA}$、$V_{BE} = 0.7\,\mathrm{V}$、$V_{CB} = 6\,\mathrm{V}$,试比较此管的四个延时时间常数。

4-5 晶体管的杂质分布如图 4-31 所示,设发射极和基极面积相等,均为 10 平方密耳,且忽略 r_α,其工作点为:$I_E = 2\,\mathrm{mA}$、$V_{cc} = -10\,\mathrm{V}$,试计算 300 K 时的截止频率。

4-6 试分析晶体管发生大注入时对其特性的影响。

4-7 怎样确定晶体管的最大使用电流?

4-8 试说明晶体管安全工作区的确定原则。

4-9 锗 p-n-p 合金晶体管的基区杂质浓度为 $5 \times 10^{15}\,\mathrm{cm}^{-3}$,发射区和集电区的杂质浓度均为 $5 \times 10^{18}\,\mathrm{cm}^{-3}$,基区宽度为 $5\,\mu\mathrm{m}$,试决定其集电极最大电流密度。

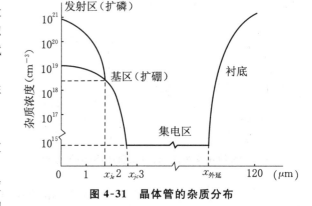

图 4-31 晶体管的杂质分布

4-10 硅 n-p-n 晶体管的基区平均杂质浓度为 $5 \times 10^{17}\,\mathrm{cm}^{-3}$,基区宽度为 $2\,\mu\mathrm{m}$,发射极条宽为 $12\,\mu\mathrm{m}$,$\beta = 50$。如果基区横向压降为 $k_B T/q$,求发射极最大电流密度。

4-11 上题中晶体管的 $f_T = 800\,\mathrm{MHz}$,工作频率 $f = 500\,\mathrm{MHz}$,如果通过发射极的电流密度为 $3\,000\,\mathrm{A/cm}^2$,则其发射极有效条宽应为多少?

4-12 n-p-n 双扩散外延平面晶体管,集电区电阻率 $\rho_c = 1.2\,\Omega \cdot \mathrm{cm}$,集电区厚度为 $10\,\mu\mathrm{m}$,硼扩散表面浓度 $N_s = 5 \times 10^{18}\,\mathrm{cm}^{-3}$,结深 $x_{jc} = 1.4\,\mu\mathrm{m}$,求集电极偏置电压分别为 $25\,\mathrm{V}$ 和 $2\,\mathrm{V}$ 时产生基区扩散效应时的电流密度。

第五章　晶体管的开关特性

我们在叙述晶体管的三个工作区中已经注意到,如果晶体管工作在截止区,其输出阻抗很大,相当于电路"断开";若晶体管工作在饱和区,则它的输出阻抗很小,相当于电路"接通"。这样使用的晶体管在电路中起着开关作用。晶体管由截止区转换到饱和区,或由饱和区转换到截止区,可以通过加在其输入端的外界信号来实现,因此转换速度极快。近代电子计算机中所用的开关电路,就是根据晶体管这一特性来设计的,其开关速度达每秒几十万次到几百万次,甚至更高。

我们先说明二极管的开关特性,然后再分析和计算晶体管的延迟、上升、储存和下降时间。

5.1 二极管的开关作用

5.1.1 开关作用的定性分析

利用二极管正、反向电流相差悬殊这一特性,可以把二极管作开关使用,开关电路的示意图见图 5-1(a),当开关 K 打向 A 时,二极管处于正向,电流很大,相当于接有负载 R_L 的外回路与电源 V_1 相连的开关闭合,回路处于接通状态(开态),如图 5-1(b)所示;若把 K 打向 B,二极管处于反向,反向电流很小,相当于外回路的开关断开,回路处于断开状态(关态),如图 5-1(c)所示。

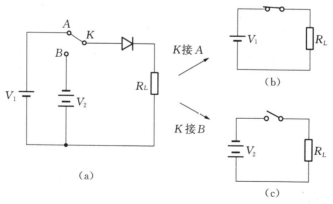

图 5-1　二极管开关电路示意图

在开态时,流过负载的稳态电流为 I_1,有

$$I_1 = \frac{V_1 - V_J}{R_L} \tag{5-1}$$

式中 V_1 为外加电源电压,V_J 为二极管的正向压降,对硅管约为 $0.7\,\text{V}$,锗管约为 $0.25\,\text{V}$,R_L 为负载电阻。通常 $V_J \ll V_1$,(5-1)式可改写为

$$I_1 = \frac{V_1}{R_L} \tag{5-2}$$

在关态时,流过负载的电流就是二极管的反向电流 I_R。

从上述说明可知,把二极管作为开关使用时,若回路处于开态,在"开关"(即二极管)上有微小压降;当回路处于关态时,在回路中有微小电流,这与一般的机械开关不同。

我们再考虑二极管中的载流子分布。由于开关二极管主要用在脉冲电路中,因此假定外加脉冲的波形如图 5-2(a)所示,流过二极管的电流如图 5-2(b)所示。

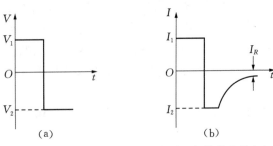

图 5-2 外加脉冲电压(a)与流过二极管的电流(b)

我们先分析导通过程中二极管上的电流、电压波形及假设二极管为 p^+-n 结时 n 区的少子分布。取外加正脉冲开始时为 $t = 0$。流过二极管的电流为 I_1,它由(5-2)式决定。由于正向电流为常数,要求 p^+-n 结中注入 n 区的空穴密度梯度保持常数,它可表示为

$$\frac{\mathrm{d}p_n}{\mathrm{d}x} = -\frac{I_1}{AqD_p} \tag{5-3}$$

随着时间延长,n 区内空穴积累不断增加,直到稳态时止,在稳态时,流入 n 区的空穴正好与 n 区中复合损失的空穴相当,达到动态平衡,如图 5-3(c)所示。从图(c)可知,随着势垒区边界上的空穴密度增加,p-n 结上的电压 $v(t)$ 逐步上升,在稳态时应为

$$V_J = \frac{k_B T}{q} \ln\left(\frac{I_1}{I_R} + 1\right) \tag{5-4}$$

如图 5-3(b)所示,式中 I_1 为正向电流值,I_R 为二极管的反向饱和电流。V_J 实际上就是正向 p-n 结的压降。

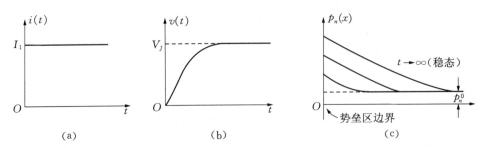

图 5-3 二极管在导通过程中电流、电压及载流子分布示意图

图 5-4 表示关断过程中 p^+-n 结的电流、电压和 n 区中空穴变化的示意图。某一时刻 $t = t_0$ 在外电路上加以负脉冲,流过 p-n 结的电流在一段时间内保持不变,其值为

$$i(t) = -I_2 \approx -\frac{V_2 + V_J}{R_L} \approx -\frac{V_2}{R_L} (t_S \geqslant t \geqslant t_0) \tag{5-5}$$

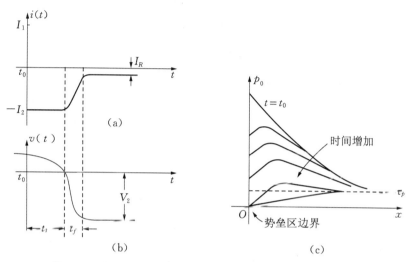

图 5-4 关断过程中 p^+-n 结的电流、电压及少子积累的变化

电流不能立即达到反向饱和电流值 I_R 的原因是积累在 n 区中的空穴不能立即消失,经过一段时间后,积累的空穴才因流出和复合而逐步消失。我们称反向电流 I_2 保持不变的这段时间 t_s 为储存时间,在这段时间内,$x = 0$ 附近的空穴密度梯度方向与负脉冲到来前 $(t < t_0)$ 的梯度方向相反,但因 I_2 是常数,故密度梯度大小不变。由于势垒区边界上仍有空穴积累,因此 p-n 结仍维持正偏,但因该边界上空穴密度渐趋减小,故 p-n 结两端的正向电压不断下降,如图 5-4(b)所示。在 t_s 之后,p-n 结上电压变为反偏,势垒区边界上的空穴密度降为 0,其密度梯度也下降,使反向电流减小,直至 I_R,p-n 结达到平衡。我们定义流过 p-n 结的反向电流由 I_2 下降到 $0.1 I_2$ 时所需的时间为下降时间,用 t_f 表示。该两部分时间之和 $t_s + t_f$ 称为 p-n 结的关断时间,也称反向恢复时间。

5.1.2 开关时间

当 p^+-n 结上加以正向偏压后,n 区中积累的少子电荷 Q 的变化由结电流 I 和少子在 n 区中的复合所引起,并由下式决定:

$$\frac{dQ}{dt} = I - \frac{Q}{\tau_p} \tag{5-6}$$

到达稳态后,$\frac{dQ}{dt} = 0$,正向电流 I 始终为 I_1,因此储存在 n 区中的电荷为

$$Q = I_1 \tau_p \tag{5-7}$$

其数值等于图 5-3(c) 中 $t \to \infty$ 这条曲线下面的面积。

当负脉冲加在 p-n 结上时，电流由正向的 I_1 变为反向的 $(-I_2)$，n 区中电荷开始抽出，此时积累在 n 区中的电荷变化由下式决定：

$$\frac{dQ}{dt} = -I_2 - \frac{Q}{\tau_p} \tag{5-8}$$

初始条件是：$t=0$，$Q=I_1\tau_p$。(5-8)式的解为

$$Q(t) = (I_1 + I_2)\tau_p e^{-t/\tau_p} - I_2\tau_p \tag{5-9}$$

此式表明在储存时间内 n 区中的少子电荷按指数规律下降。

在 $t=t_s$ 时，p^+-n 结势垒区边缘上的非平衡少子密度为零。若求得此时残存在 n 区中的少子电荷，就可求得 t_s。为简单起见，我们假定 $t=t_s$ 时在 n 区中的空穴电荷为零，则由 (5-9)式求得

$$t_s = \tau_p \ln\left(1 + \frac{I_1}{I_2}\right) \tag{5-10}$$

应当指出，由于在求得 t_s 过程中假定了 $t=t_s$ 时残存在 n 区中的空穴电荷为零，因此 (5-10)式的 t_s 实质上包含了下降时间 t_f，即它表示的是反向恢复时间 t_s+t_f；另外，在求得 (5-10)式的 t_s 时，我们假定反向电流 I_2 为常数，而在 t_f 内，反向电流要变小(见图 5-4(a))，因此(5-10)式所表示的反向恢复时间比实际反向恢复时间要小。精确计算 t_s 及 t_f 的表达式分别为

$$t_s = \tau_p \mathrm{erf}^{-1}\left(\frac{I_2}{I_1 + I_2}\right) \tag{5-11}$$

$$\mathrm{erf}\sqrt{\frac{t_f}{\tau_p}} + \frac{e^{-t_f/\tau_p}}{\sqrt{\pi \frac{t_f}{\tau_p}}} = 1 + 0.1\left(-\frac{I_2}{I_1}\right) \tag{5-12}$$

当 $\frac{I_2}{I_1}$ 较大时，反向恢复时间可近似表达如下：

对 $W_n \gg L_p$ 的 p^+-n 结(W_n 为 n 区的厚度)，

$$t_s + t_f \approx \frac{\tau_p}{2}\left(\frac{I_1}{I_2}\right) \tag{5-13}$$

对 $W_n \ll L_p$ 的 p^+-n 结(W_n 为 n 区的厚度)，

$$t_s + t_f \approx \frac{W_n^2}{2D_p}\left(\frac{I_1}{I_2}\right) \tag{5-14}$$

5.2 晶体管的开关过程

5.2.1 晶体管的工作区

晶体管共发射极连接在开关电路中应用最为广泛，其示意图如图 5-5 所示。如果基

极回路中外加正脉冲信号为 0，那么由于直流偏置 V_{BB} 的存在而使发射结反偏，V_{CC} 则使集电结反偏，集电极电流等于 I_{CB0}，C、E 间电压近似为 V_{CC}，晶体管工作在截止区，如图 5-6 所示，此时晶体管的作用就好像断开的开关。从输出特性曲线中可以看到，$I_B=0$ 这条特性曲线是晶体管截止区和放大区的分界线，处于关态的晶体管就工作在此特性曲线以下的区域。

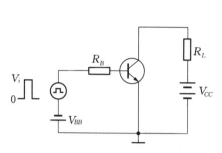

图 5-5 共发射极连接的晶体管开关电路

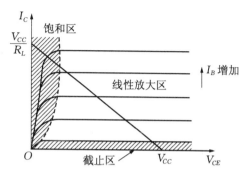

图 5-6 晶体管的三个工作区

当输入回路加以正脉冲 V_i 时，如果 $V_i \gg V_{BB}$，发射结处于正偏，基极有注入电流 I_B，集电极电流应为 $I_C = \beta I_B$，其中 β 为共发射极电流放大系数。当基极电流增加到一定数值时，如果再增加 I_B，I_C 不再按上式变化，这是由于最大的集电极电流为 $I_{CS} \approx \dfrac{V_{CC}}{R_L}$，当 $I_C = I_{CS}$ 时，即使 I_B 再增加，I_C 仍维持此值，我们称晶体管进入了饱和状态，这时晶体管的 C、E 间电压很小（我们用 V_{CES} 表示），通常约为 0.2 V，因此，在集电极回路中晶体管的作用就像接通的开关。处于这一工作状态的晶体管，在输出特性曲线上对应于饱和区的工作状态。

为使晶体管有良好的开关作用，要求：

（1）I_{CE0} 小，使关断性能好；

（2）V_{CES} 小，使开关电路接通时接近于短路状态，接通性能好；

（3）开关时间尽可能短，此点下面还要详细分析；

（4）启动功率小，它是晶体管从截止态转变为饱和态时所需的功率 $I_B V_{BES}$。

（5）开关功率大，即要求在截止态时能承受较高的反向电压，在导通态时，允许通过较大的电流。

在开关电路中，晶体管还可工作于非饱和状态，即在关态时晶体管处于截止区，开态时处于工作区，这就是非饱和电路，它的开关速度快，但对晶体管的参数均匀性要求高，输出电平也欠稳定。而饱和电路中的输出电平较稳定，对晶体管参数的均匀性要求不高，电路设计简单；只是开关速度慢。下面讨论的开关过程都是对饱和电路进行分析的。

5.2.2 晶体管的开关过程

设晶体管开关电路仍如图 5-5 所示，它的输入、输出波形见图 5-7。我们分四个过程来讨论。

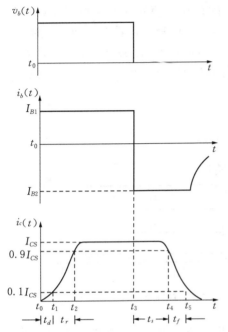

图 5-7 开关电路中的输入、输出波形

1. 延迟过程

当基极回路没有外加正脉冲时,V_{BB} 使发射结反偏,V_{CC} 使集电结反偏,此时晶体管处于截止状态,集电极电流为 I_{CE0},基极电流为 $(I_{CB0}+I_{EB0})$。由于两个结都处于反偏,基区中两个结的势垒区边界处的电子密度都近似为零,基区内部的电子(少子)密度也比平衡时的 n_{pb}^0 低得多,如图 5-8 的 $n(x,t_0)$ 这条曲线所示。

在 $t=t_0$ 时刻,基极回路加以正脉冲,幅度为 V_i(设 $V_i \gg V_{BB}$)。基极电流

$$I_{B1} = \frac{V_i - V_{BB} - V_{BE}}{R_B},$$

式中 V_{BE} 为发射结正向压降。为使晶体管进入饱和状态,要求 $I_{B1} > \dfrac{I_{CS}}{\beta}$,但集电极电流并不立即达到 I_{CS},其变化如图 5-7 所示,开始时 I_c 仍为 I_{CE0},其后稍有上升,到 $t=t_1$ 时才上升到 $0.1 I_{CS}$,时间 $t_d = t_1 - t_0$ 称为延迟时间。由于 $t<t_0$ 时,发射结处于反偏,势垒宽度较宽,$t=t_0$ 时刻加了正脉冲,有 I_{B1} 的基极电流注入,但发射结电压从 $(-V_{BB})$ 变为导通电压 V_{J0} 要有一个过程,此时集电极电流不会立即增大;发射结电压由 $(-V_{BB})$ 逐步变为正值,势垒宽度变薄,注入的基极电流(空穴电流)首先填充发射结的空间电荷区。在发射结偏压从 $(-V_{BB})$ 变为 V_{J0} 的过程中,集电极偏压也相应由 $(-V_{CC}-V_{BB})$ 变为 $(-V_{CC}+V_{J0})$,因此其空间电荷区的宽度也变小,填充这部分空间电荷区的空穴也来自基极电流 I_{B1}。

随着发射结偏压变正,发射结的基区边界处开始有电子积累,并产生一定的电子密度梯度,集电极电流也于 t_1 时刻上升到 $0.1 I_{CS}$,此时基区中的电子分布如图 5-8 中的 $n(x,t_1)$ 曲线所示。

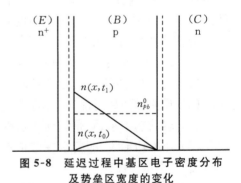

图 5-8 延迟过程中基区电子密度分布及势垒区宽度的变化

在 $t_0 \to t_1$ 时间内,发射区及集电区中的载流子密度也会改变,但与讨论开关过程关系不大,因此未画出。

2. 上升过程

在 t_1 时刻以后,基极电流仍维持 I_{B1},由于发射结的正向偏压继续上升,势垒区进一步变窄,一部分空穴要向势垒区充电;另外,发射区注入到基区的电子增多,使基区中电子积累增多,同时电子的密度梯度增大,集电极电流也逐渐上升,在 $t_0 = t_2$ 时刻,I_c 达到 $0.9 I_{CS}$,$t_r = t_2 - t_1$ 称为上升时间。

随着集电极电流的增加,集电极电压就由 $(-V_{CC}+V_{J0})$ 上升到零偏附近,集电极反向电

压的减小,使势垒区减薄,其充电电流也来自 I_{B1};当然,I_{B1} 的另一作用是提供空穴与基区中积累的电子相复合。

在上升过程中,基区电子密度分布的变化示于图 5-9。

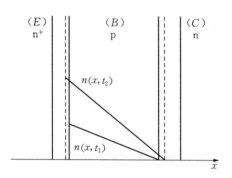

图 5-9 上升过程中基区电子密度分布及
势垒区宽度的变化

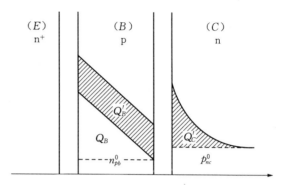

图 5-10 稳定的饱和态时晶体管中少子密度分布

如果基极电流 $I_B = \dfrac{I_{CS}}{\beta}$,那么集电极电流达到饱和值 I_{CS},此时集电极偏压约为零偏,我们称晶体管处于临界饱和状态。我们的情况是 $I_{B1} > \dfrac{I_{CS}}{\beta}$,而集电极电流仍维持 I_{CS} 不变,此时,过量的基极电流 $I_{Bx} = I_{B1} - \dfrac{I_{CS}}{\beta}$,造成空穴在基区中的积累,储存在基区中的电子也要相应增加积累,于是电子密度的分布曲线上移,如图 5-10 所示。由过驱动的基极电流提供的空穴注入到集电区,并在集电区积累,晶体管进入饱和状态,集电极电压也由零偏上升到正偏,此时晶体管基区和集电区中的少子密度分布如图 5-10 所示,画斜线部分就是超量储存电荷。当这些超量储存的载流子的复合所需的电流等于 I_{Bx} 时,达到动态平衡,晶体管进入稳定状态。

为了表示晶体管进程饱和的深度,定义

$$s = \frac{I_B}{I_{BS}} = \frac{I_B}{V_{CC}/\beta R_L} \tag{5-15}$$

为饱和深度,或过驱动因子,s 越大,表示超量储存的电荷越多,即晶体管饱和越深。

3. 超量储存电荷消失过程

在 $t = t_3$ 时刻,加在基极回路上的正脉冲突然消失,考虑在 V_{BB} 的作用及发射结电压仍处于正值 V_{BE},因此基极电流 $I_{B2} = -\dfrac{V_{BB} + V_{BE}}{R_B}$,在此电流作用下,基区和集电区中空穴被抽走,在超量储存电荷被抽完之前,发射结和集电结仍处于正偏,集电极电流仍维持在 I_{CS} 不变,在超量储存电荷抽完后,I_c 开始下降,当 $t = t_4$ 时,$I_c = 0.9 I_{CS}$,定义 $t_s = t_4 - t_3$ 为储存时间,见图 5-7。

我们再说明一下超量储存电荷消失的途径:由于基极电流 I_{B2} 是反向电流,即空穴从基区流出,这就使积累在基区及集电区中的空穴不断减少。根据半导体中电中性要求,在抽取空穴的同时,也有等量的电子被抽取,它抽向何方? 由图 5-11 可知,在 t_s 时间内,发射极电流可表达为 $I_E = I_{CS} - I_{B2}$（一般表达式为 $I_E = I_C + I_B$,现 I_B 为负值,故有上式）,这表明发射极电流比集电极电流小 I_{B2},也就是发射区注入到基区的电子比从集电区流出的电子少得多（少的数量就是 I_{B2}）,这部分不足的电子就是从基区及集电区中超量储存的电子"库"中获得,图 5-12 示意地画出了这一过程。超量储存电荷消失的另一途径就是复合。由于抽取和复合,基区及集电区中超量储存电荷不断减少,集电结正向偏压也下降,势垒区宽度增加。当集电结正偏下降为零时,集电结基区侧的少子密度恢复到平衡值,基区及集电区的超量储存电荷消失,晶体管达到临界饱和态。由于基极电流的继续抽取,晶体管就脱离饱和而进入放大区,集电极电流就开始下降了。

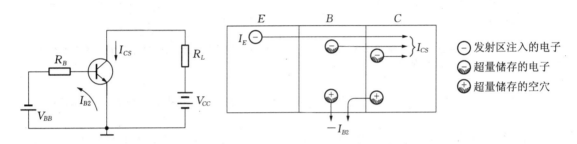

图 5-11　I_{B2} 的抽取作用　　　图 5-12　超量储存电荷消失过程示意图

4. 下降过程

由于 I_{B2} 继续从基区中抽取空穴,加之基区中积累的电子和空穴的复合,使基区中积累的电子和空穴继续减少,集电极电流 I_C 也就从 $0.9I_{CS}$ 逐步下降到 $0.1I_{CS}$,在 $t = t_5$ 时,$I_C = 0.1I_{CS}$,定义 $t_f = t_5 - t_4$ 为下降时间。

在下降时间中,集电结由接近零偏逐步变为反偏,发射结的正偏不断减小,它们均会使势垒区变宽,也就是势垒电容须放电,其空穴从基极流出,电子则从集电极流出。

从上述说明可知,下降过程是上升过程的逆过程,两者的差别在于载流子的复合作用延缓了上升过程,然而却加速了下降过程。

下降过程结束后,I_C 还要继续下降,即集电极反偏继续增加,发射结要变为负偏,在这个过程中,两结的势垒电容继续放电,直至发射结偏压达到 ($-V_{BB}$),集电结偏压达到 ($-V_{CC} - V_{BB}$) 时晶体管恢复稳定状态。

我们把晶体管由关态转变为开态的时间称为开启时间:

$$t_{on} = t_d + t_r \tag{5-16}$$

把晶体管由开态转变为关态的时间称为关断时间:

$$t_{off} = t_s + t_f \tag{5-17}$$

若晶体管的开关时间比输入脉冲持续时间短,它就有良好的开关作用;反之,开关时间与脉冲持续时间相近甚至更长时,晶体管就难以起到开关作用了。

5.3 晶体管的开关时间

作开关用的晶体管,属于大信号运用,为便于分析,文献[5-3]提出了把晶体管看作一个"电荷控制"器件的概念。电荷控制分析的基本微分方程是

$$\frac{dQ_b}{dt} = i_b - \frac{Q_b}{\tau} \tag{5-18}$$

该方程可从连续方程推得,这里我们仅以基区中的情况从物理图像上加以说明,晶体管基区中的电荷增加,来自流入基区的电流再扣除载流子在基区中的复合。$\frac{dQ_b}{dt}$ 代表单位时间内基区中电量增加数,$\frac{Q_b}{\tau}$ 代表单位时间内基区中复合掉的电荷量,i_b 为单位时间内流入基区的电荷量。根据电荷连续原理,有

$$\frac{dQ_b}{dt} + \frac{Q_b}{\tau} = i_b$$

此即(5-18)式。

5.3.1 延迟时间

我们把延迟时间分成两段:第一段为 t_{d1},定义为基极回路输入正脉冲信号起(设 $t=0$)到晶体管开始导通时止,第二段为从晶体管开始导通到 I_C 升至 $0.1I_{CS}$,记以 t_{d2},下面先求 t_{d1}。

在 t_{d1} 内,$I_C \approx 0$,$Q_B \approx 0$(Q_B 为基区中积累的电荷),$i_b = I_{B1}$,对发射结势垒电容也将充电,电压从 $(-V_{CC}-V_{BB})$ 变为 $(-V_{CC}+V_{J0})$,电荷微分方程可写为

$$i_b = \frac{dQ_{Te}}{dt} + \frac{dQ_{Tc}}{dt} \tag{5-19}$$

将上式从 0 到 t_{d1} 之间积分并考虑到 $dQ = CdV$,有

$$\int_0^{t_{d1}} I_{B1} dt = \int_{-V_{BB}}^{V_{J0}} C_{Te} dV_{BE} + \int_{-(V_{CC}+V_{BB})}^{-(V_{CC}-V_{J0})} C_{Tc} dV_{CB} \tag{5-20}$$

当势垒区两端的电压从 V_1 变到 V_2 时,势垒电容 C_T 的电荷变化为 $\int_{V_1}^{V_2} C_T(V) dV$,定义

$$\overline{C_T} = \frac{1}{V_2 - V_1} \int_{V_1}^{V_2} C_T(V) dV \tag{5-21}$$

为电压变化范围内的平均电容。

势垒电容的一般表达式可写为

$$C_T(V) = C_T(0) \left(1 - \frac{V}{V_D}\right)^{-n} \tag{5-22}$$

式中 V 为加在 p-n 结两端的电压，V_D 为 p-n 结的接触电势差，$C_T(0)$ 为零偏压时的电容。对突变结，$n = \frac{1}{2}$；对线性缓变结，$n = \frac{1}{3}$。

把(5-22)式代入(5-21)式，得

$$\overline{C_T} = \frac{C_T(0)V_D}{(1-n)(V_2-V_1)}\left[\left(1-\frac{V_1}{V_D}\right)^{1-n} - \left(1-\frac{V_2}{V_D}\right)^{1-n}\right] \tag{5-23}$$

对发射结势垒电容来说，(5-20)式中的 $V_1 = -V_{BB}$，$V_2 = V_{J0}$，且近似认为 $V_{J0} \approx V_D$（以硅 p-n 结来说，$V_D \approx 0.8\text{ V}$，V_{J0} 约为 $0.6 \sim 0.7\text{ V}$），有

$$\overline{C_{Te}} \approx \frac{C_{Te}(0)}{(1-n)\left(1+\frac{V_{BB}}{V_D}\right)^n} \tag{5-24}$$

对集电结来说，$V_1 = -(V_{CC}+V_{BB})$，$V_2 = -(V_{CC}-V_{J0})$，实际电路中，V_{CC} 比 V_{BB} 及 V_{J0} 大得多，因此集电结上的电压变化 $V_{BB} + V_{J0} < V_{CC}$。这表明，若用 $(-V_{CC})$ 下的电容来代替 $\overline{C_{Tc}}$ 不会引入太大的误差，于是

$$\overline{C_{Tc}} \approx C_{Tc}(-V_{CC}) \tag{5-25}$$

将(5-24)及(5-25)式代入(5-20)式，可求得 t_{d1} 为

$$t_{d1} = \left[\frac{C_{Te}(0)}{(1-n)\left(1+\frac{V_{BB}}{V_D}\right)^n} + C_{Tc}(-V_{CC})\right]\frac{V_{BB}+V_{J0}}{I_{B1}} \tag{5-26a}$$

在实用电路中，若 V_{BB} 为 V_D 的 $1.5 \sim 4$ 倍，n 在 $\frac{1}{2} \sim \frac{1}{3}$ 范围内，(5-24)式的分母当作 1（引入的误差不会很大，一般在 20% 以内），于是(5-26a)式可简化为

$$t_{d1} \approx \frac{V_{BB}+V_{J0}}{I_{B1}}[C_{Te}(0) + C_{Tc}(-V_{CC})] \tag{5-26b}$$

延迟时间的第二部分为 $I_c = 0$ 上升到 $0.1I_{CS}$ 所需的时间，计算方法与上升时间相同，将在下面详细推导，这里先给出结果：

$$t_{d2} = \beta\left[\frac{1}{\omega_T} + 1.7R_L C_{Tc}(-V_{CC})\right]\ln\left(\frac{\beta I_{B1}}{\beta I_{B1} - 0.1 I_{CS}}\right) \tag{5-27}$$

于是延迟时间为

$$t_d \approx \frac{V_{BB}+V_{J0}}{I_{B1}}[C_{Te}(0) + C_{Tc}(-V_{CC})]$$

$$+ \beta\left[\frac{1}{\omega_T} + 1.7R_L C_{Tc}(-V_{CC})\right]\ln\left(\frac{\beta I_{B1}}{\beta I_{B1} - 0.1 I_{CS}}\right) \tag{5-28}$$

由上式可知，为减小 t_d，应减小电容、提高 ω_T，这两点与高频晶体管提高截止频率的要求一

致,此外还应增大 I_{B1},通常过驱动因子取为 $S \geqslant 4$。当然 S 也不宜取得过大,如下面要讨论的,S 过大会使 t_s 变大。

5.3.2 上升时间

根据上升过程的定性说明,I_{B1} 提供的空穴将用于下列四个方面:

(1) 增加基区中储存的少子电荷。根据基区渡越时间定义,有

$$Q_b = i_c \cdot \tau_b$$

即基区中的电荷的增量可写为

$$\mathrm{d}Q_b = \tau_b \mathrm{d}i_c \tag{5-29}$$

(2) 发射结电容的充电电荷。根据小信号等效电路可知,C_{Te} 与 r_e 并联,通过 r_e 的电流即为集电极电流 i_c,于是当集电极电流变化 $\mathrm{d}i_c$ 时,C_{Te} 两端的电压变化 $r_e \mathrm{d}i_c$,因此

$$\mathrm{d}Q_e = C_{Te} r_e \mathrm{d}i_c = \tau_e \mathrm{d}i_c \tag{5-30}$$

式中 τ_e 为发射极延迟时间常数。

(3) 集电结电容的充电电荷。当集电极电流增加 $\mathrm{d}i_c$ 时,负载电阻 R_L 即集电极串联电阻 r_{cs} 上的电压增加 $(R_L + r_{cs})\mathrm{d}i_c$,它使 C_{Tc} 反向偏压降低同样值,于是集电结势垒电容的充电电量为

$$\mathrm{d}Q_c = C_{Tc}(R_L + r_{cs})\mathrm{d}i_c = (C_{Tc}R_L + \tau_c)\mathrm{d}i_c \tag{5-31}$$

式中 τ_c 为集电极延迟时间常数。

(4) 提供与基区中少子复合所需的电荷。这部分基极电流为

$$i_b' = \frac{i_c}{\beta} \tag{5-32}$$

把上述各式代入,可得上升时间内的电荷控制微分方程:

$$I_{B1} = \frac{\mathrm{d}Q_b}{\mathrm{d}t} + \frac{\mathrm{d}Q_e}{\mathrm{d}t} + \frac{\mathrm{d}Q_c}{\mathrm{d}t} + \frac{i_c}{\beta} \tag{5-33}$$

或

$$I_{B1} = (\tau_e + \tau_b + \tau_c + C_{Tc}R_L)\frac{\mathrm{d}i_c}{\mathrm{d}t} + \frac{i_c}{\beta} \tag{5-34a}$$

由于

$$\frac{1}{\omega_T} \approx \tau_e + \tau_b + \tau_c$$

于是

$$I_{B1} = \left(\frac{1}{\omega_T} + C_{Tc}R_L\right)\frac{\mathrm{d}i_c}{\mathrm{d}t} + \frac{i_c}{\beta} \tag{5-34b}$$

解的通式为

$$i_c(t) = \beta I_{B1}\left\{1 - \exp\left[\frac{-t}{\beta\left(\frac{1}{\omega_T} + R_L C_{Tc}\right)}\right]\right\} \tag{5-35}$$

在上升时间开始时，$t = t_1$，$i_c(t_1) = 0.1 I_{CS}$

在上升时间结束时，$t = t_2$，$i_c(t_2) = 0.9 I_{CS}$

于是求得上升时间为

$$t_r = \beta\left(\frac{1}{\omega_T} + R_L C_{Tc}\right)\ln\left(\frac{\beta I_{B1} - 0.1 I_{CS}}{\beta I_{B1} - 0.9 I_{CS}}\right) \tag{5-36a}$$

应当指出，在上升过程中，发射结的正向偏压有所升高；集电结的偏压从$(-V_{CC} + V_{J0})$变至接近零偏，因此上式中的ω_T及C_{Tc}都应以平均值代之，即

$$t_r = \beta\left(\frac{1}{\overline{\omega_T}} + R_L \overline{C_{Tc}}\right)\ln\left(\frac{\beta I_{B1} - 0.1 I_{CS}}{\beta I_{B1} - 0.9 I_{CS}}\right) \tag{5-36b}$$

如果集电结电压在$-V_{CC}$至0之间变化，可以证明对单边突变结$\overline{C_{Tc}} \approx 2 C_{Tc}(-V_{CC})$，对于线性缓变结$\overline{C_{Tc}} \approx 1.5 C_{Tc}(-V_{CC})$，通常取$\overline{C_{Tc}} \approx 1.7 C_{Tc}(-V_{CC})$，另外我们以小信号的$\omega_T$来代替$\overline{\omega_T}$，于是可把上升时间写为

$$t_r = \beta\left(\frac{1}{\omega_T} + 1.7 R_L C_{Tc}\right)\ln\left(\frac{\beta I_{B1} - 0.1 I_{CS}}{\beta I_{B1} - 0.9 I_{CS}}\right) \tag{5-36c}$$

在使用(5-36c)式时应注意，式中的C_{Tc}是V_{CC}偏压下的值。

由(5-36c)式，不难推得延迟时间中t_{d2}，这里不再写出。

5.3.3 储存时间

储存时间由两部分组成：基区及集电区中超量储存电荷$Q_x = Q_b' + Q_c'$消失所需的时间t_{s1}，Q_x消失时晶体管处于临界饱和状态；另一部分是集电极电流从I_{CS}下降到$0.9 I_{CS}$所需的时间t_{s2}。下面先求t_{s1}。

当晶体管处于饱和的稳态时，过驱动基极电流

$$I_{Bx} = I_{B1} - \frac{I_{CS}}{\beta}$$

用于提供超量储存电荷Q_x复合所需的空穴，I_{Bx}越大，Q_x也越多。我们定义储存时间τ_s为

$$\tau_s = \frac{Q_x}{I_{Bx}} \tag{5-37}$$

在t_{s1}内，发射结和集电结的电压变化很小，基区中维持I_{CS}所需的电荷Q_b维持不变，即$\frac{dQ_{Te}}{dt} = 0$，$\frac{dQ_{Tc}}{dt} = 0$，$\frac{dQ_b}{dt} = 0$。基极电流I_{B2}用于抽取超量储存电荷Q_x，维持$I_{CS}$$\left(即\frac{Q_b}{\tau_b}\right)$及超量储存电荷的复合$\frac{Q_x}{\tau_s}$。于是，微分方程可写为

$$-I_{B2} = \frac{Q_b}{\tau_b} + \frac{Q_x}{\tau_s} + \frac{dQ_x}{dt} \tag{5-38}$$

或写为

$$\frac{dQ_x}{dt} + \frac{Q_x}{\tau_s} = -\left(I_{B2} + \frac{I_{CS}}{\beta}\right) \quad (5-39)$$

上式的通解为

$$Q_x = Ce^{-t/\tau_s} - \left(I_{B2} + \frac{I_{CS}}{\beta}\right)\tau_s \quad (5-40)$$

其中 C 为常数,由初始条件决定。

在 $t = 0$ 时,$Q_x = \tau_s\left(I_{B2} - \dfrac{I_{CS}}{\beta}\right)$,把这一初始条件代入可解得

$$C = \tau_s(I_{B1} + I_{B2})$$

于是,Q_x 可写为

$$Q_x = \tau_s(I_{B1} + I_{B2})e^{-t/\tau_s} - \tau_s\left(I_{B2} + \frac{I_{CS}}{\beta}\right) \quad (5-41)$$

根据 t_{s1} 的定义,在 $t = t_{s1}$ 时,$Q_x = 0$,可求得

$$t_{s1} = \tau_s \ln \frac{I_{B1} + I_{B2}}{I_{B2} + I_{CS}/\beta} \quad (5-42)$$

t_{s2} 实质上为集电极电流 I_{CS} 变为 $0.9 I_{CS}$ 时的下降时间,这里先写出结果:

$$t_{s2} = \beta\left(\frac{1}{\omega_T} + 1.7 R_L C_{T0}\right) \ln\left(\frac{\beta I_{B2} + I_{CS}}{\beta I_{B2} + 0.9 I_{CS}}\right) \quad (5-43)$$

于是,晶体管的储存时间为

$$\begin{aligned} t_s &= \tau_s \ln \frac{I_{B1} + I_{B2}}{I_{B2} + I_{CS}/\beta} \\ &\quad + \left[\beta\left(\frac{1}{\omega_T} + 1.7 R_L C_{Tc}\right) \times \ln \frac{\beta I_{B2} + I_{CS}}{\beta I_{B2} + 0.9 I_{CS}}\right] \end{aligned} \quad (5-44)$$

对于平面晶体管可以求得

$$\tau_s = \frac{0.6}{\omega_b} + \frac{\tau_{pc}}{2} \quad (5\text{-}45\mathrm{a})$$

其中 ω_b 为基区渡越时间截止圆频率,τ_{pc} 为集电区中少子的寿命,于是储存时间写为

$$\begin{aligned} t_s &= \left(\frac{0.6}{\omega_b} + \frac{\tau_{pc}}{2}\right) \ln\left(\frac{I_{B1} + I_{B2}}{I_{B2} + I_{CS}/\beta}\right) \\ &\quad + \beta\left(\frac{1}{\omega_T} + 1.7 R_L C_{Tc}\right) \ln\left(\frac{\beta I_{B2} + I_{CS}}{\beta I_{B2} + 0.9 I_{CS}}\right) \end{aligned} \quad (5\text{-}46\mathrm{a})$$

(5-45a)式的适用条件是集电区宽度 W_c 比集电区中少子扩散长度 L_{pc} 来得大。在平面晶体管中这一条件通常可以满足,但在外延平面晶体管中则并不满足,这是因为为了缩短开关时间,只要击穿电压能满足要求,总是尽量降低外延层电阻率及减薄外延层厚度,因此 W_c

往往比 L_{jx} 小。由经验确定，集电区时间常数为

$$\tau_{cs} \approx \frac{W_c^2}{2} (s) \quad (W_c \text{ 以 cm 为单位})$$

外延平面晶体管的储存时间常数 τ_s 可写为

$$\tau_s = \left(\frac{0.6}{\omega_b} + \frac{W_c^2}{2}\right) \tag{5-45b}$$

于是储存时间为

$$t_s = \left(\frac{0.6}{\omega_b} + \frac{W_c^2}{2}\right) \ln\left(\frac{I_{B1} + I_{B2}}{I_{B2} + I_{CS}/\beta}\right)$$
$$+ \beta\left(\frac{1}{\omega_T} + 1.7 R_L C_{Tc}\right) \ln\left(\frac{\beta I_{B2} + I_{CS}}{\beta I_{B2} + 0.9 I_{CS}}\right) \tag{5-46b}$$

由(5-46)式可知，为缩短储存时间，除提高晶体管的截止频率外，还可以加大 I_{B2}，以加速超量储存电荷的抽出；降低集电区材料的少子寿命，这通常用掺金来达到。

5.3.4 下降时间

与上升过程中微分方程(5-34b)相似，下降过程的微分方程为

$$-I_{B2} = \frac{i_c}{\beta} + \frac{0.6}{\omega_T}\frac{\mathrm{d}i_c}{\mathrm{d}t} + R_L C_{Tc}\frac{\mathrm{d}i_c}{\mathrm{d}t} \tag{5-47}$$

类似于上升时间的求解方法，可以求得晶体管的下降时间为

$$t_f = \beta\left(\frac{1}{\omega_T} + R_L \overline{C_{Tc}}\right) \ln\left(\frac{\beta I_{B2} + 0.9 I_{CS}}{\beta I_{B2} + 0.1 I_{CS}}\right) \tag{5-48a}$$

或者

$$t_f = \beta\left(\frac{1}{\omega_T} + 1.7 R_L C_{Tc}\right) \ln\left(\frac{\beta I_{B2} + 0.9 I_{CS}}{\beta I_{B2} + 0.1 I_{CS}}\right) \tag{5-48b}$$

式中 ω_T 仍为小信号的特征圆频率，C_{Tc} 为 V_{CC} 电压下的值。

5.4 开关晶体管的要求及工艺措施

晶体管作为开关使用时，除与一般晶体管一样，需要考虑最大集电极电流 I_{CM}、击穿电压 BV_{CE0}、BV_{EB0}、电流放大系数 β 等参数外，还要求饱和压降 V_{CES}、V_{BES} 小，开关时间 t_{on}、t_{off} 小等。

5.4.1 正向压降和饱和压降

为减小晶体管的开启功率，要求晶体管处于开态时，输入回路中的 E、B 间压降 V_{BES} 小，它可表示为

$$V_{BES} = I_B r_b + V_{BE} + I_E r_{es} \tag{5-49}$$

式中 r_b 是晶体管的基极电阻,要求数值小;对功率晶体管,发射极接有镇流电阻,故 r_{es} 不可忽略,为减小 V_{BES},r_{es} 不能过大,在工艺上则应防止过大的接触电阻,它往往由于氧化层未去净或合金化不佳所引起的。

为减小处于开态时晶体管的功耗,要求饱和压降 V_{CES} 尽可能小,它除与晶体管的工作状态(饱和深度)有关外,还与集电极串联电阻 r_{cs} 有关,为减小 r_{cs},通常采用低阻材料作衬底,并采用外延平面工艺制造晶体管。

通常取饱和深度 $s=4$,因为 s 太小,将使 V_{CES} 上升,s 过大,V_{CES} 下降并不明显,但超量储存电荷则大大增加,从而加长了储存时间 t_s。

5.4.2 提高开关速度的措施

为提高晶体管的开关速度,必须从改善器件性能及电路工作条件着手。这里我们仅讨论提高开关速度对器件性能的要求。

(1) 提高晶体管的频率特性,这要求:

① 减小结面积,使 C_{Te} 及 C_{Tc} 减小(应满足 I_{CM} 的要求)。

② 减小基区宽度 W_b,一般说 f_T 主要决定于 W_b,减小 W_b 可大大提高 f_T。

(2) 在工艺上增加掺金工序,其原因是:

① 降低集电区少子寿命,特别对 n-p-n 晶体管更见效,这是由于金在 n-Si 中对空穴的复合作用比它在 p-Si 中对电子的复合作用强得多(约一倍),它可减少集电区中超量储存空穴的数量,在储存时间内又可加速超量储存空穴的消失,从而使 t_s 减小。

② 析出凝聚在位错、层错处的重金属铜、铁等,以改善反向特性。

掺金后的缺点:一是使反向漏电流增加,还减小了电流放大系数 β;二是使集电区电阻率增加,这是因为金起着施主或受主作用。

(3) 减小集电区外延层厚度 W_c,以减小超量储存的电荷。对掺金的晶体管,此项措施作用不大,一般不再采用。

参考文献

[5-1] R. H. Kingston, *Proc. IRE*, **42**, 829(1954).

[5-2] A. S. 格罗夫著,齐建译,半导体器件(物理与工艺),科学出版社,1976.

[5-3] R. Beaufoy, J. J. Sparkes, *ATE, J.*, **13**, 310(1957).

[5-4] 宋南辛、徐义刚,晶体管原理,国防工业出版社,1980.

[5-5] A. B. Phillips, *Transistor Engineering*, McGraw-Hill, New York, 1962.

[5-6] F. Larin, *Radiation Effects in Semiconductor Devices*, Wiley, New York, 1968.

习 题

5-1 设 p-n 结势垒电容的偏置范围为 $0 \sim (-V_{cc})$,试证明:

(1) 突变结的电容平均值 $\overline{C_T} = 2C_T(-V_{cc})$;

(2) 线性缓变结的电容平均值 $\overline{C_T} = 1.5C_T(-V_{cc})$.

5-2 试讨论:(1) 超量储存电荷对晶体管开关时间的影响;

(2) 基区电场因子对缓变基区晶体管开关时间的影响；

(3) 比较掺金的硅 p-n-p 晶体管和 n-p-n 晶体管的开关速度，设该两种晶体管的几何形状、杂质分布和基区中少数载流子寿命都相同。

5-3 有 n-p-n 合金结晶体管，$A_E = A_C = 6 \times 10^{-4}$ cm^2，$W_b = 12\ \mu$m，$N_B = 4 \times 10^{15}$ cm^{-3}，$\beta = 50$，用于共发射极开关电路中，其 $I_{cs} = 50$ mA，$I_{B1} = 5$ mA，$-I_{B2} = -1$ mA，$R_L = 500\ \Omega$，$V_{CC} = 25$ V，计算晶体管的上升时间和下降时间。

5-4 硅 n-p-n 外延平面晶体管的 $\tau_{pe} = 0.02\ \mu$s，$\beta = 30$，在共发射极开关电路的 $I_{CS} = I_{B1} = -I_{B2} = 10$ mA，假定该晶体管的基区中超量储存电荷可忽略，试估算管子的储存时间 t_s（即不必计算 t_{s2}）。

5-5 共发射极开关电路如图 5-5 所示，在某一瞬间晶体管受恒定的基极电流 i_{B1} 驱动，经过 τ_0 后，基极电流突变至恒定的抽取电流（$-I_{B2}$）。试证明储存时间 t_{s1} 的表达式为

$$t_{s1} = \tau_s \ln\left[1 + \frac{(\beta I_{B1} - I_{CS})(1 - e^{-\tau_0/\tau_s})}{\beta I_{B2} + I_{CS}}\right]$$

5-6 已知外延 n-p-n 晶体管的特征频率 $f_T = 150$ MHz，$\beta_0 = 30$，集电区杂质浓度 $N_C = 5 \times 10^{15}$ cm^{-3}，集电结面积 $A_C = 1 \times 10^{-3}$ cm^2，集电区厚度 $W_c = 6\ \mu$m。设集电结的杂质为线性分布，其浓度梯度 $a = 2 \times 10^{20}$ cm^{-4}。

(1) 计算当偏置电压 $V_{BB} = -2$ V，$V_{CC} = -12$ V，外电路电阻 $R_B = R_L = 1$ kΩ，输入脉冲幅值 $V_1 = 4$ V 时，晶体管的上升时间 t_r；

(2) 设 $\omega_b = \omega_T$，估算晶体管进入饱和态时超量储存电荷 Q_s。

第六章 半导体表面特性及 MOS 电容

半导体表面是影响半导体器件性能的一个重要因素。因半导体总存在与外界接触的表面,诸如表面机械损伤、表面氧化、环境气氛、杂质玷污、射线辐照等均使厚度为几百个到几万个原子间距的一层表面发生显著的变化。这种受外界影响产生的表面效应比半导体的体内效应更不稳定,重复性差,会严重影响半导体器件的性能,甚至导致器件失效。对于前几章中讨论过的双极型器件,由于表面复合效应使小注入下的电流放大系数 β 下降、引起反向特性变软、导致低击穿甚至穿通、使表面漏电增大,等等。对半导体表面性能的研究有利于了解产生这些弊病的原因并找到克服它们的方法。例如,人们采用表面钝化的方法来保护和稳定表面,改善双极型器件的性能等。

对半导体表面性能的探索,对改进表面钝化的研究不仅有助于提高半导体器件的可靠性和稳定性,也促进了一些表面器件例如金属-氧化物-半导体场效应管(MOSFET)、电荷耦合器件(CCD)、不挥发储存器件等的发展。本章将详细讨论半导体硅表面及 Si-SiO$_2$ 界面的特性,还将讨论 MOS 电容的性能,为以下几章讨论 MOS 场效应管的原理及其特性做好准备。

6.1 半导体表面和界面结构

6.1.1 清洁表面和真实表面

一个理想的表面是原子完全有规则排列所终止的一个平面。图 6-1 为硅理想表面的示意图。在该表面的右方,硅原子严格地有规则排列,在其左方没有硅原子,也没有其他原子。在理想的情况下,表面的硅原子只与体内的硅原子形成共价键,左方无原子与之成键,故出现所谓"悬挂键"。这种理想表面在实际中是不存在的,因为用化学或其他方法形成的半导体表面总会暴露在空气中,总存在氧化层或其他原子的吸附。只有在超高真空中劈裂的表面才接近理想表面,成为清洁表面。

在清洁表面上的原子与半导体内原子的情况不同,即存在"悬挂键"。若体内的电子运动到表面就有可能被束缚到缺少电子的悬挂键上去,故表面对电子来说具有受主的性质。这就是说在半导体表面由于价键的不完整性会形成一些可以容纳电子的能量状

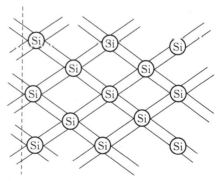

图 6-1 硅理想表面示意图

态,即受主能级,也可称为表面能级或表面态。清洁表面的表面能级位置在半导体禁带中靠近价带顶的地方。它们是一系列靠得很近、接近于连续的能级。通常用表面能级密度——半导体单位表面积所具有的表面态数来描述表面的不完整价键的状况。考虑到表面态在不同能量范围的疏密程度的不同,也可以引入表面态密度,它表示单位面积表面在单位能量间隔内表面态的数目,其单位为$(\mathrm{cm}^{-2}\cdot\mathrm{eV}^{-1})$。

电子对表面态可以有不同程度的填充,因而可使表面带正电、负电或者保持中性。当体内电子填充表面能级时就使表面带负电,体内空穴填充表面能级就使表面带正电。电子在表面能级上的填充状况可用表面费密能级$(E_F)_S$表示。$(E_F)_S$位置的高低就反映了电子在表面能级中填充的多少。实验表明,对于硅的清洁表面,当表面电中性时$(E_F)_S$约比价带顶高 0.3 eV,表面能级密度约为$10^{14}\sim10^{15}\,\mathrm{cm}^{-2}$,比理想情况高一个数量级。用不同方法获得的清洁表面具有略为不同的表面费密能级。图 6-2 大致说明了硅清洁表面的表面态密度$N_{SS}(E)$与能量 E 的关系及表面费密能级$(E_F)_S$的大致位置。

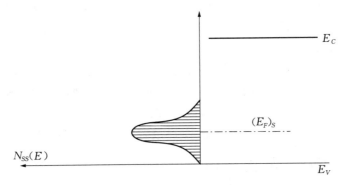

图 6-2　清洁表面的表面态密度及表面费密能级位置

在用化学制备方法得到的半导体表面上不可避免地存在一层天然氧化层,它的厚度从十几到几百埃不等。这种所谓真实表面包括半导体与天然薄氧化层的内表面以及天然薄氧化层与外界接触的外表面。显然,这两个表面对电子的能量状态是有影响的。在内表面处,原子的排列情况与半导体体内情况不同。对硅而言,内表面处的硅原子一方面与体内的硅原子组成共价键,同时它又与氧化层中的氧原子相邻。这说明内表面处硅原子的成键情况与体内不同,可能缺少或多余电子,形成了新的电子能量状态,即在禁带内引入表面能级。这些表面能级与清洁表面很相似,其差别仅在于它既有受主型能级又有施主型能级。对于受主型能级,当无电子填充时表面态是电中性的,有电子填充时表面态带负电。对于施主型能级,情况正好相反,即当有电子填充时是电中性的,没有电子时它们带正电,相当于施主电离情况。实验结果表明这些内表面能级的密度比原子的面密度小好几个数量级,对于外表面,可能由于吸附离子、玷污杂质等原因而形成一些表面能级。

真实半导体表面中的内表面能级很易与体内交换电子,外表面能级因要通过天然氧化层而较难与体内交换电子。实验发现真实表面确实存在快态和慢态两种能级。快态能级可在毫秒甚至更短的时间内完成与体内交换电子,而慢态能级要完成与体内交换电子需较长的时间。因此,认为内表面能级就是快态,外表面能级是慢态。例如,对于硅,快态能级密度约为 $10^{11}\sim10^{12}\,\mathrm{cm}^{-2}$,它远小于表面原子的面密度,说明内表面处大部分硅原子已与氧结合成键。实验还表明快态能级的位置分布于整个禁带中,有一些接近价带顶 E_V;有一些接近导带底 E_C;也有些分布在禁带中央附近,起了复合中心的作用,它们会影响少子的寿命,对器件的一些特性会有不良影响。慢态能级不仅与体内交换电子困难,而且其密度与氧化层外面的气氛有关。实验指出慢态能级的密度至少在 $10^{13}\,\mathrm{cm}^{-2}$ 以上,晶体管的 $\dfrac{1}{f}$ 噪声、p-n 结伏安特性蠕变等很可能与外表面的慢态能级有关。图 6-3 粗略地表示了真实表面的能带结构。

随着平面钝化技术的发展,人们逐渐将研究的重点转移到硅-二氧化硅(不是天然氧化层)界面及二氧化硅层内的问题上去了。

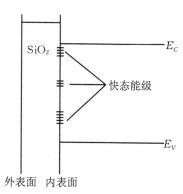

图 6-3　硅真实表面能带示意图

6.1.2　硅-二氧化硅界面的结构

上面讨论的真实表面上的氧化层是一种天然氧化层。用热生长的方法或化学气相沉淀的方法均可在硅表面上生长一层厚度可以人为控制的二氧化硅层,这种氧化层与体内硅之间形成的 SiO_2-Si 界面成为区别于清洁表面及真实表面的第三种表面,对它的结构及性能的研究具有很重要的意义。人工生长的 SiO_2 层常厚达几千 Å,其外表面能级几乎无法与体内交换电子。因此,慢态能级及外界气氛对半导体内的影响较小,这种氧化层便起了表面钝化作用。与此同时,在界面处,在 SiO_2 内部,存在一些影响器件性能的因素,主要是氧化层中的固定正电荷、Si-SiO_2 之间存在的界面态、氧化层中的可动电荷、电离陷阱等。这些因素对器件的稳定性和可靠性会产生一定的影响。对这些因素本质的了解不仅利于采取措施改进器件性能,也为讨论新型表面器件——MOS FET 打好基础。

1. 界面附近的固定正电荷

实验表明 Si-SiO_2 界面附近的二氧化硅一侧内存在着一些固定正电荷,它们大致分布在近界面 100 Å 的范围内。通常在单位面积上固定正电荷的数目约为 $10^{11}\sim10^{12}\,\mathrm{cm}^{-2}$。图 6-4 中的"+"号即表示固定正电荷。这些正电荷对半导体表面的电学性质有重要的影响。它可以使 n 型半导体靠近界面一层的电子增多,形成积累,即 n 型变成 n^+ 型;它也可使 p 型半导体靠界面一层的空穴减少,称为耗尽,甚至从 p 型转变为 n 型,成为反型。目前对 SiO_2 内这种固定正电荷的来源还在研究中,比较多的看法是认为它们起源于过量的硅正离子,或称氧空位。因为在氧化硅生长过程中外界的氧原子是通过已经生长的 SiO_2 层而扩散到 Si-SiO_2 界面处与硅结合成 SiO_2 的。这样,在硅与二氧化硅界面附近的 SiO_2 层中总

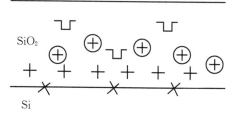

图 6-4　Si-SiO_2 界面结构

是多余硅正离子而缺氧，从而造成正电荷。可以通过调节工艺条件来控制固定正电荷的多少。通常，氧化温度越低，固定正电荷密度越大。若在低温氧化后再在氮或氢中高温退火，可以降低固定正电荷密度。对于不同晶向的硅单晶，SiO_2 中固定正电荷数目不同，(111)晶向固定正电荷密度最大，(110)晶向其次，(100)晶向最小。

2. Si-SiO_2 界面态

在硅与二氧化硅的交界处存在着界面态，如图 6-4 中的"×"号所示。这些界面态与真实表面的内表面态很相似，他们可以是施主型的，也可以是受主型的。其能级位置处于半导体的禁带中，几乎是连续分布的。在靠近导带底和价带顶的地方界面态的密度有两个峰值。对于(100)晶体，一个峰值在 E_C 下面 0.1 eV 附近，其密度约为 10^{13} $cm^{-2} \cdot eV^{-1}$，另一峰值在 E_V 上面 0.05～0.1 eV 之间，其密度约为 1.5×10^{13} $cm^{-2} \cdot eV^{-1}$。对于(111)晶体，一个峰值在 E_C 下面 0.10 eV 附近，界面态密度约为 4.8×10^{13} $cm^{-2} \cdot eV^{-1}$，另一个峰值在 E_V 上面 0.10 eV 处，其密度为 7.5×10^{13} $cm^{-2} \cdot eV^{-1}$。图 6-5 给出界面态密度的峰值位置。

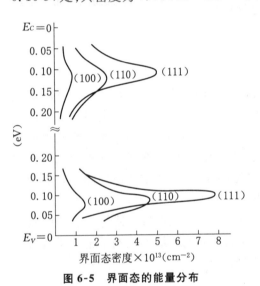

图 6-5 界面态的能量分布

施主型或受主型的界面态可与半导体的导带或价带交换电子或空穴。实验指出 p 型半导体的界面态是施主型的，其峰值位置在 E_C 下，可以向半导体释放电子(或俘获空穴)而使靠近表面的一层半导体带负电。n 型半导体的界面态是受主型的，可以从半导体俘获电子而使半导体表面层带正电荷。它的峰值在 E_V 上面。界面态的密度比真实表面的内表面密度要小些。

界面态的成因一般认为有两种。施主型的界面态主要是由氧化过程中引入的杂质或者晶体中杂质的外扩散所引起的。而受主型界面态主要是由悬挂键及晶格失配所引起的。界面态密度与晶向有关，在(111)面上界面态密度最大，(110)面次之，(100)面最小。通过调节工艺条件可以控制界面态密度。实验发现干氧氧化有较高的界面态密度。氧中含少量水气可减少界面态。在氧化及蒸铝后再在 H_2 和 N_2 的混合气体中低温处理也可以减少界面态。这是因为某些杂质离子可以扩散到界面外而与悬挂键结合。

界面态对器件带来不良影响。在禁带中心附近的界面态能级可以起复合中心作用，会显著影响器件的性能。

3. 氧化层中的可动电荷

在人工生长的 SiO_2 层中还存在着一些可移动的正电荷。图 6-4 中以"⊕"号表示这种可动正电荷。它们主要是玷污氧化层的一些离子。刚玷污时，这些正离子都在氧化层的外表面上。在电场及温度的作用下，它们会漂移到靠近硅-二氧化硅界面处，在硅的表面处感应出负电荷，对器件的稳定性有很大影响。

可动离子中有碱金属 Na^+、K^+、Li^+ 以及氢离子 H^+。最主要的是 Na^+。它存在于化学试剂、去离子水、玻璃器皿、石英、人体皮肤、钨丝、脱脂棉花等处。Na^+ 在 SiO_2 中进行漂移的激活能很低,因此危害甚大。H^+ 在室温下也有漂移能力。为了防止或去掉钠离子玷污的影响,通常使用下述方法:热氧化后用氢氟酸腐蚀掉 100～200 Å 的一层 SiO_2;用磷处理减少钠离子玷污的影响,因磷硅玻璃有"提取"及"阻挡"钠离子的作用;采用"无钠"清洁工艺,即采用电子纯试剂、无钠石英、双层石英氧化炉管,在氧化时通氯化氢或三氯乙烯;用 LPCVD 生长氮化硅作表面钝化,也能有效地减少可动正离子的影响。

4. 电离陷阱

在 X 射线、γ 射线和电子束等的照射下,在二氧化硅中会产生电离陷阱,如图 6-4 中的"⊓"号所示。在电离辐射的照射下,SiO_2 层中会产生电子-空穴对。电子的迁移率通常比空穴的迁移率大,在外加偏压作用下,电子会向正极漂移,并被扫出 SiO_2 绝缘层,而在 SiO_2 内留下空穴。因此,在负极附近会形成正的空间电荷区,这种正电荷就是电离陷阱。当半导体器件用于空间技术时必须考虑电离辐射的影响,并采取减少电离辐射影响的措施。某些工艺,例如电子束蒸发、溅射、离子注入等也有可能产生电离辐射的影响。利用在 H_2 中或 N_2 中退火的方法可以消除其影响。

电离辐射还可能增加 SiO_2 内表面的快态密度,这也会对器件性能的稳定性带来不良的影响。

6.2 表面势

上节讨论了半导体表面及 Si-SiO_2 界面的性质。本节着重讨论人工氧化层及 Si-SiO_2 界面对半导体表面性质的影响。由于主要的半导体表面效应都与在半导体表面形成的一层空间电荷区有关,因此下面将详细讨论表面空间电荷区与界面特性的关系以及与外加电压的关系。这是讨论新型表面器件的基础。

6.2.1 空间电荷区和表面势

在半导体靠近表面的一薄层内情况往往与体内不同,它可能缺少电子、空穴或多余电子、空穴而不再保持电中性。例如在 Si-SiO_2 的施主型界面态,与半导体交换电子时将电子释放到半导体的导带中,使界面态本身带正电荷,半导体表面带负电荷。SiO_2 中的正电荷也由静电感应作用于半导体表面而感应出负电荷。这样,半导体表面一薄层内便形成了一个负的空间电荷区,同时形成了一个方向指向半导体内部的表面电场。也可以说在半导体表面存在一个电势差,各点的静电势大小不同。对于负空间电荷情况,从半导体表面向内静电势 $\psi(x)$ 逐渐下降。到达电中性区后,各点静电势保持相等,如图 6-6(a)所示。图中体内的电势取为零,ψ_s 称为半导体的表面势,对于负空间电荷情况,表面势为正的,ε_s 为表面电场。从能带的观点看,表面的能带将发生弯曲。由于电子的电势能为 $-q\psi(x)$,因此能带自半导体内部到表面向下弯曲。图 6-6(b)表明负空间电荷区表面能带向下弯曲的情况。此时表面与体内达到了热平衡,具有共同的费密能级;空间电荷区中的负电荷恰好与界面中的正电荷相等。在没有外加电场的情况下,从整体上来看,是电中性的。

对于受主型界面态,可以从半导体内部接受电子而带负电,半导体表面一层则因失去电子而带正电。这样就会在半导体表面形成正的空间电荷区,表面势 ψ_s 是负的,表面电场由半导体指向外界,表面的能带将向上弯曲,如图 6-7 所示。

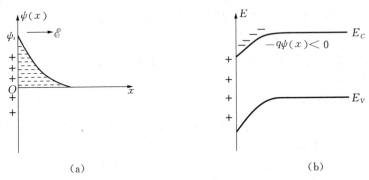

图 6-6　表面负空间电荷区电势图(a)和能带图(b)

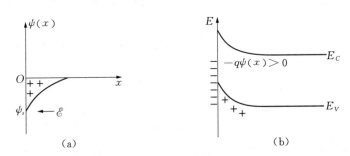

图 6-7　表面正空间电荷区电势图(a)和能带图(b)

6.2.2　表面的积累、耗尽和反型

除了 Si-SiO$_2$ 之间的界面态、固定正电荷,会引起半导体表面能带弯曲、出现空间电荷区、形成表面势,外加电场也能在半导体表面引起空间电荷区。对于金属-氧化物-半导体(MOS)场效应管来讲,这是非常重要的一个问题。设想有一个金属-氧化物-半导体结构,可视作以金属及半导体为两极的电容器。在两极板上加电压后,由于氧化层不导电,达到稳定后极板间无电流流过,属于热平衡情况。如果金属上加正电压,半导体衬底接地,称为正偏置情况。这样在半导体表面将感应出负电荷而形成负的空间电荷区,这时表面势是正的,能带将向下弯曲。造成对空穴的势垒和电子的势阱。如金属上加负电压,即负偏置情况,半导体表面将形成正的空间电荷区,这时表面势是负的,能带向上弯曲,造成对电子的势垒和对空穴的势阱。

图 6-8 显示了 MOS 电容零偏时($V_G = 0$),p 型半导体表面能带是平的情况,(不考虑界面态,固定正电荷等的影响),这时 MOS 电容处于热平衡状态,金属的费密能级与半导体的费密能级相平。

图 6-9(a)表示将 MOS 电容负偏置时,p 型半导体表面能带向上弯曲的情况。在外电场作

用下，p 型半导体表面的载流子浓度发生变化。由 $p = n_i \exp\left[\dfrac{E_i - (E_F)_P}{k_B T}\right]$ 可知，在表面处空穴的浓度增加，即更多的空穴被吸引到半导体表面，这种情况称为表面积累。这时表面势 ψ_s 是负的。由于没有电流流过，半导体处于热平衡状态，在半导体各处费密能级 $(E_F)_P$ 保持平直。

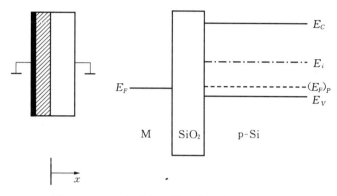

图 6-8　MOS 电容处于热平衡状态时的能带图

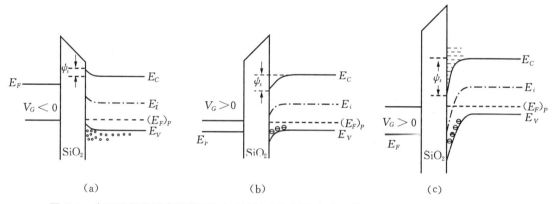

图 6-9　在不同偏置时表面积累(a)、耗尽(b)和表面反型(c)的 MOS 结构能带图(p 型衬底)

图 6-9(b)表示将 MOS 电容加上小的正偏压时，p 型半导体表面能带下弯的情况。在外电场作用下，半导体表面区域中的空穴几乎全被排斥走，形成一个由带负电荷的电离受主所形成的负空间电荷区，又称表面耗尽区，因此表面处自由载流子被耗尽了。由于电离受主是不能移动的，故耗尽区不导电。耗尽区的宽度可由求解泊松方程或由表面势得到，这将在后面讨论。

图 6-9(c)表示 V_G 增大到一定数值，p 型半导体表面从耗尽变为反型的情况。起初，表面耗尽区的宽度增大，表面能带下弯程度增大，使表面区的费密能级 $(E_F)_P$ 比 E_i 高。这时表面区少子电子的浓度比多子空穴的浓度来得大，表面从 p 型转变为 n 型，称为反型。一般而言，当表面反型时，导电能力是很弱的，因为电子的浓度还不太大。人们常将表面势 ψ_s 等于两倍费密势 $(2\psi_F)$ 的情况，定义为强反型。这时表面的电子浓度与体内的空穴浓度相等。即表面 n 型导电能力与体内 p 型半导体的导电能力相同。从图(c)中还可看出半导体表面是 n 型的，衬底是 p 型的，中间隔着一层耗尽层，形成一个 n-p 结。这种 p-n 结是电场感应产生的，故又称为场感应结。而通常由掺杂形成的 p-n 结称为冶金结以资区别。强反型的条件可表达为

$$\psi_s = 2\psi_F \tag{6-1}$$

p 型半导体的费密势由下式决定：

$$\psi_F = \frac{k_B T}{q} \ln \frac{N_A}{n_i} \tag{6-2}$$

式中 N_A 为 p 型衬底掺杂浓度。

当半导体表面达到强反型时，表面耗尽区就达到最大厚度。这时因为反型层中电子浓度大大增加，半导体受到反型层载流子浓度的屏蔽，电场不能再进入半导体体内。

对于 n 型半导体，讨论的方法完全相同。如表 6-1 所示，如果 MOS 电容正偏，即 $V_G > 0$，表面能带下弯，表面势为正值，这时 n 型半导体的表面积累，电子浓度增大。若 $V_G < 0$，表面势为负，能带向上弯曲。这时半导体表面电子被耗尽，出现表面耗尽区或称正空间电荷区，它们主要是电离的施主杂质。随着负偏压的增大，n 型半导体表面将从耗尽变成反型。当 $\psi_s = 2\psi_F$ 时，表面出现强反型。半导体内部也受到强反型的有效屏蔽，使耗尽层的厚度到达最大值。图 6-10(a)~(c) 分别表明 n 型半导体表面积累、耗尽及反型的情况。

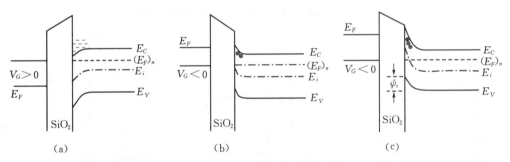

图 6-10 在不同偏置时表面积累(a)、耗尽(b)和表面反型(c)的 MOS 结构能带图（n 型衬底）

表 6-1 半导体表面状况与外加电压的关系

电压偏置	表面电场	表面势	表面空间电荷区	能带	半导体类型	表面状况
$V_G > 0$	指向半导体内	$\psi_s > 0$	负	下弯	p 型	耗尽或反型
					n 型	积累
$V_G < 0$	指向半导体外	$\psi_s < 0$	正	上弯	p 型	积累
					n 型	耗尽或反型

6.2.3 空间电荷面密度与表面势的关系

从上面的讨论可知，Si-SiO$_2$ 界面处的正电荷、界面态、外加电压等均使半导体表面形成表面势，使表面能带发生弯曲。表面势的大小可通过求解泊松方程得到。

假定半导体表面空间电荷区的电势为 $\psi(x)$，能带向上弯曲时 $\psi(x) < 0$，能带向下弯曲时 $\psi(x) > 0$。对于 p 型半导体，在距表面 x 处的空穴浓度可表示为

$$p(x) = p_p^0 e^{-q\psi(x)/k_B T} = p_p^0 e^{-u(x)} \tag{6-3}$$

式中 p_p^0 为半导体内部的空穴浓度，$u(x)$ 定义为

$$u(x) = \frac{q}{k_B T}\psi(x) \tag{6-4}$$

在距表面 x 处的电子浓度为

$$n(x) = n_p^0 e^{u(x)} \tag{6-5}$$

在空间电荷区内，总的空间电荷密度为

$$\rho(x) = q(N_D^+ - N_A^- + p - n) \tag{6-6}$$

式中 N_D^+ 及 N_A^- 分别为电离施主和受主杂质浓度。电势 $\psi(x)$ 满足一维泊松方程：

$$\frac{d^2\psi}{dx^2} = \frac{-\rho(x)}{\varepsilon_s\varepsilon_0} = -\frac{q}{\varepsilon_s\varepsilon_0}(n_p^0 - p_p^0 + p - n) \tag{6-7}$$

上式已利用了电中性条件：

$$N_D^+ - N_A^- = n_p^0 - p_p^0 \tag{6-8}$$

(6-7)式可表示为

$$\frac{d^2\psi}{dx^2} = -\frac{q}{\varepsilon_s\varepsilon_0}[p_p^0(e^{-u(x)} - 1) - n_p^0(e^{u(x)} - 1)] \tag{6-9}$$

在求解此方程时，采用边界条件：

$$\psi(x)\Big|_{x=W} = 0 \tag{6-10}$$

$$\frac{d\psi(x)}{dx}\Big|_{x=W} = 0 \tag{6-11}$$

$$\psi(x)\Big|_{x=0} = \psi_s \tag{6-12}$$

$x = W$ 为空间电荷区的边界。为了求解方程(6-9)，在其两边乘以 $\frac{d\psi(x)}{dx} \cdot dx$ 并从体内到表面进行积分：

$$\int \frac{d\psi(x)}{dx} d\left(\frac{d\psi}{dx}\right) = -\frac{k_B T}{\varepsilon_s\varepsilon_0}\int [p_p^0(e^{-u} - 1) - n_p^0(e^{+u} - 1)]du$$

由边界条件(6-10)及(6-11)式可得到上述积分的结果，即表面区的电场分布：

$$\varepsilon(x) = -\frac{d\psi(x)}{dx} = \pm\sqrt{\frac{2k_B T}{\varepsilon_s\varepsilon_0}[p_p^0(e^{-u} + u - 1) + n_p^0(e^{+u} - u - 1)]^{1/2}} \tag{6-13}$$

取正号时表明 $\frac{d\psi}{dx} < 0$，随着 x 的增加 $\psi(x)$ 减小，$\psi(x) > 0$，表面电场从表面指向半导体体内，表面能带下弯。取负号时表明 $\frac{d\psi}{dx} > 0$，随着 x 的增加 $\psi(x)$ 增大，$\psi(x) < 0$，表面电场由

体内指向半导体外，表面能带上弯。

空间电荷区单位面积电荷 Q_{SC} 与表面势的关系可求解如下：

$$Q_{SC} = \int_0^W \rho(x)dx = \int_0^W q[p_p^0(e^{-u}-1) - n_p^0(e^u-1)]dx$$

$$= \int_{\psi_s}^0 q[p_p^0(e^{-u}-1) - n_p^0(e^u-1)]d\psi/dx \tag{6-14}$$

将(6-13)式代入上述积分，并利用边界条件(6-10)及(6-12)式可求得 Q_{SC}：

$$Q_{SC} = \pm \frac{2k_B T \varepsilon_s \varepsilon_0}{qL'_D}\left[(e^{-u_s}+u_s-1) + \frac{n_p^0}{p_p^0}(e^{u_s}-u_s-1)\right]^{1/2} \tag{6-15}$$

其量纲为 $[C/cm^2]$。(6-15)式中 L'_D 为空穴的非本征德拜长度，

$$L'_D = \sqrt{\frac{2\varepsilon_s \varepsilon_0 k_B T}{q^2 p_p^0}} \tag{6-16}$$

u_s 与表面势 ψ_s 的关系为

$$u_s = \frac{q}{k_B T}\psi_s$$

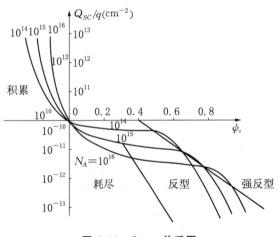

图 6-11 Q_{SC}-ψ_s 关系图

由(6-15)式可知，空间电荷区的面电荷密度与表面势、空穴浓度等有关。对于一定掺杂浓度的半导体可以画出 Q_{SC} 与 ψ_s 的关系曲线。图 6-11 给出在室温下，p 型半导体浓度分别为 $10^{14}\,cm^{-3}$、$10^{15}\,cm^{-3}$、$10^{16}\,cm^{-3}$ 时 Q_{SC} 与 ψ_s 的关系曲线。下面分几种情况进行讨论。

(1) $\psi_s < 0$，空间电荷区为正值，即 $Q_{SC} > 0$。这时半导体表面空穴积累，在空间电荷区可近似认为 $n_p^0 = 0$。由(6-15)式可得

$$Q_{SC} = \frac{2k_B T \varepsilon_s \varepsilon_0}{qL'_D} \cdot \left[e^{-\frac{q}{k_BT}\psi_s} + \frac{q}{k_B T}\psi_s - 1\right]^{1/2} \tag{6-17}$$

随着外加负偏压的增加，$|\psi_s|$ 增大，Q_{SC} 指数上升。$|\psi_s|$ 稍微增加就使 Q_{SC} 急剧增大是因为多数载流子浓度很大，它屏蔽了表面电场的变化，这时正空间电荷主要由空穴提供。

(2) $0 < \psi_s < \psi_F$，这时 $Q_{SC} < 0$，半导体表面为耗尽区，构成高阻的势垒区。通常采用耗尽近似来求得 Q_{SC} 与耗尽区宽度 W 之间的关系。仍以 p 型半导体为例，其掺杂浓度为 N_A。所谓耗尽近似，即假定空间电荷区的载流子浓度可以忽略。因此

$$\rho(x) = -qN_A \tag{6-18}$$

由(6-3)式可知,在表面处的空穴浓度为

$$p_s = p_p^0 e^{-\frac{q}{k_B T}\psi_s} \ll p_p^0 \qquad (6\text{-}19)$$

因此有
$$e^{-\frac{q}{k_B T}\psi_s} \ll 1$$

或
$$q\psi_s \gg k_B T$$

即
$$u_s \gg 1$$

将此条件代入(6-15)式,并考虑到 $n_p^0 \ll p_p^0$,便有

$$Q_{SC} = -\frac{2k_B T \varepsilon_s \varepsilon_0}{qL_D'} \left[\frac{q}{k_B T}\psi_s\right]^{\frac{1}{2}}$$

$$= -\sqrt{2\varepsilon_s \varepsilon_0 N_A q \psi_s} \qquad (6\text{-}20)$$

这时 $Q_{SC} \sim \psi_s^{\frac{1}{2}}$,负空间电荷随 ψ_s 增大的速度变慢。

另外,根据 $Q_{SC} = -qN_A W$,可得耗尽区宽度 W 与表面势 ψ_s 的关系:

$$W = \sqrt{\frac{2\varepsilon_s \varepsilon_0 \psi_s}{qN_A}} \qquad (6\text{-}21)$$

(3) $\psi_F < \psi_s < 2\psi_F$,这时表面从 p 区反型成 n 区,这种情况称为表面弱反型。通常定义 $\psi_s \geqslant 2\psi_F$ 时为强反型。这时表面电子的导电能力与体内空穴的导电能力相同。表面强反型的条件可表示为

$$\psi_s \approx 2\psi_F = \frac{2k_B T}{q}\ln\left(\frac{N_A}{n_i}\right) \qquad (6\text{-}22)$$

p 型半导体的掺杂浓度越高,形成强反型所需的表面势越大。进入强反型后,ψ_s 的变化又会引起负空间电荷 Q_{SC} 的急剧变化,如图 6-11 所示。(6-15)式中 e^{u_s} 项将起主要作用,$|Q_{SC}|$ 随 ψ_s 指数增大。这是因为反型区的载流子(电子)浓度屏蔽了表面电场,使表面势的变化不显著了。此时空间电荷区的宽度将达到其最大值:

$$W_M = \sqrt{\frac{2\varepsilon_s \varepsilon_0 2\psi_F}{qN_A}} = \sqrt{\frac{4\varepsilon_s \varepsilon_0 k_B T}{q^2 N_A}\ln\frac{N_A}{n_i}} \qquad (6\text{-}23)$$

图 6-12 给出硅、锗、砷化镓材料在强反型条件下,最大耗尽层宽度与掺杂浓度 N_A 的关系。

上述讨论也适用于 n 型半导体材料,并可得出相似的结论。

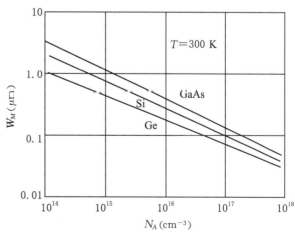

图 6-12 W_M 与 N_A 的关系

6.2.4 ψ_s 及 W 与外加电压的关系

对于一个金属-氧化物-半导体结构,如果加在金属上的电压为 V_G,此电压有一部分降落在厚度为 t_{ox} 的二氧化硅层上,另一部分降落在半导体表面内的空间电荷区上形成 ψ_s。因此

$$V_G = V_{ox} + \psi_s \tag{6-24}$$

由于有电压降存在,金属电极上应有电荷出现,它可用面电荷密度 Q_M 来表示。如果不考虑氧化层中的电荷,应有

$$Q_M = -Q_{SC}$$

氧化层中的电场是均匀的,故有

$$V_{ox} = \mathscr{E}_{ox} \cdot t_{ox}$$

考虑到电位移矢量通过 Si-SiO$_2$ 界面是连续的,即

$$\mathscr{E}_{ox}\varepsilon_{ox} = \mathscr{E}_{Si}\varepsilon_s$$

再由高斯定理,进入硅表面的电场 $\mathscr{E}_{Si}$ 与电荷的关系为

$$\mathscr{E}_{Si} = \frac{Q_{SC}}{\varepsilon_s\varepsilon_0}$$

因此可得

$$V_{ox} = -\frac{Q_{SC} \cdot t_{ox}}{\varepsilon_{ox}\varepsilon_0} = -\frac{Q_{SC}}{C_{ox}} = \frac{Q_M}{C_{ox}}$$

其中 $C_{ox} = \frac{\varepsilon_{ox}\varepsilon_0}{t_{ox}}$ 为二氧化硅单位面积电容。这样 (6-24) 式可写为

$$V_G = -\frac{Q_{SC}}{C_{ox}} + \psi_s \tag{6-25}$$

(1) 对于耗尽层情况,Q_{SC} 由 (6-20) 式给出:

$$V_G = \frac{\sqrt{2\varepsilon_s\varepsilon_0 qN_A\psi_s}}{C_{ox}} + \psi_s$$

由上式可解出

$$\psi_s = V_G - \frac{B}{C_{ox}}\left[\left(1 + 2\frac{C_{ox}}{B}V_G\right)^{\frac{1}{2}} - 1\right] \tag{6-26}$$

其中

$$B = \frac{\varepsilon_s}{\varepsilon_{ox}}N_A q t_{ox} \tag{6-27}$$

由 (6-26) 式可看出,只要知道 SiO$_2$ 层的厚度 t_{ox}、半导体的掺杂浓度 N_A,就可由外加偏压 V_G 求出耗尽层的表面势 ψ_s。图 6-13 给出当 $N_A = 10^{15}$ cm^{-3} 时,在不同 t_{ox} 情况下 ψ_s 与 V_G 的关系。

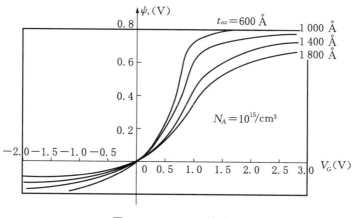

图 6-13　$\psi_s - V_G$ 的关系

在耗尽情况下,也可求出 W 与 V_G 的关系。因为

$$V_{ox} = -\frac{Q_q}{C_{ox}} = \frac{qN_A W}{C_{ox}}$$

由(6-21)式可得

$$\psi_s = \frac{qN_A W^2}{2\varepsilon_s \varepsilon_0}$$

于是将上式代入(6-25)式便可得 W 所满足的方程式:

$$\frac{qN_A W^2}{2\varepsilon_s \varepsilon_0} + \frac{qN_A t_{ox}}{\varepsilon_{ox} \varepsilon_0} W - V_G = 0 \tag{6-28}$$

上述方程的解给出耗尽层宽度 W 与 V_G 的关系为

$$W = -\frac{\varepsilon_s t_{ox}}{\varepsilon_{ox}} + \left[\left(\frac{\varepsilon_s t_{ox}}{\varepsilon_{ox}}\right)^2 + \frac{2\varepsilon_s \varepsilon_0}{qN_A} V_G\right]^{\frac{1}{2}} \tag{6-29}$$

(2) 当 $\psi_s = 2\psi_F$ 时,表面出现强反型的情况,这时空间电荷密度还应包括载流子-电子的浓度:

$$Q_B = Q_{SC} + Q_n$$

因此可得

$$V_G = -\frac{1}{C_{ox}}(Q_{SC} + Q_n) + 2\psi_F$$

$$= \frac{\sqrt{4\varepsilon_s \varepsilon_0 qN_A \psi_F}}{C_{ox}} + 2\psi_F - \frac{Q_n}{C_{ox}} \tag{6-30}$$

这时耗尽层宽度达到极大值,不再随外偏压的增加而增大。外加电压的增加,只是引起反型层中电子浓度的增加以及金属电极上正电荷 Q_M 的增加。SiO_2 层上电场的增大使 V_{ox} 也增加。

6.3 MOS 结构的电容-电压特性

金属-氧化物 半导体结构形成一个电容,通常称为 MOS 电容。如果在金属电极及半导体衬底之间加以电压,当外电压变化时,MOS 电容的值也要发生变化。MOS 电容 C 与外电压 V 的关系曲线又称 C-V 曲线,常被用来检测氧化层中的电荷情况,它对研究 MOS 场效应管的特性是非常重要的。

6.3.1 理想 MOS 的 C-V 特性

如果不考虑 Si-SiO$_2$ 界面的结构,也不考虑金属和半导体之间的功函数之差,即金属和半导体之间不会通过 SiO$_2$ 层交换电子。这样的 MOS 结构称为理想 MOS 结构。显然,理想 MOS 结构在不加外电压时,能带是平的。半导体表面处 $\psi_s = 0$。若外加电压为 V_G,则它有一部分降落在 SiO$_2$ 上,一部分降落在半导体表面:

$$V_G = V_{ox} + \psi_s$$

当外电压 V_G 变化时,V_{ox} 及 ψ_s 均要发生变化。金属电极上的面电荷密度及半导体表面空间电荷区的电荷密度 Q_{sc} 也发生变化。电荷随电压的变化就显示了 MOS 结构的电容特性。

氧化层单位面积电容 C_{ox} 与 V_{ox} 的关系为

$$V_{ox} = \mathscr{E}_{ox} t_{ox} = -\frac{Q_{SC}}{C_{ox}}$$

$$C_{ox} = \frac{\varepsilon_{ox}\varepsilon_0}{t_{ox}}$$

它的值与外加电压大小无关,相当于一个平行板电容器。当 SiO$_2$ 厚度一定时,它是固定值。

V_G 的变化引起 ψ_s 的变化,从而导致 Q_{SC} 的变化,这可用半导体表面空间电荷区的微分电容 C_s 来表示:

$$C_s = \frac{d|Q_{SC}|}{d\psi_s}$$

总的 MOS 电容 C 为

$$C = \frac{dQ_M}{dV_G} = \frac{d|Q_{SC}|}{dV_G}$$

它由 C_{ox} 与 C_s 串联组成,即

$$\frac{1}{C} = \frac{1}{C_{ox}} + \frac{1}{C_s} \tag{6-31}$$

MOS 电容的等效电路如图 6-14 所示。

由(6-15)式可得到 C_s 的表达式:

$$C_s = \frac{\mathrm{d}|Q_{SC}|}{\mathrm{d}\psi_s} = \frac{\varepsilon_s\varepsilon_0}{L_D'} \frac{\left[(1-\mathrm{e}^{-u_s}) - \frac{n_p^0}{p_p^0}(1-\mathrm{e}^{u_s})\right]}{\left[\mathrm{e}^{-u_s} + u_s - 1 + \frac{n_p^0}{p_p^0}(\mathrm{e}^{u_s} - u_s - 1)\right]^{\frac{1}{2}}} \tag{6-32}$$

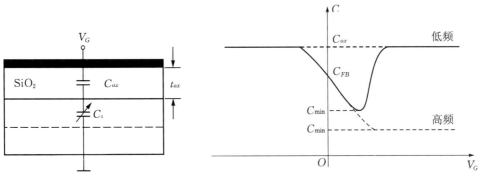

图 6-14　MOS 等效电路图　　　　图 6-15　理想 MOS C-V 曲线图

对于 p 型半导体,实验测得理想 MOS 电容 C 与外电压 V_G 的关系,如图 6-15 所示。图中外加电压从负偏置渐增到零偏,再进入正电压。在较大负电压时,C 为常数值 C_{ox}。随着 $|V_G|$ 的减小,C 会减小。当 $V_G = 0$ 时,出现平带情况,这时的 MOS 电容称为平带电容 C_{FB}。V_G 进入正值后,C 继续减小。在低频时,随着 V_G 的增大,C 经过一个极小值 $C'_{\min}$ 后又变大。而对于高频情况,C 将趋于一个定值 $C_{\min}$。下面分不同的 V_G 范围分段进行较详细的讨论。

1. $V_G < 0$ 时的积累区

当 V_G 负偏压较大时,半导体表面能带上弯,p 型表面形成空穴积累区。这时表面势 ψ_s 有微小的变化就会引起 Q_{SC} 很大变化,这表明空间电荷区电容 C_s 较大。C_{ox} 与较大的 C_s 串联时,C_s 可以忽略,因此总的 MOS 电容近似等于氧化层电容 C_{ox}:

$$C = \frac{C_{ox}C_s}{C_{ox} + C_s} = C_{ox} \tag{6-33}$$

它与外加电压无关。当负偏压减小时,能带上弯程度减小,即积累的空穴数减少,Q_{SC} 随 ψ_s 的变化也减慢,因而 C_s 减小。在串联回路中,C_s 不能忽略。总的 MOS 电容 C 将随之减小。图 6-15 中 $V_G < 0$ 的一段即代表积累区。

2. $V_G = 0$ 时的平带情况

当 $V_G = 0$ 时,表面势 $\psi_s = 0$,(6-32)式变为

$$C_{s0} \approx \frac{\sqrt{2}\varepsilon_s\varepsilon_0}{L_D'} = \frac{\varepsilon_s\varepsilon_0}{L_D} \tag{6-34}$$

式中

$$L_D = \frac{L_D'}{\sqrt{2}} = \sqrt{\frac{\varepsilon_s\varepsilon_0 k_B T}{q^2 N_A}} \tag{6-35}$$

称为德拜长度,以区别于非本征德拜长度 L_D'。半导体表面空间电荷区的平带微分电容 C_{s0} 的表示式与极板间距为 L_D 的平板电容器相似。

$V_G=0$ 时总的 MOS 电容称为平带电容 C_{FB},它由下式确定:

$$C_{FB}=\frac{C_{ox}C_{s0}}{C_{ox}+C_{s0}}=\frac{\varepsilon_{ox}\varepsilon_0}{t_{ox}+\frac{\varepsilon_{ox}}{\varepsilon_s}\cdot L_D} \tag{6-36}$$

可以举例说明:若 p 型半导体掺杂浓度为 $10^{16}\,\mathrm{cm}^{-3}$,$t_{ox}=0.2\,\mu\mathrm{m}$,构成 MOS 结构时在室温下的平带电容为

$$C_{ox}=1.73\times10^{-8}\,\mathrm{F/cm^2}$$

则有

$$C_{FB}=0.94C_{ox}=1.62\times10^{-8}\,\mathrm{F/cm^2}$$

平带电容与掺杂浓度及氧化层厚度的关系可以作图来表示。图 6-16 表示理想 MOS 结构在不同掺杂浓度下,归一化平带电容 C_{FB}/C_{ox} 与氧化层厚度的关系。

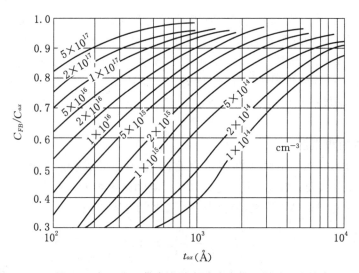

图 6-16 理想 MOS 归一化平带电容随杂质浓度和氧化层厚度的变化关系

3. $V_G>0$ 时的耗尽区

当 $V_G>0$ 时,半导体表面能带向下弯曲,表面变为耗尽区,这时空间电荷区的负空间电荷主要是电离受主杂质。耗尽层宽度 W 由(6-29)式给出。随着 V_G 的增大,表面耗尽层电容 $C_{s耗}=C_D$ 将随之减小。总的 MOS 电容是 C_{ox} 与 C_D 的串联,因此 C 随着 V_G 的增加而减小,在耗尽近似下,由

$$C_D=\frac{\varepsilon_s\varepsilon_0}{W}$$

及

$$W=-\frac{\varepsilon_s t_{ox}}{\varepsilon_{ox}}+\left[\left(\frac{\varepsilon_s t_{ox}}{\varepsilon_{ox}}\right)^2+\frac{2\varepsilon_s\varepsilon_0}{qN_A}V_G\right]^{1/2}$$

可以求得

$$\frac{C}{C_{ox}} = \frac{C_D}{C_D + C_{ox}} = \left[1 + \frac{2\varepsilon_{ox}^2 \varepsilon_0}{qN_A\varepsilon_s t_{ox}^2}V_G\right]^{-1/2} \tag{6-37}$$

这就是在耗尽区归一化 MOS 电容随 V_G 增加而减小的规律。

4. 反型区

当 V_G 进一步增大时，半导体表面反型。这时负空间电荷不仅有电离受主杂质，还包括电子。当 $\psi_s \geqslant 2\psi_F$ 时，出现强反型，空间电荷区宽度达到极大值，强反型区的电子会屏蔽表面电场，表面势的变化只引起空间电荷区宽度的微小变化。实践表明，出现反型层以后 MOS 电容 C 的测量与频率有很大关系，这与在积累区和耗尽区的情况不同。在积累区和耗尽区，当 ψ_s 变化时，空间电荷的变化是通过多子空穴的流动实现的。电荷变化的快慢由衬底的介电弛豫时间 τ_0 所决定，只要交变电压信号的频率远小于 $\frac{1}{\tau_0}$，电荷的变化就跟得上交变电压的变化，因此电容与频率无关。而在进入反型区后表面电荷由少子电子电荷及电离受主电荷两部分构成。当外电压增加时，反型层中的电子数目要增大，这主要靠耗尽层中电子-空穴对的产生来实现。当外电压减小时，反型层中的电子数目要减少，也主要靠复合来实现。产生与复合都有一个过程，需要一定的时间。

若测量电容的信号频率较高，从正半周变到负半周，耗尽层中电子电荷还来不及变化，即产生和复合跟不上信号的变化。这时 Q_n 对微分电容不起作用。于是，可以算得高频时的 MOS 归一化电容为

$$\frac{C}{C_{ox}} \approx \frac{1}{1 + \frac{\varepsilon_{ox}W}{\varepsilon_s t_{ox}}} \tag{6-38}$$

当进入强反型时，W 达到最大值 W_m，MOS 电容成为最小值，此时有

$$\frac{C_{min}}{C_{ox}} = \frac{1}{1 + \frac{\varepsilon_{ox}W_m}{\varepsilon_s t_{ox}}} \tag{6-39}$$

图 6-17 说明在不同 N_A 时，高频最小归一化电容与氧化层厚度 t_{ox} 的关系。

如果测量电容的频率比较低，耗尽层中电子-空穴对的产生与复合跟得上交流电压的变化，则电子电荷 Q_n 对空间电荷区电容的贡献不能忽略。在接近强反型区，$\frac{dQ_n}{d\psi_s}$ 对 C_s 的贡献将是主要的；而且随着 V_G 的增大，C_s 增大。MOS 电容经过一个极小值 C'_{min} 后会迅速增大。最后由于 C_s 很大而趋于 C_{ox}。低频时 MOS 电容的极小值 C'_{min} 略大于高频时的极小值 C_{min}。

通常用 10 Hz 的频率可测得低频 C-V 曲线，用高于 $10^4 \sim 10^5$ Hz 的频率可测得高频 C-V 曲线。MOS 电容从高频值过渡到低频值决定于耗尽层中少子的产生率和复合率，以及有无诸如光照、升温等外界因素的存在。

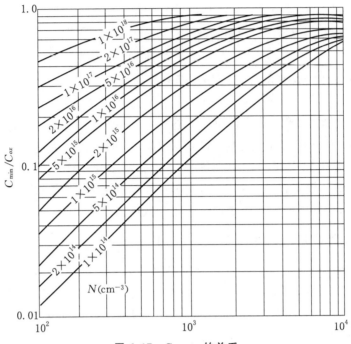

图 6-17　C_{min}-t_{ox} 的关系

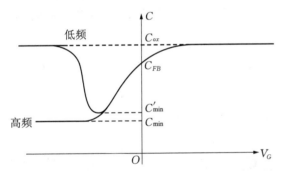

图 6-18　理想 MOS C-V 曲线图（衬底为 n 型半导体）

对于由 n 型半导体材料作为衬底构成的 MOS 电容，可以用完全类似的方法进行讨论。图 6-18 给出衬底为 n 型半导体的理想 MOS C-V 曲线。当 $V_G>0$ 时为积累区，当 $V_G<0$ 时为耗尽区及反型区。

6.3.2　实际 MOS 的 C-V 特性

对于实际 MOS 结构，必须计及 Si-SiO_2 界面结构的影响以及金属与半导体间功函数之差的影响。考虑了这两个因素后 C-V 曲线就有所变化。根据实际 MOS 的 C-V 曲线与理想 MOS 的 C-V 曲线之间的差别，可以用来进一步了解界面的特性及绝缘层中的电荷等。

1. 氧化层中正电荷对 C-V 特性的影响

在 6.1.2 中已说明过在 Si-SiO_2 界面存在着正电荷。我们假定面密度为 Q_{ss} 的正电荷固定于界面附近 SiO_2 一侧。由于 Q_{ss} 的存在，不加偏压（$V_G=0$）时，就会在半导体表面处感生出负电荷 $-Q_{SC}$，在金属电极上感应出负电荷 $-Q_M$。这时正负电荷面密度应相等，即有

$$Q_{SS}=|Q_{SC}+Q_M|$$

图 6-19(a)表示 $V_G=0$ 时，衬底为 p 型半导体的 MOS 结构能带图及电荷分布图。这里未考虑金属与半导体功函数差的影响。由图可见，在正电荷的作用下，半导体表面能带下

弯。这些正电荷的作用与外加正偏压的影响相似。为了去掉这些正电荷的影响,可以在金属极板上加负电压,它的作用是使半导体表面能带有向上弯的趋势,相当于金属板表面上的负电荷将 Q_{SS} 发出的电力线全部吸引过去。当 V_G 达到某值 $V_{FB}(<0)$,半导体表面能带变成平直状态,这种情况称为平带,使能带拉平所需加的电压 V_{FB} 称为平带电压。这时 $-Q_M$ 与 Q_{SS} 数值上相等,$Q_{SC}=0$ 如图 6-19(b)所示,电场均集中在 SiO_2 内。单位面积氧化层电容 C_{ox} 与平带电压 V_{FB} 的关系为 $C_{ox} = \dfrac{Q_{SS}}{|V_{FB}|}$,因此平带电压可表示为

$$|V_{FB}| = \frac{Q_{SS}}{C_{ox}} \tag{6-40}$$

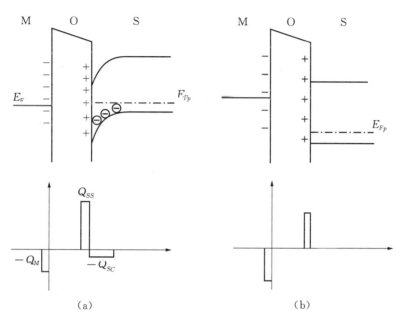

图 6-19 $V_G=0$(a)和 $V_G=V_{FB}$(b)时 SiO_2 中正电荷对能带的影响

上述讨论说明在 $V_G=-|V_{FB}|$ 时,MOS 电容的值与理想 MOS 平带电容 C_{FB} 的值相同,因 C 均为 C_{ox} 与 C_{s0} 的串联。其差别仅在于理想 MOS 出现平带是在 $V_G=0$ 情况,而实际 MOS 由于正电荷 Q_{SS} 的影响,出现平带情况是在 $V_G=-|V_{FB}|$ 处。这相当于实际 MOS 的 C-V 曲线沿 $-V_G$ 方向移动了距离$|V_{FB}|$,如图 6-20(a)所示。对于 n 型衬底材料,Q_{SS} 的影响也是使 C-V 曲线向左平移,如图 6-20(b)所示。

2. 金属-半导体功函数差的影响

对于实际 MOS 结构,除了需考虑 Si-SiO_2 界面的结构外,还要考虑与半导体间功函数之差的影响。设金属功函数为 W_M,半导体功函数为 W_S。以金属铝为例,铝的功函数比 p 型半导体的功函数来得小,即金属铝的费密能级比 p 型半导体来得高。由于 SiO_2 不是完全绝缘的,金属与半导体之间可以交换电子。金属一边的电子向半导体一边流动的结果会使金属一边因少掉电子而带正电,p 型半导体一边因获得电子而带负电,出现负的空间电荷,表面能

带向下弯曲。能带下弯的高度决定于金属与半导体间的功函数之差,即接触电位差,如图 6-21 所示。

$$qv_{MS} = (W_S - W_M) \tag{6-41}$$

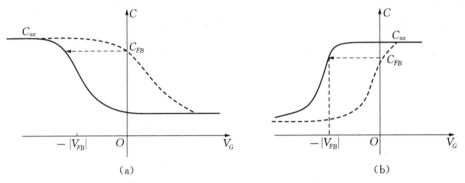

图 6-20　衬底为 p 型(a)及 n 型(b)的实际 MOS C-V 曲线的移动

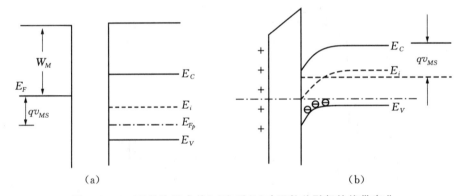

图 6-21　MOS 结构形成前(a)和后(b)功函数差引起的能带弯曲

上述讨论说明在不加外电压时,由于接触电位差的存在,半导体表面出现正的表面势,能带下弯,其作用犹如在金属上加了正偏压。要抵消接触电位差的影响,使半导体表面能带拉平,去除表面空间电荷区,只需在金属上加一负电压。与上面的讨论相似,可引进平带电压 V_{FB},它定义为使表面能带拉平所需加在金属电极上的电压,它的数值应等于 v_{MS}。显然,这里 V_{FB} 也是负值:

$$V_{FB} = -v_{MS} = -\frac{1}{q}(W_S - W_M) \tag{6-42}$$

金属与半导体功函数差的作用也是使 C-V 曲线从理想情况向左平移。

综上所述,如果将 Si-SiO$_2$ 界面正电荷及金属-半导体功函数差这两个因素结合起来考虑的话,相当于将理想 MOS 的总的平带电容 C_{FB} 从 $V_G = 0$ 处向左平移到 $V_G = -|V_{FB}|$ 处。总的平带电压为

$$V_{FB} = -v_{MS} - \frac{Q_{SS}}{C_{ox}} \tag{6-43}$$

对于实际 MOS 结构,半导体表面出现强反型的条件应从

$$V_G = -\frac{Q_{SC}}{C_{ox}} + 2\psi_F$$

改变为

$$\begin{aligned}V_G &= V_{FB} - \frac{Q_{SC}}{C_{ox}} + 2\psi_F \\ &= -v_{MS} - \frac{Q_{SS}}{C_{ox}} - \frac{Q_{SC}}{C_{ox}} + 2\psi_F\end{aligned} \quad (6\text{-}44)$$

6.3.3 MOS 结构 C-V 特性曲线的应用

1. 确定氧化层中正电荷密度 Q_{SS}

由(6-43)式可以看出,如果知道 C_{ox}、v_{MS} 及平带电压 V_{FB} 的话就可算出 Q_{SS}。

通常 C_{ox} 由 SiO_2 层的厚度决定。对于金属铝和 p 型半导体,v_{MS} 由下式确定:

$$v_{MS} = \frac{1}{q}\left[q\chi + \frac{E_g}{2} + k_BT\ln\frac{N_A}{n_i} - W_M\right] \quad (6\text{-}45)$$

式中 χ 为电子亲和势。

平带电压 V_{FB} 可由理想 MOS 平带电容 C_{FB} 得到,因在实际 MOS C-V 曲线上可以由 C_{FB} 找到 V_{FB}。至于 C_{FB},则可由计算得到

$$C_{FB} = \frac{C_{s0}C_{ox}}{C_{s0} + C_{ox}}$$

C_{s0} 由(6-34)式给出。

例 已知 p 型半导体掺杂浓度 $N_A = 1 \times 10^{16}\text{ cm}^{-3}$,$SiO_2$ 层厚度 $t_{ox} = 0.2\ \mu\text{m}$,金属 Al 的 $W_M = 4.2\text{ eV}$,实际 MOS C-V 曲线如图 6-22 所示。求 Q_{SS}/q。

解 $C_{ox} = \frac{\varepsilon_{ox}\varepsilon_0}{t_{ox}} = 1.7 \times 10^{-8}\text{ F/cm}^2$,由 (6-45)式,根据 $q\chi = 4.05\text{ eV}$ 可得

$$v_{MS} = 0.76\text{ V}$$

$$C_{s0} = \frac{\varepsilon_s\varepsilon_0}{L_D} = 2.56 \times 10^{-7}\ (\text{F/cm}^2)$$

$$\frac{C_{FB}}{C_{ox}} = \frac{C_{s0}}{C_{s0} + C_{ox}} = 0.94$$

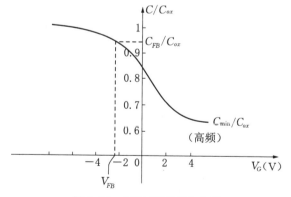

图 6-22 实际 MOS C-V 曲线

由图 6-22 可查得 $V_{FB} = -2.5\text{ V}$,再由(6-43)式就可算出。

$$Q_{SS} = (2.5 - 0.76) \times 1.7 \times 10^{-8} = 3 \times 10^{-8}\ (\text{C/cm}^2)$$

$$\frac{Q_{SS}}{q} = \frac{3 \times 10^{-8}}{1.6 \times 10^{-19}} = 1.85 \times 10^{11} (\text{cm}^{-2})$$

2. 由 MOS 电容法测量杂质浓度

在 MOS C-V 特性曲线中,高频时的电容极小值 C_{min} 随半导体杂质浓度的变化是较灵敏的,因此可利用它来测量半导体的杂质浓度,特别是用来研究热氧化后半导体表面附近的杂质再分布。具体方法如下:

由实验测得 C-V 特性曲线,由该曲线可以得到 C_{min}/C_{ox},若已知 t_{ox},便可由图 6-17 的 C_{min}-t_{ox} 关系图中查得 N_A。例如,$C_{min}/C_{ox} = 0.64$,$t_{ox} = 0.2~\mu\text{m}$,可以查得 $N_A = 1 \times 10^{16}\,\text{cm}^{-3}$。

3. 用温度偏压试验测量氧化层中的可动离子

上面讨论的用 MOS C-V 关系根据平带电压 V_{FB} 所得到的氧化层中的正电荷密度 Q_{SS} 包括了固定正电荷及可动正电荷。用这种方法不能分别得到固定正电荷及可动电荷的面密度,但可以利用偏压-温度(BT)试验来达到此目的。

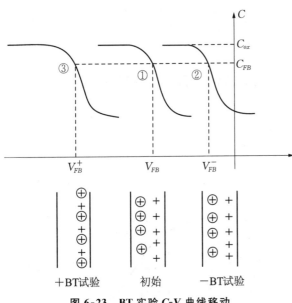

图 6-23 BT 实验 C-V 曲线移动

首先在常温下测得一条初始的 C-V 曲线,它与理想 C-V 曲线的偏离是因为氧化层中固定正电荷及靠近 Si-SiO$_2$ 界面处可动正电荷的影响。图 6-23 中①为初始 C-V 曲线。

然后在 MOS 电容的金属电极上加负偏压并加热到 200 ℃,偏压的大小控制在使氧化层中的场强为 10^6 V/cm。例如,若 $t_{ox} = 0.1~\mu$m,则电压取为 10 V。加热 5~10 分钟后,经冷却测得 C-V 曲线②。由于在加温条件下,可动正电荷受指向金属电极的漂移电场的作用,故运动到靠近金属电极处。这样,在 Si-SiO$_2$ 界面处的正电荷只剩下固定正电荷 Q_{SS}。此时的平带电压称为 $|V_{FB}^-|$。$|V_{FB}^-|$ 应比初始的 $|V_{FB}|$ 小。

经过上述负 BT 试验后,再在金属电极上加以正偏压,并仍使氧化层中的电场控制在 10^6 V/cm,在 200 ℃ 加热 5~10 分钟后,经冷却测得 C-V 曲线③。由于正偏压的作用,所有可动电荷均被漂移到 Si-SiO$_2$ 界面处。由于对平带电压有贡献的正电荷增加,平带电压的绝对值 $|V_{FB}^+|$ 增加。设氧化层中可动正电荷面密度为 Q_i,则总的正电荷密度为 $Q_{SS}+Q_i$。C-V 曲线③应向左方漂移。正负 BT 试验平带电压总的变化值称为平带电压漂移:

$$\Delta V_{FB} = |V_{FB}^+| - |V_{FB}^-| \tag{6-46}$$

由 ΔV_{FB} 可以求得可动电荷的面密度为

$$\frac{Q_i}{q} = \frac{C_{ox}}{q}\Delta V_{FB} \tag{6-47}$$

从上式可知，在氧化层厚度一定时，可动电荷面密度越大，引起的平带电压漂移 ΔV_{FB} 也越大。在半导体器件中钠离子玷污是一个重要问题。钠离子主要来源于化学试剂、器皿、石英、人体皮肤、钨丝等处。采用"无钠工艺"、表面钝化等措施可以有效地减少钠离子玷污的影响。MOS C-V 测试能很好地监控钠离子玷污的程度，以便及时采取措施，保证器件的稳定性和可靠性。还需指出，可动电荷中还可能包括氢离子。单用 MOS C-V 法还不能区分究竟正电荷中有多少是钠离子，有多少是氢离子。可以采用中子活化分析或火焰光谱法来确定电荷中的具体组成。

6.4 MOS 结构的阈值电压

MOS 结构的阈值电压通常定义为使半导体表面强反型所需加在金属电极上的电压，用符号 V_{TH} 表示，也可称为开启电压。它是下面将要讨论的 MOS 场效应管的重要参数之一。

6.4.1 理想 MOS 结构的阈值电压

由(6-24)式可知，加在 MOS 结构金属电极上的外电压 V_G 有一部分 V_{ox} 降落在二氧化硅层上，另一部分 ψ_s 降落在半导体表面空间电荷区上。根据阈值电压的定义，V_T 是使半导体表面反型且 ψ_s 等于 $2\psi_F$ 时，所需加在金属极板上的电压。对于由 p 型半导体衬底构成的理想 MOS 结构，便有

$$\begin{aligned}V_{TH} &= V_{ox} + 2\psi_F \\ &= -\frac{1}{C_{ox}}(Q_{SC} + Q_n) + 2\psi_F\end{aligned} \tag{6-48}$$

在强反型开始时，表面处电子浓度 n_s 与受主杂质浓度 N_A 相等，离开表面进入半导体内部时，电子浓度急剧下降；而且反型层的厚度典型值仅为 $0.1~\mu m$。因此，反型层中电子的电荷密度 Q_n 通常比耗尽层中电离受主电荷面密度小得多，往往可以忽略。如图 6-24 所示。理想 MOS 结构的阈值电压可表示为

$$\begin{aligned}V_T^0 &\approx -\frac{Q_{SC}}{C_{ox}} + 2\psi_F = \frac{qN_A W_M}{C_{ox}} + 2\psi_F \\ &= \frac{\sqrt{4qN_A\varepsilon_s\varepsilon_0\psi_F}}{C_{ox}} + 2\frac{k_B T}{q}\ln\frac{N_A}{n_i}\end{aligned} \tag{6-49}$$

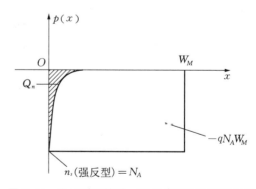

图 6-24 强反型开始时 p 型 Si 表面区的电荷分布

对于由 n 型半导体衬底构成的理想 MOS 结构，可以用相似的方法得到阈值电压的表示式为

$$V_T^0 = -\frac{\sqrt{4qN_D\varepsilon_s\varepsilon_0\psi_F}}{C_{ox}} - 2\frac{k_BT}{q}\ln\frac{N_D}{n_i} \tag{6-50}$$

式中 N_D 为施主杂质浓度。

V_T^0 与掺杂浓度及氧化层厚度的关系,如图 6-25 所示。

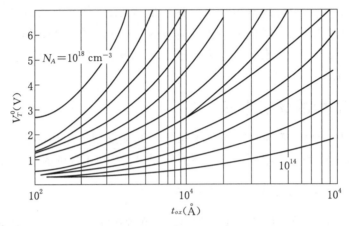

图 6-25 V_T^0-t_{ox} 的关系

6.4.2 实际 MOS 结构的阈值电压

由上一节的讨论可知,实际 MOS 结构与理想 MOS 结构的差别在于必须考虑氧化层中正电荷 Q_{SS} 的影响以及金属与半导体功函数之差的影响。这两个因素的作用均是使半导体表面的能带下弯。如果加上一个平带电压 V_{FB},则半导体表面能带拉平,就成了理想 MOS 结构。由此可见,实际 MOS 结构的阈值电压 V_{TH} 与理想 MOS 结构的阈值电压存在下列关系:

$$V_{TH} = V_T^0 + V_{FB} \tag{6-51}$$

对于由 p 型半导体构成的实际 MOS 结构,阈值电压为

$$\begin{aligned}V_{TH} &= V_{FB} + V_T^0 = V_{FB} + \frac{qN_AW_M}{C_{ox}} + 2\psi_F \\ &= -\left(v_{MS} + \frac{Q_{SS}}{C_{ox}}\right) + \frac{\sqrt{4qN_A\varepsilon_s\varepsilon_0\psi_F}}{C_{ox}} + 2\frac{k_BT}{q}\ln\frac{N_A}{n_i}\end{aligned} \tag{6-52}$$

对于由 n 型半导体构成的实际 MOS 结构,阈值电压为

$$\begin{aligned}V_{TH} &= V_{FB} + V_T^0 = V_{FB} - \frac{qN_DW_m}{C_{ox}} - 2\psi_F \\ &= -\left(v_{MS} + \frac{Q_{SS}}{C_{ox}}\right) - \frac{\sqrt{4qN_D\varepsilon_s\varepsilon_0\psi_F}}{C_{ox}} - 2\frac{k_BT}{q}\ln\frac{N_D}{n_i}\end{aligned} \tag{6-53}$$

Q_{SS} 中的固定正电荷与氧化的情况密切相关,特别是与最后的氧化温度及气氛有关。通常可用如图 6-26 所示的 Q_{SS} 三角形来表示这种关系式。在低温时,氧化层的形成受到氧化过程本身的限制,由较多的 Si 悬挂键等待与 O_2 结合,因此 Q_{SS} 较大,如图 6-26(b)所示,在高温时,氧化层形成的过程受到氧气通过氧化层的扩散率的限制,其氧化过程基本上是完全的,因此 Q_{SS} 较低,如图(a)所示,在任何情况下,若采用在惰性气体(例如氮或氩)中退火,总可使过量的硅键完成氧化,从而可降低 Q_{SS},如图(c)所示,注意到图 6-26 是对(111)晶向的半导体材料而言的,但对(100)晶向材料具有相同的趋势。图 6-27 表明对于 0.12 μm Si-SiO_2(111)在氮气中退火时,Q_{SS}/q 与退火温度及时间的关系,可以看出 1 000 ℃退火时间至少 20 min,其效果才最佳。

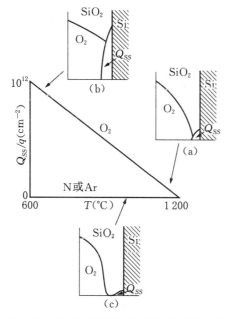

图 6-26 Q_{SS} 与最后氧化温度及气氛的关系

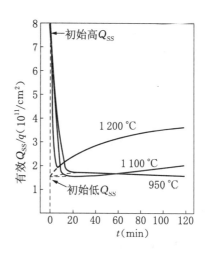

图 6-27 Q_{SS}/q 与 T 的关系

可以采用下述气体退火工艺来减小 Q_{SS}:
(1) 在 800 ℃时用 5 min,将片子慢慢推进氧气内;
(2) 在氧气中,在 20 min 内将温度从 800 ℃升高到 1 050 ℃;
(3) 在 1 050 ℃下干氧氧化 30 min;
(4) 21.5 min 6‰HCl 氧化,控制氧化厚度;
(5) 1 050 ℃下,在干氩中退火 60 min;
(6) 在氩气气氛下,用 60 min 时间将温度从 1 050 ℃下降到 800 ℃;
(7) 在 800 ℃下,在氩气中用 5 min 时间慢慢拉出片子;
(8) 在盛有氩气的小瓶中冷却 10 min。
结果得到:

$$t_{ox} = 900 \text{ Å} \pm 65 \text{ Å}$$

C-V 曲线移动 <0.3 V

参考文献

[6-1] A. S. Grove, B. E. Deal, E. H. Snow, C. T. Sah, *Solid State Electron*, **8**, 145 (1965).

[6-2] A. S. Grove, D. J. Fitzgerald, *Solid-State Electron*, **9**, 78(1996).

[6-3] P. Richman, *Solid-State Electron*, **11**, 869(1968).

[6-4] L. L. Vadash, A. S. Grove, T. A. Rowe, G. E. Moore, *IEEE Spectrum*, **6**, 28(1969).

[6-5] F. Faggin, T. Klem, *Solid-State Electron*, **13**, 1125(1979).

[6-6] E. H. Nicollia, A. Goetzberger, *Bell System Tech. J. Vol.*, **46**, 1955(1967).

[6-7] D. M. Brown, P. V. Gray, *J. Electrochem. Soc.*, **119**, 388(1972).

[6-8] R. R. Verderber, G. A. Gruber, J. W. Ostroski, J. E. Johnson, *IEEE Trans. Electron Devices*, ED-**17**, 797(1970).

[6-9] A. Waxman, K. H. Zainiger, *Appl. Phys. Lett.*, **12**, 109(1968).

[6-10] K. H. Zainiger, A. S. Waxman, *IEEE Trans. Electron Devices*, ED-**16**, 333(1969).

[6-11] R. P. Donovan, M. Simons. *Proc. Gov. Microwave Applic. Conf.*, Washington, D. C., (1969).

[6-12] A. S. Grove, O. Leistico, Jr., C. T. Sah, *J. Appl. Phys.*, **35**, 2696(1964).

[6-13] B. E. Deal, A. S. Grove, E. H. Snow, C. T. Sah, *J. Electrochem. Soc.*, **122**, 308(1965).

[6-14] S. F. Vagnina, E. H. Snow, *J. Electronchem Soc.*, **114**, 1165(1967).

[6-15] O. Leistico, A. S. Grove, C. T. Sah, *IEEE Trans. Electron Devices*, ED-**12**, 248 (1965).

[6-16] J. R. Schrieffer, *Phys. Rev*, *Vol.* **97**, 641(1955).

[6-17] F. F. Fang, A. B. Fowler, *J. Appl. Phys.*, **41**, 1825, (1970).

[6-18] G. G. Neumark, *Phys. Rev. Lett.*, **21**, 1252(1968).

[6-19] D. Coleman, R. T. Berte, J. P. Mize, *J. Appl. Phys.*, **39**, 1923(1968).

[6-20] B. Deal, *J. Electrochem. Soc.*, **121**(6), 198(1974).

习 题

6-1 试述 Si-SiO$_2$ 界面、真实表面和理想表面之间的区别。

6-2 讨论硅 MOS 结构中半导体表面产生空间电荷的原因,叙述该结构的半导体表面导电能力与外加栅压 V_G 的关系。

6-3 分析理想 MOS 结构 C-V 曲线低频和高频时的异同以及原因。实际 MOS 结构的 C-V 曲线又是怎样？引起它们之间差别的原因是什么?

6-4 p 型硅掺杂浓度 $N_A = 5 \times 10^{15}$ cm^{-3},MOS 结构的氧化层厚度 $t_{ox} = 1\,000$ Å,试计算理想 MOS 的单位面积的平带电容。

6-5 p 型硅掺杂浓度 $N_A = 5 \times 10^{15}$ cm^{-3},MOS 结构的氧化层厚度 $t_{ox} = 2\,500$ Å,金属铝的功函数 $W_M = 4.2$ eV,半导体的电子亲和势 $q\chi = 4.05$ eV,实际 MOS 的 C-V 曲线如图 6-22 所示,试计算 Q_{SS},并计算它的阈值电压。

第七章 MOS 场效应晶体管的基本特性

众所周知,晶体管按其工作原理来分,可以分为两大类:一类是第三章到第五章中讨论过的双极型晶体管,另一类就是本章将讨论的场效应晶体管。双极型晶体管是由 p-n 结注入非平衡少子,并由另一个 p-n 结收集而实现放大的。在这类晶体管中,参加导电的不仅有少数载流子,也有多数载流子,故统称为双极型晶体管。场效应晶体管是利用改变垂直于导电沟道的电场强度来控制沟道的导电能力而实现放大作用的。在场效应管中,工作电流是由半导体中的多数载流子所输运的,因此又称为单极型晶体管。

利用电场调制效应构成场效应管的设想早在 20 世纪 30 年代初期便已提出了,但是,由于当时的工艺水平较低,而且对半导体表面性能的了解又很不够,制造实用的场效应晶体管遇到了理论上和工艺上的困难,因而未能成功地制作出有实用意义的场效应管。

1952 年,随着双极型晶体管技术的发展,有人提出了利用 p-n 结势垒电场来控制半导体沟道导电能力的结型场效应晶体管的原理,这种场效应管的导电沟道在体内,避免了当时还不清楚的半导体表面问题,因此成功地制作了具有实际放大能力的结型场效应晶体管。但是,p-n 结势垒宽度一般只有几个微米,用当时的生长方法和合金法工艺难于掌握这么小的尺寸,很难制造性能良好的结型场效应管。在以后的双极型晶体管飞速发展的浪潮中,场效应管又被埋没了许多年。1962 年前后,随着硅平面工艺和外延技术的发展,对器件尺寸进行较精确的控制成为可能了。采用 SiO_2 掩蔽及半导体表面钝化技术,使表面态密度大大降低。同时,人们对硅-二氧化硅界面的特性进行了较深入的研究。这样就使表面场效应管及结型场效应管均得到显著的发展。

按结构及工艺特点来分,场效应晶体管一般可分成三类:第一类是表面场效应管,通常采取绝缘栅的形式,称为绝缘栅场效应管(IGFET)。若用 SiO_2 作为半导体衬底与金属栅之间的绝缘层,即构成"金属-氧化物-半导体"(MOS)场效应晶体管,它是绝缘栅场效应晶体管中最重要的一种。第二类是结型场效应管(JFET),它就是上面提及的用 p-n 结势垒电场来控制导电能力的一种体内场效应晶体管。第三类是薄膜场效应晶体管(TFT),它的结构及原理与绝缘栅场效应管相似,其差别是所用的材料及工艺不同。TFT 采用真空蒸发工艺先后将半导体、绝缘体、金属蒸发在绝缘衬底之上而构成的。

场效应晶体管与双极型晶体管相比有下述优点:

(1) 输入阻抗高。双极型晶体管输入阻抗约为几千欧,即使对用于小电流工作的超 β 管而言,输入阻抗也只有 10^6 Ω 数量级。而场效应管的输入阻抗可以达到 $10^9 \sim 10^{15}$ Ω;

(2) 噪声系数小。因为场效应管是依靠多子输运电流的,故不存在双极型晶体管中的散粒噪声和配分噪声；

（3）功耗小。可用于制造高集成密度的半导体集成电路；

（4）温度稳定性好。因为它是多子器件，其电学参数不易随温度而变化。例如，当温度升高时，场效应管沟道中的载流子数目略有增加，但同时又使载流子的迁移率稍为减小，这两个效应正好相互补偿，使管子的放大特性随温度变化较小；

（5）抗辐射能力强。双极型晶体管受辐射后 β 下降，这是由于非平衡少子寿命降低。而场效应管的特性与载流子寿命关系不大，因此抗辐射性能较好。

场效应管与双极型晶体管相比也存在一些缺点：工艺卫生要求较高，场效应管在发展初始阶段，其速度比双极型管的速度来得低。近几年来，人们努力提高场效应管集成电路的速度，并已取得了可喜的进展。

7.1 MOS 场效应晶体管的结构和分类

7.1.1 MOS 场效应管的结构

MOS 场效应管可以用 n 型也可以用 p 型半导体材料做衬底。通常，MOS 管由漏-源区、栅氧化层以及金属栅电极等几个主要部分组成。对于由 n 型衬底材料制成的管子，其漏-源区是 p 型的，称为 p 沟 MOS 场效应管。由 p 型材料构成的管子，其漏-源区是 n 型的，称为 n 沟 MOS 场效应管。

以 p 沟 MOS 管为例，它的一般工艺流程如下：

（1）一次氧化。取电阻率为 $5\sim10\ \Omega\cdot cm$ 的 n 型硅按(100)面进行切割、研磨、抛光、清洗。然后用热氧化法生长一层 5 000 Å 以上的一次氧化层，如图 7-1(a)所示。

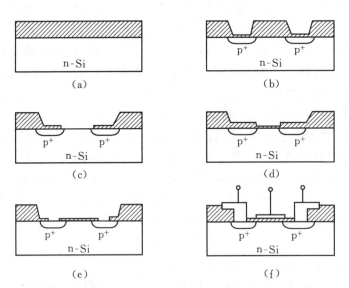

图 7-1　p 沟 MOS 管工艺流程：一次氧化(a)、漏-源扩散(b)、光刻栅区(c)、栅氧化(d)、光刻引线孔(e)和蒸铝、反刻、合金化(f)

(2) 漏-源扩散。将一次氧化后的片子进行光刻,刻出漏-源区后进行硼扩散,形成两个 P^+ 区,分别称为源区(S)和漏区(D),如图 7-1(b)所示。

(3) 光刻栅区。将硅片上源和漏之间的氧化层刻掉,即刻出栅区,如图 7-1(c)所示。

(4) 栅氧化。在干氧气氛中生长厚度为 1 500～2 000 Å 的优质氧化层。这是制作 MOS 管中最关键的一项工艺,通常要采取通氯化氢或三氯乙烯氧化等手段来稳定栅氧化层的性质,阻止或提取氧化层中的钠离子等。栅氧化后的结构如图 7-1(d)所示。

(5) 光刻引线孔、蒸铝、反刻、合金化,如图 7-1(e)及(f)所示。上述步骤总共用了四次光刻、一次扩散、一次蒸发。必须指出,随着 MOS 器件尺寸的减小,栅氧化层的厚度将相应减薄。例如,当漏和源之间的距离缩小到 3 μm 时,栅氧化层的厚度一般只有 500 Å 左右。同时,漏、源扩散工艺往往用离子注入工艺来代替,以减小横向扩展并获得较浅的漏-源区。

上面举的例子是 p 沟 MOS 场效应管制作的主要工艺流程。由于在工作时,漏与源之间的半导体表面会反型成 p 型,形成 p 型沟道,因此而得名。若采用 p 型衬底材料,制作 n 沟 MOS 场效应管,其工艺流程与制作 p 沟管基本相同。

下面仍以 p 沟 MOS 管为例来定性说明其工作原理。在工作时,漏与源之间接电源电压。通常源极接地,漏极接负电源。在栅 G 和源之间加一个负电压,它将使 MOS 结构中半导体表面形成负的表面势,从而使由于 Si-SiO$_2$ 界面正电荷引起的半导体能带下弯的程度减小。当栅极负电压加到一定大小时,表面能带会变成向上弯曲,半导体表面耗尽并逐步变成反型。当栅极电压达到 V_{TH} 时,半导体表面发生强反型,这时 p 型沟道就形成了。空穴能在漏-源电压 V_{DS} 的作用下,在沟道中输运。V_{TH} 称为场效应管的开启电压。显然,p 沟 MOS 管的 V_{TH} 是负值。由前面的讨论可知,形成沟道的条件为

$$q\psi_S \geqslant 2q\psi_F$$

表面强反型即沟道形成时,在表面处空穴的浓度与体内电子的浓度相等。开启电压是表征 MOS 场效应管性能的一个重要参数,以后还将进行详细讨论。另外,还可指出,当栅极电压变化时,沟道的导电能力会发生变化,从而引起通过漏和源之间电流的变化,在负载电阻 R_L 上产生电压变化,这样就可实现电压放大作用。图 7-2 给出 p 沟 MOS 场效应管的示意图。

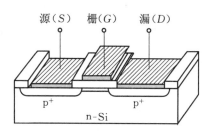

图 7-2 p 沟 MOS 场效应管示意图

7.1.2 MOS 场效应管的四种类型

根据 MOS 场效应管沟道的特征,可以将其分成四种类型。

1. p 沟增强型

这种管子源和漏区均为 p^+ 区,导电沟道为 p 型。在栅极电压为零时,n 型半导体表面由于 Si-SiO$_2$ 界面正电荷的作用而处于积累状态,故不存导电沟道。只有在栅极加了一定的负偏压且达到 V_{TH} 值时,p 型沟道才形成。栅极负偏压增大(绝对值),沟道导电能力也随之增强,因此这种 MOS 场效应管称为 p 沟增强型管。通常 p 沟增强型 MOS 管较容

易制作,因为氧化层中的正电荷使 n 型表面在栅极电压 $V_{GS}=0$ 时总是不能变成 p 型导电沟道的。

2. p 沟耗尽型

如果 p 沟 MOS 管在栅极电压 $V_{GS}=0$ 时已经存在 p 型导电沟道,也就是说只要在源漏之间加上电压便能有电流流过,这种管子称为 p 沟耗尽型 MOS 场效应管,因为原始的反型沟道是由耗尽型变过来的。在一般情况下,p 沟耗尽型管子是不会自行出现的,这是因为氧化层中的正电荷不可能使表面反型。可以采用硼离子注入的方法构成原始 p 型沟道,使其在 $V_{GS}=0$ 情况下也能形成漏-源电流。若在 p 沟耗尽型管的栅极上加以正电压,由于它使能带下弯,从而使原始 p 型沟道的导电能力减弱。当 V_{GS} 等于某值 V_P 时,表面导电沟道消失。V_P 称为夹断电压或截止电压。显然,$V_P>0$。

p 沟增强型管的开启电压(负值)和 p 沟耗尽型管的夹断电压(正值)统称为阈值电压。图 7-3 为它们的示意图。图 7-4 是 p 沟增强型和耗尽型 MOS FET 的符号图,箭头向外表示 p 沟;虚线表示增强型,意即无原始沟道;B 表示衬底。

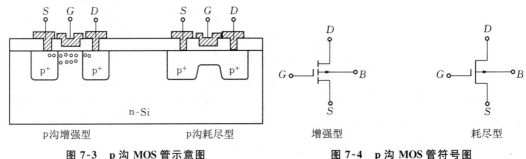

图 7-3　p 沟 MOS 管示意图　　　　图 7-4　p 沟 MOS 管符号图

3. n 沟增强型

这种管子衬底材料为 p 型硅,源区和漏区均为 n^+ 区。在栅极电压为零时,由于氧化层中正电荷的作用使半导体表面耗尽但还未形成导电沟道。当在栅极加上正电压时,表面能带进一步下弯,表面从耗尽变为反型。当 $V_{GS}=V_{TH}$ 时表面发生强反型,即形成 n 型沟道,则此时加在栅极上的电压 V_{TH} 即为 n 沟增强型 MOS 管的开启电压。显然,对于 n 沟增强型管,$V_{TH}>0$。制作 n 沟增强型 MOS 管时必须严格控制好氧化层中的正电荷密度。如果正电荷太多,会出现即使不加栅极电压,表面已强反型的情况,这就是下面要讨论的一种 MOS 管。

4. n 沟耗尽型

如果 p 型硅衬底材料的浓度较低,而氧化层中的正电荷密度较大,则栅氧化层下面的硅表面可能在 $V_{GS}=0$ 时已满足强反型的条件,即 n 型导电沟道已经形成。这种管子称为 n 沟道耗尽型 MOS 场效应管。在需要做增强型管时出现耗尽型管,俗称管子"耗掉了"。这表明氧化层正电荷控制不当或衬底材料掺杂浓度选择不妥。对于 n 沟道耗尽型管,如果在栅电极上加负电压,就会抵消氧化层中正电荷的作用,使表面能带下弯程度减小,表面会从强反型转化为反型,甚至变为耗尽。与 p 沟耗尽型管相似,可以定义一个夹断电压 V_P。V_P 是使原始 n 型表面沟道消失所需加在栅极上的电压。对于 n 沟耗尽型 MOS 管,V_P 是负值。

与 p 沟情况相似，V_{TH} 与 V_P 统称为 n 沟管的阈值电压。图 7-5 给出 n 沟 MOS 管的示意图，图 7-6 为 n 沟 MOS 管的符号图。其中箭头向内表示 n 沟管，以区别于 p 沟管。虚线仍表示增强型。

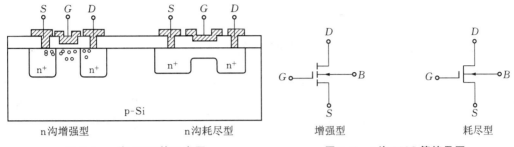

图 7-5　n 沟 MOS 管示意图　　　　图 7-6　n 沟 MOS 管符号图

如果在同一 n 型衬底材料上不仅制作 p 沟 MOS 管，而且同时制作 n 沟 MOS 管，(n 沟 MOS 管制作在 p 阱内)。这就构成 CMOS。它的示意图及符号图分别如图 7-7 及图 7-8 所示。

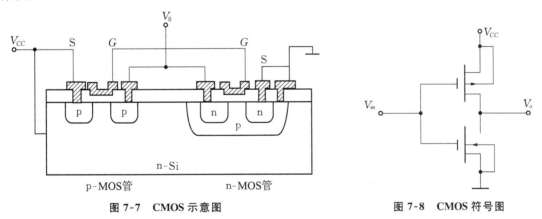

图 7-7　CMOS 示意图　　　　图 7-8　CMOS 符号图

7.1.3　MOS 场效应管的特征

各种 MOS 场效应管有如下的共同的特征：

(1) 双边对称。在电学性质上源和漏是可以相互交换的。与双极型晶体管相比，显然有很大不同。对于双极型晶体管，如果交换发射极与集电极，晶体管的增益将明显下降。

(2) 单极性。在 MOS 晶体管中参与导电的只是一种类型的载流子。这与双极型晶体管相比也显著不同。在双极型晶体管中，虽然一种类型的载流子在导电中起着主要作用（例如 n-p-n 管中的电子），但与此同时，另一种载流子在导电中也起着重要作用。

(3) 高输入阻抗。由于栅氧化层的影响，在栅和其他端点之间不存在直流通道，因此输入阻抗非常高，而且主要是电容性的。通常 MOS 场效应管的直流输入阻抗可以大于 $10^{14}\,\Omega$。

(4) 电压控制。与双极型晶体管由电流控制不同，MOS 场效应管是一种电压控制的器件。将这个性质与高输入阻抗特性一起考虑时,很易得出结论:它是一种输入功率非常低的器件。一个 MOS 晶体管可以驱动许多 MOS 晶体管;也就是说,它有较高的扇出能力。

(5) 自隔离。由 MOS 晶体管构成的集成电路可以达到很高的封装密度,因为 MOS 晶体管之间能自动隔离。一个 MOS 晶体管的漏,由于背靠背二极管的作用,自然地与其他晶体管的漏或源隔离。这样就省掉了双极型工艺中的既深又宽的隔离扩散。

7.2 MOS 场效应晶体管的特性曲线

晶体管的特性通常可以采用特性曲线的方法来进行讨论。例如,在双极型晶体管中曾引进过两种特性曲线,即输出特性曲线及输入特性曲线。对于 MOS 场效应晶体管也可以引进输出特性曲线及转移特性曲线来描述其电流-电压关系。

7.2.1 MOS 场效应管的输出特性曲线

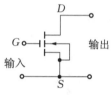

图 7-9 共源极连接

通过 MOS FET 的漏-源电流 I_{DS} 与加在漏-源电压 V_{DS} 之间的关系曲线即为输出特性曲线。这时加在栅极上的电压作为参变量。现以 n 沟道增强型 MOS 场效应管为例来讨论。与 n-p-n 双极型晶体管相似,我们讨论共源极接法的情况。将源极接地,并作为输入与输出的公共端,衬底材料也接地。输入加在栅极 G 及源极 S 之间,输出端为漏极 D 与源极 S,如图 7-9 所示。

对于 n 沟道增强型管,V_{DS} 为正电压,V_{GS} 也是正电压。当 V_{GS} 大于开启电压时,n 沟道形成,电流通过 n 沟道流过漏和源之间。作为定性分析,可以分三个工作区来进行讨论。

1. 可调电阻区

这个区又称线性工作区或三极管工作区。当漏-源电压 V_{DS} 相对于栅极电压较小时,在源和漏之间存在一个连续的 n 型沟道。此沟道的长度 L 不变,宽度 W 也不变。从源端到漏端沟道的厚度稍有变化。这是因为 V_{DS} 使沟道中各点的电位不同,在近源处 $(V_{GS}-V_{漏})$ 比近漏处的 $(V_{GS}-V_{漏})$ 大,表面电场较大,沟道较厚。但是,总的来讲,沟道的厚度比氧化层厚度小得多。由此可见,此时的沟道区呈现电阻特性,电流 I_{DS} 与 V_{DS} 基本上是线性关系。而且 V_{GS} 越大,沟道电阻越小,可调电阻区的名称即由此而来。

可调电阻区的范围为 $V_{DS} < V_{GS} - V_{TH}$,此即保证漏端沟道存在的条件。图 7-10(a)

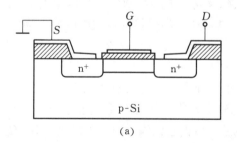

(a)

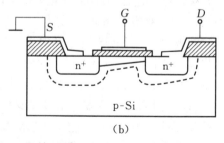

(b)

图 7-10 n 沟增强型 MOS FET 沟道图

表示 n 沟增强型管 $V_{TH}=2\,\mathrm{V}$，$V_{GS}=6\,\mathrm{V}$，$V_{DS}=0\,\mathrm{V}$ 时的沟道情况。此时沟道中各点电位相同，因此沟道厚度各处相同，$I_{DS}=0$。图 7-10(b) 表明当 $V_{TH}=2\,\mathrm{V}$，$V_{GS}=6\,\mathrm{V}$，$V_{DS}=2\,\mathrm{V}$ 时的沟道情况，这时漏端沟道厚度比源端为薄，由于相差不大，仍可近似看成均匀。

当 V_{DS} 继续增加时，例如从 $2\,\mathrm{V}$ 变到 $4\,\mathrm{V}$ 时，漏端沟道越来越薄，电阻越来越大，I_{DS} 随 V_{DS} 上升减慢，$V_{DS}-I_{DS}$ 的直线关系变弯曲。当 $V_{DS}=4\,\mathrm{V}$ 时，漏端处 $V_{GS}-V_{DS}=V_{TH}$。这时漏端的沟道进入夹断的临界状态，处于可调电阻工作区与下面要讨论的饱和工作区的边界。I_{DS} 将成为漏-源饱和电流 I_{DSS}。图 7-11 给出不同 V_{GS} 时的 V_{DS}-I_{DS} 关系，即输出特性曲线，其中区域 I 即为可调电阻工作区。

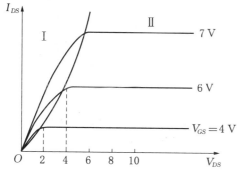

图 7-11 可调电阻工作区和饱和工作区

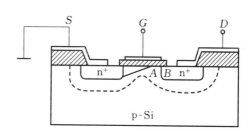

图 7-12 n 沟增强管进入饱和区

2. 饱和工作区

当 V_{DS} 继续增大，使 $V_{DS}>V_{GS}-V_{TH}$ 时，沟道夹断点从漏端向左面移动。这样，沟道的长度略有缩短，夹断点的电压仍为 $V_{GS}-V_{TH}$，增加的电压 $V_{DS}-(V_{GS}-V_{TH})$ 都降落在夹断区，如图 7-12 中的 AB 段所示。显然，夹断区是耗尽区。由于沟道的长度总的来说变化不大，故漏-源电流基本上达到饱和值 I_{DSS}。若 V_{DS} 再增大，只是使夹断区增大。增加的电压均降落在耗尽区，漏-源电流仍基本上维持 I_{DSS} 值，因此这个区域称为饱和工作区，如图 7-11 中区域 II 所示。

如果 MOS 场效应管的原始沟道较短，夹断区对沟道长度缩短的影响不能忽略，从而对电流的影响也不容忽略，这就是所谓的沟道长度调变效应。它与双极型晶体管中的基区宽度调变效应相当。沟道长度调变效应的定量表示将在下节中讨论。

3. 雪崩击穿区

当 V_{DS} 超过漏与衬底间 p-n 结的击穿电压时，漏和源之间不必通过沟道形成电流，而是由漏极直接经衬底到达源极流过大的电流，I_{DS} 迅速增大。这就出现输出特性曲线中的第 III 个区域—雪崩击穿区，如图 7-13(a) 所示。

可以用相似的方法讨论 n 沟道耗尽型，p 沟道增强型，p 沟道耗尽型 MOS 场效应管的输出特性曲线，它们分别如图 7-13(b)~(d) 所示。

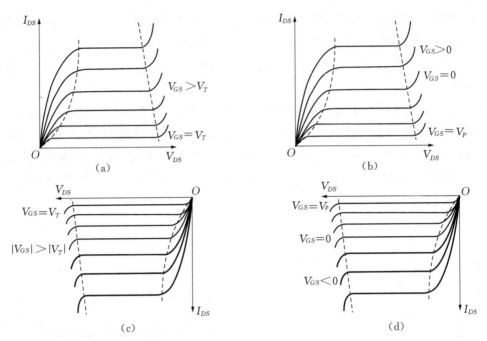

图 7-13　n 沟增强型($V_{TH} > 0$)(a) 和耗尽型($V_P < 0$)(b) 及 p 沟增强型($V_{TH} < 0$)(c) 和耗尽型($V_P > 0$)(d) 的 MOS FET 的输出特性曲线

7.2.2　MOS 场效应管的转移特性曲线

MOS 场效应管是一种电压控制器件,这就是说,它是利用加在栅极和源极之间的电压来控制输出电流的。这和双极型晶体管用基极电流控制集电极电流不同。当 MOS 晶体管工作在饱和区时,工作电流为 I_{DSS}。不同的 V_{GS} 会引起不同的 I_{DSS}。人们将 I_{DSS} 与 V_{GS} 之间的关系曲线称为转移特性曲线。对于 n 沟增强型 MOS 管,$V_{TH} > 0$,$V_{GS} > 0$ 其转移特性曲线如图 7-14(a)所示。

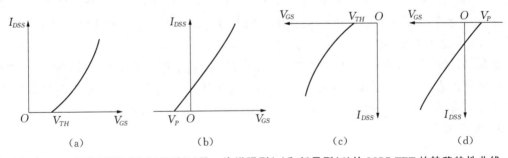

图 7-14　n 沟增强型(a)和耗尽型(b)及 p 沟增强型(c)和耗尽型(d)的 MOS FET 的转移特性曲线

用相似的方法可以得到 n 沟耗尽型、p 沟增强型、p 沟耗尽型 MOS FET 的转移特性曲线,它们分别示于图 7-14(b)~(d)。

7.3 MOS 场效应晶体管的阈值电压

在 6.4 节中已经讨论过一般 MOS 结构的阈值电压。本节讨论 MOS 场效应晶体管的阈值电压。MOS FET 与一般 MOS 结构的区别仅在于多了漏区和源区，即多了两个 pn 结。MOS 场效应管阈值电压的定义为在漏和源之间半导体表面处感应出导电沟道所需加在栅电极上的电压。由于"导电沟道"的含义比较广泛，人们曾针对不同情况引进过各种定义的阈值电压：

(1) 使沟道电流(漏和源之间)达到某一固定的小值所需加的栅极电压；
(2) 当 MOS 管工作在线性区时，将栅压与沟道电流关系曲线外推到零时所对应的电压；
(3) 当 MOS 管工作在饱和区时，将栅压与沟道电流关系曲线外推到零时所对应的电压；
(4) 使半导体表面势 $\psi_s = 2\psi_F$，也即使表面强反型所需加的栅压。

其中定义(1)到(3)适合于用实验方法测定阈值电压，而定义(4)适合于解析表达及用计算机计算的模型。必须注意，用不同定义方法得到的阈值电压可能稍有不同，需要进行具体分析。本节中采用定义(4)，以得到阈值电压的解析表达式。

7.3.1 n 沟道 MOS FET 的阈值电压

1. n 沟道增强型 MOS FET 的开启电压 V_{TH}

此种场效应管衬底材料为 p 型半导体，因此其开启电压由(6-52)式决定：

$$V_{TH} = -\left(v_{MS} + \frac{Q_{SS}}{C_{ox}}\right) + \frac{\sqrt{4qN_A\varepsilon_s\varepsilon_0\psi_F}}{C_{ox}} + 2\frac{k_BT}{q}\ln\frac{N_A}{n_i} \tag{7-1}$$

对于增强型管，$V_{TH} > 0$，显然应有

$$\frac{\sqrt{4qN_A\varepsilon_s\varepsilon_0\psi_F}}{C_{ox}} + 2\frac{k_BT}{q}\ln\frac{N_A}{n_i} > \left(v_{MS} + \frac{Q_{SS}}{C_{ox}}\right)$$

2. n 沟道耗尽型 MOS FET 的夹断电压

n 沟增强型管开启电压公式(7-1)也适合于 n 沟耗尽型管，其条件是当氧化层中正电荷及金属与半导体功函数差的影响较大，而半导体衬底的浓度又偏低，从而有

$$\left(v_{MS} + \frac{Q_{SS}}{C_{ox}}\right) > \frac{\sqrt{4qN_A\varepsilon_s\varepsilon_0\psi_F}}{C_{ox}} + 2\frac{k_BT}{q}\ln\frac{N_A}{n_i}$$

这时 V_{TH} 显然小于零。这说明在栅极电压为零即未加电压时，表面沟道已经存在。因此，这时的开启电压实际上就是夹断电压，通常用 V_P 表示。对于 n 沟道耗尽型 MOS FET，$V_P < 0$，意即当栅极电压 $V_{GS} = -|V_P|$ 时即能开启。栅极电压再负得多些时，沟道截止。

7.3.2 p 沟道 MOS FET 的阈值电压

1. p 沟道增强型 MOS FET 的开启电 V_{TH}

这时衬底半导体材料为 n 型，开启电压可由(6-53)式得到，即有

$$V_{TH} = -\left(v_{MS} + \frac{Q_{SS}}{C_{ox}}\right) - \frac{\sqrt{4qN_D\varepsilon_s\varepsilon_0\psi_F}}{C_{ox}} - 2\frac{k_BT}{q}\ln\frac{N_D}{n_i} \tag{7-2}$$

显然，p 沟道增强型 MOS FET 的 $V_{TH} < 0$。

2. p 沟道耗尽型 MOS FET 的夹断电压

此种管的阈值电压公式仍由(7-2)式确定，不过要求 $V_{TH} > 0$；也就是说，在栅极电压为零时，p 型沟道早已形成。这时的开启电压实质上就是夹断电压 V_P，当栅极加的正电压大于 V_P 时，沟道全部截止。

下面以 n 沟道 MOS FET 为例来说明其阈值电压的特性。若构成 n 沟管的半导体衬底材料掺杂浓度 $N_A = 1.5 \times 10^{16}$ cm^{-3}，氧化层厚度为 $t_{ox} = 1500$ Å，金属铝的功函数为 $W_M = 4.2$ eV，半导体的功函数 $W_S = 4.97$ eV，氧化层中正电荷密度 $N_{SS} = 5 \times 10^{10}$ cm^{-2}。

由(7-1)式，$V_{TH} = -(0.77 + 0.34) + 3.22 = 2.11$ (V) > 0，说明它是增强型管。如果氧化层中正电荷密度为 5×10^{11} cm^{-2}，则有

$$V_{TH} = -(0.77 + 3.34) + 3.22 = -0.98 < 0$$

此时是 n 沟道耗尽型管。

上述例子说明氧化层中正电荷的多少对 MOS 管的类型起重要作用。在制作 n 沟道增强型管时，必须控制好 N_{SS} 的值。

最后还要说明，公式(7-1)及(7-2)只适用于长沟道 MOS 场效应管。当沟道长度较短时，必须考虑短沟道效应，管子的阈值电压 V_{TH} 会随沟道长度 L 的减小而减小。这个问题将在以后详细讨论。

7.4 MOS 场效应管的电流-电压特性

本节将定量分析 MOS 场效应管的电流-电压特性。为了方便起见，先作以下几个假定：
(1) 漏区和源区的电压降可以忽略不计；
(2) 在沟道区不存在复合-产生电流；
(3) 沿沟道的扩散电流比由电场产生的漂移电流小得多；
(4) 在沟道内载流子的迁移率为常数；
(5) 沟道与衬底间的反向饱和电流为零；
(6) 缓变沟道近似成立，即跨过氧化层的垂直于沟道方向的电场分量 $\mathscr{E}_y$ 与沟道中沿载流子运动方向的电场分量 $\mathscr{E}_x$ 无关。沿沟道方向电场变化很慢，即有

$$\frac{\partial \mathscr{E}_y}{\partial y} \gg \frac{\partial \mathscr{E}_x}{\partial x} \tag{7-3}$$

按惯例，电荷密度用 N_{SS} 表示，即 $Q_{SS} = N_{SS} q$，式中 q 为电子电荷。

7.4.1 MOS FET 在线性工作区的电流-电压特性

本节仍以 n 沟道增强型 MOS 管为例来进行讨论。根据上面的假定，可以认为电流在沟道中流动是一维的。在线性工作区，沟道从源处连续地延伸到漏区。设沟道的长度为 L、宽度为 W、厚度为 d，它从源到漏只是略有变化。取电流流动方向为 x 方向，如图 7-15(a)所示。为清楚起见，将沟道重画于图 7-15(b)。

在沟道中垂直于沟道的方向切出一个厚度为 dx 的薄片来,它的电阻值为

$$dR = \rho \frac{dx}{W d(x)}$$

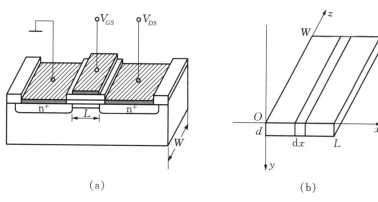

图 7-15 n 沟道 MOS FET 结构图

在这片电阻上的电压降为

$$dV = I_{DS} \cdot dR = I_{DS} \cdot \rho \frac{dx}{W d(x)} \tag{7-4}$$

一般说来,沟道厚度 d(x) 应为 x 的函数。电阻率 ρ 可写成

$$\rho = \frac{1}{q \mu_n n}$$

式中 n 为沟道中电子的浓度,μ_n 为电子的迁移率。于是(7-4)式可改写为

$$dV = \frac{I_{DS} dx}{q \mu_n \cdot n d(x) W}$$

或

$$dV = \frac{I_{DS} dx}{\mu_n W Q_n(x)} \tag{7-5}$$

其中 $Q_n(x)$ 为 x 处反型层单位面积电荷,有

$$Q_n(x) = qn d(x)$$

若沟道中 x 处的电位为 $V(x)$,加在栅极上的电压为 V_{GS},则根据沟道厚度远小于 SiO$_2$ 层厚度的假定,有

$$Q_n(x) = [V_{GS} - V_{TH} - V(x)] C_{ox}$$

将上式代入(7-5)式可得

$$I_{DS} dx = [V_{GS} - V_{TH} - V(x)] C_{ox} \mu_n W dV$$

将上式从源 ($x=0$) 到漏 ($x=L$) 进行积分,相应的 $V(x)$ 值从 0 变为 V_{DS},可得

$$I_{DS}\int_0^L dx = C_{ox}\mu_n W \int_0^{V_{DS}} [V_{GS} - V_{TH} - V(x)]dV$$

$$I_{DS} = C_{ox}\mu_n \frac{W}{L}\left[(V_{GS} - V_{TH})V_{DS} - \frac{1}{2}V_{DS}^2\right] \tag{7-6}$$

这就是线性工作区的直流线性方程。当 V_{DS} 很小时，I_{DS} 与 V_{DS} 呈线性关系。V_{DS} 稍大时，I_{DS} 上升变慢，特性曲线弯曲，如图 7-11 所示。

有时为了分析方便起见，可引进增益因子 β，

$$\beta = C_{ox}\mu_n \frac{W}{L} \tag{7-7}$$

于是

$$I_{DS} = \beta\left[(V_{GS} - V_{TH})V_{DS} - \frac{1}{2}V_{DS}^2\right] \tag{7-8}$$

7.4.2 饱和工作区的电流-电压特性

由前面的定性讨论可知，当漏-源电压增加到使漏端的沟道夹断时 I_{DS} 将趋于不变。其作用像一个电流源，管子将进入饱和工作区。使管子进入饱和工作区所加的漏-源电压为 V_{Dsat}，它由下式决定：

$$V_{Dsat} = V_{GS} - V_{TH} \tag{7-9}$$

将上式代入(7-8)式，便可得到饱和工作区的漏-源电流-漏-源饱和电流。

$$I_{DSS} = \frac{1}{2}\beta(V_{GS} - V_{TH})^2 \tag{7-10}$$

如果管子进入饱和工作区后，继续增加 V_{DS}，则沟道夹断点向源端方向移动，在漏端将出现耗尽区。耗尽区的宽度随 V_{DS} 的增大而不断变大，它可由单边突变结的公式得到：

$$L_S = L - L' = \sqrt{\frac{2\varepsilon_S\varepsilon_0[V_{DS} - (V_{GS} - V_{TH})]}{qN_A}} \tag{7-11}$$

图 7-16 表明沟道夹断情况。

严格讲来，饱和工作区的电流不是一成不变的。因为这时实际的有效沟道长度已从 L 变为 L'，对应的漏-源饱和电流为 I'_{DSS}：

$$I'_{DSS} = \frac{I_{DSS}}{L'/L} = \frac{L}{L - L_S}I_{DSS}$$

$$= \frac{LI_{DSS}}{L - \sqrt{\dfrac{2\varepsilon_s\varepsilon_0[V_{DS} - (V_{GS} - V_T)]}{qN_A}}} \tag{7-12}$$

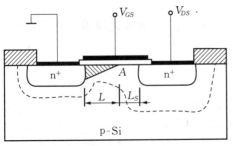

图 7-16 饱和工作区

上式说明，当 V_{DS} 增大时，分母减小，I'_{DSS} 将随之

增加。

漏-源饱和电流随沟道长度的减小（由于 V_{DS} 增大,漏端耗尽区扩展所致）而增大的效应称为沟道长度调变效应。这个效应会使 MOS 管的输出特性曲线明显发生倾斜,导致它的输出阻抗降低。比较 MOS FET 与双极型晶体管的工作机理可发现它们有着相似之处：在 n 型沟道中运动的电子到达沟道夹断处时,被漏端耗尽区的电场扫进漏区形成电流,这相似于 n-p-n 管的集电结电场将通过基区输运的电子扫进集电区形成集电极电流；MOS 管的沟道长度调变效应相似于双极型晶体管的基区宽度调变效应,其结果都是使增益变大,输出阻抗变小。

为清楚起见,今后统一用 I_{DS} 表示工作在饱和区的漏源电流。

有时 MOS 场效应管在工作时将栅与漏连接在一起,这样就迫使 MOS 管工作在饱和区。因为 $V_{GS} = V_{DS}$,在近漏端处氧化层上的压降总为零,沟道总是被夹断的。当然这只是对增强型管而言的。

对于 n 沟道耗尽型 MOS 场效应管,栅极电压为零时漏-源电流已存在,其公式为

$$I_{DS} = \frac{\beta}{2} V_P^2 \tag{7-13}$$

式中 V_P 为夹断电压。

对于 p 沟道 MOS 场效应管,讨论方法完全相同,只是载流子由电子换为空穴,电流方向相反。

7.4.3 击穿区

当漏-源电压 V_{DS} 继续增大时,会出现漏-源电流突然增大的情况,这时器件进入击穿区。漏-源击穿电压 BV_{DS} 可由两种不同的击穿机理决定：漏区与衬底之间 p-n 结的雪崩击穿；漏和源之间的穿通。

1. 漏结雪崩击穿

在正常工作时,漏结处于反向偏置状态,当反偏电压达到其雪崩击穿电压时会产生击穿。但是,由于漏结一般是由浅结扩散形成的,结面弯曲处曲率半径比较小,故弯角处棱角电场较大,使漏结的雪崩击穿电压下降。

对于金属栅 MOS 场效应管,实际的漏结击穿电压比理论分析值还要低。这是由于金属栅极与漏区之间总存在一个交叠区,其间隔着一个氧化层。n 沟 MOS FET 在正常工作时栅极电压往往低于漏 源电压,在弯角处会形成从漏指向栅的通过氧化层的电场,它叠加于原来 p-n 结的电场之上,从而使击穿电压下降,如图 7-17 所示。当衬底电阻率大于一定值,栅氧化层厚度 t_{ox} 比 p-n 结耗尽层厚度小很多时,击穿电压主要决定于弯角处的附加电场,几乎与衬底掺杂浓度无关。还需指出,当 V_{GS} 增大时,击穿电压也会增大。这是因为 V_{GS} 增大会降低弯角处的附加电场,从而使击穿电压

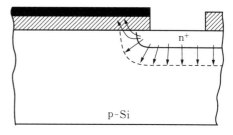

图 7-17 漏结弯角附加电场图

增大。图 7-18(a)的击穿区特性即说明此种情况。

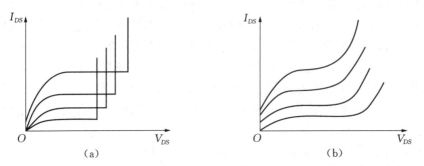

图 7-18　Al 栅管(a)和 Si 栅自对准管(b)n 沟 MOS 管击穿特性

对于硅栅 MOS 晶体管,漏与栅自对准,漏结弯角处的附加电场不存在。此时漏结的击穿特性与双极型晶体管的击穿特性相似。由于载流子的倍增效应,电流较大时较早引起击穿,因此击穿电压比小电流工作时来得低些。图 7-18(b)说明此种情况。

2. 漏-源穿通电压 V_{DSp}

当漏极电压 V_{DS} 增大时,漏结耗尽区扩展,使沟道有效长度缩短,沟道表面漏结耗尽区的宽度 L_S 为

$$L_S = \sqrt{\frac{2\varepsilon_s\varepsilon_0[V_{DS}-(V_{GS}-V_{TH})]}{qN_A}} \tag{7-14}$$

上式说明 L_S 随 V_{DS} 的增加而增大。当 L_S 扩展到等于沟道长度 L 时,漏结耗尽区扩展到源极,这便发生漏-源之间的直接穿通。穿通电压由下式确定:

$$V_{DS} = \frac{L^2 q N_A}{2\varepsilon_s\varepsilon_0} + (V_{GS}-V_{TH}) \tag{7-15}$$

若 $N_A = 10^{16}\ \text{cm}^{-3}$, $L = 10\ \mu\text{m}$ 时,则 V_{DSp} 远大于漏结雪崩击穿电压。只有当 MOS 管的沟道很短时,漏-源穿通电压才可能起主要作用。

7.4.4　亚阈值区的电流-电压关系

当栅极电压低于阈值电压,沟道处于弱反型时,实际上流过漏极的电流并不等于零。这时 MOS FET 处于亚阈值区。流过沟道的电流称为亚阈值电流。对于在低压、低功耗下工作的 MOS 场效应管来说,亚阈值区是很重要的。例如,当 MOS FET 在数字逻辑及储存器中用作开关时,就是这种情况。

对于长沟道 MOS 场效应管,在弱反型时表面势可近似看作常数,因此可将沟道方向的电场视为零。这时漏-源电流主要是扩散电流,并可采用类似于双极型均匀基区晶体管求集电极电流的方法来求亚阈值电流。于是

$$I_{DS} = -qD_n A \frac{dn}{dx}$$

式中 A 为电流流过的截面积，$n(x)$ 为电子浓度。在平衡时，没有产生及复合，根据电流连续性要求，可得

$$\frac{\partial J}{\partial x} = 0$$

上式说明电子浓度是随距离线性变化的，即

$$n(x) = n(0) - \left[\frac{n(0) - n(L)}{L}\right]x \tag{7-16}$$

在源和漏处的电子浓度 $n(0)$ 及 $n(L)$ 分别为

$$n(0) = n_i \exp\left[\frac{q(\psi_S - \psi_F)}{k_B T}\right] \tag{7-17}$$

$$n(L) = n_i \exp\left[\frac{q(\psi_S - \psi_F - V_{DS})}{k_B T}\right] \tag{7-18}$$

上式中，ψ_S 为表面势，ψ_F 为费密势。于是，亚阈值电流可表示为

$$I_{DS} = qAD_n\left[\frac{n(0) - n(L)}{L}\right] \tag{7-19}$$

沟道电流流过的截面积由沟道的宽度 W 与垂直于 Si-SiO$_2$ 界面的有效沟道厚度之积得到。精确求得沟道厚度是困难的，只能用近似方法来求有效沟道厚度。由于电子浓度与电势呈指数关系，可以认为有效沟道厚度就取在电势减少 $k_B T / q$ 处，因此有效沟道厚度为 $k_B T / q\mathcal{E}_s$，$\mathcal{E}_s$ 为弱反型时的表面电场，可写为

$$\mathcal{E}_S = -\frac{Q_{SC}}{\varepsilon_s \varepsilon_0} = \sqrt{\frac{2qN_A\psi_S}{\varepsilon_s \varepsilon_0}} \tag{7-20}$$

Q_{SC} 与 ψ_S 的关系由(6-20)式给出。将(7-17)、(7-18)及(7-20)式代入(7-19)式，即可得到

$$I_{DS} = qD_n n_i d\left(\frac{W}{L}\right)\exp\left[\frac{q(\psi_S - \psi_F)}{k_B T}\right]\left(1 - e^{-\frac{qV_{DS}}{k_B T}}\right) \tag{7-21}$$

式中有效沟道厚度为

$$d = \frac{k_B T}{q}\sqrt{\frac{\varepsilon_s \varepsilon_0}{2qN_A\psi_S}} \tag{7-22}$$

(7-21)式中 ψ_S 与栅极电压的关系由(6-26)式给出：

$$\psi_S = V_{GS} - \frac{B}{C_{ox}}\left[\left(1 + 2\frac{C_{ox}}{B}V_{GS}\right)^{1/2} - 1\right] \tag{7-23}$$

这表明 MOS FET 在亚阈值区漏-源电流随 V_{GS} 指数变化。当 V_{DS} 大于 $3k_B T / q$ 时，I_{DS} 与 V_{DS} 关系不大。

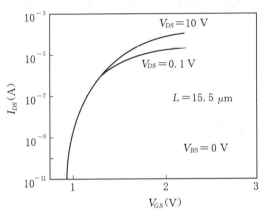

图 7-19　长沟道 MOS FET 亚阈值特性

图 7-19 给出沟道长度为 15.5 μm 的 MOS 场效应管的亚阈值特性实验结果。其中衬底偏置电压 V_{BS} 为 0 V。正如预料的那样，当栅极电压低于阈值电压时，电流随栅极电压指数地变化。在亚阈值区，漏极电压分别为 0.1 V 及 10 V 情况下，电流无明显差别。方程(7-21)可说明长沟道 MOS FET 的这个重要特性。该 MOS 管的栅氧化层厚度为 570 Å，衬底掺杂浓度为 5.6×10^{16} cm^{-3}。使电流减小一个数量级所需的栅极电压摆幅 S 为 83 mV($V_{BS}=0$ V)、67 mV($V_{BS}=3$ V) 及 63 mV($V_{BS}=10$ V)，S 则由下式确定：

$$S = \ln 10 \frac{dV_{GS}}{d(\ln I_{DS})} = \frac{k_B T}{q} \ln 10 \frac{dV_{GS}}{d\psi_S} = \frac{\frac{k_B T}{q} \ln 10}{1 - \left(1 + \frac{2C_{ox}}{B} V_{GS}\right)^{-1/2}} \quad (7\text{-}24)$$

式中

$$B = \frac{\varepsilon_s}{\varepsilon_{ox}} N_A q t_{ox} \quad (7\text{-}25)$$

对于短沟道 MOS 场效应管，表面势 ψ_S 不再是常数而是随位置而变，其亚阈值电流的特性将在以后讨论。

7.5　MOS 场效应管的二级效应

7.5.1　非常数表面迁移率效应

由前面的讨论可知，MOS 场效应晶体管的特性与半导体表面载流子的迁移率有较密切的关系。以上讨论中都认为载流子的迁移率为常数。但实际情况并非如此，MOS 管表面载流子的迁移率与表面的粗糙度、界面的陷阱密度、杂质浓度、表面电场等因素有关，对于典型的 MOS 场效应晶体管，电子表面迁移率的范围为 550~950 cm^2/V·s；空穴表面迁移率的范围为 150~250 cm^2/V·s，电子与空穴迁移率的比值为 2~4，在设计由 p 沟道 MOS 晶体管和 n 沟道 MOS 晶体管构成的倒相器时，必须将 p 沟道 MOS 管的沟道宽度设计得比 n 沟道 MOS 管大 2~4 倍，才能得到相同的放大倍数。

1. 纵向电场的影响

上面提到的迁移率值是在低栅极电压情况下测得的，也即 V_{GS} 仅大于阈值电压 1~2 V。当栅极电压较高时，发现载流子迁移率下降。这是因为 V_{GS} 较大时，垂直于表面的纵向电场也较大，载流子在沿沟道作漂移运动时将与 Si-SiO$_2$ 界面发生更多的碰撞。从实际的 MOS 晶体管特性曲线可以看出纵向电场对 μ 的影响。如图 7-20 所示为 n 沟 MOS 场效应管的输出特性曲线。在饱和工作区,漏-源电流随 V_{GS} 的增加不按平方规律就是因为 V_{GS} 较大时迁移率下降之故。在线性工作区,对于 V_{GS} 较大的情况,曲线汇聚一起,这也是迁移率下降的结果。经验数据表明,在低场时,迁移率是常数,在电场达到 $0.5\sim1\times10^5$ V/cm 时,μ 开始下降,如图 7-21 所示。

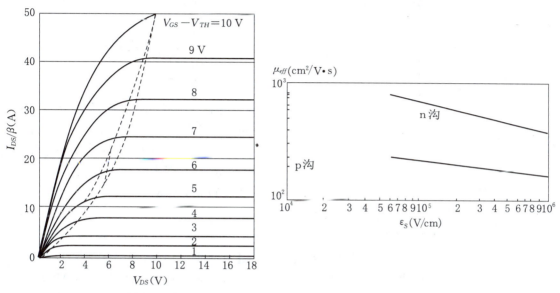

图 7-20 MOS 晶体管 I_{DS}-V_{DS} 的关系　　　图 7-21 高电场时迁移率的降低

迁移率随纵向电场的增大而降低的规律可由下述模型描述:

$$\frac{1}{\mu}=\frac{1}{\mu_0}+C_{eR}\frac{V_{GS}-V_{TH}}{t_{ox}} \tag{7-26}$$

式中 μ_0 为低电场时的迁移率;C_{eR} 为电场下降系数,单位为 s/cm,$\frac{V_{GS}-V_{TH}}{t_{ox}}$ 为通过氧化层的纵向电场。

利用 MOS 场效应管在线性工作区的输出电导 I_{DS}/V_{DS},可测量得到 μ_0 和 C_{eR}。作 $\frac{1}{\mu}$ 与 $(V_{GS}-V_{TH})$ 的关系图,其截距为 $\frac{1}{\mu_0}$,斜率即为 $C_{eR}\frac{1}{t_{ox}}$,如图 7-22 所示,而 $\frac{1}{\mu}$ 可由下式计算得到:

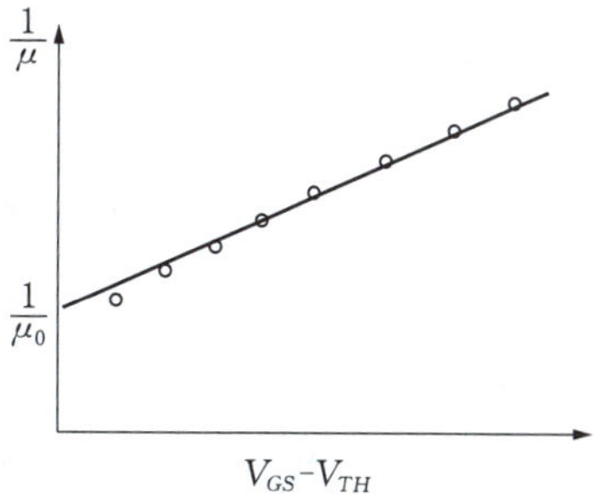

图 7-22 计算低电场迁移率 μ_0 及系数 C_{eR} 图

$$\frac{1}{\mu}=C_{ox}\frac{W}{L}\frac{(V_{GS}-V_{TH})}{(I_{DS}/V_{DS})} \tag{7-27}$$

2. 横向电场的影响

当平行于载流子沿沟道运动方向的横向电场较小时,漂移速度随电场线性变化,其斜率便是漂移迁移率。当横向电场增大时,会出现相似于体硅内的载流子速度饱和效应。

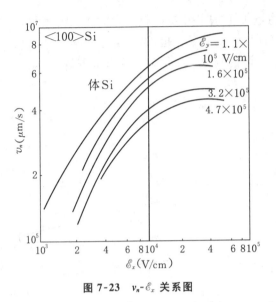

图 7-23 v_n-$\mathscr{E}_x$ 关系图

图 7-23 给出在室温下不同纵向电场 $\mathscr{E}_y$ 时，电子漂移速度 v_n 与横向电场 $\mathscr{E}_x$ 的关系。

漂移速度的一般表达式为

$$v_d = v_0 \left[1 + \left(\frac{v_0}{v_c}\right)^2 \left(\frac{v_0}{v_c} + G\right)^{-1} + \left(\frac{v_0}{v_s}\right)^2 \right]^{-1/2} \tag{7-28}$$

式中 v_c、v_s 及 G 均为符合参数，v_0 为

$$v_0 \equiv \mu_n(\mathscr{E}_y) \cdot \mathscr{E}_x \tag{7-29}$$

这就是说在一定的纵向电场 $\mathscr{E}_y$ 下，迁移率是 $\mathscr{E}_y$ 的单值函数。在极限情况 $\mathscr{E}_x \to 0$ 时，漂移速度趋于 $v_d = v_0 = \mu_n(\mathscr{E}_y) \cdot \mathscr{E}_x$。另一方面，当 $\mu_n \mathscr{E}_x$ 比 v_c 及 v_s 大得多时，v_d 近似等于 v_s，而 v_s 是纵向电场 $\mathscr{E}_y$ 的函数。

7.5.2 衬底偏置效应

在一般情况下，MOS 场效应管的源极与衬底相连并接地。但是，在很多情况下，源与衬底之间有一个反偏电压，图 7-24 表明了这种情况。图中 T_1 管和 T_2 管都是 n 沟 MOS 场效应管，制作在同一 p 型衬底上。T_1 管源与衬底接地，T_2 管的衬底也就接地。而 T_2 管的源极就是 T_1 管的输出端漏极，处于正电位。因此，T_2 管的源与衬底之间就有一个反偏电压 V_{BS}，如图 7-25(a)所示。若 MOS 管的源接地，而在衬底上加负电压，如图 7-25(b)所示。这种也是源与衬底反偏情况，在电学性质方面与前者是等价的。

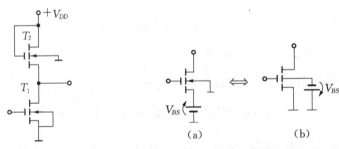

图 7-24 衬底偏置效应   图 7-25 MOS 场效应管源与衬底反偏情况

源和衬底之间反偏电压 V_{BS} 的影响是使沟道与衬底间的耗尽区变宽，使耗尽区内电离受主杂质原子增多，因而耗尽区内的负电荷就较多，此时栅极电压 V_{GS} 未变，即栅极上正电荷数未变。根据电荷守恒原理，硅表面区内负空间电荷总量也不应变化。耗尽区变宽，负空间电荷增多，必然导致反型层中电子电荷数量的相应减小，造成沟道导电能力减弱。如果 V_{BS} 过大，甚至可能使导电沟道消失。由此可见，在源与衬底反偏时，若要保持 n 型沟道内电子浓度不变，以维持沟道导电能力不变，必须加大栅极电压 V_{GS}；也就是说，通过增加栅极上的正电荷来平衡

V_{BS}所引起的耗尽区中增加的负电荷。其结果是使 n 沟 MOS 管的阈值电压增大。

源与衬底短接($V_{BS}=0$)时,耗尽区宽度为

$$W = \sqrt{\frac{4\varepsilon_s\varepsilon_0\psi_F}{qN_A}} \tag{7-30}$$

耗尽区内的电荷密度为

$$Q_B = qN_AW = \sqrt{4\varepsilon_s\varepsilon_0\psi_F qN_A} \tag{7-31}$$

当源与衬底间加反偏电压 V_{BS} 时,耗尽区宽度变为

$$W' = \sqrt{\frac{2\varepsilon_s\varepsilon_0(2\psi_F+V_{BS})}{qN_A}} \tag{7-32}$$

此时耗尽区内的电荷密度为

$$Q_B(V_{BS}) = \sqrt{2\varepsilon_s\varepsilon_0 qN_A(2\psi_F+V_{BS})} \tag{7-33}$$

相应的阈值电压 $V_{TH}(V_{BS})$ 为

$$V_{TH}(V_{BS}) = -\left(v_{MS}+\frac{Q_{ss}}{C_{ox}}\right)+2\psi_F+\frac{\sqrt{2\varepsilon_s\varepsilon_0 qN_A(2\psi_F+V_{BS})}}{C_{ox}} \tag{7-34}$$

阈值电压的增加量 ΔV_{TH} 为

$$\Delta V_{TH} = V_{TH}(V_{BS})-V_{TH}(V_{BS}=0) = \frac{\sqrt{2\varepsilon_s\varepsilon_0 qN_A}}{C_{ox}}\left[\sqrt{2\psi_F+V_{BS}}-\sqrt{2\psi_F}\right] \tag{7-35}$$

对于 p 沟器件,可作相似的讨论,其结论为 $\Delta V_{TH} < 0$。由(7-35)式可知,氧化层厚度越大,衬底反偏效应越明显。图 7-26 给出在一定氧化层厚度下(1 000 Å),对不同的衬底

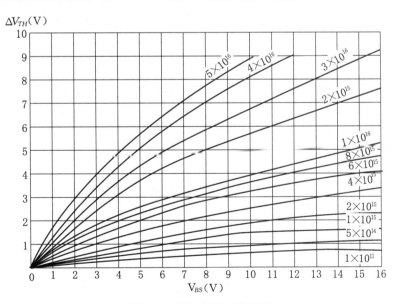

图 7-26　ΔV_{TH} 与 V_{BS} 的关系

掺杂浓度，ΔV_{TH} 与反偏电压 V_{BS} 的关系。从图中可以看出 V_{BS} 对 MOS 晶体管的 V_{TH} 影响很明显。

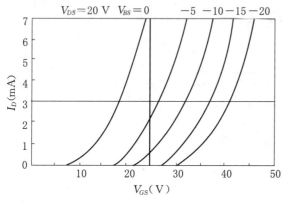

图 7-27　不同 V_{BS} 时的转移特性

公式（7-35）也可用来计算衬底的掺杂浓度。只需在不同 V_{BS} 下测量 ΔV_{TH}，得到 ΔV_{TH} 与 $\sqrt{2\psi_F + V_{BS}}$ 的直线关系。在已知氧化层厚度的情况下，就能由直线的斜率求得衬底掺杂浓度。精确地说，$2\Psi_F$ 与 N_A 有关。但是，考虑到它们是对数关系，而且 $2\psi_F$ 比典型的 V_{BS} 值来得小，因此将 $2\psi_F$ 当作常数来处理引进的误差并不大。

图 7-27 为在不同 V_{BS} 下 n 沟 MOS 场效应管的转移特性曲线。由图可知，当衬底反偏时，转移特性曲线的形状不变，只是平行地向右移动。

7.5.3　体电荷变化效应

在 7.4 中推导 MOS 场效应管的电流-电压关系时，实际上假定了沟道下面耗尽层的厚度近似不变，电荷密度 $Q_{SC}(x)$（有时也称为体电荷）也基本上与位置 x 无关。在 V_{DS} 较小时，这是完全正确的，得到了简明的电流-电压关系式，并得到了简单的阈值电压的表示式。当 V_{DS} 增加，尤其是当 V_{DS} 接近于 V_{Dsat} 时，沟道下面的耗尽层厚度明显不为常数。这时的电流-电压关系必须计及体电荷变化的影响。

在下面的讨论中仍采用缓变沟道近似，因此认为在沟道中流过的电流仍是一维的。当电流沿沟道方向 x 流过时，沿沟道方向有电压降 $V(x)$，这时半导体表面开始强反型的表面势不是 $2\psi_F$ 而是

$$\psi_s(x) = V(x) + 2\psi_F \tag{7-36}$$

半导体表面耗尽层内单位面积上电离受主的电荷密度 $Q_{SC}(x)$ 应与 x 有关：

$$Q_{SC}(x) = -qN_A W_m(x) = -\sqrt{2\varepsilon_s \varepsilon_0 q N_A [V(x) + 2\psi_F]} \tag{7-37}$$

由(6-30)式可得表面强反型条件为

$$V_{GS} = V_{FB} - \frac{1}{C_{ox}}[Q_{SC}(x) + Q_n(x)] + V(x) + 2\psi_F \tag{7-38}$$

上式已经考虑了 V_{FB} 的影响，式中 $Q_n(x)$ 为反型层中的电子电荷面密度。(7-38)式可改写为

$$Q_n(x) = -[V_{GS} - V_{FB} - V(x) - 2\psi_F]C_{ox} + \sqrt{2\varepsilon_s \varepsilon_0 q N_A [V(x) + 2\psi_F]} \tag{7-39}$$

同样假定漏-源电流仅是漂移电流，载流子迁移率为常数。扩散效应可以忽略，则流过沟道的电流 I_{DS} 可表示为

$$I_{DS} = -W\mu_n Q_n(x) \frac{dV(x)}{dx}$$

即有

$$I_{DS} \cdot dx = \mu_n W\left\{[V_{GS} - V_{FB} - 2\psi_F - V(x)]C_{ox} - \sqrt{2\varepsilon_s\varepsilon_0 qN_A[V(x) + 2\psi_F]}\right\} \cdot dV(x)$$

对上式两边在沟道区内进行积分,便可得到 I_{DS}

$$I_{DS} = \frac{W\mu_n C_{ox}}{L}\left\{\left[V_{GS} - V_{FB} - 2\psi_F - \frac{V_{DS}}{2}\right]V_{DS}\right.$$

$$\left. - \frac{2}{3}\frac{\sqrt{2\varepsilon_s\varepsilon_0 qN_A}}{C_{ox}}[(V_{DS} + 2\psi_F)^{3/2} - (2\psi_F)^{3/2}]\right\} \quad (7\text{-}40)$$

从上式可知,I_{DS} 内不再有一个简单定义的 V_{TH} 值,使得计算较困难,但与实际器件更为符合。这就是考虑了体电荷影响的结果。图 7-28 给出用简单模型预言的电流值与考虑体电荷变化模型结果的比较。由图可见用简单模型估算的电流偏高 20%～50%,而且 V_{Dsat} 也偏大。

当 $V_{DS} \ll 2\psi_F$ 以及 $V_{DS} \ll V_{GS} - V_{FB} - 2\psi_F$ 时,方程 (7-40) 可近似写为

$$I_{DS} \approx \frac{W\mu_n C_{ox}}{L}\left[V_{GS} - V_{FB} - 2\psi_F - \frac{\sqrt{2\varepsilon_s\varepsilon_0 qN_A 2\psi_F}}{C_{ox}}\right]V_{DS} \quad (7\text{-}41)$$

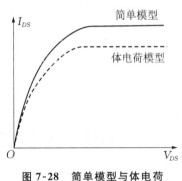

图 7-28 简单模型与体电荷模型比较

通常在电流小于最大值的 20% 时,两种模型的结果基本相符。将阈值电压代入上式,即得线性工作区的电流公式:

$$I_{DS} = \beta(V_{GS} - V_{TH})V_{DS} \quad (7\text{-}42)$$

当 V_{DS} 达到 V_{Dsat} 时,漏-源电流达到饱和值。在(7-39)式中,$V(x) = V(L) = V_{Ssat}$ 时,$Q_n(L) = 0$,由此可解得

$$V_{Dsat} = V_{GS} - V_{FB} - 2\psi_F + \frac{\varepsilon_s\varepsilon_0 qN_A}{C_{ox}^2}\left[1 - \sqrt{1 + \frac{2C_{ox}^2(V_{GS} - V_{FB})}{\varepsilon_s\varepsilon_0 qN_A}}\right] \quad (7\text{-}43)$$

当衬底材料的电阻率较高,以及表面耗尽区的电荷密度比薄氧化层电容 C_{ox} 上的电荷密度来得小时,有

$$\varepsilon_s\varepsilon_0 qN_A / C_{ox}^2 \ll 1 \quad (7\text{-}44)$$

则(7-43)式简化为

$$V_{Dsat} \approx V_{GS} - V_{TH} \quad (7\text{-}45)$$

对于较低电阻率(较大 N_A)情况,将使 V_{Dsat} 比(7-43)式的值来得低。将(7-43)式代入(7-40)式,即可得到很繁复的漏—源饱和电流表达式。但是,如果衬底电阻率较高,(7-44)

式的条件满足,而且还满足下述条件:

$$(V_{GS} - V_{FB} - 2\psi_F) \gg 1 \tag{7-46}$$

则饱和漏-源电流可简化为

$$I_{DSS} \approx \frac{1}{2}\beta(V_{GS} - V_{TH})^2 \tag{7-47}$$

也就是说,回复到简单模型的结果,即(7-10)式。公式(7-42)和(7-47)的形式虽然比较简单,Q_x为常数的假定尽管比较粗糙,但在很多设计工作中可采用它们作为 MOS 场效应管漏-源电流的表达式。

对于 p 沟道 MOS 场效应管可用相似方法进行讨论,并得到相似的电流公式,仅符号不同而已。

如果再将源与衬底反偏效应同时考虑在内,公式(7-40)将变为

$$I_{DS} = \beta \left\{ \left(V_{GS} - V_{FB} - 2\psi_F - \frac{V_{DS}}{2} \right) V_{DS} \right.$$
$$\left. - \frac{2}{3} \frac{\sqrt{2\varepsilon_s\varepsilon_0 qN_A}}{C_{ox}} \left[(V_{DS} + 2\psi_F + V_{BS})^{3/2} - (2\psi_F + V_{FB})^{3/2} \right] \right\} \tag{7-48}$$

7.6 MOS 场效应管的增量参数

MOS 场效应管是电压控制器件,它的输出特性曲线与五极电子管的输出特性曲线相似,都是饱和型特性曲线,可以引进小信号增量参数。

7.6.1 跨导 g_m

跨导是 MOS 场效应管的一个重要参量,它反映外加栅极电压控制漏-源电流的能力。g_m 的定义为

$$g_m = \frac{\partial I_{DS}}{\partial V_{GS}}\bigg|_{V_{DS}=常数}$$

也就是说,在 V_{DS} 一定时,栅极电压每变化 1 伏特所引起的漏-源电流的变化。跨导的单位是欧姆的倒数,单位用符号 S 表示。它标志 MOS 场效应管的电压放大能力。g_m 与电压增益的关系为

$$K_V = \frac{负载上输出电压的变化}{栅极输入电压的变化} = \frac{\Delta I_{DS} \cdot R_L}{\Delta V_{GS}} = g_m \cdot R_L \tag{7-49}$$

由此可见,MOS 管的跨导越大,电压增益也越大。

在线性工作区,即当 $V_{DS} < V_{Dsat}$ 时,

$$g_m = \beta V_{DS} \tag{7-50}$$

这说明在线性工作区 g_m 随 V_{DS} 的增加而略有增大。(7-50)式中的 g_m 看上去似乎与 V_{GS} 无

关,但测量结果表明当 V_{GS} 增大时 g_m 下降。这是因为当 V_{GS} 增大时,电子迁移率 μ 下降之故。

在饱和工作区,即当 $V_{DS} \geqslant V_{Dsat}$ 时,

$$g_m = \beta V_{Dsat} = \beta(V_{GS} - V_{TH}) \tag{7-51}$$

这说明在饱和工作区,若不考虑沟道调制效应,跨导基本上与 V_{DS} 无关。

要提高 MOS 场效应管的跨导 g_m 可采取下述方法:

(1) 改进管子结构。通常以增大管子的沟道宽长比 W/L,减薄氧化层厚度,以及提高载流子迁移率的方法来达到此目的。这些要求与提高 I_{DS} 的要求是相一致的。

(2) 适当增大栅极工作电压 V_{GS} 可以增加饱和工作区的跨导,这是因为 I_{DS} 随 V_{GS} 平方增加,比 V_{GS} 本身的增加来得快。

图 7-29 给出不同 V_{GS} 时,跨导 g_m 与 V_{GS} 的关系。由图说明在线性工作区,g_m 与 V_{GS} 是线性关系;在饱和工作区,g_m 与 V_{DS} 无关。

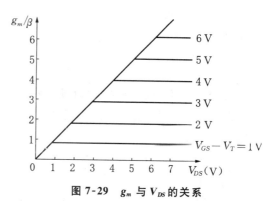

图 7-29 g_m 与 V_{DS} 的关系

在饱和工作区,g_m 与 I_{DS} 及 V_{TH} 之间的关系如下:

$$g_m = \sqrt{2\beta I_{DS}} \tag{7-52}$$

$$V_{GS} - V_{TH} = \sqrt{\frac{2I_{DS}}{\beta}} \tag{7-53}$$

必须注意,在 g_m、I_{DS} 及 V_{TH} 三个量中只有两个是独立的,其中两个量决定后,第三个量随之确定。

在某些情况下,源与衬底间加上反偏电压 V_{BS} 会影响流过沟道的漏-源电流,因而可以引进一个衬底跨导 g_{mb}:

$$g_{mb} = \left.\frac{\partial I_{DS}}{\partial V_{BS}}\right|_{V_{DS},V_{GS}=\text{常数}} \tag{7-54}$$

将(7-48)式对 V_{BS} 求导,即能得到 g_{mb}。

7.6.2 增量电导(漏-源输出电导) g_D

1. 线性工作区的增量电导(漏-源输出电导) g_D

由 MOS 场效应管输出特性曲线的线性工作区部分,可以定义一个输出电导:

$$g_D = \left.\frac{\partial I_{DS}}{\partial V_{DS}}\right|_{V_{GS}=\text{常数}}$$

它相当于双极型晶体管输出电阻的倒数,单位为 S。若忽略线性工作区 I_{DS} 中的 V_{DS}^2 项,

可得

$$g_D = \beta(V_{GS} - V_{TH}) \tag{7-55}$$

它和饱和工作区的跨导相等。在 V_{GS} 不太大时，g_D 与 V_{GS} 呈线性关系。输出电阻 $\frac{1}{g_D}$ 与 $(V_{GS}-V_{TH})$ 是双曲线关系，即 $\frac{1}{g_D}$ 随 V_{GS} 的增大而减小。当漏-源电流较大时，g_D 与 V_{GS} 的线性关系不再维持，这是因为电子的迁移率随 V_{GS} 的增加而减小。

在 V_{DS} 较小时，g_D 与 V_{DS} 无关，随着 V_{DS} 的增大，但还未到饱和区，g_D 将会减小。这是因为此时 V_{DS}^2 项不能忽略，可得

$$g_D = \beta(V_{GS} - V_{TH} - V_{DS})$$

2. 饱和工作区的增量电导(漏-源输出电导)

在理想情况下，若不考虑沟道长度调变效应，I_{DS} 与 V_{DS} 无关。饱和工作区的 g_D 应为零，也即输出电阻为无穷大。

对于实际 MOS 晶体管，饱和区输出特性曲线总有一定的倾斜，使输出电导不等于零，即输出电阻不为无穷大。有两个原因造成输出特性曲线倾斜：

(1) 沟道长度调变效应。当 $V_{DS} > V_{Dsat}$ 时沟道有效长度缩短，

$$I'_{DS} = I_{DS}\left[1 - \frac{L_S}{L}\right]^{-1} \tag{7-56}$$

L_S 为漏结耗尽区的宽度，

$$L_S = \sqrt{\frac{2\varepsilon_s\varepsilon_0[V_{DS} - (V_{GS} - V_{TH})]}{qN_A}} \tag{7-57}$$

根据输出电导的定义，

$$g_D = \frac{\partial I'_{DS}}{\partial V_{DS}} = \frac{I'_{DS}\left\{\frac{\varepsilon_s\varepsilon_0}{2qN_A[V_{DS} - (V_{GS} - V_{TH})]}\right\}^{1/2}}{\left\{L - \sqrt{\frac{2\varepsilon_s\varepsilon_0[V_{DS} - (V_{GS} - V_{TH})]}{qN_A}}\right\}} \tag{7-58}$$

从上式可知，当 $(V_{GS} - V_{TH})$ 增大时，g_D 也增大。当 V_{DS} 增加时，g_D 也增大，使输出电阻下降。

(2) 对于在高电阻率衬底上制造的 MOS 晶体管，还有造成输出电导增大的第二个原因，这就是漏极对沟道的静电反馈作用。当 V_{DS} 增大时，漏端 n^+ 区内束缚的正电荷增加，漏端耗尽区中的电场强度增大。漏区的一些电力线会终止在沟道中，如图 7-30 所示。这样，n 型沟道区中电子浓度必须增大，从而沟道的电导增大。这就是漏极对沟道具有的静电反馈作用。

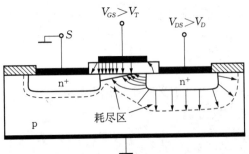

图 7-30 漏区电场对沟道静电反馈示意图

若 MOS 晶体管的沟道长度较小,即漏和源之间的间隔较小,导电沟道的较大部分就会受到漏极电场的影响,可能使漏极输出电阻降得很低,造成漏-源电流不完全饱和。如果衬底材料的电阻率较低,漏与衬底以及沟道与衬底之间耗尽区较窄,静电反馈的影响就较小。

7.6.3 串联电阻对 g_D 和 g_m 的影响

由于 MOS 场效应管源区的体电阻、欧姆接触及电极引线等附加电阻的存在,使源区和地之间有一个串联电阻 R_S,如图 7-31 所示。若加于栅极与地之间的电压为 V'_{GS},引起的漏-源电流为 I_{DS},则它在 R_S 上有一个压降 $I_{DS}R_S$。真正加在栅极与源之间的电压 V_{GS} 与 V'_{GS} 的关系为

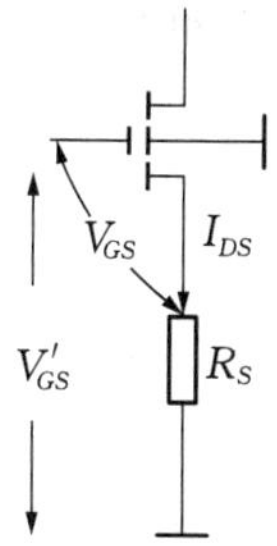

$$V'_{GS} = V_{GS} + I_{DS}R \tag{7-59}$$

计及 R_S 影响后的跨导 g'_m 应为

图 7-31 R_S 对 g_m 的影响

$$g'_m = \left| \frac{\Delta I_{DS}}{\Delta V'_{GS}} \right| = \left| \frac{\Delta I_{DS}}{\Delta V_{GS} + R_S \Delta I_{DS}} \right|_{V_{DS}}$$

$$= \left| \frac{\frac{\Delta I_{DS}}{\Delta V_{GS}}}{1 + R_S \frac{\Delta I_{DS}}{\Delta V_{GS}}} \right|_{V_{DS}} \tag{7-60}$$

上式说明当 MOS 场效应管源极串联电阻不能忽略时,其跨导将减小 $(1+R_S g_m)$ 倍。其中 R_S 起负反馈作用,可以稳定跨导。如果 $R_S g_m$ 很大,则有

$$g'_m = \frac{1}{R_S} \tag{7-61}$$

这是深反馈情况,跨导与器件参数无关。

若漏区的串联电阻为 R_D,用相似的讨论方法可以得到在线性工作区受 R_S 及 R_D 影响的有效输出电导:

$$g'_D = \frac{g_D}{1+(R_S+R_D)g_D} \tag{7-62}$$

7.6.4 载流子速度饱和对 g_m 的影响

载流子速度饱和对 MOS 场效应管电流的影响可以由解二维泊松方程和电流连续性方程确定。通常,这只能由数值方法求解。为了求得解析解,必须将问题简化,假定载流子仅在接近加速电荷的电场为最大值的漏端处才饱和。因此,可将沟道分成两个区域:一个区域内载流子速度不饱和,另一个区域内载流子速度饱和。分析表明,对于大的 V_{GS} 值,I-V 特性中在饱和区的跨导可表示为

$$g_{msat} = \left(\frac{W \varepsilon_{ox} \mu_n}{t_{ox}} \right) \xi_1 \tag{7-63}$$

ξ_1 为沟道中电子速度达到其极限值 $v_s = 6.5 \times 10^8$ cm/s 处的电场强度。由于 $\mu_n \xi_1 = v_s$,因

而有

$$g_{msat} = WC_{ox}v_s \tag{7-64}$$

由此可见,在极限情况下,MOS 晶体管饱和工作区的跨导变得与栅极电压及沟道长度无关了。此特性在具有短沟道长度的高频器件中得到了证实。对于氧化层厚度为 1 000 Å 的 MOS 晶体管,单位沟道宽度的最大可能跨导为

$$\frac{g_{msat(\max)}}{W} = 23 \text{ ms/cm}$$

7.6.5 g_m 的极限

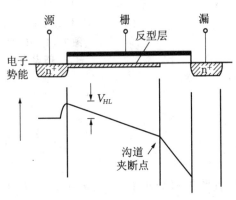

图 7-32 n^+-n 结引起的漏-源间的势垒

对于常规的绝缘栅场效应管,理论认为当栅-沟道电容 C_{ox} 由于 t_{ox} 趋于零而增大时,跨导与电流之比趋向于无穷大。这种特性与任何其他电荷控制器件不同,它们的 g_m/I 的最大理论极限值为 q/k_BT。这样的考虑可得出结论,沟道区的电势不是单调变化的。Johnson 曾指出在漏、源间的电势分布中有一个由于源-沟道 n^+-n 高低结形成的势垒,如图 7-32 所示。

所有可动载流子在开始进入漏端前必须先爬过势垒 V_{HL}。高低结的势垒高度 V_{HL} 由下式决定:

$$V_{HL} = \frac{k_BT}{q} \ln \frac{n_c}{n_s} \tag{7-65}$$

式中 n_s 和 n_c 分别为源和沟道的电子浓度。通常源和沟道中载流子的浓度随着离表面的深度而变化。因此,确切地讲 V_{HL} 应随深度而变化。但是,忽略这一点并不影响讨论的有效性。

V_{HL} 的很小变化,例如变化几个 k_BT/q,将使流过反型层的电流变化很大。这是因为电流与 V_{HL} 是指数关系。现在 V_{HL} 与加在栅氧化层上的电压串联,所以当栅氧化层厚度趋于零,即栅氧化层电容为无穷大时,如果忽略欧姆电压降的话,总的输入电压趋于 V_{HL}。因此,便有

$$g_m = \frac{dI_{DS}}{dV_{GS}} = \frac{dI_{DS}}{dV_{HL}} = \frac{qI_{DS}}{k_BT} \tag{7-66}$$

$$g_m/I_{DS} = \frac{q}{k_BT} \tag{7-67}$$

由此可见,引进 n^+-n 结势垒概念后,可去除 g_m/I 为无穷大的情况。

7.7 阈值电压 V_{TH} 的测量方法及控制方法

阈值电压是 MOS 场效应管最重要的参数之一,它可定义为使电流开始在源与漏之间流动所需加在栅极上的电压。用不同的方法测量得到的 V_{TH} 是不同的,这是因为器件本身并

没有非常明确的定义"截止"。

7.7.1　1 μA 方法

这个方法意味着 V_{TH} 定义为漏-源电流为 1 μA 时的栅极电压。在 MOS 场效应管早期应用的年代,用这个方法测量 V_{TH} 较为普遍,因为它很直观。在测量时,只需在图示仪上记下饱和漏-源电流达到 1 μA 时所对应的栅极电压即可。它的主要缺点是无法计及器件的尺寸,即无法计及沟道宽长比 W/L。用此方法测量 V_{TH} 时,两个不同尺寸的器件并排在同一硅片上会得到不同的阈值电压。因此,这种方法现今较少使用。

7.7.2　$\sqrt{I_{DS}}$-V_{GS} 方法

对工作在饱和区的 MOS 场效应管,测得 $\sqrt{I_{DS}}$ 与 V_{GS} 的相应值,并将 $\sqrt{I_{DS}}$ 与 V_{GS} 作图,得到一直线:

$$\sqrt{I_{DS}} = \sqrt{\frac{\beta}{2}}(V_{GS} - V_{TH}) \tag{7-68}$$

上式和图 7-33 说明直线与 x 轴的截距即为 V_{TH},这是因为当 $I_{DS} = 0$ 时,$V_{GS} = V_{TH}$。直线的斜率为

$$\frac{\mathrm{d}\sqrt{I_{DS}}}{\mathrm{d}V_{GS}} = \sqrt{\frac{\beta}{2}} \tag{7-69}$$

由斜率也可算出载流子的迁移率。

此方法对增强型和耗尽型器件都适用。对于增强型器件,为了保证其工作在饱和区,可将栅和漏短接。

对于实际的器件,由于弱反型电流的作用,截距并不像(7-68)式所表示的那样清楚,需将直线部分外推才能得到较正确的 V_{TH}。采用此方法时,并排在硅片上相邻的不同尺寸的器件,外推直线到同一点,表明 V_{TH} 值相同。

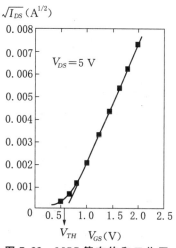

图 7-33　MOS 管在饱和工作区的 $\sqrt{I_{DS}}$ 与 V_{GS} 关系图

7.7.3　10-40 方法

这个方法与上一种方法不同,它不必采用图形外推而是代之以简单的计算。在栅极上加一个电压,并调节漏-源饱和电流为 10 μA,V_{DS} 取为 5 V,这时对应的栅极电压为 V_{10}。然后,增加栅极电压,使漏-源饱和电流达到 40 μA,相应的栅极电压为 V_{40}。

由公式(7-10)可得

$$I_{10} = \frac{\beta}{2}(V_{10} - V_{TH})^2 \tag{7-70}$$

$$I_{40} = \frac{\beta}{2}(V_{40} - V_{TH})^2 \tag{7-71}$$

从而可得

$$V_{TH} = 2V_{10} - V_{40} \tag{7-72}$$

这个方法特别适合于用图示仪进行测量的情况，因为大多数图示仪有微调旋钮，可以很快调整并直接读出精确的栅极电压值。

必须指出，选择 40 μA 及 10 μA 并不是唯一的，只需让两个电流的比值为 4，并使第一个电流值确保工作在图 7-33 的直线部分。

7.7.4 修改的 10-40 方法

此方法采用与 10-40 方法相同的公式和概念，其差别只是将器件的栅极和漏极连接起来，迫使它工作在饱和区。图 7-34 中表示出在图示仪上的两端点特性以及确定 V_{10} 和 V_{40}。采用这种方法很易实行自动测试，因为能将它们编成程序，使电流很快达到一定值并测出相应的栅极电压。在原来的 10-40 方法中涉及到三个端点，加一个栅极电压并测量漏-源电流 I_{DS}，如果 I_{DS} 不在所需要的范围内，必须修改栅极电压，再读出另一个 I_{DS}，搜寻正确的 V_{GS} 较花时间。图 7-34 中的细实线表示 $V_{GS} = V_{10}$ 及 $V_{GS} = V_{40}$ 的特性曲线，以资参考。

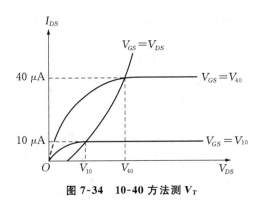

图 7-34　10-40 方法测 V_T

在没有沟道长度调变效应，即漏-源电流在饱和区的斜率为零时，不管 V_{GS} 取何值，一个栅极电压产生相同的 I_{DS}。这时 10-40 方法和修改的 10-40 方法可测出相同的 V_{TH}，但当饱和漏-源电流有倾斜时，在不同的 V_{DS} 下，达到 40 μA 所需加的 V_{40} 值也不同。阈值电压 V_{TH} 可以有几百毫伏的差别。

7.7.5 输出电导法

将 MOS 场效应管的 V_{DS} 置于一个较小的值，例如 100 mV，使管子工作于线性区，在不同栅极电压 V_{GS} 下测量漏-源电流 I_{DS}，将输出电导 $g_D = \dfrac{I_{DS}}{V_{DS}} = \dfrac{I_{DS}}{0.1\,\text{V}}$ 对 V_{GS} 作图，得到图 7-35。

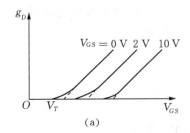
(a)

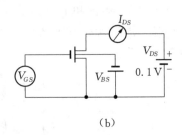
(b)

图 7-35　用输出电导法测量 V_T

由(7-8)式并忽略 V_{DS} 的平方项,可得

$$g_D = \frac{I_{DS}}{V_{DS}} = \beta(V_{GS} - V_{TH}) \tag{7-73}$$

在不同的衬底偏置电压下,可得到不同的 g_D-V_{GS} 曲线,它们的斜率为

$$\frac{dg_D}{dV_{GS}} = \beta \tag{7-74}$$

图形的直线部分在 x 轴上的截距即为阈值电压 V_{TH},这是因为 $g_D = 0$ 时,$V_{GS} = V_{TH}$。由图 7-35(a)可见,当衬底偏置电压 V_{BS} 增加时,V_{TH} 也增加,图 7-35(b)是测量时的线路图。

输出电导法最常用于测量短沟道 MOS 器件的阈值电压,因为所用的 V_{DS} 较小,使沟道的短沟道效应大为减少。但是此方法的缺点是难于实现自动测试。问题是 V_{GS} 接近 V_{TH} 时,器件工作在弱反型区,曲线显示非线性特征,必须找到合适的进行外插的区域。

7.7.6 阈值电压 V_{TH} 的控制和调整

在 MOS 场效应管及 MOS 集成电路的制作中,控制好阈值电压 V_{TH} 的值往往是很重要的。例如,我们要制造 n 沟道增强型 MOS 管,它的 V_{TH} 应为正值,并要求达到一定的值,重写阈值电压的公式(7-1)如下:

$$V_{TH} = -\left(v_{MS} + \frac{Q_{SS}}{C_{ox}}\right) + \frac{2k_B T}{q}\ln\frac{N_A}{n_i} + \frac{\sqrt{4qN_A\varepsilon_s\varepsilon_0\psi_F}}{C_{ox}} \tag{7-75}$$

由于 Q_{SS} 及 v_{MS} 的影响,如果控制不当,V_{TH} 可能出现负值,变成耗尽型了。通常要求衬底受主杂质浓度大于 10^{15} cm^{-3}。如果由于 Q_{SS} 太大,或硼的分凝作用使受主浓度达不到产生正的 V_{TH} 值的要求,MOS 管将变"耗"。为了避免使 n 沟道增强 MOS 型管变"耗",必须控制氧化层中的正电荷 Q_{SS} 不能太大,或采用衬底反偏电压提高 V_{TH} 值,后者将增加麻烦。通常可用硼离子注入方法控制和调整阈值电压。除了需要调整受主浓度 N_A 的沟道区以外,其他区域均用光刻胶掩蔽起来,硼通过栅氧化层进入沟道区,就能确保 $N_A > 10^{15}$ cm^{-3},从而使管子的 V_{TH} 值处于所需要的正值。

用同样的方法也能控制和调整 p 沟道 MOS 管的阈值电压。

7.8 MOS 场效应管的频率特性

在双极型晶体管中曾讨论过它们的频率特性,引进了一些表征晶体管频率特性的参数。对于 MOS 场效应晶体管,也可讨论其频率特性,并引进相应的频率参数。在本节中先讨论 MOS 场效应管的宽带模型,然后引进最高振荡频率。

7.8.1 MOS 场效应管的宽带模型

图 7-36 给出 n 沟道 MOS 场效应晶体管的宽带模型。衬底为 p 型半导体,两个背靠背的二极管 D_{SS} 及 D_{SD} 表示源-衬底及漏-衬底 p-n 结。对于 p 沟道 MOS 场效应管两个二极管

均取相反方向。r'_S 和 r'_D 分别为源区和漏区的体电阻。电容 C_{GS}、C_{GD} 和 C_{DS} 分别为栅-源电容、栅-漏电容以及源和漏之间的 p-n 结电容。r_{GS} 及 r_{GD} 分别为栅-源及栅-漏之间的电阻。由于它们由氧化层构成，故其阻值很高。C_{GC} 及 r_C 近似表示实际的栅沟道分布电容及沟道电阻。r_D 表示由 MOS 管输出特性得到的输出电阻，它是输出电导的倒数。电流源 $g_m v_1$ 表示栅极电压通过沟道电容对漏极电流的影响。g_m 即为 MOS 管的跨导，v_1 仅为加于沟道的电压而不是栅与源之间的端电压。

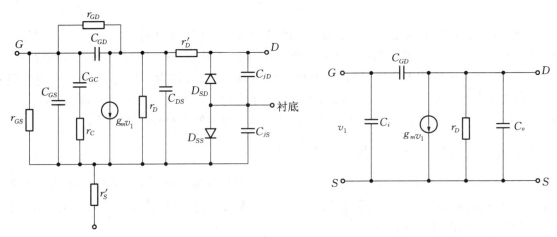

图 7-36　MOS 场效应管宽带模型等效电路图　　图 7-37　简化的 MOS 晶体管等效电路图

图 7-36 所示的等效电路在某些条件下可以简化。如果将衬底与源短接，则二极管 D_{SS} 及结电容 C_{jS} 均短路。二极管 D_{SD} 处于反偏，可予略去，电阻 r'_D 与 r'_S 通常很小，一般为几个欧姆，往往可以忽略。而电阻 r_{GS} 和 r_{GD} 经常非常大，约为 $10^{14} \sim 10^{16}$ Ω 数量级，由于是并联，也可以忽略，沟道电阻约为 50 Ω，往往也可忽略。在忽略上述元件后，等效电路图 7-36 可变为图 7-37。它在许多电路分析中是颇为有用的。图中电容 C_i 是 C_{GC} 与 C_{GS} 的并联，即

$$C_i = C_{GC} + C_{GS} \tag{7-76}$$

电容 C_o 是 C_{DS} 与 C_{jD} 的并联，即

$$C_o = C_{DS} + C_{jD} \tag{7-77}$$

图 7-36 是一种比较复杂的等效电路图，而图 7-37 是一种实用的简单的等效电路图。在许多讨论中是很有用的。表 7-1 给出 MOS 场效应管等效电路元件的典型值。必须指出：参数 r_D、g_m 及结电容 C_{jS}、C_{jD} 为非线性的，它们的值随不同的偏置而变。

表 7-1　工作在饱和区的 MOS 场效应管参数的典型值

参　数	r_{GS}、r_{GD}	C_{GS}	C_{DS}	r_C	C_{GC}	r'_S、r'_D	C_{jS}	C_{jD}	r_D	g_m
典型值	10^{14} Ω、10^{15} Ω	1 pF	1 pF	50 Ω	4 pF	几个欧姆	3 pF	1 pF	40 kΩ	10 mA/V

7.8.2　最高振荡频率

在双极型晶体管中引进了最高振荡频率，用以描述晶体管的优值指标。对于 MOS 场效

应管,也可引进最高振荡频率,用来说明管子的频率特性。图 7-38 给出用于计算 MOS FET 最高振荡频率的电路图。图中忽略了电容 C_{GS} 以及漏极输出电阻 r_D,这就是所谓理想情况。图 7-38 中理想的滤波器由一个理想电感构成,在最高振荡频率时 C_o 和理想电感并联的导纳为零。理想的电流方向变换器(或 180°相移器)使电流源的输出电流通过 C_i 反馈,从而使由它产生的电压 V_1 为正值,这样 C_i 上的电压为

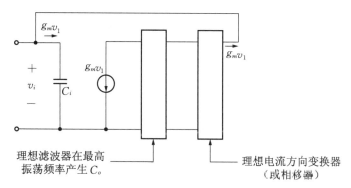

图 7-38　用于计算 MOS 场效应管最高振荡频率的电路

$$|V_1| = \frac{g_m |V_1|}{C_i \omega_M} \tag{7-78}$$

式中 V_1 为 C_i 上正弦变化电压 v_1 的振幅;ω_m 为最高振荡角频率。由(7-78)式,可得

$$\omega_m = \frac{g_m}{C_i} \tag{7-79}$$

或者

$$f_M = \frac{g_m}{2\pi C_i} \tag{7-80}$$

f_M 即为所求之最高振荡频率,单位 Hz。下面用器件的基本参数来表示 g_m,从而得到 f_M 与基本参数的关系。在饱和工作区,有

$$I_{DS} = \frac{\mu_n C_{ox} W}{2L}(V_{GS} - V_{TH})^2 \tag{7-81}$$

$$g_m = \frac{\partial I_{DS}}{\partial V_{GS}}\bigg|_{V_{DS}=常数} = \frac{\mu_n C_{ox} W}{L}(V_{GS} - V_{TH}) = \beta(V_{GS} - V_{TH}) \tag{7-82}$$

将(7-82)式代入(7-79)及(7-80)式,便有

$$\omega_M = \frac{\mu_n C_{ox} W}{C_i L}(V_{GS} - V_{TH})$$

$$f_M = \frac{\mu_n C_{ox} W}{2\pi C_i L}(V_{GS} - V_{TH})$$

C_{ox} 是单位面积氧化层电容,若将氧化层总电容 $C'_{ox} = C_{ox} \cdot WL$ 代入上式,则可得

$$\omega_M = \frac{\mu_n C'_{ox}}{C_i L^2}(V_{GS} - V_{TH}) \tag{7-83}$$

$$f_M = \frac{\mu_n C'_{ox}}{2\pi C_i L^2}(V_{GS} - V_{TH}) \tag{7-84}$$

若沟道区的横向电场用 $\mathscr{E}_x = \dfrac{(V_{GS} - V_{TH})}{L}$ 表示,载流子渡过沟道区 L 所需的时间为渡越时间 τ,载流子平均速度为 $\bar{u}$,则

$$\tau = \frac{L}{\bar{u}} = \frac{L}{\mu_n \mathscr{E}_x} = \frac{L^2}{\mu_n(V_{GS} - V_{TH})} \tag{7-85}$$

将(7-85)式与(7-83)及(7-84)式比较,即可得

$$\tau = \frac{1}{\omega_M}\left(\frac{C'_{ox}}{C_i}\right)$$

如果

$$C_{GC} \gg C_{GS} \tag{7-86}$$

$$C_{GC} \approx C'_{ox} \tag{7-87}$$

条件成立,则有

$$C'_{ox} / C_i \approx 1 \tag{7-88}$$

由此可得最高振荡频率与渡越时间成反比,即

$$\tau = \frac{1}{\omega_M} \tag{7-89}$$

必须注意,(7-89)式仅在(7-86)、(7-87)式的条件满足以及在沟道刚夹断时才成立。在饱和工作区,沟道长度 L 必须由有效沟道长度 $L' = L - L_S$ 所代替。

上面讨论的 n 沟道 MOS 管的最高振荡频率很易推广到 p 沟道 MOS 管的情况,只要将 f_M 式中的电子迁移率 μ_n 换成空穴迁移率即可。

$$\omega_M = \frac{\mu_p C'_{ox}}{C_i L^2}(V_{GS} - V_{TH}) \tag{7-90}$$

$$f_M = \frac{\mu_p C'_{ox}}{2\pi C_i L^2}(V_{GS} - V_{TH}) \tag{7-91}$$

7.8.3 寄生电容对最高振荡频率的影响

在上节推导最高振荡频率时忽略了电容 C_{GD} 的作用。C_{GD} 是栅-漏电容,它跨于输入端和输出端之间,相当于一个反馈电容。由于漏端输出信号的位相与栅端输入信号的位相相反,

因此 C_{GD} 起的是负反馈作用,可以将 C_{GD} 的影响等效地折合到输入端来考虑。

根据图 7-37,C_{GD} 两端的电压降可以由输入信号 v_g 及输出信号 $-|v_o|$ 决定,即为

$$v_g - (-|v_o|) = v_g + |v_o| = v_g + K_V v_g = (1+K_V)v_g$$

折合到输入端的电容 C_{GD} 可由下列等式求得:

$$C_{GD}(1+K_V)v_g = C'_{GD} v_g$$

即有

$$C'_{GD} = (1+K_V)C_{GD} \tag{7-92}$$

C_{GD} 并联于 C_i,因此最高振荡频率为

$$f_M = \frac{g_m}{2\pi[C_i + (1+K_V)C_{GD}]} \tag{7-93}$$

由上式可见,C_{GD} 越大则 f_M 越小,当 MOS 场效应管级联使用时,前一级的输出电容 C_{DS} 也要并联到后一级的 C_i 中去,因而寄生电容总是使最高振荡频率 f_M 降低。

7.9 MOS 场效应管的开关特性

和双极型晶体管一样,MOS 场效应管也可用来构成数字集成电路,例如构成触发器、存储器、移位寄存器等等。这种由 MOS 场效应管构成的集成电路具有功耗小、集成度高的优点。在 MOS 数字集成电路中,MOS 场效应管主要工作在两个状态,即导通态和截止态。MOS 数字集成电路的特性就由 MOS 管在这两个状态的特性以及这两个状态相互转换的特性所决定,这就是所谓的晶体管的开关特性。

7.9.1 MOS 倒相器的定性描述

如图 7-39 所示,在 n 沟道增强型 MOS 管的漏极加一个负载电阻 R_L,即构成一个倒相器,以栅和源作为输入端,漏与源作为输出端。当输入端没有输入,即 $V_{GS} = 0$ 时,管子处于截止状态,漏源输出电压接近于电源电压 V_{DD}。当在栅极上输入正脉冲,且其幅度大于阈值电压 V_{TH} 时,MOS 管导通,有电流 I_{DS} 流过,输出电压 V_D 下降。这样就构成了倒相器,输入与输出倒了一个相。管子工作于截止与导通两个状态,故倒相器起了开关的作用。图 7-40

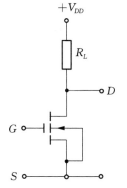

图 7-39 电阻负载 MOS 倒相器

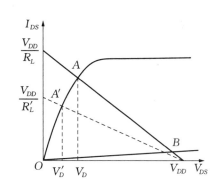

图 7-40 电阻负载 MOS 倒相器特性曲线

表明倒相器的输出特性曲线,图中的 B、A 点分别对应于截止和导通状态。作为倒相器,要求功耗小,为减小导通时的电流,必须增大负载电阻 R_L。此外,为了增大输出摆幅,即要求管子导通时输出电压小,这也必须增大负载电阻 R_L。图 7-40 中 $R_L' > R_L$,则有 $V_D' < V_D$。

若用另一个 n 沟道增强型 MOS 场效应管来代替电阻 R_L 作为负载,称为有源负载。用作负载的 MOS 管称为负载管。通常负载管的衬底与源相连,并将其栅极与漏极相连,称为共栅-漏连接,以确保负载管导通时总工作在饱和区,电源电压 V_{DD} 加在负载管的漏极与倒相管的源极之间,如图 7-41 所示。

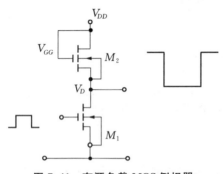

图 7-41 有源负载 MOS 倒相器

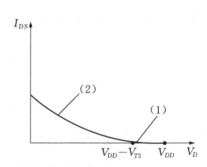

图 7-42 负载管的 $I_{DS}-V_D$ 关系

令倒相管 M_1 漏极电位为 V_D,它也是负载管的源极电位。当 $V_D > V_{GG} - V_{T2}$ 或 $V_{DD} - V_D < V_{T2}$ 时,负载管 M_2 始终截止。当倒相管有正脉冲输入,使其导通,V_D 下降到 $V_{DD} - V_D = V_{T2}$ 时,负载管也开始导通,且工作在饱和区。图 7-42 表示负载管的转移特性曲线。在区域(1),即 $V_D = V_{DD}$ 与 $V_D = V_{DD} - V_{T2}$ 之间,负载管截止。在区域(2),即 $V_D < V_{DD} - V_{T2}$ 处,负载管工作于饱和区。

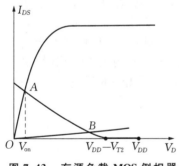

图 7-43 有源负载 MOS 倒相器的特性曲线

流过倒相管和负载管的电流均为 I_{DS},负载管的 I_{DS}-V_D 曲线应为倒相管的负载曲线。可将 M_2 管的 I_{DS}-V_D 曲线与 M_1 管的特性曲线画于同一个图中,如图 7-43 所示。M_2 管负载曲线与 M_1 管特性曲线有两个交点 A 和 B,分别表示倒相器处于导通和截止状态。当倒相器无输入而处于工作点 B 所表示的截止态时,输出电压接近于 $V_{DD} - V_{T2}$,其中 V_{T2} 为负载管的阈值电压。当倒相器有正脉冲输入而处于工作点 A 所表示的导通态时,输出为低电平 V_{on}。显然,为了减小倒相器导通时的输出电压和输出电流,要求负载管的跨导 g_{mL} 小些,倒相管的跨导 g_{mD} 大些。可以证明输出摆幅 ΔV,即截止态与导通态时输出电压之差,可近似表示为

$$\Delta V = (V_{DD} - V_{T2})\left[1 - \frac{1}{1 + \frac{g_{mD}}{g_{mL}}}\right] \tag{7-94}$$

7.9.2 单沟道 MOS 集成倒相器

如果倒相管与负载管做在同一个半导体衬底之上,则当倒相管的源与衬底短接时,负载管的源与衬底将不是短接而是处于反向偏置状态。这时负载管的阈值电压必须考虑源与衬底反偏效应的影响,即原来的 V_{T2} 应改为 $(V_{TH})_{BS}$。图 7-44 与图 7-45 分别为单沟道 MOS 集成倒相器及其特性曲线。下面先讨论倒相器的静态特性,然后讨论它的瞬态开关特性。

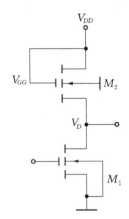

图 7-44　单沟道 MOS 集成倒相器

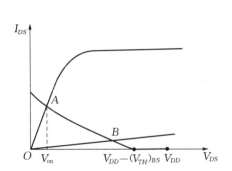

图 7-45　单沟道 MOS 集成倒相器特性曲线

1. 静态特性

倒相器的静态特性就是它在导通状态和截止状态的特性。

(1) 导通态的特性。若倒相器处于导通状态,并将其工作点调节在线性工作区,负载线与特性曲线交于 A 点,倒相管的输出电压为 V_{on},输出电流为 I_{on}。这时的电流也就是流过负载管的漏-源饱和电流。

$$I_{on} = \frac{1}{2}\beta\left[(V_{DD} - V_D) - (V_{TH})_{BS}\right]^2$$

由于在导通态时,$V_D = V_{on} \ll V_{DD} - (V_{TH})_{BS}$,因此上式可近似为

$$I_{on} = \frac{\beta}{2}\left[V_{DD} - (V_{TH})_{BS}\right]^2 \tag{7-95}$$

负载管的跨导近似为

$$g_{mL} \approx \beta[V_{DD} - (V_{TH})_{BS}] \tag{7-96}$$

由此可得

$$I_{on} = \frac{g_{mL}}{2}[V_{DD} - (V_{TH})_{BS}] \tag{7-97}$$

由于倒相管工作在线性区,I_{on} 也可表示为

$$I_{on} = \beta\left[(V_{GG} - V_{TH})V_D - \frac{1}{2}V_D^2\right]$$

$$\approx \beta[(V_{GG} - V_{TH})V_{on}] = g_{mD}V_{on} \tag{7-98}$$

上式中 g_{mD} 为倒相管的跨导。由(7-97)及(7-98)式,可得

$$V_{on} = \frac{1}{2}\frac{g_{mL}}{g_{mD}}[V_{DD} - (V_{TH})_{BS}] \tag{7-99}$$

上式说明为了减小倒相器导通时的输出电压,要求负载管的跨导小,倒相管的跨导大。

(2) 截止态的特性。由图 7-45 可知,倒相器截止时工作在 B 点所示的状态。这时流过的电流是很小的漏电流,输出电压为 V_{off},显然 V_{off} 可近似为

$$V_{off} \approx V_{DD} - (V_{TH})_{BS} \tag{7-100}$$

倒相器处于截止态时,负载管的源-衬底反偏电压 V_{BS} 就是 V_{off}。因此,负载管的阈值电压 $(V_{TH})_{BS}$ 与倒相管的输出电压 V_{off} 有关。这样一来,就使计算 V_{off} 复杂化。因为欲求 V_{off},需知道 $(V_{TH})_{BS}$,而 $(V_{TH})_{BS}$ 又与 V_{off} 本身有关。通常在计算中总是先决定倒相管的输出电压 V_{off},然后由(7-34)式算出 $(V_{TH})_{BS}$,最后再决定电源电压 V_{DD}。

2. 瞬态开关特性

(1) 电阻负载时的开关特性。MOS 场效应管的理想开关波形——输入栅源电压 V_{GS} 与输出电流 I_{DS} 的关系如图 7-46 所示。当输入栅极电压 V_{GS} 增加时,经过一个短的延迟时间 t_d,电流开始出现。当 V_{GS} 超出阈值电压 V_{TH} 时,电流开始迅速增大。在上升时间 t_r 结束时,电流达到最大值。当栅电压去掉时,栅电容放电,使 V_{GS} 不是一下子减小,经过较短的栅电容储存时间 t_s 后,栅极电压

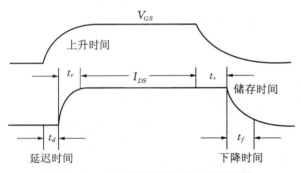

图 7-46 MOS 场效应管理想开关波形图

减小到 V'_{GS} 值,这时电流开始脱离饱和值。此后栅极电压继续下降,漏-源电流也继续下降,经过下降时间 t_f,截止过程结束。

MOS 场效应管是一种多子器件,不存在双极型晶体管基区和集电区出现的超量电荷存储效应。从导通态转变为截止态的过程决定于储存于输入电器中的电荷,此电荷量主要决定于总的栅面积,它比双极型晶体管中储存的电荷量要小得多。因此,MOS 场效应管是一种潜在的高速器件。MOS 场效应管的关开时间随温度的变化很小,因为它不存在双极型器件中少子寿命随温度的变化效应。

MOS 场效应管的延迟时间可由输入电容充电方程求得:

$$V_{GS}(t) = V_{GG}[1 - \exp(-t/R_{gen}C_{in1})] \tag{7-101}$$

式中 V_{GG} 是峰值电压，R_{gen} 是电流脉冲发生器的内阻，C_{in1} 为输入电容。当栅电压达到阈值电压 V_{TH} 时，导通延迟时间结束。由方程式(7-101)，可得

$$t_d = -C_{in1} R_{gen} \ln(1 - V_{TH}/V_{GG}) \tag{7-102}$$

在上升时间期间，由于密勒效应，输入电容 C_{in2} 与 C_{in1} 不同。可假定 C_{in2} 仍为常数。令 V_{GS2} 为上升时间结束时的栅极电压。可以推得上升时间为

$$t_r = -C_{in2} R_{gen} \ln\left[1 - \frac{(V_{GS2} - V_{TH})}{(V_{GG} - V_{TH})}\right] \tag{7-103}$$

截止时间可采用相似于得到导通时间的办法加以讨论。

(2) 负载管情况开关特性定性分析。影响开关特性的主要因素是电容效应，在集成 MOS 倒相器中有倒相管的输入电容 C_{in}，输出电容有 C_o，以及下一级的输入电容 C'_{in}。假定有一个理想的方波输入于倒相管。倒相器输出端 D 的电位将从 V_{off} 下降到 V_{on}。由于倒相管输出电容 C_o 及下一级输入电容 C'_{in} 的放电作用，需要有一定的导通时间才能使 V_D 从 V_{off} 下降到 V_{on}，如图 7-47 所示。

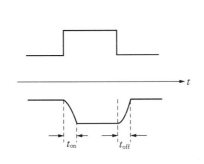
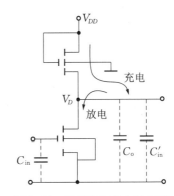

图 7-47 单沟道 MOS 倒相器输入和输出波形图　　图 7-48 倒相器充放电示意图

当输入信号突然从高电平跌到低电平时，倒相器要从导通状态变到截止状态，V_D 要从 V_{on} 上升到 V_{off}。此时倒相管已经截止，必须通过负载管向输出电容 C_o 及下级输入电容 C'_{in} 充电才能使 V_D 上升到 V_{off}，如图 7-48 所示。这个过程也需要一定的时间，称为截止时间 t_{off}。

由(7-97)式可知，负载管可引进一个等效电阻 R_L：

$$R_L = \frac{2}{g_{mL}} \tag{7-104}$$

在截止态时，负载管的 g_{mL} 下降，即等效电阻增大。因此，充电时间较长，也即倒相器的截止时间较长。

3. 单沟道 MOS 集成倒相器的缺点

(1) 功耗与开关时间存在矛盾，如果要求倒相器的导通功耗小，I_{on} 必须小。由(7-97)式

可知,要求负载管的跨导 g_{mL} 小。但是这样一来,负载管的等效电阻 R_L 增大,使倒相器从导通变成截止的时间 t_{off} 增大。

另外,要减小导通功耗,V_{on} 也必须小,根据(7-99)式,要求 g_{mL}/g_{mD} 小,即要求倒相管的跨导 g_{mD} 大。这意味着倒相管的沟道宽长比增大,使寄生电容增大,这也对开关速度不利。

(2) 倒相管与负载管的跨导不同,图形尺寸大小不同。倒相管的面积比负载管大得多。

(3) 倒相管导通时负载管也导通,电路中流过较大电流。

7.9.3 互补 MOS 集成倒相器

上节已说明单沟道 MOS 集成倒相器存在着功耗与开关时间的矛盾。这个矛盾的主要来源是它在导通状态时两个管子均导通。如果能使电路在导通和截止状态时均能使倒相管与负载管中的一个管子导通,另一个管子截止,稳态时总的电流就是截止管的漏电流,这样就能减小静态功耗。与此同时,若能将两个管子的跨导都做得很大,使等效电阻减小。这样便能缩短充放电时间,以达到提高开关速度的目的。

在双极型电路中有由 p-n-p 管作为 n-p-n 管负载所构成的互补输出级电路,能实现一个管子导通,另一个管子截止。这种思想用到 MOS 倒相器中便构成互补 MOS 集成倒相器。

1. 互补 (C) MOS 倒相器的结构和工作原理

CMOS 倒相器以 n 沟道增强型 MOS 管作倒相管,以 p 沟道增强型 MOS 管作为负载管。倒相管及负载管的源区分别与各自的衬底短接。由于 p 沟负载管的源极接正高电位 V_{DD},因此负载管的 n 型衬底也接高电位。n 沟倒相管的源极接低电位(接地),故倒相管的 p 型衬底也接地。这样,两个管子的衬底之间是反偏的,因而是自动隔离的。图 7-49 是 CMOS 倒相器的电路图,在 CMOS 倒相器中,两个栅极相并联作为输入端。两个漏极连在一起作为输出端。

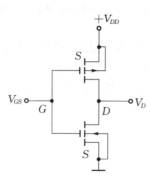

图 7-49 CMOS 倒相器

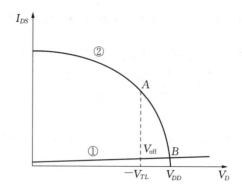

图 7-50 CMOS 倒相器处于截止态的工作点

(1) 当输入脉冲为零时,倒相器处于截止态。这时 $V_{GS} = 0$,倒相管处于截止状态。由于负载管是 p 沟道增强型管,V_{DD} 为正,相当于在负载管的栅源之间加一个负的电压,使负载管开启,处于导通状态,如果使负载管工作在线性区,则输出电压 $V_D = V_{off}$ 很接近电源电压

V_{DD}。这时流过倒相管的仅是微小的漏电流,功耗必定很小。图 7-50 中曲线①是倒相管的截止线,曲线②是负载管的负载曲线。①与②的交点 B 即倒相器处于截止态时的工作点。负载曲线②表明当 V_D 减小时,加在负载管漏和源之间的负电压增加,起初处于线性工作区。当 V_D 下降到使 $V_{GS} - V_D = V_{TL}$ (V_{TL} 为负值)时,负载管漏端夹断,进入饱和工作区。由图 7-50 可明显看出 $V_{off} \approx V_{DD}$。

(2) 当输入正脉冲时,倒相器处于导通状态。假定输入正脉冲电压 $V_{GS} \approx V_{DD}$,这时倒相管的栅极电压远大于源极零电位。倒相管可处于充分导通的状态,负载管的栅极电位 V_{DD} 与源极电位 V_{DD} 相同,故处于截止状态。为了减少倒相器在导通时的功耗,可以使倒相管工作在线性区。图 7-51 表明负载管的截止线与倒相管的输出特性曲线的交点 A 即为倒相器处于导通状态时的工作点。由图 7-51 也可见倒相器导通时输出电压 V_{on} 及输出电流 I_{on} 均很小。

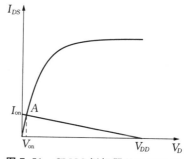

图 7-51 CMOS 倒相器处于导通态的工作点

综上所述,CMOS 倒相器无论处在导通状态或者截止状态,都只有很小的漏电流,因此功耗是很小的。

2. CMOS 倒相器的优点

上面已提到过,CMOS 倒相器处于截止状态时,倒相管截止,负载管处于线性工作区,流过的电流很小。倒相器处于导通状态时,倒相管处于线性工作区,负载管截止,总的电流也很小。这说明 CMOS 倒相器在导通态和截止态时,静态功耗都很小。

CMOS 倒相器中两个管子的跨导均可以做得较大,使导通时的等效电阻小些,从而缩短开关时间。当倒相器从截止态变到导通态时,输出电容 C_o 和下一级的输入电容 C'_{in} 要放电,这一放电过程可通过倒相管进行。当倒相器从导通态转变到截止态时,要对上述电容进行充电。在两个状态之间转变过程中,两个管子均导通,瞬态电流会大些,但由于等效电阻小,开关时间短,仍可使总功耗很小。

7.9.4 耗尽型负载 MOS 集成倒相器

除了上面讨论的两种集成倒相器外,还有一种耗尽型负载 MOS 集成倒相器,又称 E/D MOS 倒相器。

1. E/D MOS 集成倒相器的结构和工作原理

增强-耗尽型 MOS 倒相器是一种单沟道集成倒相器。它由增强型倒相管及耗尽型负载管构成,如图 7-52 所示。两个管子均是 n 沟道的。倒相管的 p 型衬底与源短接并接地。负载管的 p 型衬底同时接地,栅与源短接。电源电压 V_{DD} 是正的。

E/D MOS 倒相器也可以处于截止状态——输出高电平和导通态——输出低电平两种状态。由于负载管的栅与源短接,在栅和源之间的电位差始终为零。耗尽型负载管在栅和源之间不加外电压情况下,它总是处于饱和工作区。当负载管的漏-源电压很小时,可能处于线性工作区。

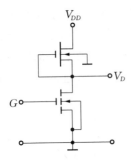

图 7-52 E/D MOS 集成倒相器

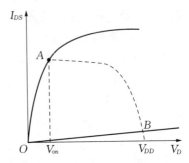

图 7-53 E/D MOS 倒相器的静态工作点

(1) 当输入端无信号输入时,倒相器处于截止状态。由于倒相管是增强型的,当无信号输入时,它处于截止状态。对于负载管来说,当 $V_D = V_{DD}$ 时,漏-源电压为零。当 V_D 减小时,负载管的漏-源电压增加。负载管的输出特性曲线如图 7-53 中的虚线所示,它在倒相器中就是负载线。倒相管的截止线与负载线的交点 B 即为倒相器处于截止状态时的工作点。由图可见,当 E/D MOS 倒相器处于截止态时,输出电平接近于电源电压 V_{DD},这时流过的电流仅是流过倒相管的极小的漏电流。

(2) 当输入高电平 V_{GS} 时,倒相器处于导通状态。这时倒相管导通,工作点从 B 点移到 A 点。A 点是倒相管相应于 V_{GS} 的输出特性曲线与负载线的交点。显然,此时倒相器的输出是低电平 V_{on}。电源电压几乎全降落在负载管上。$(V_{DD} - V_{on})$ 就是负载管的漏-源电压。

2. E/D MOS 倒相器的优缺点

E/D MOS 倒相器在导通状态时,两个管子均导通。而 CMOS 倒相器在导通状态时负载管截止,即只有一个管子导通。因此,E/D MOS 倒相器的功耗比 CMOS 倒相器来得大。

E/D MOS 倒相器的集成度比 CMOS 倒相器来得高,因为 E/D MOS 倒相器是单沟道的,而 CMOS 倒相器由两种沟道的管子组成,占面积较大。

E/D MOS 倒相器在截止状态的输出电平接近 V_{DD},比一般单沟道 MOS 倒相器的输出电平 $(V_{DD} - V_{TH})$ 来得大,可以较充分地利用电源电压,有利于在低电压下工作。

E/D MOS 倒相器从导通状态转变到截止状态时,工作点从 A 点沿着负载线移到 B 点。在转变过程中,大多数时间流过的电流是负载管的饱和漏-源电流,且是恒定的。因此对负载电容充电比较快,有利于提高开关速度。在相同功耗的条件下,E/D MOS 倒相器的开关速度可比一般单沟道 MOS 倒相器快很多倍。

E/D MOS 倒相器中负载管零栅偏压时的饱和漏-源电流的选取决定于对电路的要求。如果要做高速电路,可将电流选得大些。如果要制作低功耗电路,该电流可取得小些。

E/D MOS 倒相器要在同一块硅片上制造出增强型与耗尽型 MOS 管,因而制作工艺比常规倒相器复杂些。通常可用离子注入工艺或双扩散工艺来实现。

参考文献

[7-1] P. Richman, *Characteristics and Operation of MOS Field-Effect Devices*, McGraw-Hill, New York, 1937.

[7-2] J. R. Brews, *Silicon Integrated System*, Part A, Academic Press, New York, 1981.

[7-3] E. H. Nicillian, J. R. Brews, *MOS Physics and Technology*, Wiley, New York, 1982.

[7-4] S. R. Hofstein, F. D. Heiman, *Proc. IEEE*, **51**, 1190(1963).

[7-5] J. T. Wall mark, H. Johnson, *Field Effect Transistors*, *Physics*, *Technology and Applications*, Prentice Hall, Engle wood Cliffs, N. J., 1966.

[7-6] C. T. Sah, *IEEE Trans. Electron Devices*, ED-**11**, 324(1964).

[7-7] P. Richman, *MOSFET's and Integrated Circuits*, Wiley, New York, 1973.

[7-8] Jnn Ichi Nishzawa et al., *IEEE Trans. Electron Devices*, ED-**22**, 185(1975).

[7-9] G. C. Daccy, I. M. Ross, *Bell Sys. Tech. J.*, **34**, 1149(1955).

[7-10] R. S. C. Cobbold, *Theory and Application of Field Effect Transistor*, John Wiley & Sons, New York, 1970.

[7-11] Teszner S., R. Gicquel, *Proc. IEEE*, **50**, 15002(1960).

[7-12] L. Vadasz, A. S. Grove, *IEEE Trans*, *Electron Devices*, ED-**13**, 863(1966).

[7-13] Pao. HC, Sah. C. T., *Solid State Electronics*, **9**, 927(1966).

[7-14] H. K. J. Ihantoba, J. L. Moll., *Solid State Electron.*, **7**, 423(1964).

[7-15] T. Toyabe, K. Yamaguchi, S. Asai, M. S. Mock, *IEEE Trans. Electron Devices*, ED-25, 825(1978).

[7-16] G. Merckel, J. Borel, N. Z. Cupcea, *IEEE Trans. Electron Devices*, ED-**19**, 681(1972).

[7-17] E. C. Douglas, A. G. F. Dingwall, *IEEE Trans. Electron Devices*, ED-**21**, 324(1974).

[7-18] K. Yamagucki, *IEEE Trans. Electron Devices*, ED-**26**, 1068(1979).

[7-19] D. W. Ormond, *J. Electrochem. Soc.*, **123**, 162(1979).

[7-20] M. Nakagiri, K. Lida, *Jpn. J. Appl. Phys.*, **16**, 1187(1977).

习 题

7-1 有一个 n 沟道 MOS 晶体管,栅极的绝缘层是由热生长的 SiO_2 膜和覆盖在其上面的一层 Si_3N_4 膜组成的。假定绝缘膜的电阻为无穷大,没有电荷输运,试求该 MOS 管的阈值电压公式。(令 Si_3N_4 的厚度为 t_n,相对介电常数为 ε_n,SiO_2 的厚度为 t_{ox},相对介电常数为 ε_{ox}。)

7-2 由浓度为 $N_A = 5 \times 10^{15}$ cm^{-3} 的(111)晶向的 p 型 Si 衬底构成的 n 沟道 MOS 晶体管,栅极为金属铝,栅氧化层厚度为 1 500 Å,SiO_2 中的正电荷面密度为 $Q_{SS} = 1 \times 10^{22}$ q/cm^2 (q 为电子电荷),试求该管的阈值电压,并说明它是耗尽型还是增强型?

7-3 如果一个 MOS 场效应管的 $V_{TH} = 0$,当 $V_{GS} = V_{DS} = 4$ V,$I_D = 3$ mA 时,管子是否工作在饱和区? 为什么?

7-4 p 沟道 MOS 管的参数为:$N_D = 10^{15}$ cm^{-3},$t_{ox} = 1 200$ Å,$T = 300$ K,$N_{ss} = 5 \times 10^{21}$ cm^{-2},试计算它的阈值电压,当 $t_{ox} = 13 500$ Å 时,重复进行计算。

7-5 在掺杂浓度 $N_A = 10^{15}$ cm^{-3} 的 p 型 Si 衬底上制作两个 n 沟道 MOS 管,其栅 SiO_2 层厚度分别为 $t_{ox} = 1 000$ Å 和 $t_{ox} = 2 000$ Å,若 $V_{GS} - V_{FB} = 15$ V,则 V_{DS} 等于几伏时漏极电流达到饱和?

7-6 第 2 题中的 MOS 管,如果源和衬底之间加上反偏电压 2 V,则其阈值电压作何变化?

第八章 半导体功率器件

为了使器件的输出功率变大,要用到功率器件。我们以前的讨论中,都没有涉及器件的工作电流、工作电压、消耗功率等的限制。实际上,对于功率器件而言,这些限制都是很重要的。通常器件最大的额定电流在安培数量级,最大额定电压在 100 V 的数量级,最大额定功率在瓦甚至几十瓦数量级。

本章主要分析和讨论具有较大功率的双极型器件和 MOS 型器件。一般而言,对于大功率的器件而言,既需要有高的工作电压,又需要有大的工作电流,因此,与低功率器件相比,功率器件有着不同的电流电压特性以及几何结构。

8.1 功率二极管

二极管在几乎所有的电子电路中都会用到,对于功率二极管,其主要用途就是整流,将交流电转换为直流电。单个器件所涉及的额定电流从不到 1 A 到几百安培,所涉及的阻断电压从几十伏到几千伏不等。功率二极管主要用于机动车的交流发电机、桥式整流电路、开关电源、不间断电源等方面。

8.1.1 功率二极管的正向特性

典型的扩散功率二极管具有 p^+pnn^+ 结构,当施加正向偏压时,由于势垒区载流子浓度很小,电阻很大,外加偏压基本上都降落在势垒区。电子被注入到 p 型区(由 n→p),空穴被注入到 n 型区(由 p→n),这种大注入的过剩载流子浓度比本地的平衡多子浓度要高出很多倍,因此过剩载流子改变了原来的 p 型区和 n 型区的电导率。为了简化,当中间的 pn 掺杂不是很重时,我们假定 pn 可以用本征来近似,即将原来的 p^+pnn^+ 结构简化为 p^+-i-n^+ 结构。在 p^+-i 结处,电流是由空穴从 p^+ 层向 i 层的输运而引起的,在 i-n^+ 结处,电流是由电子从 n^+ 层向 i 层的输运而引起的。

所施加的偏压 V_F 可以认为由三部分构成:p^+-i 结上的电压降 V_P,i 区上的电压降 V_I,以及 i-n^+ 结上的电压降 V_N,

$$V_F = V_P + V_I + V_N \tag{8-1}$$

当温度升高时,由于 n_i 是温度的激增函数,V_P 和 V_N 随温度的升高而降低,同时温度升高时,载流子的迁移率会降低,所以 V_I 会升高。而载流子的寿命通常会增大,可以将迁移率降低的影响减小一些。某些掺铱的二极管中载流子寿命会迅速增大,在 −30~150 ℃ 的温度范围内,在给定的电流密度下正向电压随温度的升高而减小,这意味着器件的阈值电压会随着温度的上升而降低。在掺金和掺铂的器件中,载流子的寿命在某一温度时会达到最大值,所以这种器件在温度较低和温度很高时阈值电压都比较大。

8.1.2 功率二极管的反向特性

当施加几十伏的反向电压时,可以将功率二极管的扩散结近似假定为从 p 区到 n 区的突变结,击穿电压主要由轻掺杂处的掺杂浓度决定。在向 n 型材料扩散受主杂质而制成的二极管中,这个区域就是 n 型区,分析这种功率二极管的反向击穿电压时,可认为是 p^+-n 型。因此,要使这种器件具有高的反向击穿电压,其硅体材料应该具有低的施主杂质浓度和高的电阻率,与此同时,材料应该很厚,以保证在反偏时能够建立起足够宽的空间电荷区。但是,要想获得很低的正向压降,则只有在器件制作过程中,使载流子的寿命尽可能地长。在每次的高温工序后,要缓慢地降低温度。

由以上分析不难看出,高的反向击穿电压和低的正向压降是相互矛盾的,有时要做折中选择。

8.2 双极型功率晶体管

8.2.1 晶体管的最大耗散功率

晶体管的输出功率,除受到电学参数限制外,还要受到热学参数的限制,这是由于电流的热效应使晶体管消耗一定的功率,引起管芯发热,此热量通过半导体、管壳等途径散发到外面,称为晶体管的耗散功率,它由流过器件的电流和所施加的偏压决定。

$$P_C = I_B V_{BE} + I_C V_{CE} \tag{8-2}$$

工作于线性放大区的晶体管,$V_{BE} \ll V_{BC}$,因此上式右端的第一项可忽略,晶体管总的耗散功率近似等于集电结耗散功率。

晶体管结温有一定限制,温度过高将会引起 p-n 结的热击穿,最高结温 T_{jM} 可用下述经验公式计算:

锗 p-n 结

$$T_{jM} = \frac{4\,060}{10.67 + \ln \rho}(\text{K}) \tag{8-3}$$

硅 p-n 结

$$T_{jM} = \frac{6\,400}{10.45 + \ln \rho}(\text{K}) \tag{8-4}$$

最高结温与材料电阻率 ρ 有密切关系。通常规定,锗晶体管的最高结温度定为 85~125 ℃,硅晶体管则定为 150~200 ℃,与最高结温相对应的耗散功率就是晶体管的最大耗散功率。

晶体管的最大耗散功率与热阻有如下关系:

$$P_{CM} = \frac{T_{jM} - T_A}{R_T} \tag{8-5}$$

或

$$P_{CM} = \frac{T_{jM} - T_A}{R_{TS}} \tag{8-6}$$

式中 T_A 为环境温度;R_T 是稳态热阻,与功率晶体管的结构、材料和各材料的厚度、面积以及热导率等有关;R_{TS} 为瞬态热阻,它是指从加功率的时刻起,经过一段时间 t 后,结温的变化与所加的功率之比,它除与稳态热阻 R_T 有关外,更与外加脉冲的占空比——脉冲宽度与脉冲周期之比有关,通常 R_{TS} 比 R_T 小得多。

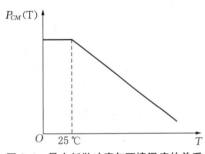

图 8-1 最大耗散功率与环境温度的关系

由于制造商所提供的晶体管最大耗散功率 P_{CM} 是在一定环境温度 T_A 下的数据,而 T_A 通常取 25 ℃,但用户实际使用时的环境温度则各不相同,于是最大耗散功率也要变化,它们有如下关系:

$$P_C(T) = P_{CM}\left(\frac{T_{jM} - T}{T_{jM} - T_A}\right) \tag{8-7}$$

通常当 $T \geqslant T_A$ 时采用上式计算,$P_C(T)$ 与 T 呈线性关系;而在 $T < T_A$ 时,$P_C(T)$ 仍取为 P_{CM},如图 8-1 所示。

8.2.2 晶体管的二次击穿

实践表明,当晶体管工作在最大耗散功率范围内时,仍有可能发生击穿而被烧毁,一般认为,这是由于晶体管的二次击穿所引起的。

我们考察图 8-2,当集电结反向偏压 V_{CE} 逐渐增大到某一数值时,集电结电流 I_C 急剧增加,这就是通常的雪崩击穿,称为一次击穿;继续增加集电结电压,使 I_C 增大到某一临界值(图中 A 点,I_{SB}),此时 V_{CE} 突然降低,而电流则继续加大,出现负阻效应,此称为"二次击穿"。微小的电流密度不均匀会导致器件的局部受热,并由此导致半导体材料中少子的聚集,从而使局部的电流增加,出现正反馈,使器件的局部区域快速产生大量的热量,直至将器件烧毁。

开始发生二次击穿时(A 点)的电流 I_{SB} 和电压 V_{SB} 分别称为临界电流和临界电压,其功率

$$P_{SB} = I_{SB} V_{SB} \tag{8-8}$$

称为二次击穿的临界功率。

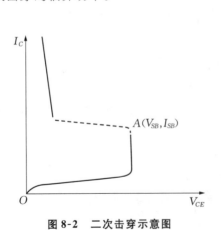

图 8-2 二次击穿示意图

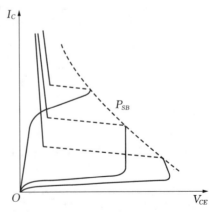

图 8-3 二次击穿临界线

二次击穿的过程极短,通常为微秒量级,一旦发生二次击穿,如果没有电路保护,则晶体管很快就烧毁了。

当注入基极的电流不同时,发生二次击穿的临界点也不同,把不同 I_B 的临界点连起来就构成二次击穿临界线,如图 8-3 所示。如果晶体管的工作点在临界线以内,晶体管就不会发生二次击穿。

对产生二次击穿的不同机理而采取不同措施,通常可取得良好效果,关于二次击穿的原因及应采取的措施可参阅有关文献[8-3,4,5],这里不再讨论。

8.2.3 晶体管的安全工作区

安全工作区(SOA, Safe Operating Area)是晶体管能安全工作的范围,它受以下四个参数限制:

(1) 集电极最大额定电流 I_{CM}。它与导线所能传导的最大电流有关,也与要维持电流增益在一个最低水平时所允许的最大集电极电流有关(因为集电极电流越大时,电流增益越小),也与器件所允许的最大功耗有关。如果晶体管在脉冲状态下工作,那么该最大额定电流可比直流时的 I_{CM} 大 $1.5 \sim 3$ 倍。

(2) 集电极最大耗散功率 P_{CM},前面提到过,它与晶体管所能承受的最高结温有关。在直流工作时它取决于稳态热阻 R_T,在脉冲工作时,则取决于瞬态热阻 R_{TS}。

(3) 二次击穿临界功耗 P_{SB} 曲线,一般情况下它由实验决定,电流与电压有如下关系:$I \sim V^{-n}$,n 在 $1.5 \sim 4$ 之间。

(4) 最大额定电压 V_{CEM}。当器件的基极与集电极之间的电压反偏时,它主要与雪崩击穿电压有关。在线性放大区,V_{CEM} 由维持(sustain)晶体管处于雪崩击穿时的最小电压 $V_{CE, sus}$ 决定。

根据上述四条确定的直流安全工作区如图 8-4 所示,图(a)取线性坐标,图(b)取对数坐标。

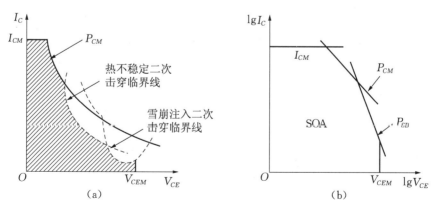

图 8-4 双极型功率管的安全工作区,(a)为线性坐标;(b)为对数坐标

8.2.4 垂直结构的双极型功率晶体管

图 8-5 为垂直结构的 npn 功率晶体管,它的集电极是在器件的底部,这种结构的好处是

它可以使通过电流的截面积达到最大。

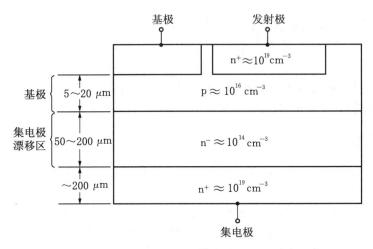

图 8-5 垂直结构的双极型功率管截面图(选自[8-6])

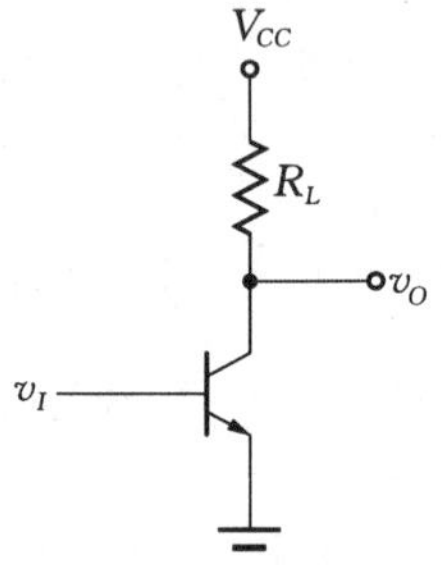

图 8-6 双极型功率管共发射极电路

器件的集电区主要部分使用轻掺杂,这样可以在基极与集电极之间加较大的电压而不至于导致击穿。另外重掺杂的 n 区,是为了减小集电极的电阻。这种器件的基区宽度也比通常的双极型器件大很多,以防止基极与集电极之间的"穿通"击穿。

例 如图 8-6 所示,共发射极的双极型功率晶体管电路,负载电阻为 $R_L = 10\,\Omega$,电源电压为 $V_{CC} = 35\,\text{V}$,求此器件的额定功率及工作电流和工作电压。

解 此管的负载方程为

$$V_{CE} = V_{CC} - I_C R_L$$

其中 V_{CE} 为集电极与发射极之间的电压,I_C 为集电极电流。集电极的最大电流为

$$I_C(最大) = \frac{V_{CC}}{R_L} = \frac{35}{10} = 3.5(\text{A})$$

集电极与发射极之间的电压最大值为

$$V_{CE}(最大) = V_{CC} = 35(\text{V})$$

晶体管消耗的功率为

$$P_T = V_{CE} I_C = (V_{CC} - I_C R_L) I_C = V_{CC} I_C - I_C^2 R_L$$

当 $dP_T/dI_C = 0$ 时,晶体管消耗的功率最大,由此可得:

$$\frac{dP_T}{dI_C} = V_{CC} - 2 I_C R_L = 0$$

即 $I_C = 1.75\,\text{A}$ 时,器件消耗的功率最大,为

$$P_T(最大) = V_{CC} I_C - I_C^2 R_L = 30.6(\text{W})$$

此时集电极与发射极之间的电压为

$$V_{CE} = V_{CC} - I_C R_L = 17.5(\text{V})$$

因此,该器件的额定功率为 30.6 W,电流为 1.75 A,电压为 17.5 V。根据以上情况,可以画出如图 8-7 所示的负载线和最大功率曲线图。

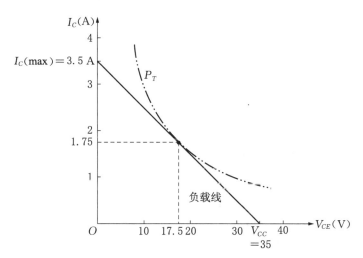

图 8-7　双极型功率晶体管的负载线和最大功率曲线(选自[8-6])

8.3 MOS 型功率晶体管

与双极型晶体管一样,MOS 型晶体管也能通过较大的电流和承受较高电压,它的用途主要有两个:一是用于功率放大器,另一是用于功率开关电路。

8.3.1　用作功率放大的 MOS 功率晶体管

我们知道,MOS 场效应管工作在线性区时的电流表达式为

$$I_{DS} = \beta\left[(V_{GS} - V_{TH})V_{DS} - \frac{1}{2}V_{DS}^2\right] \tag{8-9}$$

当漏源电压 $V_{DS} = V_{Dsat} = V_{GS} - V_{TH}$ 时,器件进入饱和区,此时的电流表达式为

$$I_{DS} = \frac{\beta}{2}(V_{GS} - V_{TH})^2 \tag{8-10}$$

式中 $\beta = \mu_n C_{ox} W/L$ 为器件的增益因子,C_{ox} 为氧化层的单位面积电容,μ_n 为载流子的迁移率,W 为器件的宽度,L 为长度。V_{GS} 为栅源电压,V_{TH} 为阈值电压,V_{Dsat} 为管子进入饱和区时的漏源电压。

根据跨导 g_m 的定义,MOS 场效应管在小信号时的输出电流 i_d 与输入电压 V_{gs} 成线性关系:

$$i_d = g_m V_{gs} \tag{8-11}$$

如果该关系在比较宽的电流范围内仍然成立的话,则 MOS 晶体管的性能会优于双极型晶体管,因为双极型晶体管需要较多的负反馈才能抑制失真,所以 MOS 功率管很适合用作音频放大器,其工作原理如图 8-8 所示。

MOS 功率管的最大使用电压应小于漏源击穿电压 BV_{Dsat},工作在饱和区时允许的最大电压摆幅为 $(BV_{Dsat} - V_{Dsat})$,因此器件的输出功率为

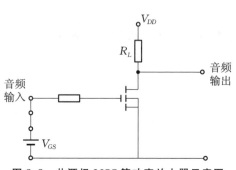

图 8-8 共源极 MOS 管功率放大器示意图

$$P_o = I_{DS}(BV_{Dsat} - V_{Dsat}) \tag{8-12}$$

由此可见,为了得到较大的电压摆幅及较高的输出功率,要求漏源击穿电压比饱和电压大很多。同时,作为放大器,必须避免发生穿通,因为穿通会影响器件的饱和 I-V 特性,并使器件偏离其平方律特性。

为了得到较高的输出功率,就需要有较大的电流,器件就要有较大的沟道宽度。所有串联电阻均应取最小值,出现在共源极放大器输入电路中的源极串联电阻会成为减小器件放大作用的负反馈元件,而且源和漏的电阻也消耗功率。

MOS 功率管放大器的频率越高,其寄生的栅-源和栅-漏电容引起的增益下降得越多,采用自对准多晶硅栅可使交迭寄生电容最小。在栅下面的非有源沟道区上面采用较厚氧化层,可以显著减小寄生电容的作用。

因为 n 沟 MOS 功率管的导电载流子主要为电子,所以具有较高的迁移率,频率响应也较好,跨导较大,所以 n 沟 MOS 功率管作放大器在许多方面优于 p 沟 MOS 功率管。

非硅材料也已被用来改进 MOS 功率管的跨导及提高工作温度(突破硅器件 175 ℃的限制)。其中主要是 GaAs 化合物半导体材料。电子迁移率高以及宽禁带使它具有独特的优点。但是,GaAs 与栅介质之间的界面态密度非常高,这是需要解决的问题之一。

8.3.2 用作开关的 MOS 功率晶体管

由于 MOS 功率晶体管固有的高速开关能力,它们经常被作为高频功率电路的功率开关使用。在同样有源区面积的情况下,其压降比双极型晶体管略高些。使器件保持导通态或截止态所需能量很小,但使器件从一个状态变到另一个状态需要一定的能量,以用于对 MOS 管的输入电容进行充电,其数值为

$$E = \frac{1}{2} C_{in} (\Delta V_{GS})^2 \tag{8-13}$$

其中 C_{in} 为输入电容,ΔV_{GS} 为总的栅极电压摆幅。

对于一个嵌位的感性负载,当稳态电流 I_L 流过负载时,其开启时间由下式给出:

$$t_{on} = \frac{(V_{DD} - V_F) R_G C_{GD}}{V_G - (V_{TH} + I_L / g_m)} \tag{8-14}$$

式中 V_F 是管子的开态压降,R_G 是与栅驱动电源串联的电阻,V_G 是栅驱动电压。该 MOS 功率管的关断时间由下式给出:

$$t_{\text{off}} = R_G(C_{GS} + C_{GD})\ln\left(1 + \frac{I_L}{g_m V_{TH}}\right) \tag{8-15}$$

通过减小栅的串联电阻 R_G 和栅-漏电容 C_{GD},可以保证开启时间及关断时间很短,由此可减小器件的功率损耗。

与本征 MOS 管并联的寄生 $n^+ pn^- n^+$ 晶体管有可能显著影响其关断时间。在某些开关条件下,当漏结电击穿时,寄生晶体管的发射极(MOS 管的源端)可能变成正偏,关断时间将由双极型管而不是 MOS 管来决定。

8.3.3 MOS 功率晶体管的结构

在目前已经探索研究的有三类分立式垂直沟道型 MOS 功率晶体管,它们分别是 VMOS、DMOS 以及 UMOS 功率晶体管。现介绍如下。

VMOS 功率管结构是最先实现商品化的器件,VMOS 功率管的结构如图 8-9 所示。

由于 VMOS 功率管在制造过程中的稳定性问题以及 V 形沟槽尖顶部存在的局域高电场等缺点,现已被 DMOS 功率管所替代。该结构采用了平面扩散技术,以难熔材料如多晶硅的栅作掩模,用多晶硅栅的边缘定义 p 基区 n^+ 源区。DMOS 的名称源于这种器件采用双扩散工艺。利用 p 基区 n^+ 源区的侧面扩散差异来形成表面沟道区域。DMOS 功率管的结构如图 8-10 所示。

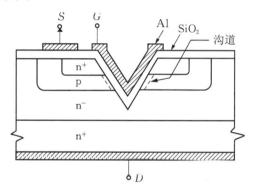

图 8-9 VMOS 功率管的结构示意图

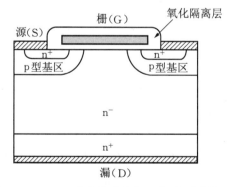

图 8-10 DMOS 功率管的结构示意图(选自[8-9])

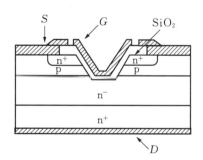

图 8-11 UMOS 功率管的结构示意图

第三类是 UMOS 功率管,它的名称来源于 U 形沟槽结构。该 U 形沟槽是利用反应离子刻蚀而在栅区形成的。这种器件的剖面图如图 8-11 所示。

8.3.4 MOS 功率晶体管的特性

对于 MOS 功率晶体管来说，开态电阻（R_{on}）是一个重要的参数，它可以表示为

$$R_{on} = R_S + R_{CH} + R_D \tag{8-16}$$

其中 R_S 和 R_D 分别是与源端及漏端接触相关的电阻，R_{CH} 是沟道电阻。在 MOS 功率晶体管中，由于电流很大，尽管 R_S 和 R_D 不大，但仍然有较大的功率消耗，所以 R_S 和 R_D 不能被忽略掉。

我们知道，在线性工作区，MOSFET 的电流、电压关系为

$$I_{DS} = \beta\left[(V_{GS} - V_{TH})V_{DS} - \frac{1}{2}V_{DS}^2\right] \tag{8-17}$$

当漏端所加的电压 V_{DS} 较小时，上式可表示为

$$I_{DS} = \beta(V_{GS} - V_{TH})V_{DS} = V_{DS}/R_{CH} \tag{8-18}$$

因此沟道电阻 R_{CH} 可表示为

$$R_{CH} = \frac{1}{\beta(V_{GS} - V_{TH})} = \frac{L}{W\mu_n C_{ox}(V_{GS} - V_{TH})} \tag{8-19}$$

我们知道，载流子的迁移率会随着温度的上升而降低，而阈值电压则与温度的变化不大，所以，当器件中的电流增大时，器件消耗的功率增大，从而温度上升，使得载流子的迁移率下降而导致沟道电阻增大，从而又可以降低电流，因此具有一定的负反馈作用。同样，R_S 和 R_D 与半导体的电阻率成正比，因此也与载流子的迁移率成反比，所以它们具有与沟道电阻一样的温度效应，起到负反馈作用。

如果某一个单元中的电流变大时，该单元的温度就会上升，从而导致电阻变大，使器件趋于稳定。这个重要特性使得 MOS 功率管的电流在每一个单元中均匀分布，从而避免了某个单元的电流过大而烧毁的现象发生。

与双极型功率管相比，MOS 功率管具有以下优点：更快的开关时间；不易出现二次击穿；在较大的温度范围内具有稳定的增益和时间响应。

与双极型功率管一样，对于 MOS 功率管来说，它也必须工作在一个 SOA 内，这个 SOA 由以下界限构成：最大的漏源电流 $I_{D,max}$；额定的击穿电压 BV_{DSS}；以及最大的功率消耗 $P_T = V_{DS}I_{DS}$。图 8-12 给出了 MOS 功率管的安全工作区，其中（a）图为线性坐标，（b）图为对数坐标。

对于 MOS 功率器件，要防止二次击穿的发生。二次击穿现象起源于器件中寄生的双极晶体管效应。当漏端电压增加到雪崩击穿电压附近时，除了在沟道反型层中流过的正常电流外，还将有额外的雪崩电流流过 p 基区，该雪崩电流在 p 基区被收集并沿着 p 基区的侧面流到其接触区。这样，沿 p 基区的电压将使得 n^+ 发射区边缘与基区的接触正向偏置。当 n^+ 发射区边缘接触结的正向偏置电压超过 0.7 V 时，开始注入载流子，此时，寄生的双极晶体管将不再能够承受 p 基区与 n 漂移层的击穿电压（BV_{CBO}），击穿电压降为 BV_{CEO}，大约为

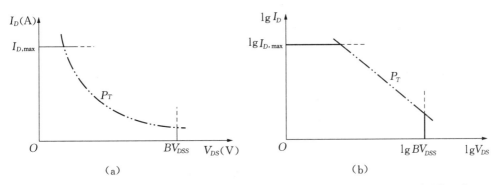

图 8-12 MOS 功率管的安全工作区示意图,(a)为线性坐标;(b)为对数坐标(选自[8-6])

BV_{CBO} 的 60%。所以,有时在 DMOS 单元的中心引入一个深的 p^+ 扩散区,以防止这种情况的发生。

例 如图 8-13 是一个 MOSFET 倒相器的电路图,电源电压为 $V_{DD} = 24$ V。考虑使用两个不同的 MOS 功率管 A 与 B,它们的击穿电压 BV_{DSS} 都为 35 V,最大功率消耗 P_T 都为 30 W,但它们的最大电流 $I_{D,max}$ 分别为 6 A 和 4 A。求使用器件 A 与器件 B 时,最佳的漏端电阻为多大?

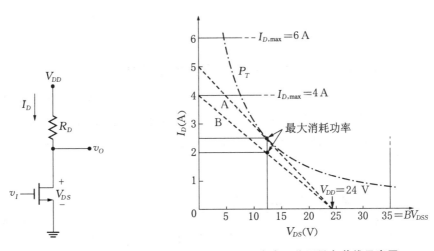

图 8-13 MOSFET 倒相器的电路图　　图 8-14 安全工作区及负载线示意图

解 根据已知条件,可以作出如图 8-14 所示的 SOA 曲线。器件的负载方程为

$$V_{DS} = V_{DD} - I_{DS}R_D$$

对于器件 A,由于受到 SOA 区域的限制,它的最大电流只能为 5 A(负载线与 y 轴的交点),而达不到 6 A。当电流 I_{DS} 最大时,$V_{DS} = 0$,因此漏端电阻为

$$R_D = \frac{V_{DD}}{I_{D,max}} = \frac{24}{5} = 4.8(\Omega)$$

器件消耗的功率为

$$P_T = I_{DS} V_{DS} = I_{DS}(V_{DD} - I_{DS} R_D)$$

器件消耗的最大功率的条件为

$$\frac{\mathrm{d}P_T}{\mathrm{d}I_{DS}} = V_{DD} - 2I_{DS} R_D = 0$$

即：$I_{DS} = V_{DD}/2R_D = 2.5(\mathrm{A})$，此时漏与源之间的电压为

$$V_{DS} = V_{DD} - I_{DS} R_D = 12(\mathrm{V})$$

这时管子消耗的功率为最大，$P_T = V_{DS} I_{DS} = 30\ \mathrm{W}$，等于它的最大额定功率。

对于器件 B，它的最大电流可以达到额定值，即：$I_{D,\max} = 4\ \mathrm{A}$。这样，它的漏端电阻为

$$R_D = \frac{V_{DD}}{I_{D,\max}} = \frac{24}{4} = 6(\Omega)$$

功率最大时的电流为

$$I'_{D,\max} = \frac{V_{DD}}{2R_D} = \frac{24}{2 \times 6} = 2(\mathrm{A})$$

它所对应的漏源电压为 $V_{DS} = V_{DD} - I'_{D,\max} R_D = 24 - 2 \times 6 = 12(\mathrm{V})$，这时消耗的最大功率为 $P_T = V_{DS} I'_{D,\max} = 12 \times 2 = 24(\mathrm{W})$，这比最大的额定功率要小。

8.3.5　MOS 功率器件中寄生的双极型晶体管

对于 MOS 功率器件而言，特别是 DMOS 和 VMOS，它们内部都有一个固有的 BJT 结构。由于 MOS 器件的沟道长度比较小，那么寄生的 BJT 的基区宽度也就比较小，这样寄生的 BJT 的电流增益就有可能大于 1。MOS 功率管及寄生的 BJT 如图 8-15 所示。

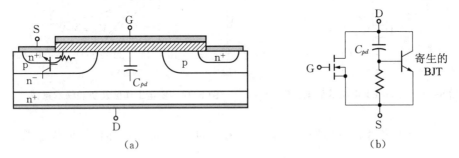

图 8-15　垂直结构的 MOS 功率管及寄生的 BJT(a) 及等效电路图 (b)

为了使 MOS 管正常工作，BJT 应始终处于截止状态，这就要求 MOS 管的源与体之间的电压（也就是 BJT 的发射极与基极的电压）越接近 0 越好，当 MOS 管处于稳态工作时这个条件是可以保证的。但是，当 MOS 管在处于高速开关时，BJT 有可能处于开启状态。

当 MOS 管被关断时，即 $I_{DS} \to 0$，则漏源之间的电压 V_{DS} 会上升，在栅漏电容上会感应

出电流,感应电流的方向为 BJT 的集电极到基极,这个感应电流在寄生的电阻上会产生电压降,而此电压使 BJT 的基极与发射极之间处于正偏,并有可能使 BJT 处于开启状态。这样,开启的 BJT 会产生很大的漏端电流从而烧毁 MOS 管,这种击穿通常被称之为"中锋击穿"(snapback breakdown)。为了尽可能避免这种击穿的发生,要尽量减小基区与发射区之间的寄生电阻。

8.4 温度对 MOS 晶体管特性的影响

由于温度对半导体中载流子的迁移率、体费密势、半导体材料的本征载流子浓度等都有影响,因此对 MOS 晶体管的特性也有着重要的影响。

8.4.1 温度对载流子迁移率的影响

MOS 晶体管不论工作在线性区还是饱和区,其漏-源电流均与增益因子 $\beta = \left(\dfrac{W}{L}\right)\mu_{eff} C_{ox}$ 成正比,并且是阈值电压 V_{TH} 的函数。随着温度的升高,沟道中载流子的有效迁移率 μ_{eff} 将减小,这是因为当温度升高时各种散射机理均加剧之故。在温度范围 $-55 \sim 125\,^\circ\mathrm{C}$,迁移率与温度的关系大致为 $\mu_{eff} \propto T^{-1}$,对电子及空穴均如此。当温度超过 $125\,^\circ\mathrm{C}$ 时,μ_{eff} 随温度的变化明显,即遵从 $\mu_{eff} \propto T^{-3/2}$ 关系。

8.4.2 阈值电压的温度效应

如果考虑到调阈值离子注入以及衬底偏置的影响,MOS 管的阈值电压可表示为

$$V_{TH} = V_{fb} \pm 2\phi_F + \Delta V_{TH} \pm \gamma \sqrt{|2\phi_F \pm V_{sb} \mp V_0|} \tag{8-20}$$

式中上面的符号和下面的符号分别表示 n 沟和 p 沟 MOS 管,V_{fb} 为平带电压,它与栅与体的功函数差 Φ_{ms} 以及氧化层中的电荷有关,ϕ_F 为体费密势,V_{sb} 为衬底反偏电压,γ 为体因子,由下式给出:

$$\gamma = \dfrac{\sqrt{2\varepsilon_{si}\varepsilon_0 q N_b}}{C_{ox}}(V^{1/2}) \tag{8-21}$$

N_b 为体掺杂浓度,对于 n 沟 MOS 管,衬底为 p 型硅,$N_b = N_A$;对于 p 沟 MOS 管,衬底为 n 型硅,$N_b = N_D$。ΔV_{TH} 为调阈值离子注入时引起阈值电压的漂移,V_0 是调阈值注入引起的修正项。对于均匀掺杂衬底以及非注入沟道,$\Delta V_{TH} = V_0 = 0$。

将(8-20)式对温度求导,可得

$$\dfrac{\partial V_{TH}}{\partial T} = \dfrac{\partial \Phi_{ms}}{\partial T} \pm \dfrac{\partial \phi_F}{\partial T} \pm 2\alpha \dfrac{\partial \phi_F}{\partial T} \tag{8-22}$$

其中＋号和－号分别对应于 n 和 p 沟器件,α 由下式给出

$$\alpha = \dfrac{\gamma}{2\sqrt{|\pm 2\phi_F \pm V_{sb} \mp V_0|}} \tag{8-23}$$

ϕ_F 的温度系数为

$$\frac{\partial \phi_F}{\partial T} = \frac{1}{T}[\phi_F - (0.603 + 1.5V_t)] \tag{8-24}$$

其中 $V_t = k_B T/q$，为热电势。而 Φ_{ms} 的温度系数可由下式给出：

$$\frac{\partial \Phi_{ms}}{\partial T} = \begin{cases} \frac{1}{T}[\Phi_{ms} + 2(0.603 + 1.5V_t)], & \text{对于 n}^+ \text{ 多晶硅栅 p 衬底} \\ \frac{1}{T}\Phi_{ms}, & \text{对于 n}^+ \text{ 多晶硅栅 n 衬底} \end{cases} \tag{8-25}$$

因此，阈值电压的温度系数与下列因数有关：

(1) 衬底掺杂浓度 N_b，N_b 越大，ϕ_F 越高，阈值电压的温度系数越大。在温度较低时，由于本征载流子浓度下降较快，使得 ϕ_F 变大，导致 α 减小，阈值电压的变化量 ΔV_{TH} 受衬底偏压 V_{sb} 的影响降低。研究表明，不论是 n 沟道还是 p 沟道，当衬底浓度为 3×10^{18} cm^{-3} 时，V_{TH} 随温度的变化率约为 -4 mV/℃；当衬底浓度为 1×10^{15} cm^{-3} 时，V_{TH} 随温度的变化率为 -2 mV/℃。这正说明阈值电压随温度的变化重掺杂比轻掺杂器件更为灵敏。

(2) 栅氧化层的厚度 t_{ox}，t_{ox} 越大，体因子 γ 越大，则 α 也越大，于是阈值电压的温度系数越大。

(3) 衬底偏压 V_{sb}，V_{sb} 越大，α 越小，阈值电压的温度系数越小。

8.4.3 漏-源电流、跨导及导通电阻随温度的变化

载流子的迁移率及阈值电压随温度的变化均影响漏-源电流 I_{DS}，跨导 g_m 及导通电阻 R_{on}。

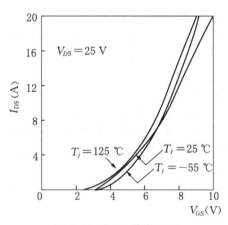

图 8-16 MOS 管在不同温度时的漏-源电流

图 8-16 给出典型的 MOS 功率管 I_{DS} 和 V_{GS} 的关系，其中温度为参变量。由图可知，当电流较低时，温度系数是正的，当电流较大时，温度系数是负的。在低电流时温度系数为正，是由于阈值电压随温度升高而下降所致。在同样栅极电压下，V_{TH} 下降导致电流增加。在大电流时温度系数为负是由于载流子有效迁移率随温度上升而减小所引起的，而对各种器件交叉点并不相同。

当 MOS 晶体管的导通电阻随温度升高而增加时，其跨导将下降。导通电阻的温度系数均为 $+0.7\%/℃$，而跨导的温度系数约为 $-0.2\% \cdot (℃)^{-1}$。

图 8-17 给出在 -55 ℃、25 ℃ 及 125 ℃ 时 MOS 管的跨导与漏-源电流间的关系。

图 8-18 给出漏-源导通电阻随温度的变化关系。

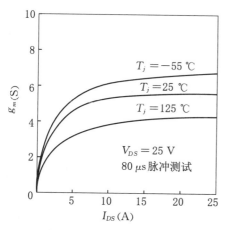

图 8-17 MOS 管在不同温度时跨导与漏-源电流关系　　图 8-18 MOS 管在不同温度时的漏-源导通电阻

参考文献

[8-1] 维捷斯拉夫·本达、约翰·戈沃、邓肯·格兰特著,吴郁、张万荣、刘兴明译,功率半导体器件——理论及应用,化学工业出版社,2005.

[8-2] A. B. Красов 3 A. Трутко, Metoubi Pacqeta Tpahzhctpopb, 1964.

[8-3] S. Krishna, P. Gray, *Proc. IEEE*, **62**(8), 1182(1974).

[8-4] P. L. Hower, V. G. K. Reddi, *IEEE Trans on Electron Devices*, ED-**17**,(4), 320(1970).

[8-5] B. A. Beatty, S. Krishua, M. S. Adler, *IEEE Trans. on Electron Devices*, ED-**23**,(8), 851 (1976).

[8-6] D. A. Neamen, "*Semiconductor Physics and Devices: Basic Principles*", McGraw-Hill Higher Education, New York, 2003.

[8-7] B. J. Baliga, *Power Semiconductor Devices*, PWS, Boston, 1995.

[8-8] S. Clemente, B. R. Pelley, in Proc. IEEE Industrial Applications Society Meeting, p. 763, 1981.

[8-9] 施敏著,刘晓彦、贾霖、康晋锋译,现代半导体器件物理,科学出版社,2002.

[8-10] N·艾罗拉著,张兴、李映雪等译,用于 VLSI 模拟的小尺寸 MOS 器件模型——理论与实践,科学出版社,1999.

第九章　小尺寸 MOS 器件的特性

自从 50 年前由半导体器件和电子元件构成的半导体集成电路诞生以来,取得了巨大的进展。每个芯片集成的半导体器件的数目已从几十个增加到几十亿个。随着半导体工艺技术的发展,集成密度还有继续提高的趋势。在提高集成度的过程中,减小每个器件所占的面积,即减小器件尺寸是最为重要的一项措施。目前,半导体集成电路中的器件的最小尺寸已比开始的时候减小了近三个数量级,最小尺寸已经进入亚微米及深亚微米级。对于 MOS 场效应晶体管来说,随着沟道长度的缩短,出现了偏离长沟道器件的一些性质。MOS 器件在尺寸缩小时所出现的一些性能变化会对器件和电路的设计带来重大的影响。因此,有必要搞清楚小尺寸器件的特点,小尺寸器件一些附加效应的产生机理,以及其参数随尺寸变化的规律。

9.1　非均匀掺杂对阈值电压的影响

在前面两章中,假定了 MOS 晶体管沟道区的掺杂浓度是均匀的,这样可以使数学计算大为简化。但是,在实际器件中,对于多数结构,杂质分布是不均匀的。这是由扩散工艺、离子注入工艺及高温热处理工艺过程中杂质再分布等所引起的。

9.1.1　阶梯函数分布近似

非均匀掺杂的衬底将对阈值电压有一定的影响。例如,在采用离子注入工艺时,非均匀注入的深度、剂量将修正标准的阈值电压表达式。在大多数情况下,必须引进一些近似才能使数学处理稍微简单些。显然,这些近似使阈值电压的变化也是近似的。

作为最简单的近似方法,将杂质分布用如图 9-1 所示的阶梯函数来近似。注入的离子在退火后,其实际的分布很接近这种形状。阶梯函数分布由表面浓度 N_S 及深度 x_D 来表征。在 x_D 处,浓度突然从 N_S 改变为衬底浓度 N_A。表面掺杂浓度,可由实际掺杂分布在 x_D 内求平均得到

$$N_S = \frac{1}{x_D} \int_0^{x_D} N(x) \mathrm{d}x \tag{9-1}$$

剂量 ϕ 为

$$\phi = (N_S - N_A) x_D \tag{9-2}$$

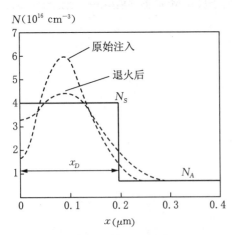

图 9-1　栅氧化层下面的杂质分布

在很多 MOS 器件中，用非常浅的注入来调整阈值电压，其极限情况为无限薄层。这时可用电离电荷位于 SiO_2-Si 界面的 δ 函数来描述。它等效于修正界面氧化层中的固定电荷，以致改变了平带电压。如果用硼离子注入，将使固定正电荷有效地减小，因此阈值电压将增加。平带电压的改变值为

$$V_{FB}(\text{注入}) = V_{FB}(\text{无注入}) + \frac{q\phi}{C_{ox}} \tag{9-3}$$

从而原先的阈值电压公式可修正为

$$V_{TH} = -\left(v_{MS} + \frac{Q_{SS}}{C_{ox}}\right) + \left[2\psi_F + \frac{\sqrt{2\varepsilon_s\varepsilon_0 qN_A(2\psi_F + V_{BG})}}{C_{ox}}\right] + \frac{q\phi}{C_{ox}} \tag{9-4}$$

阈值电压的变化值为

$$\Delta V_{TH} = V_{TH}(\text{注入}) - V_{TH}(\text{无注入}) = \frac{q\phi}{C_{ox}} \tag{9-5}$$

9.1.2 高斯分布情况

为了得到更精确的结果，可以采用高斯型注入分布。图 9-2 给出这样的分布，其中 x 是从 Si-SiO_2 界面处算起的。离子注入的峰值浓度用 N_P 来表示。注入的平均投影射程用 R_P 表示，平均投影射程的标准偏差用 ΔR_P 表示。图 9-2 中，t_{ox} 为 SiO_2 层的厚度；x_D 为离子注入的深度；W_D 为耗尽层的厚度；注入分布的阴影部分表示对耗尽层作出贡献的注入部分。假定注入沟道层的杂质分布是高斯型的，即有

$$N_i(x) = \frac{\phi}{\sqrt{2\pi}\Delta R_P}\exp\left[-\frac{1}{2}\left(\frac{x-R_P}{\Delta R_P}\right)^2\right] \tag{9-6}$$

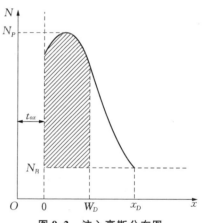

图 9-2 注入高斯分布图

式中 ϕ 为注入的剂量。

在耗尽层中的静态泊松方程为

$$\frac{d^2\psi(x)}{dx^2} = -\frac{qN(x)}{\varepsilon_s} \tag{9-7}$$

为了说明非均匀分布对阈值电压 V_T 的影响，在这里只讨论一维情况。下面分两种情形求解泊松方程。

(1) 当 $W_D \leqslant x_D$，只需将(9-6)式代入泊松方程(9-7)式并进行两次积分，便能求得 $\psi(x)$，从而得到降落在耗尽层上的电势差：

$$\psi(W_D) = \frac{q\phi R_P}{2\varepsilon_s\varepsilon_0}\left\{\text{erf}\left(\frac{W_D - R_P}{\sqrt{2}\Delta R_P}\right) + \text{erf}\left(\frac{R_P}{\sqrt{2}\Delta R_P}\right)\right\} + \frac{q\phi\Delta R_P}{\sqrt{2\pi}\varepsilon_s\varepsilon_0} \times$$
$$\left\{\exp\left[-\frac{1}{2}\left(\frac{R_P}{\Delta R_P}\right)^2\right] - \exp\left[-\frac{1}{2}\left(\frac{W_D - R_P}{\Delta R_P}\right)^2\right]\right\} \tag{9-8}$$

其中误差函数定义为

$$\mathrm{erf}(a) = \frac{2}{\sqrt{\pi}} \int_0^a e^{-x^2} dx$$

(2) 当 $W_D \geqslant x_D$，必须分两个区域求解泊松方程，因为在两个区域中杂质分布情况不同：

$$N(x) = \begin{cases} N_i(x) & (x \leqslant x_D) \\ N_B(x_D \leqslant x \leqslant W_D) \end{cases} \tag{9-9}$$

必须注意，在求解时需要满足下述边界条件：

$$\left.\begin{array}{l} \psi'(x) \text{ 在 } x = x_D \text{ 处是连续的} \\ \psi'(W_D) = 0 \end{array}\right\} \tag{9-10}$$

于是，可以解得在耗尽层上的电压降：

$$\psi(W_D) = \frac{q\phi R_P}{2\varepsilon_s\varepsilon_0}\left\{\mathrm{erf}\left(\frac{x_D - R_P}{\sqrt{2}\Delta R_P}\right) + \mathrm{erf}\left(\frac{R_P}{\sqrt{2}\Delta R_P}\right)\right\} + \frac{q\phi\Delta R_P}{\sqrt{2\pi}\varepsilon_s\varepsilon_0} \times$$
$$\left\{\exp\left[-\frac{1}{2}\left(\frac{R_P}{\Delta R_P}\right)^2\right] - \exp\left[-\frac{1}{2}\left(\frac{x_D - R_P}{\Delta R_P}\right)^2\right]\right\} + \frac{qN_B(W_D^2 - x_D^2)}{2\varepsilon_s\varepsilon_0} \tag{9-11}$$

公式(9-8)及(9-7)式能用来计算耗尽层厚度 W_D 与外加栅电压的关系。对于 n 沟道增强型 MOS 场效应管，下式成立：

$$\psi(W_D) = 2\psi_F + V_{BS} \tag{9-12}$$

式中 ψ_F 为费密势，V_{BS} 为衬底反偏电压。当沟道形成时，硅的表面势 ψ_S 应等于 $2\psi_F$：

$$\psi_F = \begin{cases} \dfrac{k_BT}{q}\ln\left[\dfrac{N_i(x)}{n_i}\right] & (W_D \leqslant x_D) \\ \dfrac{k_BT}{q}\ln\left[\dfrac{N_B}{n_i}\right] & (W_D \geqslant x_D) \end{cases} \tag{9-13}$$

耗尽层厚度 W_D 可由(9-8)或(9-11)式得到，在 $W_D = x_D$ 时，(9-8)与(9-11)式相同，均为

$$\psi(W_D) = \frac{q\phi R_P}{2\varepsilon_s\varepsilon_0}\left\{\mathrm{erf}\left(\frac{W_D - R_P}{\sqrt{2}\Delta R_P}\right) + \mathrm{erf}\left(\frac{R_P}{\sqrt{2}\Delta R_P}\right)\right\} +$$
$$\frac{q\phi\Delta R_P}{\sqrt{2\pi}\varepsilon_s\varepsilon_0}\left\{\exp\left[-\frac{1}{2}\left(\frac{R_P}{\Delta R_P}\right)^2\right] - \exp\left[-\frac{1}{2}\left(\frac{W_D - R_P}{\Delta R_P}\right)^2\right]\right\} \tag{9-14}$$

如果 W_D 及 $x_D \gg R_P$，并且 $W_D > x_D$，则由(9-11)及(9-12)式，经过计算，并作出一些近似处理可得

$$W_D \approx \left\{x_D^2 + \frac{2\varepsilon_s\varepsilon_0}{qN_B}\left[-V_{BS} + 2\psi_F - \frac{\bar{\phi}2q}{\varepsilon_s\varepsilon_0}\left[\frac{R_P}{2} + \frac{2\Delta R_P}{\sqrt{2\pi}}\left(1 - \frac{\bar{\phi}}{\phi}\right)\right]\right]\right\}^{1/2} \tag{9-15}$$

式中 $\bar{\phi}$ 为有效注入剂量，由下式给出：

$$\bar{\phi} = \frac{\phi}{2}\left\{\mathrm{erf}\left(\frac{x_D - R_P}{\sqrt{2}\Delta R_P}\right) + \mathrm{erf}\left(\frac{R_P}{\sqrt{2}\Delta R_P}\right)\right\} - N_B x_D \tag{9-16}$$

接下来就可讨论掺杂分布对阈值电压 V_{TH} 的影响。根据定义，当表面势 ψ_S 等于 $2\psi_F$ 时所加的栅极电压即为 V_{TH}。对于 n 沟 MOS 管在 $W_D \leqslant x_D$ 时，便有

$$\begin{aligned}V_{TH} =& -\left(v_{MS} + \frac{Q_{SS}}{C_{ox}}\right) + 2\psi_F + \frac{q}{C_{ox}}\int_0^{W_D} N(x)\mathrm{d}x = \\ & -\left(v_{MS} + \frac{Q_{SS}}{C_{ox}}\right) + 2\psi_F + \frac{q\phi}{2C_{ox}}\left\{\mathrm{erf}\left(\frac{W_D - R_P}{\sqrt{2}\Delta R_P}\right) + \mathrm{erf}\left(\frac{R_P}{\sqrt{2}\Delta R_P}\right)\right\}\end{aligned} \tag{9-17}$$

在 $W_D \geqslant x_D$ 时，可得

$$V_{TH} = -\left(v_{MS} + \frac{Q_{SS}}{C_{ox}}\right) + 2\psi_F + \frac{q\phi}{2C_{ox}}\left\{\mathrm{erf}\left(\frac{W_D - R_P}{\sqrt{2}\Delta R_P}\right) + \mathrm{erf}\left(\frac{R_P}{\sqrt{2}\Delta R_P}\right)\right\} + \frac{qN_B(W_D - X_D)}{C_{ox}} \tag{9-18}$$

式中 W_D 由(9-15)式给出。离子注入引起的阈值电压移动 ΔV_{TH} 为

$$\Delta V_{TH} = \frac{q\phi}{2C_{ox}}\left\{\mathrm{erf}\left(\frac{W_D - R_P}{\sqrt{2}\Delta R_P}\right) + \mathrm{erf}\left(\frac{R_P}{\sqrt{2}\Delta R_P}\right)\right\} + \frac{qN_B(W_D - X_D)}{C_{ox}} - \frac{qN_B W_{D0}}{C_{ox}} \tag{9-19}$$

$$W_{D0} = \sqrt{\frac{2\varepsilon_s\varepsilon_0(2\psi_F + V_{BS})}{qN_B}} \tag{9-20}$$

9.2 MOS 场效应晶体管的短沟道效应

当 MOS 晶体管的沟道长度小到可以和漏结的耗尽层厚度相比拟时，会出现一些不同于长沟道 MOS 管特性的现象，统称为短沟道效应，它们归因于在短沟道区出现二维的电势分布以及高电场。

当沟道区的掺杂浓度分布一定时，如果沟道长度缩短，源结与漏结耗尽层的厚度可与沟道长度比拟时，沟道区的电势分布将不仅与由栅电压及衬底偏置电压决定的纵向电场 E_y 有关，而且与由漏极电压控制的横向电场 E_x 也有关。换句话说，此时缓变沟道近似不再成立。这个二维电势分布会导致阈值电压随 L 的缩短而下降、亚阈值特性的降级以及由于穿通效应而使电流饱和失效。

当沟道长度缩短，沟道横向电场增大时，沟道区载流子的迁移率变成与电场有关，最后使载流子速度达到饱和。当电场进一步增大时，靠近漏端处发生载流子倍增，从而导致衬底电流及产生寄生双极型晶体管效应。强电场也促使热载流子注入氧化层，导致氧化层内增加负电荷及引起阈值电压移动、跨导下降等。

由于短沟道效应使器件的工作情况变得复杂化，并使器件特性变差，因此，必须弄清

其机理，并设法避免之，或采取适当措施使短沟道器件在电学特性方面能保持电路正常工作。

9.2.1 短沟道 MOS 管的亚阈值特性

用标准 n 沟 MOS 工艺制作一系列器件，其衬底为(100)晶向的 p 型硅片。栅氧化层取一定的厚度。用 X 射线光刻的方法得到长度从 $1\sim10~\mu\mathrm{m}$ 的多晶硅栅，它们的宽度均为 $70~\mu\mathrm{m}$，漏和源区由砷离子注入及随后的退火工艺形成。根据所用注入能量及退火条件，可得到从 $0.25\sim1.5~\mu\mathrm{m}$ 的不同结深。接触金属采用铝。制作了这些 n 沟 MOS 管后便能进行系列的测试。

图 9-3 给出不同沟道长度 L 的 MOS 管漏-源电流与栅电压的关系。管子的氧化层厚度为 130 Å，$V_{BS}=0$ V。其中图 9-3(a)表示衬底掺杂浓度为 $10^{15}~\mathrm{cm^{-3}}$ 及结深为 $0.33~\mu\mathrm{m}$ 的情况。沟道长度为 $7~\mu\mathrm{m}$ 的管子显示出长沟道器件的特性：当 $V_D>3\dfrac{k_BT}{q}$ 时，亚阈值电流与漏极电压 V_D 无关。沟道长度 $L=3~\mu\mathrm{m}$ 时，亚阈值电流与 V_D 稍有关系。图中表现为实线($V_D=0.1$ V)与虚线($V_D=0.5$ V)偏离。对于沟道长度更短的 $L=1.5~\mu\mathrm{m}$ 情况，亚阈值电流与 V_D 的关系更为明显。若定义 I-V 曲线中偏离直线的点为阈值电压 V_T，则它也有所移动。

图 9-3(b)给出衬底掺杂浓度更低 ($10^{14}~\mathrm{cm^{-3}}$) 的情况。这时器件偏离长沟道特性更为显著。即使在 $L=7~\mu\mathrm{m}$ 时，实线与虚线也已经开始分离。对于 $L=3~\mu\mathrm{m}$ 的情况，亚阈值电流随 V_D 的增大而显著增加。当为 $1.5~\mu\mathrm{m}$ 时，长沟道特性几乎全部消失，器件甚至不能"截止"了。由图 9-3(b)也可看出，沟道缩短时，V_T 显著减小。

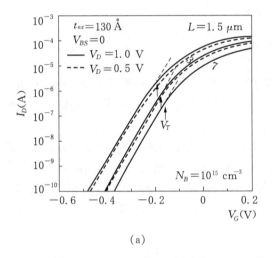 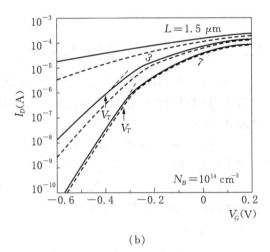

(a)   (b)

图 9-3 $N_A=10^{15}~\mathrm{cm^{-3}}$ (a) 和 $N_A=10^{14}~\mathrm{cm^{-3}}$ (b) 各种沟道长度 MOS 管的亚阈值特性

长沟道与短沟道器件的界限可由下述两个判据确定：

(1) 对于长沟道器件，漏-源电流 I_D 与沟道长度的倒数 $\dfrac{1}{L}$ 成正比；

(2) 对于长沟道器件,在 $V_D > 3\dfrac{k_BT}{q}$ 时,亚阈值电流与漏极电压无关。图 9-4 给出 I_D 及 $\Delta I_D/I_D$ 与 $\dfrac{1}{L}$ 的关系。ΔI_D 表示在 V_T 时,两种漏极电压对应的电流之差。当 I_D 与 $\dfrac{1}{L}$ 的线性关系偏离 10% 时,或者当 $\Delta I_D/I_D$ 增加 10% 时,表明器件进入短沟道行为。

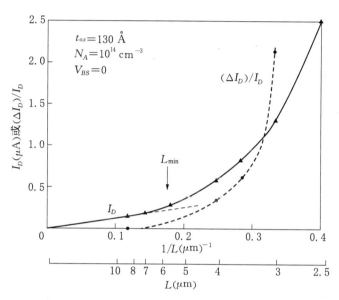

图 9-4 表明短沟道效应开始时的 I_D 及 $\Delta I_D/I_D$ 与 $\dfrac{1}{L}$ 关系

对 MOS 场效应管在很宽的范围内进行了测量,氧化层厚度 $100 \sim 1\,000$ Å;衬底掺杂浓度 $10^{14} \sim 10^{17}$ cm^{-3};结深 $0.18 \sim 1.5$ μm;漏极电压直到 5 V。由此可得到下述表示长沟道亚阈值特性最小沟道长度 $L_{\min}$ 的经验公式,它是由 Brews 等人导得的:

$$L_{\min} = 0.4\,[r_j t_{ox}(W_S + W_D)^2]^{1/3} \equiv 0.4\,(\gamma)^{1/3} \tag{9-21}$$

式中 r_j 为结深,单位为 μm;t_{ox} 为氧化层厚度,单位为 Å,$(W_S + W_D)$ 为源与漏一维突变耗尽区厚度之和:

$$W_D = \sqrt{\dfrac{2\varepsilon_s\varepsilon_0}{qN_A}(V_D + V_{bi} + V_{BS})} \tag{9-22}$$

式中 V_{bi} 为结的内建势,当 $V_D = 0$ 时,W_D 与 W_S 相等。

图 9-5 给出方程(9-21)与实验结果的比较。纵坐标表示 $L_{\min}$,横坐标为 γ。方程(9-21)与测量结果及计算结果的最大误差在 20% 之内。因此,(9-21)式可作为 MOS 场效应管缩小尺寸时的一个经验限制公式。对于沟道长度低于直线 AB(在斜线区内)的所有器件,均显示短沟道的特性。L 在 AB 线之上的所有器件均具有长沟道的特性。例如,如果 $\gamma = 10^5$ μm^3·Å,10 μm 沟道长度已是短沟道器件;但是如果 $\gamma = 1$ μm^3·Å,0.5 μm 沟道长度的器件仍可视为长沟道器件。

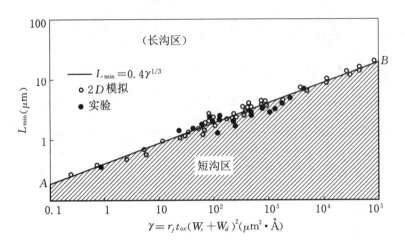

图 9-5　L_{min} 与 γ 的关系

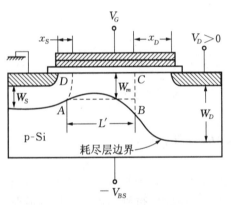

图 9-6　$V_D > 0$ 的耗尽层的厚度

根据电荷守恒原理,对于短沟道 MOS 器件,沟道耗尽区电离杂质电荷密度 Q_B' 对阈值电压的影响减小,因为沟道中靠近源和漏部分的体电荷属于源结和漏结;也可解释为从源、漏发出的某些电力线终止于沟道区的体电荷上。$V_D > 0$ 时,近漏端的耗尽区进一步扩展。再注意到漏-源结水平方向的耗尽层厚度 x_S、x_D 小于垂直方向的耗尽层厚度 W_S 及 W_D,如图 9-6 所示。

由于体电荷 Q_B' 的减小,在给定栅极电压下表面势增加,从而导致亚阈值电流也增加。泰勒得出了亚阈值电流公式:

$$I_{DS} = qD_n n_i d \left(\frac{W}{L - x_S - x_D} \right) \exp\left(\frac{q(\psi_s - \psi_F)}{kT} \right) \left(1 - e^{-\frac{qV_{DS}}{kT}} \right) \quad (9\text{-}23)$$

式中

$$x_S \approx \sqrt{\frac{2\varepsilon_s \varepsilon_0}{qN_A}(V_{bi} - \psi_s)} \quad (9\text{-}24)$$

$$x_D \approx \sqrt{\frac{2\varepsilon_s \varepsilon_0}{qN_A}(V_{bi} - \psi_s + V_D)} \quad (9\text{-}25)$$

(9-23)与(7-21)式的差别仅在于用 $L_{eff} = L - x_S - x_D$ 代替了 L。图 9-7 给出由(9-23)式算出的解析结果与实验结果及二维数值模拟结果的比较。由图表明,解析结果与其他结果基本一致。

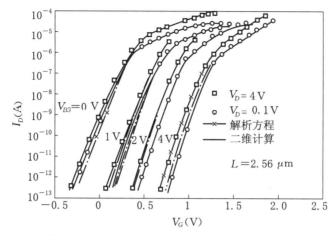

$(t_{ox} = 530 \text{ Å}, N_A = 1.2 \times 10^{16} \text{ cm}^{-3}, L = 2.56 \text{ μm}, W = 21.5 \text{ μm})$

图 9-7 短沟道 MOS 管道亚阈值电流

9.2.2 几何划分电荷的模型

讨论 V_T 的短沟道效应通常可采用数值模拟和解析两种方法。前几年人们对数值模拟方法做了较多研究，其优点是精确度高，例如 MINIMOS 模拟程序已成为有效的工具。但是，它的缺点是比较费计算机的机时，且无封闭形式的解。近几年内解析解也得到了重视，取得了不少研究进展。解析方法主要有基于电荷守恒定律、利用电荷分享原理的几何划分电荷的方法，以及基于求解泊松方程的电势模型。本节先讨论电荷分享原理法。

很显然，对于长沟道 MOS 管，即当沟道长度较大时，可假定垂直于栅电极的电场比平行于沟道的电场大得多。这时可用一维的方法处理，由漏和源耗尽区产生的内建势可以忽略。根据电荷守恒定律，栅电极和半导体衬底包围的区域下式成立：

$$Q_M + Q_{SS} - (Q_n + Q_{SC}) = 0 \tag{9-26}$$

式中 Q_M 是栅电极上的电荷密度；Q_{SS} 是氧化层中的正电荷密度；Q_n 为沟道区内感应的自由载流子引起的反型层电荷密度；Q_{SC} 为耗尽区内电离杂质引起的单位面积束缚电荷。对 n 沟道 MOS 管，通常有 $Q_n \ll Q_{SC}$，栅极电压 V_{GS} 可表示为

$$V_{GS} = V_{FB} + \psi_s + Q_{SC}/C_{ox} \tag{9-27}$$

管子导通时，表面势 $\psi_s = 2\psi_F$，阈值电压为

$$V_{TH} = V_{FB} + 2\psi_F + Q_{SC}/C_{ox} \tag{9-28}$$

式中 $Q_{SC} = qN_AW_c$，W_c 为沟道耗尽层厚度。(9-28)式只在沟道长度比漏和源耗尽层厚度大，以及沟道宽度比栅感应的耗尽层厚度大时才成立。图 9-8 为大尺寸 MOS 管的截面图。漏-源结耗尽

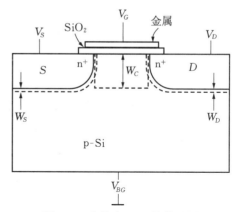

图 9-8 大尺寸 MOS 管截面图

层的厚度 W_S 和 W_D 可由单边突变结近似解泊松方程得到。由于漏-源的掺杂浓度比衬底大得多,故这个近似是满意的。利用耗尽层近似可求得栅下面衬底中沟道耗尽层的厚度 W_C。

由(9-28)式可知,阈值电压与栅下面的总电荷关系密切。如果沟道长度 L 比 W_S、W_D 大得多,即在总的束缚电荷 Q_{SC} 中,漏和源耗尽区所分配到的电荷可以忽略不计,则有

$$Q_{SCT} \approx qN_A W_C WL \tag{9-29}$$

或者

$$Q_{SC} \approx \frac{qN_A W_C WL}{WL} = qN_A W_C \tag{9-30}$$

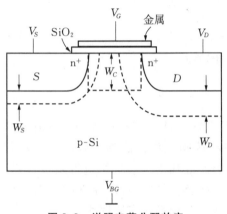

图 9-9 说明电荷分配效应的短沟道 MOS 管截面图

因此,对大尺寸 MOS 管,(9-28)式是对阈值电压的满意的近似。

如果沟道长度 L 小到能与 W_S 及 W_D 相比较,栅下面感应的部分电荷也包含在源、漏区内,如图 9-9 所示。换句话说,源和漏耗尽区要与栅区分享电荷,使部分电荷属于源-漏耗尽区,有些电荷属于沟道耗尽区。这就是所谓的电荷分享原理。从电力线的角度来解释,可以认为从栅电极发出的电力线不完全终止于沟道耗尽区的负电荷,而有部分电力线中止于漏和源耗尽区的负电荷。若后面这部分越大,则电荷分享效应就越显著。这意味着在栅下面感应的总有效电荷不能再用矩形区来近似。

因此,反映到栅电极的电荷总量将减少。这说明 L 减小时 Q_{sc} 减小,从而使 V_T 也随之减小。这就是短沟道效应的电荷分享模型解释。

1. 最简单的 Varshney 公式

Varshney 采用如图 9-10 所示的二维几何模型来定量说明电荷分享效应对 V_T 的影响。图中 BCEM 为直角矩形区域。对于衬底接地的长沟道 MOS 器件,它包含了栅下面所感应的总电荷。当沟道长度减小时,漏和源耗尽区的影响不能忽略。如果源和漏均接地,并认为半导体表面是强反型的,沿着 ABCD 的电势均为零。当然沿着 MBO 的电势也为零。从 F 到 M 的电势差与 F 到 O 的电势差近似相等。这是因为在反型时,内建势近似为 $2\psi_F$ 之故。这时可以假定 $W_S \approx W_C$,这意味着包含在 MFOB 中的电荷各由源及沟道耗尽区提供一半。如果认为 V_D 也近似为零,上述分析也适用于漏区。因此,栅下面属于沟道区的电荷由梯形区域 BCGF 确定。当衬底加反偏电压 V_{BS} 时,此简单模型更为正确。因为反型时 FM 之间及 FO 之间的电势差分别为 $V_{BS}+V_{bi}$ 及 $V_{BS}+2\psi_F$。梯形部分的总电荷可由矩形部分减去两个三角形部分而得:

$$Q_{SCT} = qN_A \left(WLW_C - 2W \frac{W_C \cdot W_C}{2} \right) \tag{9-31}$$

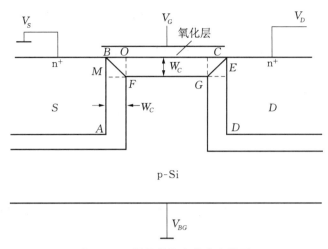

图 9-10 最简单的电荷分享模型

根据(9-28)及(9-31)式,可得阈值电压为

$$V_{TH} = V_{FB} + 2\psi_F + \frac{qN_A(WLW_C - WW_C^2)}{C_{ox}WL} \tag{9-32}$$

或者写为

$$V_{TH} = V_{FB} + 2\psi_F + \frac{Q_{SC}}{C_{ox}}\left(1 - \frac{W_C}{L}\right) \tag{9-33}$$

显然,W_C 由下式决定:

$$W_C = \left[\frac{2\varepsilon_s\varepsilon_0}{qN_A}(2\psi_F + V_{BS})\right]^{1/2} \tag{9-34}$$

(9-33)式表明,当 $W_C \ll L$ 时,回到长沟道 MOS 管的公式。当 L 减小时,V_{TH} 也随之减小,这在一定程度上说明了短沟道效应。但是由于模型太简单,V_{TH} 与 $\frac{1}{L}$ 的关系反映实际情况不十分精确。

2. Yau 模型

在 Varshney 模型的基础上,Yau 作了改进。图 9-11 给出 Yau 用来计算阈值电压的模型,在此模型中,漏-源结的曲率半径 r_j 均考虑在内。对于扩散结来说,这比上面的近似要好得多。假定当 $V_D = 0$ 时,源、漏及沟道耗尽层的宽度相等,即 $W_S = W_D = W_C$,为了得到阈值电压的表达式,通常要求知道在反型时沟道各处的表面势,而一般而言,沿着沟道的表面势不是常数。为克服此困难,Yau 作了一个近似,认为在反型时体电荷对表面势的影响在沟道各处是均匀的。这样,就能采用类似于上面的讨论方法计算栅下面梯形区域的

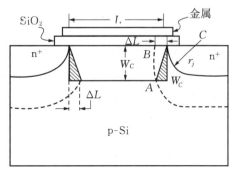

图 9-11 Yau 模型截面图

总电荷。它可由矩形部分的总电荷减去源、漏处打斜线的两个三角形部分的电荷而得到

$$Q_{SCT} = qN_A\left(WLW_C - 2W\frac{W_C\Delta L}{2}\right)$$

其中 ΔL 可由 $\triangle ABC$ 求得

$$W_C^2 + (\Delta L + r_j)^2 = (W_C + r_j)^2$$

因而有

$$\Delta L = r_j\left[\left(1 + \frac{2W_C}{r_j}\right)^{1/2} - 1\right]$$

$$V_{TH} = V_{FB} + 2\psi_F + \frac{qN_A(WLW_C - WW_C\Delta L)}{C_{ox}WL} = V_{FB} + 2\psi_F + \frac{Q_{SC}}{C_{ox}}\left(1 - \frac{\Delta L}{L}\right)$$

$$= V_{FB} + 2\psi_F + \frac{Q_{SC}}{C_{ox}}\left\{1 - \frac{r_j}{L}\left[\left(1 + \frac{2W_C}{r_j}\right)^{1/2} - 1\right]\right\} \tag{9-35}$$

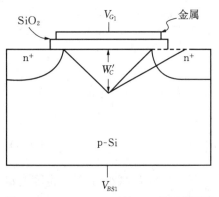

图 9-12　$V_{BS} \geqslant V_{BS1}$ 时的 Yau 模型截面图

这是一个有意义的结果,因为 V_T 是结深 r_j 的函数。而在 Varshney 的公式中因考虑无限深直角形的结,故不包含 r_j。此方法也能用于衬底非均匀掺杂的情况,只需在栅下面的封闭区域内对电荷密度积分。还需解非均匀掺杂情况下的泊松方程,以获得沟道耗尽层的厚度。

必须指出公式(9-35)只是在衬底反偏电压 V_{BS} 小于某个电压 V_{BS1} 时才成立。V_{BS1} 是使源和漏耗尽区相遇所需加的衬底反偏电压。当 V_{BS} 达到 V_{BS1} 时,栅下面梯形部分的电荷被三角形所取代,如图 9-12 所示。令 W_C' 为源和漏相遇时的沟道深度。由图 9-12 可知

$$W_C'^2 + \left(\frac{L}{2} + r_j\right)^2 = (W_C' + r_j)^2$$

从而可解得

$$W_C' = \frac{L}{2r_j}\left[r_j + \frac{L}{4}\right] \tag{9-36}$$

Yau 模型虽然比 Varshney 模型有了改进,但它仍有局限性。它仅能在一定程度上反映 MOS 管的短沟道效应。因为在此模型中作了表面势沿沟道均是常数,沟道耗尽深度也是常数等假设,它也不能计及 V_D 的影响。为了进一步精确地描述 MOS 场效应管的短沟道效应,还可采用求解泊松方程的方法来讨论。

9.2.3　电势模型

上节叙述的基于电荷分享原理的解析模型在讨论沟道长度小于 2 μm 的 MOS 管时失效

了,其主要原因是该模型中作了表面势沿沟道是常数的假设。实际情况是表面势沿沟道有一个分布,在沟道较短时,此分布的影响更为明显。

Toyabe 等人根据二维数值分析的结果,试图通过解二维泊松方程来计算沿沟道的表面势分布。他们得到的结果表明表面势是指数分布函数,如图 9-13 所示。相应 MOS 管的沟道长度 $L = 1\ \mu m$, $N_A = 1 \times 10^{16}\ cm^{-3}$, $t_{ox} = 250\ \text{Å}$, $r_j = 2.5\ \mu m$, $V_{BS} = 2\ V$, V_D 从 1 V 变到 5 V。图 9-13 表明,表面势在沟道中心附近存在一个极小值 ψ_{min}。这说明该解析方法正确地预言了表面势的变化趋势。Toyabe 根据一定的假设和推导,得到了 V_{TH} 的解析表达式:

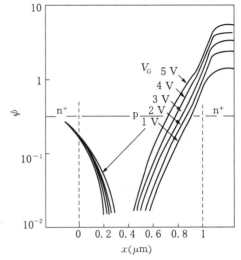

图 9-13　Toyabe 模型的表面势分布

$$V_{TH} = V_{FB} + \psi_{Smin} + \frac{1}{C_{ox}} \sqrt{2\varepsilon_s \varepsilon_0 q N_A (\psi_{Smin} + V_{BS})} (1 - \eta) \tag{9-37}$$

式中 η 是代表短沟道效应的因子,它由下式确定:

$$\eta = \eta_0 \exp(-L/L_0) \tag{9-38}$$

$$\eta_0 = \frac{\varepsilon_s}{} \frac{\sqrt{(V_D + V_{bi} - \psi_{Smin})(V_{bi} - \psi_{Smin})}}{(\psi_{Smin} + V_{BS})} \left[\frac{1}{t_{ox}} \sqrt{\frac{2\varepsilon_s \varepsilon_0 (\psi_{Smin} + V_{BS})}{q N_A}} + \frac{3}{2} \frac{\varepsilon_s}{\varepsilon_{ox}} \right] \tag{9-39}$$

L_0 称为特征长度,由下式决定:

$$L_0 = \sqrt{\frac{2\varepsilon_s \varepsilon_0 (\psi_{Smin} + V_{BS})}{q N_A}} \cdot \left[\frac{3}{2} + \frac{\varepsilon_{ox}}{\varepsilon_s} \cdot \frac{1}{t_{ox}} \sqrt{\frac{2\varepsilon_s \varepsilon_0 (\psi_{Smin} + V_{BS})}{q N_A}} \right]^{-1/2} \tag{9-40}$$

Toyabe 模型改变了先前的 $V_{TH} \propto \frac{1}{L}$ 关系,而得到了 V_{TH} 与 L 的指数关系,这比过去的工作有所改进。

Toyabe 模型的缺点是在推导过程中引入了一些人为的方程,以便使解析结果与数值模拟结果比较相符。这样就使模型仅在一定的衬底掺杂浓度、氧化层厚度、结深、V_D 与 V_{BS} 范围内才适用。而且,结深对阈值电压的影响完全被忽视了。其适用范围为

$$4 \times 10^{15}\ cm^{-3} < N_A < 2 \times 10^{16}\ cm^{-3}$$

$$100\ \text{Å} < t_{ox} < 500\ \text{Å}$$

$$0.15\ \mu m < x_j < 0.35\ \mu m$$

$$0\ V < V_{BS} < 2\ V$$

$$1\ V < V_D < 5\ V$$

9.3 MOS 场效应管的窄沟道效应

当 MOS 场效应管的沟道宽度缩小时,也会显著地影响器件的电特性。通常认为当沟道宽度 W 小到可以和沟道耗尽层厚度比拟时,会出现随着 W 的减小使 V_{TH} 增加的现象。这称为窄沟道效应。实际上,对于沟道耗尽层厚度为 $0.5~\mu m$ 的管子,当 W 为 $5~\mu m$ 时,已经开始有窄沟道效应发生。图 9-14 给出了 MOS 管沟道宽度方向的截面图。T_{th} 为场氧化层的厚度,t_{ox} 为栅氧化层的厚度。多晶硅有一部分扩展到栅氧化层两边的场氧化层的上面。W_{th} 为场氧化层下面耗尽层的厚度,W_C 为栅下面沟道耗尽层的厚度。

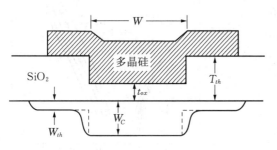

图 9-14 MOS 管沟道宽度方向截面图

W 减小时,使 V_{TH} 增加的效应是由场氧化层下面储存的电荷所引起的。当 W 减小时,栅下面的沟道耗尽层的电荷减少,但实际的耗尽层边界延伸进入厚氧化层下面的区域,故厚氧化层下面的额外电荷必须包括在 V_{TH} 的计算之中。迄今已有多种模型来说明窄沟道效应。

1. Jeppson 模型

Jeppson 模型是较早期提出的一种简单的模型,如图 9-15 所示。Jeppson 认为 V_{TH} 的增加是因为额外电荷的影响。额外电荷区宽度为 $\mathcal{E}W_C$,$\mathcal{E}$ 为权重因子,其值的范围为 1.2—1.5。Jeppson 得到的 V_{TH} 公式为

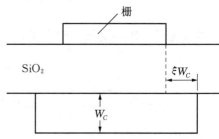

图 9-15 Jeppson 窄沟道效应模型

$$V_{TH} = V_{FB} + 2\psi_F + \frac{qN_AW_C}{C_{ox}} + \frac{qN_A\mathcal{E}}{C_{ox}W}(W_C^2 - W_o^2) \tag{9-41}$$

其中 W_o 为 $V_{BS} = 0$ 时的沟道耗尽层厚度。由于这一模型过于简单,未考虑氧化层的影响,因而不够精确。

2. Kroell 模型

Kroell 等人认为引起 V_{TH} 上升的原因是栅极两边的厚氧化层阻止了耗尽层的反型。必须在栅极上加更高的电压,才能使之达到完全反型。他们提出的二维模型如图 9-16 所示。反型时栅极表面电势为 $(2\psi_F + V_{SX})$;氧化层下面的表面电势为 ψ_t。通过数值方法求解二维泊松方程,求得阈值电压 V_{TH}。结果表明当 W 下降时 V_{TH} 升高。

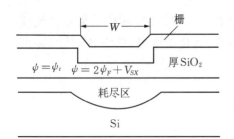

图 9-16 MOS 管沟道宽度方向的截面图

这一模型结果与实验数据比较符合。但其缺点是不存在 V_{TH} 的解析表达式、物理意义不够明确。而且他们认为从薄氧化层到厚氧化层电势分布发生突变,因而引进了近似。

3. Akers 模型

Akers 根据与短沟道效应相似的方法,利用电荷守恒原理,认为窄沟道器件 V_{TH} 的增加是由于额外电荷的影响,并按照不同的几何形状求出额外电荷,从而得到 V_{TH} 的表达式。

考虑半导体衬底材料是均匀掺杂的。设想有三种包围额外电荷的几何形状:三角形、四分之一圆以及正方形。其额外电荷 ΔQ_W 分别为

$$\Delta Q_W = \begin{cases} \dfrac{qN_A W_C^2}{2} & \text{(三角形)} \\ \dfrac{qN_A \pi W_C^2}{4} & \text{(四分之一圆)} \\ qN_A W_C^2 & \text{(正方形)} \end{cases} \tag{9-42}$$

由于沟道两边均有额外电荷,故对 V_{TH} 的变化量为

$$\Delta V_{TH} = \begin{cases} \dfrac{qN_A W_C^2}{C_{ox} W} & \text{(三角形)} \\ \dfrac{qN_A \pi W_C^2}{2C_{ox} W} & \text{(四分之一圆)} \\ \dfrac{2qN_A W_C^2}{2C_{ox} W} & \text{(正方形)} \end{cases} \tag{9-43}$$

考虑窄沟道效应的阈值电压一般表达式为

$$V_{TH} = V_{FB} + 2\psi_F + \frac{qN_A}{C_{ox}}\left(W_C + \frac{\delta W_C^2}{W}\right) \tag{9-44}$$

其中 δ 由下式确定:

$$\delta = \begin{cases} 1 & \text{(三角形)} \\ \pi/2 & \text{(四分之一圆)} \\ 2 & \text{(正方形)} \end{cases} \tag{9-45}$$

实验数据表明,采用 $\delta = 2$,即正方形的几何结构,得到的结果最佳。图 9-17 给出各种掺杂浓度时 V_{TH}-W 的关系。

在实际的 MOS 管中,场氧化层下面的掺杂浓度要高于沟道区的掺杂浓度,以得到高的开启电压,实现隔离。在工艺制造过程中,厚的场氧化层会侵入栅区,形成由厚的场氧化层到薄的栅氧化层的锥形过渡区,即形成所谓的"鸟嘴"。这样就会使实际的有效宽度减小,"鸟嘴区"及沟道两边厚 SiO_2 层下的电荷相对于栅下的电荷而言,在总电荷中的比重有所增大,使 V_{TH} 显著增大。Akers、Beguwala 和 Custode 考虑了不同掺杂浓度的影响以及电容变化的影响,引进了另一个阈值电压模型。图 9-18 给出考虑"鸟嘴"效应及锥形电容的 MOS 管沟道宽度方向截面图。图中厚氧化层电容为 C_{th},鸟嘴区锥形氧化层电容为 C_{tap},这两者均与 C_{ox} 并联,而且存在于 C_{ox} 的两边。

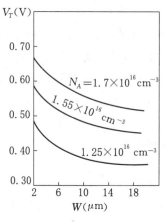
图 9-17　V_{TH}-W 的关系

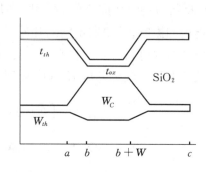
图 9-18　窄沟道效应截面图

因此,总的氧化层电容应为

$$C_{GT} = 2n_1 C_{th} + 2n_2 C_{tap} + C_{ox} \tag{9-46}$$

式中

$$\left.\begin{aligned} C_{ox} &= \frac{\varepsilon_0 WL}{t_{ox}} \\ C_{th} &= \frac{\varepsilon_0 La}{t_{th}} \\ C_{tap} &= \frac{\varepsilon_0 L}{(\theta_1 - \theta_2)} \cdot \frac{\ln\left[\dfrac{2eb+f}{2ea+f}\right]}{\sqrt{e}} \end{aligned}\right\} \tag{9-47}$$

其中 a 和 b 如图 9-18 中所示,e 和 f 为几何因子。n_1 是考虑边缘效应引进的放大因子,n_2 是考虑沟道表面势与鸟嘴区、场氧化区的电势差后引入的放大因子。它们的典型值为 $n_1 = 1.81$,$n_2 = 1.4$。$(\theta_1 - \theta_2)$ 为锥形氧化层的角度。

在耗尽区中的总电荷是沟道耗尽区电荷 Q_{sc}、锥形氧化层下耗尽区电荷 Q_{tap} 及场氧化层下耗尽区电荷 Q_{th} 之和:

$$Q_T = Q_{sc} + 2Q_{tap} + 2Q_{th} \tag{9-48}$$

其中

$$\left.\begin{aligned} Q_{sc} &= qN_A W_C WL \\ Q_{th} &= qN_S W_{th} aL \end{aligned}\right\} \tag{9-49}$$

N_S 为场氧化层下面的平均掺杂浓度,W_{th} 为场氧化层耗尽层厚度。锥形氧化层下的电荷由对该耗尽区包围的体积积分得到。此时,掺杂浓度随位置而变。经积分可得

$$Q_{tap} = qLW_C \frac{(N_S + 2N_A)(b-a)}{3} \tag{9-50}$$

因此考虑窄沟道效应的 n 沟道 MOSFET 的阈值电压公式为

$$V_{TH} = V_{FB} + 2\psi_F$$

$$+\frac{\left[qLN_AW_CW+2aqN_SW_{th}L+\frac{2qLW_C(N_S+2N_A)(b-a)}{3}\right]}{2C_{th}+2C_{tap}+C_{ox}} \quad (9-51)$$

当 $W \geqslant 2~\mu\text{m}$ 时,总电容可近似为 C_{ox},因而上式可以简化。

需要指出的是,以上的讨论仅适用于器件的隔离使用场氧化隔离工艺情况,对于使用沟槽隔离工艺的器件,基本不会出现窄沟道效应,其阈值电压一般不会随着 W 变小而变大。

9.4 MOS 场效应管的小尺寸效应

9.4.1 小尺寸效应

对于尺寸很小的 MOS 管,其沟道长度和沟道宽度均很小,此时短沟道效应和窄沟道效应均需考虑,这称为小尺寸效应。前面各种单独考虑一种效应的公式都不能适用了,必须同时考虑两种效应以及它们之间的相互影响。下面简要介绍几种描述小尺寸效应的模型。

1. 修正的 Jeppson 模型

Jeppsen 将他的短沟道模型推广到包括窄沟道效应,采用的方法相同于 Lee 的方法。对于耗尽层厚度不太大的情况,得到

$$V_{TH}=V_{FB}+2\psi_F+\frac{qN_AW_C}{C_{ox}}+\frac{qN_A}{C_{ox}}\left[(W_C-W_0)+\left(\frac{\delta}{W}-\frac{\xi}{L}\right)(W_C^2-W_0^2)\right] \quad (9-52)$$

其中 δ 和 ξ 是两个拟合参数。此模型未包括短沟道效应和窄沟道效应之间的相互作用。

2. Wang 模型

Wang 基于短沟道效应与窄沟道效应是相互独立的假设,将它们对 V_{TH} 的影响简单相加,便得到

$$(V_{TH})_{SGD}=(V_{TH})_{LGD}-(\Delta V_{TH})_{SCD}-(\Delta V_{TH})_{NWD} \quad (9-53)$$

SGD 代表小尺寸器件,LGD 代表大尺寸器件,SCD 表示短沟道器件,NWD 表示窄沟道器件。

对于短沟、宽沟器件或长沟、窄沟器件可以分别考虑。各种不同的模型都可用这个公式,适用较灵活。Wang 还得到了在小尺寸器件中的表面载流子迁移率及漏极电流的公式。

3. Merckel 模型

Merckel 建立了包括长度和宽度方向相互作用的小尺寸 MOS 器件模型。Merckel 提出总的体电荷 Q_x 由与长度截面方向有关的电荷 Q_{xL} 及与宽度截面方向有关的电荷 Q_{xW} 之和构成:

$$Q_x = Q_{xL} + Q_{xW} \quad (9-54)$$

图 9-19(a)中阴影区表示在短沟道效应中电荷的减少,图 9-19(b)阴影区表示由于短沟道效应与窄沟道效应的相互作用引起的电荷的减少。在沟道宽度方向电荷的扩展用 αW_C 来近似,α 是由工艺条件确定的一个实验参数。根据简单的几何考虑,小尺寸 MOS 管的阈值电压为

$$V_{TH}=V_{FB}+2\psi_F+\frac{\gamma_m}{C_{ox}}K(V_{BS}+2\psi_F)^{1/2} \quad (9-55)$$

其中

$$K=\frac{\sqrt{2\varepsilon_s\varepsilon_0 qN_A}}{C_{ox}} \quad (9-56)$$

对于 $W_C \leqslant W^*$ 的情况(W^* 是 V_{TH} 为最大值时的耗尽层厚度),有

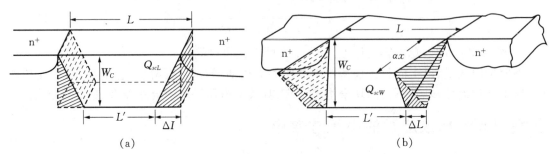

图 9-19 阴影区表示短沟道模型引起的电荷减少(a)和窄沟道效应与短沟道效应相互作用引起的电荷减少(b)

$$\gamma_m = 1 + \alpha \frac{W_C}{W} + \frac{r_j}{L}\left(1 + \frac{2}{3}\alpha \frac{W_C}{W}\right)\left[1 - \left(1 + \frac{2W_C}{r_j}\right)^{1/2}\right] \quad (9\text{-}57)$$

在应用上式前,先要确定其适用范围,以及参数 α。为了确定它的适用范围,Merckel 对短沟道 MOS 管进行实验观察,当 V_{BS} 大到比 V_{BS}^* 大时(V_{BS}^* 对应于空间电荷区厚度 W^*,超过 W^* 时,V_{TH} 可看作常数),利用(9-55)~(9-57)式,以及

$$\frac{\mathrm{d}V_{TH}}{\mathrm{d}V_{BS}} = \frac{\mathrm{d}V_{TH}}{\mathrm{d}W_C} = 0$$

可求出对应于最大 V_{TH} 的耗尽层厚度 W^*,它由下式给出:

$$1 + 2\alpha \frac{W^*}{W} + \frac{r_j}{L}\left(1 + \frac{4}{3}\alpha \frac{W^*}{W}\right)\left[1 - \left(1 + \frac{2W^*}{r_j}\right)^{1/2}\right] \approx \frac{W^*}{L} \frac{\left(1 + \frac{2}{3}\frac{W^*}{W}\right)}{\left(1 + \frac{2W^*}{r_j}\right)^{1/2}} \quad (9\text{-}58)$$

在一般的工艺条件下,若 $K = 0.5 \sim 1 V^{1/2}$、$V_{BS} = 0$,则 $\alpha = 0.7$,它也可用实验来确定,其范围在 $0 \sim 1$ 之间。

综上所述,MOS 场效应管的结构参数和工艺参数均对管子的阈值电压有影响,表 9-1 给出了大尺寸器件(LGD)、短沟道器件(SCD)、窄沟道器件(NWD)以及小尺寸器件(SGD)的各种参数对 V_{TH} 影响的变化趋势。表中箭头向上表示增加,向下表示减少。

表 9-1

器件参数	LGD	SCD	NWD	SGD
$r_j \uparrow$		↓		↓
$N_A \uparrow$	↑	↑	↑	↑
$V_{BS} \uparrow$	↑	↑	↑	↑
$L \downarrow$		↓		↓
$t_{ox} \uparrow$	↑	↑	↑	↑
$V_D \uparrow$		↓		↓
$N_S \uparrow$			↑	↑
$W \downarrow$			↑	↑

9.4.2 MOS 场效应管按比例缩小规则

近代 MOS 集成电路迅猛发展,其器件速度、集成密度和功能大大提高。由于电路复杂程度的提高,在设计时需要投入大量人力、时间及资金。为了降低成本,最有效的方法是减小管芯的尺寸。同时,为了提高器件的速度,要缩短器件的特征长度。近些年来,器件的特征长度已经从 0.25 μm、0.18 μm、0.13 μm、90 nm、65 nm、45 nm 等,一直缩短到目前的 32 nm,甚至更小。通常,对电路进行重新设计时重新布局在经济上是不合算的。代之以可采用按比例缩小的方法来得到所需的掩膜板。缩小的过程与光学成像中的缩小相似,在产生掩膜时要给出按比例缩小的数字信息。采用此方法时,若线度尺寸缩小 30%,管芯的面积利用率可以加倍。

按比例缩小时,管子的电流驱动能力不变,这是因为沟道宽长比 W/L 保持不变。而其负载电容却大大降低。由于面积的缩小,栅电容、金属、多晶硅等的寄生电容也显著减小,结果使电路的速度也得以改进。

必须注意,在进行按比例缩小时,对工艺的要求提高了,因为线条更细、间距更窄了,因此,必须解决精细腐蚀的问题。同时,还要考虑尺寸缩小时对器件产生的一些影响,不能不加区别地任意进行缩小。必须精确地进行按比例缩小,包括横向结构尺寸的缩小以及纵向几何尺寸的缩小(例如氧化层厚度、结深等等),以及提高掺杂浓度等。

总的来说,按比例缩小 MOS 场效应器件的尺寸,可以提高速度和集成密度。最基本的按比例缩小规律有两种:恒定电场按比例缩小律以及恒定电压按比例缩小律。在此基础上,又出现准恒压按比例缩小律和常用的按比例缩小律。

MOS 器件尺寸缩小导致短沟道等效应,其本质是缓变沟道近似不再满足,$\partial^2 \psi/\partial x^2$ 与 $\partial^2 \psi/\partial y^2$ 相比不能忽略,必须求解二维泊松方程。尺寸缩小的器件设计时就是要保持其 $\psi(x, y)$ 的分布与大尺寸器件时的一样,从而抑制短沟道等效应。

令 x、y 为原来大尺寸器件的空间坐标,x'、y' 为缩小尺寸后的器件的空间坐标:

$$x' = (1/\alpha)x, \; y' = (1/\alpha)y \tag{9-59}$$

当 $\alpha > 1$ 时,$\psi'(x', y')$ 是缩小尺寸后的器件的电势分布。

1. 恒定电场按比例缩小律

在缩小器件尺寸的同时,为了保持大尺寸器件的电流-电压特性,Dennard 等人于 1974 年提出了恒定电场按比例缩小律。根据这个缩小规律,器件的沟道长度 L、宽度 W、栅氧化层厚度 t_{ox} 和源/漏结深 x_j 以及电源电压等都要按照同一比例因子 $\alpha(>1)$ 而等比例缩小,同时体掺杂浓度 N_A 则按照该因子增大 α 倍。这样缩小的器件,其内部的电场保持不变,不会导致漏端出现高电场,所以不会出现迁移率降低、碰撞电离以及下一节要讨论的热载流子效应等。

为了满足电场强度不变,需要保持 $\psi'(x', y') = (1/\alpha)\psi(x, y)$,从而使缩小尺寸的器件,在 (x', y') 处的电场 $E'(x', y')$ 与原始器件中 (x, y) 处的电场 $E(x, y)$ 相等:

$$E_x(x, y) = -\frac{\partial \psi(x, y)}{\partial x} = -\frac{\partial \psi'(x', y')}{\partial x'} = E'_{x'}(x', y')$$

$$E_y(x,y) = -\frac{\partial \psi(x,y)}{\partial y} = -\frac{\partial \psi(x',y')}{\partial y'} = E'_{y'}(x',y')$$

(1) 掺杂浓度的变化。缩小尺寸后的器件中的泊松方程可写为

$$\frac{\partial^2 \psi'}{\partial x'^2} + \frac{\partial^2 \psi'}{\partial y'^2} = -\frac{\rho'(x',y')}{\varepsilon_0 \varepsilon_s}$$

将 $x' = (1/\alpha)x$, $y' = (1/\alpha)y$, $\psi'(x',y') = (1/\alpha)\psi(x,y)$ 代入上式,可得

$$\alpha\left(\frac{\partial^2 \psi}{\partial x^2} + \frac{\partial^2 \psi}{\partial y^2}\right) = -\frac{\rho'(x',y')}{\varepsilon_0 \varepsilon_s}$$

将上式与原来的泊松方程比较,得

$$\frac{\partial^2 \psi}{\partial x^2} + \frac{\partial^2 \psi}{\partial y^2} = -\frac{\rho(x,y)}{\varepsilon_0 \varepsilon_s}$$

可以得到

$$\rho'(x',y') = \alpha\rho(x,y)$$

即

$$N'_A(x',y') = \alpha N_A(x,y) \tag{9-60}$$

这是恒定电场缩小时对掺杂浓度的要求,即掺杂浓度也要提高 α 倍。

上式满足时,只有当缩小后的器件中的边界条件和原始器件的边界条件相同时,才能通过 ψ' 的泊松方程解得 $\psi'(x',y')$。栅-沟道表面的边界条件很容易达到此要求,因为栅氧化层厚度 t_{ox} 也按比例缩小:

$$t'_{ox} = (1/\alpha)t_{ox} \quad \text{或者} \quad C'_{ox} = \alpha C_{ox} \tag{9-61}$$

氧化层上的电压 V_{ox} 也下降 α 倍,$V'_{ox} = (1/\alpha)V_{ox}$,因此电场不变:$E'_{ox} = E_{ox}$,它满足在栅-沟道表面的边界条件。

源/漏边界较难满足要求,漏-衬底 $n^+ - p$ 结耗尽层宽度为

$$W_D = [2\varepsilon_0 \varepsilon_s (\psi_{bi} + V_{DD})/qN_A]^{1/2}$$

另一方面,缩小器件的所有外加电压应该缩小 α 倍,即

$$V'_{DD} = (1/\alpha)V_{DD} \tag{9-62}$$

由此可见,只有当内建势 ψ_{bi} 比 V_{DD} 小得多,或 ψ_{bi} 也能按比例缩小时,才能满足边界条件:$W'_D = (1/\alpha)W_D$,这是对漏/衬底边界条件的要求。但实际上要求 $\psi_{bi} \ll V'_{DD}$ 或 ψ_{bi} 可以按比例缩小并不总是成立的,所以这是恒定电场按比例缩小的第一个困难。

(2) 电流的变化(I' 与 I 的关系)。在线性工作区,电流的表达式为

$$I_D = \mu_n C_{ox}(W/L)[(V_G - V_T)V_{DS} - 0.5V_{DS}^2]$$

对于缩小尺寸的器件,W 与 L 均缩小一个因子 α,由 $\mu'_n = \mu_n$,$V'_T = (1/\alpha)V_T$ 可以得到

$$I'_D = (1/\alpha)I_D \quad (9\text{-}63)$$

工作在弱反型区的亚阈值电流因为不是漂移电流而是扩散电流,故不按上式规律缩小。

(3) 对延迟时间 τ 的影响。$\tau = RC$,而 $R' = V'/I' = V/I = R$,$C' = \varepsilon A'/d' = (1/\alpha)C$($C$ 是总电容,不是单位面积电容),所以

$$\tau' = (1/\alpha)\tau \quad (9\text{-}64)$$

(4) 功率和功率密度。功率下降 α^2 倍,但功率密度保持不变,即

$$P' = I'V' = P/\alpha^2,\ P'/A' = P/A \quad (9\text{-}65)$$

恒定电场按比例缩小有关参数变化如下:

$$L' = \frac{L}{\alpha};\ W' = \frac{W}{\alpha};\ t'_{ox} = \frac{t_{ox}}{\alpha};\ V'_G = \frac{V_G}{\alpha};\ V'_{DD} = \frac{V_{DD}}{\alpha};\ N'_A = \alpha N_A \quad (9\text{-}66)$$

这样缩小的结果是:器件速度增加 α 倍(延迟减小了),密度增加 α^2 倍,功耗减小 α^2 倍。

恒定电场按比例缩小带来的问题是:由于掺杂浓度增加 α 倍,结的耗尽层厚度及阈值电压近似减小 α 倍,这种缩小律导致亚阈值电流有所增加,从而增加静态功耗,而当栅压大于阈值电压时电流将减小,从而使器件的开关特性变差,为此人们提出了恒定电压按比例缩小律。

2. 恒定电压按比例缩小规律

为了减小电场,在器件的长、宽以及结深按照比例因子 α 缩小时保持电压不变,同时将氧化层的厚度缩小 β 倍,$1 < \beta < \alpha$,这称为恒定电压按比例缩小。按照这种规律缩小,电场变大,特别是沿沟道方向的电场,在漏端会出现高电场。为了克服这个缺点,人们提出了准恒定电压按比例缩小,即其他与恒定电压缩小规律一样,只是电压也按照比例因子 β 来缩小。

按比例缩小规律为 MOSFET 尺寸的缩小提供了一些准则,但实际应用中,还要考虑制造技术、设计要求以及器件的可靠性等,所以常用的缩小规律是取一些折中的方案,如表 9-2 所示。

表 9-2 MOSFET 的按比例缩小规律

参数	恒定电场	恒定电压 $1<\beta<\alpha$	准恒定电压 $1<\beta<\alpha$	常用 $1<\beta<\alpha$
W、L、X_j	$1/\alpha$	$1/\alpha$	$1/\alpha$	$1/\alpha$
t_{ox}	$1/\alpha$	$1/\beta$	$1/\alpha$	$1/\alpha$
N_A	α	α	α	α^2/β
V_{DS}	$1/\alpha$	1	$1/\beta$	$1/\beta$

最小沟道长度:器件的尺寸在按比例缩小时,为了避免出现短沟道效应,人们给出了最小沟道长度与其他参数之间的关系,见(9-21)式。需要指出的是,一个器件是否为短沟道,这是相对的。如(9-21)式中的 $\gamma = 10^3 (\mu m^3 Å)$,则 $L = 4\ \mu m$ 时即为短沟道器件。但若 $\gamma = 1(\mu m^3 Å)$,即使器件的 $L = 0.5\ \mu m$,它却仍可看作长沟器件。

9.4.3 热电子效应

人们较早就已认识到热电子效应导致的器件性能下降会对器件尺寸的缩小作出限制，热电子效应不仅使器件性能降级，还有其他一些影响。

若 V_{DS} 保持常值 5 V，沟道长度减小，则沟道电场变大，通过峰值电场区的电子可以获得一定的能量引起一些效应：

(1) 碰撞电离：在漏端附近，被加速的电子发生碰撞电离，产生电子空穴对。产生的电子使漏极电流增大，空穴构成衬底电流会使衬底电势起伏。

(2) 热电子具有足够的能量克服 Si-SiO$_2$ 势垒，被注入栅介质，进入栅介质的电子有两种走向；一是被散射回沟道或通过栅介质到达栅，形成栅极电流(可检测)；二是被陷于氧化层内，或引起附加的界面态，最后使 V_T 增加，器件特性发生变化，驱动电流减小，亚阈值斜率下降。其中任何一种影响严重的话，都会使电路工作受阻，故热电子注入栅介质会影响 n 沟 MOS 管的性能和降低器件、电路的寿命。

(3) 沟道电子从源行进到漏过程中，碰撞电离产生的空穴而形成衬底电流。当一个器件的衬底电流很大，或很多器件的总衬底电流较大时，使芯片上的衬底偏压达到饱和，引起电路失效。

(4) 光发射电流。高能电子被杂质离子突然减速时会发射出光子，称为轫致辐射，这是一种宽带辐射。

以上效应都和沟道内的峰值电场有关，如图 9-20 所示。

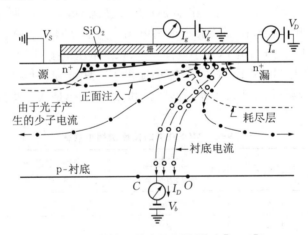

图 9-20 热电子效应示意图(选自[9-19])

1. 沟道电场

如果加在 MOSFET 上的漏极电压超过饱和漏极电压 V_{Dsat}，则近漏处一部分沟道区内载流子速度达到饱和，该区称为速度饱和区(VSR, Velocity Saturation Region)，当 V_{DS} 增加时，此区域向源端扩展，使有效沟道长度缩短，漏极电流增加。根据一维模型，沿着沟道方向的电场在夹断点会趋于无穷大。实际上电场应是有限的，其数值变得可与纵向电场相比较，因此缓变沟道近似不再成立，载流子不再被局限于表面沟道。令夹断区的大小为 ΔL，夹断

区上的压降为 $(V_{DS}-V_{Dsat})$。用准二维的方法可以得到速度饱和区的基本物理图像,求得 ΔL 及速度饱和区内的电场分布。速度饱和区的二维泊松方程为

$$\frac{\partial^2 V(x,y)}{\partial x^2}+\frac{\partial^2 V(x,y)}{\partial y^2}=\frac{qN_A(x,y)+qN_m(x,y)}{\varepsilon_s\varepsilon_0} \quad (9\text{-}67)$$

qN_A 为耗尽区空间电荷密度,qN_m 为可动载流子电荷密度。

速度饱和区的边界为 x(沿沟道方向)从 0 到 ΔL,y(垂直沟道方向)从 0(表面)到 x_j(漏结结深)。假定可动载流子在 x_j 内运动。沿着表面,$V(x)$ 从 $x=0$ 处的 V_{Dsat} 增加到 $x=\Delta L$ 处的 V_{DS};这时会导致 SiO_2 上的压降减小;因为

$$V_G-V_{FB}=V_{ox}(x)+\psi_s(x)=V_{ox}(x)+2\psi_F+V(x) \quad (9\text{-}68)$$

栅压一定时,$V(x)$ 大时 $V_{ox}(x)$ 小,所以表面处垂直方向的电场也减小。于是

$$E_y(x,0)=(\varepsilon_{ox}/\varepsilon_s)E_{ox}=(\varepsilon_{ox}/\varepsilon_s)(V_{ox}/t_{ox}) \quad (9\text{-}69)$$

如图 9-21 所示。

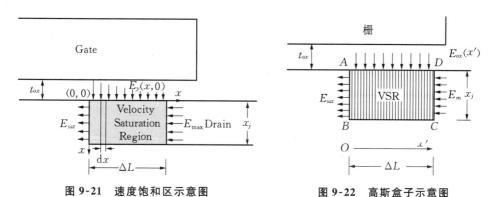

图 9-21　速度饱和区示意图　　图 9-22　高斯盒子示意图

可以利用高斯盒子讨论速度饱和区。高斯盒子中包含了所有可动电荷及大部分耗尽电荷。VSR 区边界如图 9-22 所示。假定:①VSR 区载流子速度是饱和的高斯盒子;②漏结是突变的,形状是方角,重掺杂的漏扩散区导电良好;③电流局限于结深范围内。

假定②使目前的讨论仅适合于 Asn^+/p 结及 Bp^+/n 结,但很易推广到缓变结例如 LDD 结构(轻掺杂漏区结构)。将高斯定理用于高斯盒子。在 x' 处取一个面,进入盒子的电力线是正的,出去是负的。进出电力线总和为其中的电荷除以 $\varepsilon_0\varepsilon_s$,

$$-E_{sat}\cdot x_j+E(x')\cdot x_j+\frac{\varepsilon_{ox}}{\varepsilon_s}\int_0^{x'}E_{ox}(k,0)\mathrm{d}k=\frac{qN_A}{\varepsilon_s\varepsilon_0}x_jx'+\frac{qN_m}{\varepsilon_s\varepsilon_0}x_jx' \quad (9\text{-}70)$$

上式中还假定了 x 方向电场均匀。半导体表面处 y 方向的电场用 E_{ox} 表示。底部边界的电力线忽略了,因电力线从结的角上出发,多数是水平线。上式中每一项都有沟道宽度 W,均忽略了。

将(9-70)式对 x' 求导,得

$$x_j \frac{\mathrm{d}E(x')}{\mathrm{d}x'} + \frac{\varepsilon_{ox}}{\varepsilon_s} E_{ox}(x', 0) = \frac{qN_A}{\varepsilon_s \varepsilon_0} x_j + \frac{qN_m}{\varepsilon_s \varepsilon_0} x_j \tag{9-71}$$

将 $E_{ox} = [V_{TH} - V_{FB} - 2\psi_F - V(x')]/t_{ox}$ 代入上式,得到

$$x_j \frac{\mathrm{d}E(x')}{\mathrm{d}x'} + \frac{\varepsilon_{ox}}{\varepsilon_s} \frac{1}{t_{ox}} [V_{TH} - V_{FB} - 2\psi_F - V(x')] = \frac{qN_A x_j}{\varepsilon_s \varepsilon_0} + \frac{qN_m x_j}{\varepsilon_s \varepsilon_0} \tag{9-72}$$

利用 $x' = 0$ 处的氧化层上的电场公式,得

$$E_{ox}(x' = 0) = \frac{V_{TH} - V_{FB} - 2\psi_F - V_{Dsat}}{t_{ox}} = \frac{qN_A x_j}{\varepsilon_{ox} \varepsilon_0} + \frac{qN_m x_j}{\varepsilon_{ox} \varepsilon_0}$$

代入(9-72)式的右端,可将(9-72)式简化为

$$\varepsilon_s \varepsilon_0 x_j \frac{\mathrm{d}E(x')}{\mathrm{d}x'} = C_{ox}[V(x') - V_{Dsat}] \tag{9-73}$$

或者

$$\frac{\mathrm{d}E(x')}{\mathrm{d}x'} = \frac{V(x') - V_{Dsat}}{l^2} \tag{9-74}$$

其中

$$l^2 \equiv \frac{\varepsilon_s}{\varepsilon_{ox}} t_{ox} x_j \approx 3 t_{ox} x_j \tag{9-75}$$

利用下列边界条件:

$$-\frac{\mathrm{d}V(x')}{\mathrm{d}x'}\bigg|_{x'=0} = E_{sat} \quad \text{以及} \quad V(0) = V_{Dsat}$$

很易解出方程(9-74)

$$V(x') = V_{Dsat} + lE_{sat} \sinh(x'/l) \tag{9-76}$$

$$E(x') = E_{sat} \cosh(x'/l) \tag{9-77}$$

夹断点的横向电场一般选择为临界电场的几倍,例如取 $E_{sat} = 2E_{cre} = 2v_{sat}/\mu_{eff}$,对电子而言,其数量级为 $5 \times 10^4 \text{V/cm}$。

2. 峰值电场

在沟道漏端,电场的峰值为

$$E_m = E(\Delta L) = E_{sat} \cosh(\Delta L/l) \tag{9-78}$$

$$V_{DS} = V_{Dsat} + lE_{sat} \sinh(\Delta L/l) \tag{9-79}$$

解(9-78)、(9-79)联立方程,即得

$$\Delta L = l \ln\left[\frac{(V_{DS} - V_{Dsat})/l + E_m}{E_{sat}}\right] \tag{9-80}$$

$$E_m = \sqrt{\frac{(V_{DS}-V_{Dsat})^2}{l^2} + E_{sat}^2} \qquad (9\text{-}81)$$

上面这些方程给出了一些重要的信息。(9-77)式表明沟道电场接近漏端几乎是指数上升,常数电场梯度不能预言此种特性。(9-77)式算出的 $E(x)$ 示于图 9-23,其中圆点表示准二维模型,虚线为常数电场梯度模型,参数 l 用来调整峰值与准二维模型一致。

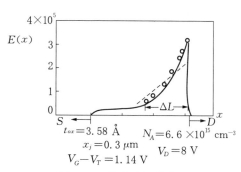

图 9-23　沟道电场分布图

峰值沟道电场 E_m 明显地与 $V_{DS}-V_{Dsat}$ 有关,器件的沟道长度 L 只是间接地通过 V_{Dsat} 对 E_m 产生影响;若 V_{DS} 比 V_{Dsat} 大 2 V,则 $(V_{DS}-V_{Dsat})/l \gg E_{sat}$。这时 E_m 大致与 $(V_{DS}-V_{Dsat})$ 成正比,这对理解下节将讨论的衬底电流特性很重要。根据二维模拟及实验结果,N_A 对 l 的影响较小。二维模拟结果表明

$$l = 0.22 x_j^{1/2} t_{ox}^{1/3} \quad (\text{均以 cm 为单位}) \qquad (9\text{-}82)$$

在较宽的范围内,上式均适用。

为得到短沟 MOSFET 峰值电场的数量级概念,将 t_{ox}、x_j 值代入(9-82)式,对于 1 μm CMOS 技术,$t_{ox}=250$ Å、$x_j=0.2$ μm,则 $1/l=7.5\times 10^4$ cm^{-1},在低 V_G-V_T 时,$V_{Dsat}\approx 0$,用 $E_{sat}=5\times 10^4$ V/cm 及 $V_{DS}=5$ V 代入,则有 $E_m=3.85\times 10^5$ V/cm,它是引起热载流子效应的原因。由于 $E_m \propto t_{ox}^{-m} x_j^{-1/2}$ $(1/3<m<1/2)$,当器件尺寸缩小时,将使高电场问题突出,若将电源电压减小到 3.3 V,会减轻这个问题,但为了提高器件的可靠性,仍需要某种形式的热载流子阻挡结构。

l 可由(9-82)式算得或通过测量衬底电流 I_{sub} 来得到。由(9-82)式算得的 l 与由测量衬底电流提取的 l 只有 5% 误差,由模拟得到的 l 误差较大,尤其是在栅极电压较低时,误差可达 10%~15%。

对各种沟道长度的管子进行测量表明 l 与沟道长度 L 关系不大,因 l 是夹断区泊松方程解的特征长度,l 应与夹断区局部边界条件有关。沟道长度 L 通过(9-81)式中的 V_{Dsat} 对 E_m 仍有显著影响。

将(9-82)式代入(9-81)式,可将最大沟道电场近似表示为

$$E_m = (V_{DS}-V_{Dsat})/0.22 t_{ox}^{1/3} x_j^{1/2} \qquad (9\text{-}83)$$

对于沟道长度 L 较短的器件,V_{Dsat} 较小,故 E_m 较大。

V_{Dsat} 最为成功的模型为

$$V_{Dsat} = \frac{(V_G-V_{TH})L E_{sat}}{V_G-V_{TH}+L E_{sat}} \qquad (9\text{-}84)$$

其中 E_{sat} 是达到速度饱和的临界电场(约为 5×10^4 V/cm),上式中 L 为有效沟道长度,当 $L E_{sat} \gg (V_G-V_{TH})$ 时,(9-84)式变为 $V_{Dsat}=V_G-V_{TH}$,它就是长沟道器件的漏端夹断电压。

(9-83)及(9-84)式表明沟道峰值电场是器件尺寸及偏置电压的函数。

3. 衬底电流模型

载流子在电场作用下，移动单位距离内所发生的碰撞电离的次数称为电离率 α，它与电场的关系为 $\alpha \sim A_i \exp(-B_i/E)$，其中 A_i 与 B_i 是已知的常数，空穴碰撞电离的 B_i 大致上是电子的2倍。

对于 n 沟 MOS 管，衬底电流 I_{sub} 是由沟道电子从源行进到漏过程中，碰撞电离产生的空穴而形成，I_{sub} 可表示为

$$I_{sub} = \int I_D A_i \exp[-B_i/E(x)] dx \tag{9-85}$$

将上式作积分变量代换，可得

$$I_{sub} = -\int_{E_s}^{E_m} I_D A_i \exp(-B_i/E) E^2 \left(\frac{dx}{dE}\right) \cdot d\left(\frac{1}{E}\right) \tag{9-86}$$

E_s 为源端的电场，利用 $V(x) = V_{Dsat} + U\exp(x/l)$ 可得

$$dE/dx = (U/l^2)\exp(x/l) = E/l \tag{9-87}$$

$$E^2 \frac{dx}{dE} = lE \tag{9-88}$$

由(9-85)式中指数项在 $E = E_m$ 处给出一个峰值，假定 $E^2 \frac{dx}{dE}$ 可以在 $E = E_m$ 处求值，并为常数，利用(9-86)式可得

$$I_{sub} = -A_i I_D l E_m \int_{E_s}^{E_m} \exp(-B_i/E) d\left(\frac{1}{E}\right)$$

$$= \frac{A_i}{B_i} l E_m I_D \exp(-B_i/E) \Big|_{E_s}^{E_m} = \frac{A_i}{B_i} l E_m I_D \exp(-B_i/E_m) \tag{9-89}$$

$$I_{sub} = \frac{A_i}{B_i}(V_{DS} - V_{Dsat}) I_D \cdot \exp\left(-\frac{lB_i}{V_{DS} - V_{Dsat}}\right) \tag{9-90}$$

上式利用了 $E_m = (V_{DS} - V_{Dsat})/l$。

对于(9-89)式，如果 $\exp(-B_i/E_m)$ 用 $E_m^n (n \approx 7)$ 来拟合，则可将其写为

$$I_{sub} \propto I_D E_m^{n+1} \propto I_D (V_{DS} - V_{Dsat})^{n+1} \tag{9-91}$$

$$V_{DS} \propto V_{Dsat} + (I_{sub}/I_D)^{1/(n+1)}$$

由(9-90)式可看出，特征长度 l 可由测量衬底电流 I_{sub} 而得。不少人已证明(9-91)式是一个很好的模型。CMOS 电路中，衬底电流的增大会导致闩锁(Latch-up)效应，影响电路性能和正常工作。

4. 热载流子阻挡结构

热载流子对 MOS 器件是固有存在的，随着器件尺寸的缩小，变得更为严重，减小热载流

子效应对提高小尺寸器件的可靠性非常重要。

热载流子阻挡结构有两种：第一种是缩小热载流子总数的器件结构；第二种是通过改进结构、材料、工艺和电路，以减小已存在热载流子的影响。

热载流子问题在 nMOS 管中更为严重，故下面的讨论均以 nMOS 管为例，对 p 沟 MOS 管，原理是相同的，可作类似的讨论。

(1) 电场的减小。由于所有热载流子效应都起因于高电场(沟道)加热的电子或空穴，故减小沟道中的电场，以减少热载流子总数是解决热载流子效应的最有效方法。MOS 管中的沟道电场随沟道长度、栅氧化层厚度以及结深的减小而增大，也随着沟道掺杂浓度的增加而增加。

① 沟道掺杂的影响。L 一定时，减小沟道电场的方法之一是降低沟道区的掺杂浓度。这样做能降低空间电荷区的电荷密度，从而减小垂直于界面和平行于界面的电场分量(一定偏压下)，但从器件设计的角度来看，在栅氧化层厚度一定的情况下，掺杂浓度决定了阈值电压，故掺杂浓度不能自由改变。

如果一定要降低掺杂浓度，又有要维持阈值电压不变，可采用功函数比标准 n^+ 多晶硅来得高的栅材料，例如 p^+ 多晶硅、钨或各种难熔金属硅化物。

为获得较低沟道掺杂浓度并保证阈值电压不变，除改变使用栅材之外，另一种方法是构成一定的沟道掺杂分布。具体方法是使沟道掺杂较深、较宽，以减少靠近 SiO_2 界面处的"有效"掺杂浓度，极端情况是在栅氧化层下面形成一个 n 型埋沟，在此埋沟下面是掺杂更浓的 p 型层，以调整阈值电压到所需的值，当然用此方法对减小电场的作用有限。

② 场掺杂效应。要使场开启电压高，场掺杂浓度要高，对于窄沟道器件，场掺杂会侵入沟道区，使有效掺杂浓度增加，导致较高的沟道电场，使热载流子效应增加，这称为场掺杂效应。测量表明减小器件的窄沟道效应(V_T 随 W 减小而增加)同时会改进场掺杂效应。

(2) 缓变漏区结构。由于选择器件基本参数方面自由度很小，可采用一些特殊的器件结构，它们能减小峰值沟道电场，这种结构多数是在漏结的边缘处形成一个空间电荷过渡区，将一些电压降落在这个过渡区中，因而使沟道区中的峰值电场降低，这种结构称为缓变漏区结构。在这些结构中，漏区被分割成掺杂浓度较高的和较低的两段，电压主要降落在掺杂浓度较低的区域，从而降低峰值电场。

缓变漏区结构主要有双扩散漏(DDD, Double Diffused Drain)、磷漏(PD)以及轻掺杂漏(LDD, Lightly Doped Drain)。这些结构的作用是降低电场，可以显著改进热电子效应。

9.4.4 漏致势垒降低效应

随着器件尺寸的缩小，沟道长度的缩短，当施加在漏上的电压增大时，沟道下面的耗尽层厚度不再是常数，而是从源到漏逐渐增大的，所以耗尽层中的部分电荷实际是受漏端控制的，这样栅控的有效电荷量变少，所以会导致阈值电压降低，这称为漏致势垒降低效应(DIBL, Drain Induced Barrier Lowering)。

另外二维模拟也发现，漏致势垒降低效应的另一种解释是：正像它的名称一样，当施加在漏上的电压增大时，沟道中电势的最小值会增大，对于电子而言，电势越高，则势垒越低，电子越容易通过沟道,所以沟道的导电能力增强,从而阈值电压降低,所以称之为漏致势垒降低效应。

漏致势垒降低效应导致的阈值电压降低,可用下式来定量描述:

$$DIBL = \Delta V_{TH} = V_{TH}(V_{DS}\text{较大}) - V_{TH}(V_{DS}=0.1V) = -\sigma V_{DS} \quad (9-92)$$

其中 σ 为 DIBL 参数,也称为静态反馈系数,它的表达式为

$$\sigma = \sigma_0 \varepsilon_{si} / C_{ox} L_{eff}^n \quad (9-93)$$

σ_0 为拟合参数,可在一定的几何尺寸范围内调整,n 的值在 1~3 之间。DIBL 效应与以下因素有关:

(1) 沟道长度 L 越小,DIBL 效应越严重;
(2) 栅氧化层厚度 t_{ox} 越大,C_{ox} 越小,DIBL 效应越严重;
(3) 源/漏结深越大,DIBL 效应越严重;
(4) 衬底掺杂浓度越大,DIBL 效应越严重;
(5) 衬底偏压 V_{sb} 越大,DIBL 效应越严重。

9.4.5 栅感应漏端泄漏电流效应

由于栅与漏区有交叠,在栅压的作用下,使得小尺寸器件的漏端电场变得更强,从而会出现非平衡的深耗尽区,在此区域有可能产生电子-空穴对,电子在垂直于沟道方向的纵向电场的作用下,通过以下三种方式进入栅:

(1) 对于少数能量较高的电子,直接越过二氧化硅势垒,进入栅极;
(2) 极少数电子通过量子隧穿效应,进入栅极;
(3) 在栅极电场的作用下,二氧化硅的能带发生倾斜,势垒的厚度变薄,电子通过电场辅助发生隧穿,即 Fowler-Nordheim (F-N) 隧穿方式,进入栅极。

由于电子由漏端附近进入栅极,造成泄漏电流,所以称之为栅感应漏端泄漏电流效应(GIDL,Gate Induced Drain Leakage)。栅的漏电流是制约栅氧化层厚度的重要因素,它不仅使功耗增大,也会损伤氧化层,导致器件可靠性下降。为减小 GIDL 效应,可采用突变结,以减小交叠区的深耗尽宽度。

9.4.6 源区和漏区电阻

当器件的尺寸比较大时,源区和漏区的电阻较小,对器件的影响可以忽略。但是,当器件的尺寸比较小时,源区和漏区引入的电阻会影响器件的性能,现分析如下。

如图 9-24 所示,源区和漏区的寄生电阻有:接触电阻 R_{co}、薄层电阻 R_{sh}、复合扩展电阻 R_{sp}(电流从表面向源、漏的纵深区扩展形成的电阻)和积累电阻 R_{ac}(栅-源交叠区

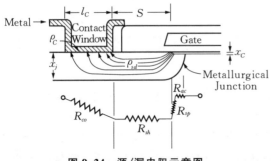

图 9-24 源/漏电阻示意图

的电流主要在表面,而该处是 n^+ 积累的,故称积累电阻)。

铝的电阻率很小,ρ_{Al} 约为 $3\times10^{-6}\Omega\cdot cm$,其厚度典型值为 $0.5\sim1~\mu m$,其薄层电阻数量级为 $0.05~\Omega/$方块,可以忽略。

(1) 接触电阻。根据 Berger 的传输线模型,接触电阻可表示为

$$R_{co} = \left[(\rho_{sd}\rho_c)^{1/2}/W\right]\coth\left[l_c\,(\rho_{sd}/\rho_c)^{1/2}\right] \qquad (9-94)$$

其中 ρ_{sd} 为源、漏区的薄层电阻,其典型值为 $50-500~\Omega$,W 为沟道宽度,S 为沟道边缘到接触孔边缘的距离,x_j 为结深。ρ_c 为金-半接触的界面接触电阻率($\Omega\cdot cm^2$)。l_c 是接触孔的宽度。(9-94)式有两种极限情况:短接触和长接触。

对于短接触极限情况,l_c 远小于 $(\rho_c/\rho_{sd})^{1/2}$,故 $R_{co}=\rho_c/Wl_c$,以界面接触电阻为主,电流基本上均匀通过接触。

对于长接触极限情况,l_c 远大于 $(\rho_c/\rho_{sd})^{1/2}$,故有 $R_{co}=(\rho_{sd}\rho_c)^{1/2}/W$,与接触宽度 l_c 无关,因大部分电流从接触边缘流入。

(2) 薄层电阻。它的表达式为

$$R_{sh} = \rho_{sd}(S/W) \qquad (9-95)$$

(3) 扩展电阻。在理想情况下电流扩展发生在均匀掺杂区内,通常可用以下表达式:

$$R_{sp} \approx (2\rho/\pi W)\ln(0.75 x_j/t_{ac}) \qquad (9-96)$$

其中 t_{ac} 为表面积累层(或反型层)厚度,ρ 为均匀掺杂区的电阻率。

(4) 积累电阻。此电阻不易与有源沟道电阻分开,通常将其考虑为有效沟道长度 L_{eff} 的一部分。

接触电阻和薄层电阻可看成与栅压及漏压无关的常数,但扩展电阻和积累电阻却与栅压及漏压有关,即决定于漏掺杂区的几何形状。器件按比例缩小后,扩展电阻和积累电阻不能按比例缩小,在设计时必须考虑这些电阻的影响。

9.5 高介电常数的 MIS 场效应器件

9.5.1 等效栅氧化层厚度

从物理上讲,当 MOSFET 的沟道长度小于电子的平均自由程后,电子的弹道发射将取代以散射为基础的载流子输运过程。当 L 小于德布罗意波长时,电子的波粒二象性中的波动性将起重要作用,原来的经典的 MOS 器件工作原理将不再适用。与此同时,为了防止漏、源之间的穿通,必须提高沟道区的掺杂浓度,这样会导致 V_T 的升高。通过减小栅氧化层的厚度可以抑制 V_T 的升高,但会使热电子效应、栅隧穿电流等的影响变得非常严重。

栅氧化层厚度 t_{ox} 是表征集成度的重要参数之一,当 L 小于 $0.1~\mu m$ 时,栅氧化层厚度开始接近于原子间距,栅极漏电流——主要是隧穿电流,与 t_{ox} 成指数关系,将显著增加,可由下式表示:

$$I = \exp[-2(2m*\phi)^{1/2} t_{ox}/h] \tag{9-97}$$

其中 ϕ 为 Si 和 SiO_2 界面的势垒高度。当栅偏压为 1 V 时，栅极漏电流从栅氧化层厚度为 3.5 nm 时的 1×10^{-11} A/cm^2 增加到 1.5 nm 时的 1×10 A/cm^2。造成 MOS 器件关态时的功耗大增，对器件的可靠性、寿命都有很大影响。若继续使用 SiO_2 或 SiO_2 与 SiN 的复合结构，其等效介质厚度也很难小于 1.5 nm，必须采用其他介质材料。

对新一代栅介质材料的要求首先是能够在保持或增大栅极电容的同时使介质保持足够的物理厚度来限制隧穿效应的影响，以降低漏电流。显然，如采用具有高介电常数 K 的材料是满足这个要求的最有效最直接的方法。高 K 材料还应具有较大能隙、它的导带与 Si 导带间应有足够大的势垒高度，以利于抑制由热电子效应引起的隧穿电流，新的介质材料还要与 Si 衬底间有良好的界面特性和热稳定性。

等效栅氧化层厚度 t_{eq} 是指任意介电常数为 K_x 的栅介质，将它的厚度 t_x 换算成具有相同单位面积电容的氧化层的厚度 t_{eq}，根据 $K_x/t_x = K_{SiO_2}/t_{eq}$，可得

$$t_{eq} = \frac{K_{SiO_2}}{K_x} t_x \tag{9-98}$$

例如，$K_x = 13$，用这种界面势垒接近于 Si/SiO_2 界面势垒高度的材料取代 SiO_2 制成栅介质层，则 t_x 为 5 nm 时得到的单位面积电容与厚度为 1.5 nm 的 SiO_2 层得到的单位面积电容相等，故 t_{eq} 称为等效栅氧化层厚度。由(9-97)式可知，其栅极漏电流比 1.5 nm 的 SiO_2 层时小 20 个数量以上，故可有效地抑制隧穿电流。

9.5.2 高 K 介质的几个主要方案

(1) MOSFET 对高 K 材料的要求：①介电常数要大于 10；②栅极电容达到 30 pF/μm^2；③栅极漏电流要小于 1 A/cm^2；④界面态密度要小于 10^{11} cm^{-2}；⑤热稳定性良好，不与衬底发生反应而形成合金或化合物，无界面互扩散；⑥界面势垒接近或大于 Si/SiO_2 界面势垒高度；⑦在能带结构方面要求能隙较大；⑧在结晶性质方面要求不易结晶；⑨在沟道输运性能方面要求无退化现象；⑩在工艺兼容性方面，要求与 CMOS 工艺相兼容；⑪要求可靠性大于 10 年。

(2) 几种有希望的高 K 介电材料。目前有可能被使用的高 K 介电材料主要是非硅基金属氧化物，如 Ta_2O_5、TiO_2、La_2O_3、$SrTiO_3$ 等，它们的 K 值如表 9-3 所示。

表 9-3 几种材料的介电常数

材料	Ta_2O_5	HfO_2	ZrO_2	$HfSiO_4$	$ZrSiO_4$	$SrTiO_3$	Al_2O_3	TiO_2
K	25~110	18~40	12~20	13	13	60~200	11~13	60

各种高 K 介质材料的漏电流比较见图 9-25。它们的 K 值是满足要求的，但有些材料与界面特性不能完全满足制作 FET 的要求。由于界面的热不稳定性，使其与 Si 的界面处发生氧化反应，从而形成 SiO_2 的薄层，工艺中的热处理过程更加强了 SiO_2 的形成。这种夹层虽能降低漏电流，但会降低高介电材料的有效性。另外还可能形成金属氧化物/SiO_2 合金，这

就使它不能成为栅介质。

HfO_2 的热稳定性比 ZrO_2 来得好,另外 $SrTiO_3$ 与硅 Si 的界面较稳定,是一种有希望的材料。

在 Ta_2O_5、TiO_2 等材料的使用方面,为了改善界面特性,可以在金属氧化物和 Si 衬底之间人为地形成 SiO_2/SiN 阻挡层,以提供一个势垒,防止或降低它们之间的反应。当然其缺点是增加了工艺的复杂性,也会影响进一步的按比例缩小,因为多层介质串联的总电容由其中最小一个电容控制,这就限制了栅介质层的最小厚度(t_{eq} 大于 0.5 nm)。此外,引进的界面层可能产生缺陷,这对器件的可靠性也不利。

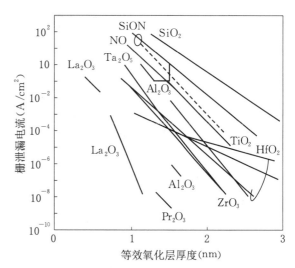

图 9-25　各种高 K 介质材料的漏电流比较图

在 Al_2O_3、Y_2O_3、CeO_2、ZrO_2、HfO_2 等的使用方面,这些材料与 Ta_2O_5 及 TiO_2 不同,不仅有高 K 值,而且与 Si 接触有良好的热稳定性。其缺点是它们在低温时就易于晶化,晶粒间界将为漏电流提供途径,导致漏电流迅速上升。同时,由于氧的扩散,易在 Si 的界面形成 SiO_2(Al_2O_3 除外),它会抑制氧的扩散。这种多层介质结构又会影响器件的可靠性。

在 $ZrSiO_4$ 和 $HfSiO_4$ 的使用方面,以金属硅酸盐 $ZrSiO_4$ 和 $HfSiO_4$ 取代 ZrO_2 及 HfO_2 的目的是要获取更稳定的界面性质,同时保持较高的介电常数。近来报道用溅射法得到的 $HfSi_xO_y$ 薄层的等效氧化层厚度已达到 1.8 nm,其漏电流仅为 10^{-6} A/cm^2,比相应厚度的 SiO_2 层的漏电流下降了 6 个数量级。其能隙中的界面态密度仅为 $10^{11} \cdot (cm^{-2} \cdot eV^{-1})$,击穿电场强度达到 10 MV/cm,是一种良好的选择。进一步的研究是围绕 $ZrSiO_4$ 和 $HfSiO_4$ 与 Si 之间的界面势垒、界面电子态、界面原子结构、界面热稳定性以及介质的缺陷、陷阱等问题展开。

9.6　SPICE 模拟软件中 MOS 器件模型

SPICE 是由美国伯克利大学开发的用于电路模拟中的很常见的一种软件[9-19],该软件是基于器件真实模型的基础上,对电路行为进行仿真,具有很强的实用价值。这个软件共有四级模型,由一个叫做 LEVEL 的参数来控制。1 级模型仅适合于长沟器件;2 级模型包括了小尺寸器件的二级效应;3 级模型主要是一些半经验模型;4 级模型也称为 BSIM 模型(伯克利短沟绝缘栅晶体管模型),是一个基于参数的模型。现将该软件中的有关模型介绍如下。

9.6.1　阈值电压模型

1. 施加衬底反偏时阈值电压模型

当器件的源与衬底之间加了反偏电压 V_{SB} 后 ($V_{SB} > 0$),会引起器件的阈值电压上升,根据(7-34)和(7-35)两式,可以写出施加了衬底反偏电压后,阈值电压的表达式为

$$V_{TH}(V_{SB}) = V_{T0} + \gamma(\sqrt{2\psi_F + v_{SB}} - \sqrt{2\psi_F}) \qquad (9\text{-}99)$$

上式就是 SPICE 模拟软件中 LEVEL = 1 级模型中,衬底偏压导致阈值电压上升的表达式。其中 $\gamma = \dfrac{\sqrt{2\varepsilon_s\varepsilon_0 q N_A}}{C_{ox}}$ 为体因子,V_{T0} 为衬底反偏电压为 0 时的阈值电压,两者都可以通过实验得到,这样可以尽量减小因不同的工艺而对阈值电压产生的影响。

2. 短沟时阈值电压模型

我们知道,源/漏附近的部分耗尽层电荷并不完全由栅来控制,当沟道长度较长时,这部分电荷的比例很小,可以忽略。但当器件沟道变短时,这部分电荷的比例变大,不能被忽略,由于栅控有效电荷量减少,导致阈值电压下降。在 SPICE 模拟软件 BSIM 模型中,用以下经验方程给出短沟器件的阈值电压表达式:

$$V_{TH} = V_{FB} + 2\Psi_F + \gamma F_1 \sqrt{2\Psi_F + V_{SB}} \qquad (9\text{-}100)$$

其中 F_1 称为短沟因子,由下式给出:

$$F_1 = 1 - \dfrac{K_1}{L\sqrt{N_A}} \qquad (9\text{-}101)$$

其中 K_1 为拟合参数。当沟道长度变小时,F_1 变小,所以阈值电压也变小。

3. 窄沟时阈值电压模型

由于场氧化层下面的部分耗尽区域受到栅的控制,当沟道比较窄时,这部分附加的耗尽电荷 ΔQ_W 所占的比例不能被忽略,从而导致阈值电压的上升。当沟道长度较大时,窄沟器件的阈值电压为

$$V_{TH} = V_{FB} + 2\Psi_F + \gamma\sqrt{2\Psi_F + V_{SB}} + \dfrac{\Delta Q_W}{C_{ox}} \qquad (9\text{-}102)$$

其中

$$\Delta Q_W = \dfrac{G_W(2\Psi_F + V_{SB})}{W} \qquad (9\text{-}103)$$

W 为沟道的宽度,G_W 是考虑厚场氧化层与薄栅氧化层过渡区形状的拟合参数。这就是 SPICE 软件 LEVEL = 2 级模型中所采用的类似的方程。

4. 漏致势垒降低导致阈值电压变化

由(9-92)式我们知道,当增大漏端电压时,阈值电压会降低,其改变量为 $\Delta V_{TH} = -\sigma V_{DS}$,在 SPICE 软件 LEVEL = 3 级模型中,σ 由下式给出:

$$\sigma = \dfrac{\varepsilon_s \sigma_0}{\pi C_{ox} L^3} \qquad (9\text{-}104)$$

其中 σ_0 为拟合参数。

9.6.2 SPICE 软件中应用的直流电流模型

1. 线性区域电流模型

基于(7-8)式,并考虑到沟道长度调制效应(CLM, Channel Length Modulation),

SPICE 软件中 LEVEL = 1 级模型中线性区电流表达式为

$$I_{DS} = \beta\left[\left(V_{GS} - V_{TH} - \frac{1}{2}V_{DS}\right)V_{DS}\right](1+\lambda V_{DS}) \tag{9-105}$$

其中 β 由(7-7)式给出，λ 为沟道长度调制因子，其值在 $0.05 \sim 0.001 \text{ V}^{-1}$ 之间，可由实验确定。

基于(7-48)式，SPICE 软件中 LEVEL = 2 级模型中线性区电流表达式为

$$I_{DS} = \beta_{eff}\left[\left(V_{GS} - V_T^* - \frac{1}{2}\eta V_{DS}\right) - \frac{2}{3}\gamma F_1\{(V_{DS} + 2\Psi_F + V_{SB})^{3/2} - (2\Psi_F + V_{SB})^{3/2}\}\right] \tag{9-106}$$

其中 $\beta_{eff} = \dfrac{\mu_s C_{ox} W}{L'(1-\lambda V_{DS})}$，$\mu_s$ 为载流子的表面迁移率，它通常比载流子在体内的迁移率低，$L' = L_m - 2L_{dif}$ 为有效沟道长度，L_m 为设计沟长，L_{dif} 为源/漏结在栅下面的横向扩散长度，通常为结深的 $0.6 \sim 0.8$ 倍。$V_T^* = V_{T0} - \gamma\sqrt{2\Psi_F} + F_W(2\Psi_F + V_{SB})$，$F_W$ 为窄沟因子，$F_W = \dfrac{\pi}{4}\dfrac{\varepsilon_s}{C_{ox}}\dfrac{G_W}{W}$。$\eta = 1 + F_W$，$F_1$ 由(9-101)式给出。

2. 饱和区域电流模型

基于(7-12)式，SPICE 软件中 LEVEL = 1 级模型中饱和电流表达式为

$$I_{DS} = 0.5\beta(V_{GS} - V_T)^2(1+\lambda V_{DS}) \tag{9-107}$$

SPICE 软件中 LEVEL = 2 级模型中饱和电流表达式与(9-106)式相同，只不过要将其中的漏压 V_{DS} 改为饱和电压 V_{DSDT}。

3. 亚阈值区电流

在 SPICE 软件 LEVEL = 1 级模型中，由于不考虑载流子的扩散，所以在亚阈值区域电流为 0。

由(7-21)式可知，亚阈值区域电流与 V_{GS} 成指数关系，在 SPICE 软件 LEVEL = 2 级模型中，亚阈值区域电流由下式给出：

$$I_{DS} = I_0 \exp\left(\frac{q}{k_B T}\frac{V_{GS} - V_{on}}{n}\right) \tag{9-108}$$

其中 V_{on} 是从弱反型转换到强反型时所加的栅电压，I_0 为 $V_{GS} = V_{on}$ 时的电流，由(9-107)式求出，n 为大于 1 的参数。

参考文献

[9-1] J. R. Brews, W. Fichtnor, *IEEE Electron Devices Lett.*, EDL-**1**, 2(1980).

[9-2] G. W. Taylor, *IEEE. Trans. Electron Devices*, ED-**25**, 337(1978).

[9-3] W. Fichtner, H. W. Poztl, *Int. J. Electron*, **46**, 33(1979).

[9-4] L. D. Yau, *Electron. Lett.*, **11**, 44(1975).

[9-5] M. Fukuma, M. Matsumura, *Proc. IEEE*, **65**, 1212(1977).

[9-6] T. Toyabe, S. Asai, *IEEE Trans. Electron Devices*, ED-**26**, 453(1979).

[9-7] K. N. Ratnkumar, James D. Meindl, *IEEE Journal of Solid State Circuits*, SC-**17**, 937(1982).

[9-8] Ching Yuan Wu, Shui-Yuan Yang, *Solid-State Electronics.*, **27**(7), 651(1984).

[9-9] Tomaz. Skotnicki, Weislaw Marciniak, *Solid-State Electronics*, **29**(11), 1115(1986).

[9-10] H. Feltl, *IEEE. Trans. Electron Devices*, ED-**24**, 288(1977).

[9-11] K. O. Jeppson, *Electron Lett.*, **11**(14), 297(1975).

[9-12] K. E. Kroell, G. K. Ackermann, *Solid-State Electronics*, **19** 77, (1976).

[9-13] L. A. Aker, *Electron. Lett.*, **17**(1), 49(1981).

[9-14] L. A. Akers, M. Beguwala, F. Custode, *IEEE Trans. Electron Devices*, ED-**28**(12), 1490, (1981).

[9-15] H. S. Lee, *Solid-State Electronics*, **16**, 1407(1973).

[9-16] P. P. Wang, *IEEE Trans. Electron Devices*, ED-**25**(7), 770(1978).

[9-17] G. Merckel, *Solid-State Electronics*, **23**, 1207(1980).

[9-18] C. Hu, *IEDM. Tech. Digest*, 176(1983).

[9-19] N. 艾罗拉著,张兴,李映雪等译,用于 VLSI 模拟的小尺寸 MOS 器件模型——理论与实践,科学出版社,1999.

习 题

9-1 定性说明在什么情况下 MOS 场效应管会出现短沟道效应。

9-2 为什么在沟道内靠近漏端处增加一个轻掺杂的漏区可以改善热电子效应?

9-3 n 沟道 MOS 场效应管衬底掺杂浓度为 N_A,设沟道内电势分布为

$$\Psi(x, y) = V_D + \frac{V_{DS}}{L}x + \sqrt{\frac{2}{L}}\sum_n A_n(y)\sin\frac{n\pi}{L}x$$

式中 V_D 为内建势,V_{DS} 为漏极电压,L 为沟道长度。试利用下述边界条件,通过求解二维泊松方程求得阈值电压的解析表达式:

$$\left.\begin{array}{l}\Psi(0, y) = V_D \\ \Psi(L, y) = V_D + V_{DS} \\ \Psi(x, 0) = V_{GS} - V_{FB} + \dfrac{t_{ox}\varepsilon_s}{\varepsilon_{ox}}\dfrac{\partial \Psi}{\partial y}\bigg|_{y=0} \\ \dfrac{\partial \Psi}{\partial y}\bigg|_{y=y_d} = 0\end{array}\right\}$$

其中 t_{ox} 为氧化层厚度,y_d 为沟道耗尽层厚度。

9-4 利用上题所得的表面势,写出短沟道 MOS 场效应管的阈值电流解析式。

第十章 多栅 MOS 场效应管

在过去的 40 多年里,集成电路技术一直遵循着摩尔定律而快速地发展。在实验室中,单个晶体管尺度缩小的速度是非常惊人的,1974 年报道的金属-氧化物-半导体(MOS,Metal-Oxide-Semiconductor)场效应晶体管(FET,Field-Effect-Transistor)特征长度(Feature Length)是 1.0 μm,1987 年降为 0.1 μm,1992 年为 70 nm,1995 年是 40 nm,1998 年是 30 nm。在工业应用中,晶体管的特征长度从 0.35 μm 逐步向 0.25 μm、0.18 μm、0.13 μm、90 nm、65 nm、45 nm 等发展着。根据国际半导体技术路线图(ITRS,International Technology Roadmap for Semiconductors)2008 年的预测,按照目前集成电路等比例缩小的趋势,到 2015 年,动态随机存取存储器(DRAM,Dynamic Random Access Memory)所用的半导体器件的特征尺寸将达到 25 nm 甚至更小,在未来的 7 年内,多栅(Multi-Gate)MOSFETs 将被投入到实际应用中。

10.1 传统 MOSFET 的缺陷以及多栅 MOSFET 的优点

10.1.1 传统 MOSFET 的缺陷

众所周知,随着金属-氧化物-半导体器件尺寸进入到亚微米、深亚微米以及纳米领域,传统的单栅平面(Planar)结构 MOSFET 器件所采用的材料和器件结构将会接近或达到它们的极限。特别是器件的特征长度在小到 50 nm 之后,传统的 MOSFET 将面临很多难题:

(1) 沟道区的电势分布将不仅与由栅压及衬底偏置电压决定的纵向电场有关,而且与由漏极电压控制的横向电场有关,从而使得短沟道效应(SCE,Short Channel Effect)变得非常严重。这些短沟道效应主要有:①由于漏结空间电荷层扩展进入沟道,使沟道有效长度减短,从而出现非零漏电流,并使器件的亚阈值特性降级;②由于源结空间电荷层扩展进入沟道,减小了由栅压控制的衬底或体电荷密度,从而使阈值电压减小,使器件的可靠性变差;③沟道长度缩短,使得沟道横向电场增大,由此会导致载流子速度饱和,当此电场增大到一定程度时,靠近漏端处会发生载流子倍增并引发热载流子效应(即产生衬底电流、热载流子注入氧化层使氧化层内负电荷增加而导致阈值电压漂移和使跨导降低、热载流子直接隧穿进入栅极形成有害的栅隧穿电流等)。由于这些效应的影响,在低的阈值电压下,既要获得高的驱动电流,又要维持小的关态漏电流,这是一个严峻的挑战。

(2) 栅氧化层厚度的限制。为了遵循按比例缩小原则,必须同等比例地减小栅氧化层的厚度。另外,减小栅氧化层的厚度,还可以增大栅氧化层单位面积的电容,从而有利于提高器件的速度。但当特征长度小于 50 nm 时,栅氧化层的厚度会降到 0.6～0.8 nm,此时 MOSFET 的直接栅隧穿电流会非常大,并成为器件进一步缩小的瓶颈制约。另外,对于 p^+ 多晶硅栅 pMOSFET,由于栅介质太薄,穿透现象会非常严重。这些都会严重影响器件的正常工作,使得器件的可靠性降低。

(3) 结深的限制。为了减小短沟道效应,MOSFET 的源和漏的结深要尽可能地小,同时,为了减小串联电阻,需要增加"源/漏"区的掺杂浓度。由于掺杂浓度受到杂质"固溶度"的限制,当掺杂的浓度达到了杂质的"固溶度"时,串联电阻就很难再减小了。

(4) 载流子有效迁移率严重降低。器件的尺寸变小后,反型层越来越靠近硅-二氧化硅的界面,所以载流子受到粗糙界面的散射越来越严重,使得载流子的寿命变短,有效迁移率严重降低。

(5) DIBL 效应和 GIDL 效应。当器件的特征长度小于 50 nm 时,漏致势垒降低效应(DIBL, Drain Induced Barrier Lowering)和栅感应漏电流效应(GIDL, Gate Induced Drain Leakage)将会变得非常明显,严重影响器件的可靠性。

(6) 多晶硅栅的电阻会随着栅变窄而急剧上升,这对器件来说也是很不利的。传统的平面结构单栅晶体管还受到加工设备方面的限制,例如光刻技术和热处理技术等方面的限制。

10.1.2 多栅 MOSFET 的优点

为了能够更好地解决问题,人们提出了各种多栅结构的金属-氧化物-半导体场效应晶体管(MOSFET),如双栅(Double-Gate)、围栅(Surrounding-Gate)、鳍栅(Fin-Gate)等 MOSFET。这些多栅结构的 MOSFET 有一个共同特点,就是通过多栅结构,使器件的反型层由原来的硅-二氧化硅的表面向硅的内部转移,远离界面,并且使反型层的面积和体积都变大,因此具有以下优点:

(1) 由于反型层的面积和体积都变大,使得载流子增多,从而漏源之间的工作电流变大。

(2) 由于反型层的位置离开了硅-二氧化硅界面,使载流子受到的界面散射减少了,从而提高了载流子的有效迁移率。

(3) 由于以上优点,使得器件的跨导会因此而提高并且亚阈值特性也会随之改善。

(4) 由于栅的面积扩大了,可以相应增加栅的厚度,从而可以有效地减小栅隧穿电流。

10.2 双栅 MOSFET

双栅器件是在传统的 MOSFET 结构的沟道下方增加一个栅,以增强栅偏置对沟道电荷的控制能力,从而增加了器件的电流驱动能力和提高器件抑制短沟道效应的能力,增加了器件的跨导,减小了 DIBL 效应,并且减小了阈值电压随沟道长度的减小而引起的变化量。

10.2.1 双栅 MOSFET 的结构和制作工艺

双栅 MOSFET 的结构如图 10-1 所示。

中间部分为体硅,最上层和最下层为栅,栅与硅之间的部分为氧化硅,左右两端为源和漏。对于双栅 MOSFET 器件,前栅和背栅的对准是十分重要的,如果两个栅不能对准,则会增加栅和源漏之间的覆盖电容,减小电流驱动能力,影响器件优越特性的发挥。目前主要采用自对准结构,下面介绍通过沟道横向选择外延制备源漏区的工艺流程。

(1) 在 SOI 衬底上长一层薄氧化层,作为背栅氧化层,在其之上淀积多晶硅栅,然后再淀积一层低温热氧化层(LTO),并进行化学机械抛光,以便后面的键合,如图 10-2(a)所示。

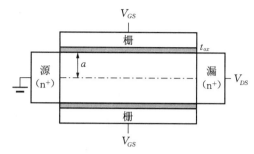

图 10-1　双栅器件的结构示意图

(2) 将上一步做好的整个硅片倒置,使抛光的 LTO 层与另一个作支撑的硅片键合。将图 10-2(a)中的硅衬底以及硅衬底上面的氧化层腐蚀掉,并使薄的硅膜暴露出来。然后,在硅膜上生长一层氧化层,作为前栅的氧化层,再淀积多晶硅作为前栅,如图 10-2(b)所示。

(3) 淀积一层掩膜氧化层和一层掩膜氮化物,从上向下逐步刻蚀,以氧化层为停止层,这样,前栅和背栅一定是自对准的,如图 10-2(c)所示。

(4) 利用高掺杂浓度的多晶硅栅与轻掺杂浓度的沟道之间的氧化速率的差异,在多晶硅的边墙上生长一层较厚的隔离氧化层,同时沟道的左右也生长一层较薄的氧化层,如图 10-2(d)所示。

(5) 刻蚀掉沟道左右的氧化层,在暴露的沟道左右进行选择性外延,这样,便形成了单晶的源和漏,如图 10-2(e)所示。

(6) 进行相应的后序工艺制作即可。

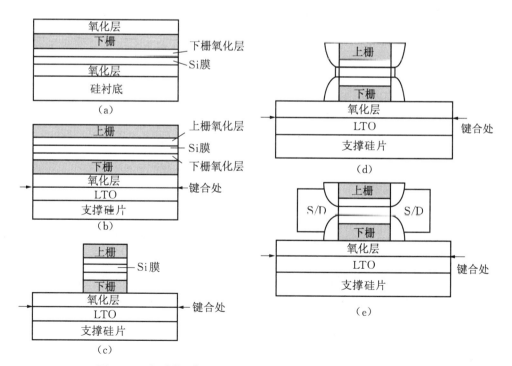

图 10-2　自对准双栅 MOSFET 器件的制作流程(选自[10-11])

除了上面的制作方法之外,还有垂直沟道的自对准双栅 MOSFET,这种结构的沟道垂直于衬底,栅分别在两侧,而源漏区则分别在上面和下面。它是首先在衬底上掺杂外延形成源区,再通过衬底选择外延来形成沟道区和上面的漏区,再进一步制作两个栅极。

10.2.2 双栅 MOSFET 的解析模型

对于双栅 MOSFET,可以根据连接方法的不同,分为三终端和四终端结构,当前栅和背栅短接时,成为三终端器件;而当将背栅的偏压固定,只靠调节前栅的偏压来控制沟道,则为四终端器件。对称的三终端器件的阈值电压比较低,因此它的关态漏电流比较大。而非对称的三终端器件以及四终端器件可以减小关态漏电流,但它们的亚阈值特性不太理想。

假设器件的中间部分为 p 型掺杂硅,厚度为 t_{si},掺杂浓度为 N_A,沟道的长度为 L,前栅和背栅的氧化层的厚度分别为 t_{ox1} 和 t_{ox2}。坐标轴的选取是:x 轴沿沟道方向,原点起于源端,y 轴的方向由前栅指向背栅,原点取在硅体的中间部分,如图 10-3 所示。

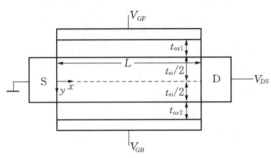

图 10-3 双栅器件的结构示意图

在耗尽近似下,沟道中的电势分布满足泊松方程:

$$\frac{\partial^2 \psi(x,y)}{\partial x^2} + \frac{\partial^2 \psi(x,y)}{\partial y^2} = \frac{qN_A}{\varepsilon_{si}} \tag{10-1}$$

其中 q 为电子的带电量,ε_{si} 为硅的介电常数。$\psi(x,y)$ 所满足的四个边界条件如下:

$$\psi(x=0, y) = V_{bi} \tag{10-2a}$$

$$\psi(x=L, y) = V_{bi} + V_{DS} \tag{10-2b}$$

$$\frac{\varepsilon_{ox}}{t_{ox1}}[V_{GFF} - \psi(x, y=-t_{si}/2)] = -\varepsilon_{si} \left.\frac{\partial \psi}{\partial y}\right|_{y=-t_{si}/2} \tag{10-2c}$$

$$\frac{\varepsilon_{ox}}{t_{ox2}}[V_{GFB} - \psi(x, y=t_{si}/2)] = \varepsilon_{si} \left.\frac{\partial \psi}{\partial y}\right|_{y=t_{si}/2} \tag{10-2d}$$

$V_{GFF} = V_{GSF} - V_{FBF}$,$V_{GFB} = V_{GSB} - V_{FBB}$,分别表示施加在前栅和后栅上的偏压,$V_{FBF}$ 和 V_{FBB} 分别表示前栅和后栅的平带电压。

将沟道中的电势分为两部分,其中一部分是长沟道近似下的电势分布 $\psi_L(y)$,它满足一维的泊松方程并具有如下边界条件:$\psi_L(y=-t_{si}/2) = \psi_{s1}$,$\psi_L(y=t_{si}/2) = \psi_{s2}$;另一部分是满足二维拉普拉斯方程的电势分布 $\psi_{2D}(x,y)$,即

$$\frac{\partial^2 \psi_L}{\partial y^2} = \frac{qN_A}{\varepsilon_{si}} \tag{10-3a}$$

$$\frac{\partial^2 \psi_{2D}}{\partial x^2} + \frac{\partial^2 \psi_{2D}}{\partial y^2} = 0 \tag{10-3b}$$

这样,根据边界条件,可以将 10-3(a)解出:

$$\psi_L(y) = \frac{qN_A}{2\varepsilon_{si}}y^2 + \frac{\psi_{s2} - \psi_{s1}}{t_{si}}y + \frac{\psi_{s2} + \psi_{s1}}{2} - \frac{qN_A t_{si}^2}{8\varepsilon_{si}} \tag{10-4}$$

其中 ψ_{s1} 和 ψ_{s2} 由下式给出:

$$\psi_{s1} = \frac{(1+r_2)V_{GFS} + r_1 V_{GBS}}{1 + r_1 + r_2} - \frac{qN_A t_{si}}{2(1 + r_1 + r_2)}\left(\frac{1+r_2}{C_{ox1}} + \frac{r_1}{C_{ox2}}\right) \tag{10-5a}$$

$$\psi_{s2} = \frac{r_2 V_{GFS} + (1+r_1)V_{GBS}}{1 + r_1 + r_2} - \frac{qN_A t_{si}}{2(1 + r_1 + r_2)}\left(\frac{r_2}{C_{ox1}} + \frac{1+r_1}{C_{ox2}}\right) \tag{10-5b}$$

在上述两式中,$r_1 = \varepsilon_{si} t_{ox1} / \varepsilon_{ox} t_{si}$,$r_2 = \varepsilon_{si} t_{ox2} / \varepsilon_{ox} t_{si}$,$C_{ox1} = \varepsilon_{ox}/t_{ox1}$,$C_{ox2} = \varepsilon_{ox}/t_{ox2}$,$\varepsilon_{ox}$ 为氧化层的介电常数,ψ_{s1} 和 ψ_{s2} 为长沟道近似下前面和背面的硅与二氧化硅界面处电势,V_{bi} 为源(漏)处的内建电势。

(10-3b)式的通解为无穷级数之和,但级数衰减很快,只考虑第一项时,解可写为

$$\psi_{2D}(x,y) = \frac{\cos(y/\lambda) + A\sin(y/\lambda)}{\sinh(L/\lambda)}\left(U\sinh\frac{x}{\lambda} + V\sinh\frac{L-x}{\lambda}\right) \tag{10-6}$$

其中 λ、A、U 以及 V 为待定常数,可以由 $\psi_{2D}(x,y) = \psi(x,y) - \psi_L(y)$ 的四个边界条件确定。λ 由解下列方程得到:

$$\frac{1 - r_1 t_{si}/\lambda \tan(t_{si}/2\lambda)}{\tan(t_{si}/2\lambda) + r_1 t_{si}/\lambda} = \frac{r_2 t_{si}/\lambda \tan(t_{si}/2\lambda) - 1}{\tan(t_{si}/2\lambda) + r_2 t_{si}/\lambda} \tag{10-7a}$$

而 A、U、V 由下列三式给出:

$$A = \frac{1 - r_1 t_{si}/\lambda \tan(t_{si}/2\lambda)}{\tan(t_{si}/2\lambda) + r_1 t_{si}/\lambda} \tag{10-7b}$$

$$U = V_{bi} + V_{DS} - \psi_L(0) \tag{10-7c}$$

$$V = V_{bi} - \psi_L(0) \tag{10-7d}$$

其中 $\psi_L(0)$ 为 $y = 0$ 时的长沟道电势,由(10-4)式给出。

这样,就可以得到沟道中的电势分布 $\psi(x,y)$ 解析表达式。然后,根据电势对 x 的一阶导数为 0 来确定沟道中电势最小值的横向位置 $x_{\min}$,$x_{\min}$ 所处的位置也称为"虚阴极"(virtual cathode)。当 $e^{-L/\lambda} \ll 1$ 时,可得

$$\psi(x_{\min}, y) = \psi_L(y) + 2\left(\cos\frac{y}{\lambda} + A\sin\frac{y}{\lambda}\right)\sqrt{UV}e^{-L/2\lambda} \tag{10-8}$$

知道电势以后,可据此求出沟道电流。

在弱反型条件下,沟道电流主要由扩散电流构成,并与虚阴极处电子的浓度成正比,即

$$J_n = qD_n \frac{n(x_{\min}, y)}{L_e}(1 - e^{-V_{DS}/V_t}) \tag{10-9}$$

式中，D_n 为扩散系数，L_e 为有效沟道长度，$V_t = k_B T/q$ 为热电势。$n(x_{\min}, y) = (n_i^2/N_A)e^{\psi(x_{\min}, y)/V_t}$，$n_i$ 是本征电子浓度。

$$L_e = L - L_s - L_d + 2L_D \tag{10-10a}$$

$$L_s = \frac{2(V_{bi} - \psi_m)}{|\partial \psi/\partial x|_{x=0}} \tag{10-10b}$$

$$L_d = \frac{2(V_{bi} + V_{DS} - \psi_m)}{|\partial \psi/\partial x|_{x=L}} \tag{10-10c}$$

$$L_D = \sqrt{\frac{2\varepsilon_{si} k_B T}{q^2 N_A}} \tag{10-10d}$$

其中 L_D 为非本征德拜长度，$\psi_m = \psi(x_{\min}, y_{\min})$，而 $y_{\min}$ 由方程 $\partial\psi(x_{\min}, y)/\partial y|_{y=y_{\min}} = 0$ 确定。沟道电流(量纲为 A/μm)由(10-9)式积分得到：

$$I_{DS} = K \int_{-t_{si}/2}^{t_{si}/2} \exp[\psi(x_{\min}, y)/V_t] dy \tag{10-11}$$

其中 $K = (q\mu_n W V_t n_i^2/L_e N_A)(1 - e^{-V_{DS}/V_t})$，$W$ 为器件的宽度。利用上式，可以数值计算出沟道电流。

对于四终端的器件，为了得到简明的亚阈值摆幅表达式，假定亚阈值电流与 $n(x_{\min}, y)$ 成正比，则

$$S = \ln 10 \frac{\partial V_{GSF}}{\partial \ln(I_{DS})} \approx \ln 10 \frac{\partial V_{GSF}}{\partial \ln[n(x_{\min}, y)]}\bigg|_{y=d_{eff}} = \frac{V_t \ln 10}{\partial \psi(x_{\min}, y)/\partial V_{GSF}}\bigg|_{y=d_{eff}} \tag{10-12}$$

式中 d_{eff} 为电荷的中心位置，有

$$d_{eff} = \int_{-t_{si}/2}^{t_{si}/2} y n(x_{\min}, y) dy \bigg/ \int_{-t_{si}/2}^{t_{si}/2} n(x_{\min}, y) dy \tag{10-13}$$

将(10-8)式代入(10-12)式可得

$$S = V_t \ln(10) \left[\frac{1 + 2r_2 - 2d_{eff}/t_{si}}{2(1 + r_1 + r_2)} - \frac{(1 + 2r_2)(\cos(d_{eff}/\lambda) + A\sin(d_{eff}/\lambda))(U+V)}{(1 + r_1 + r_2)\sqrt{UV}} e^{-L/2\lambda} \right]^{-1} \tag{10-14}$$

根据(10-11)以及(10-14)式，可以得到双栅器件的电流电压特性以及亚阈值摆幅。研究结果表明：

(1) 当背栅偏压增加时，器件的亚阈值特性变差，对于较高的背栅偏压，关态电流不能忽略并会增加静待功耗。但减小背栅偏压时，开态电流也会减小，见图10-4。

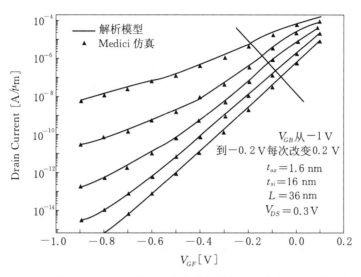

图 10-4　四终端双栅 MOSFET 的亚阈值特性与背栅压之间的关系(选自[10-13])

(2) 随着背面氧化层厚度的增加，器件的亚阈值特性会得到改善，但付出的代价是背栅对沟道的控制能力变弱，如图 10-5 所示。

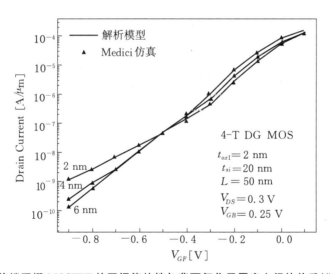

图 10-5　四终端双栅 MOSFET 的亚阈值特性与背面氧化层厚度之间的关系(选自[10-13])

(3) 对于三终端器件，分别使用对称的 n^+ 多晶硅栅和非对称的 n^+/p^+ 多晶硅栅，这两种器件都具有近为理想情况下的 60 mV/dec 的亚阈值摆幅。但是，由于非对称器件具有较高的阈值电压，所以这种器件具有较小的关态电流。

(4) 当漏源之间的电压 V_{DS} 增大时，亚阈值摆幅会变大，特别是对于对称的双栅器件，由于其漏致势垒降低效应的增大，亚阈值摆幅会随着 V_{DS} 的增大而增大较多，对器件的性能产生较大的负面作用。

(5) 亚阈值摆幅会随着氧化层厚度的增大而变小。

(6) 其他的相关研究表明：亚阈值摆幅随着体掺杂浓度 N_A 的变大而变小，随着沟道长度 L 的变大而变小，随着体硅厚度 t_{si} 的变小而变小。

10.2.3 量子力学效应对双栅器件阈值电压的影响

对于纳米尺度的双栅器件，其量子力学效应显得越来越重要，与此同时，由于工艺上的原因，尽管沟道中的杂质原子只有几个，也可以使它的掺杂浓度高达 $10^{18}\,\mathrm{cm^{-3}}$。阈值电压又是最重要的参数之一，所以研究量子力学效应如何引起阈值电压的漂移就显得非常重要。

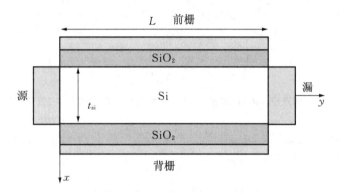

图 10-6 双栅器件的直角坐标示意图

如图 10-6 所示，对于掺杂浓度为 N_A、沟道长度为 L、硅体厚度为 t_{si}、氧化层厚度为 t_{ox} 的双栅 MOSFET，在经典情况下，反型时沟道中单位面积的电荷为

$$Q_i^{CL} = -q \int_{-t_{si}/2}^{t_{si}/2} n(x)\,\mathrm{d}x \tag{10-15}$$

其中 $n(x)$ 为单位体积电子的浓度，它由下式给出：

$$n(x) = \frac{n_i^2}{N_A} \exp\left[\frac{\phi(x)}{V_t}\right] \tag{10-16}$$

上式中，V_t 为热电势，室温下等于 $0.026\,\mathrm{V}$，$\phi(x)$ 为沟道中的电势，它与硅-二氧化硅界面处的电势 ϕ_s^{CL} 有关，于是可以得到用 ϕ_s^{CL} 表示的 Q_i^{CL}。

在考虑量子力学效应时，应该自洽地求解薛定谔方程和泊松方程，但对于弱反型时的情况，可以只求解一维的薛定谔方程，利用变分法，得到波函数和能量本征值，然后，根据态密度理论，可以得到沟道中单位面积电子的电荷密度 Q_i^{QM}，Q_i^{QM} 同样是硅-二氧化硅界面处的电势 ϕ_s^{QM} 的函数。

$$Q_i^{QM} = -\frac{qk_B T}{\pi \hbar^2} \sum_{k=1}^{2} g_k m_{d,k}^* \sum_{j=1}^{J_t} \ln\left[1 + \exp\left(\frac{E_F - E_C - E_{j,k} + q\phi_s^{QM}}{qV_t}\right)\right] \tag{10-17}$$

其中 g_k 为简并度，$m_{d,k}^*$ 为有效质量，$E_{j,k}$ 是能量本征值，E_F 为费密能，E_C 为导带底能量。

阈值电压的物理意义是：当沟道中反型层电荷密度达到一定的数值，使导电沟道形成时所对应的栅压。为此，令 Q_i^{CL} 等于 Q_i^{QM}，可以得到 $\Delta\phi = \phi_s^{QM} - \phi_s^{CL}$ 的表达式，$\Delta\phi$ 的意义是：对于沟道中形成同样的反型层电荷密度时，量子力学理论与经典理论所要求的界面电势差。

根据亚阈值摆幅的定义，可以得到由量子力学效应而引起的阈值电压的漂移量 ΔV_{TH} 的表达式如下：

$$\Delta V_{TH} = \frac{S}{V_t \ln 10} \Delta\phi \tag{10-18}$$

其中 S 为器件的亚阈值摆幅。

研究结果表明，当体硅的厚度非常薄时（小于 2 nm），由于量子力学效应而引起器件阈值电压的漂移量将变得很明显，体硅厚度的少许变化会引起阈值电压的较大漂移，如图 10-7 所示。因此在制造体硅厚度很薄的器件时，体硅厚度的控制变得非常重要。

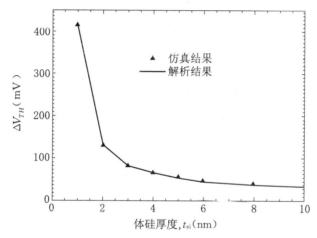

图 10-7　阈值电压的漂移与器件体硅的厚度关系图（选自[10-15]）

在其他参数相同的情况下，非对称器件阈值电压的漂移量比对称的要大，如图 10-8 所示。

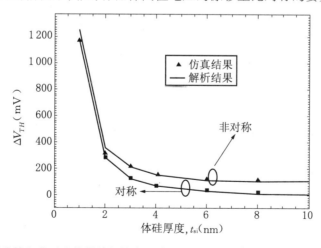

图 10-8　对称的和非对称的器件阈值电压的漂移与器件体硅厚度关系图（选自[10-15]）

当器件氧化层的厚度变小时,阈值电压的漂移量会变大,如图 10-9 所示。当器件的体硅掺杂浓度大于 $10^{18}\mathrm{cm}^{-3}$ 时,阈值电压的漂移量会变大,而当体硅掺杂浓度小于 $10^{18}\mathrm{cm}^{-3}$ 时,阈值电压的漂移量基本不变,如图 10-10 所示。

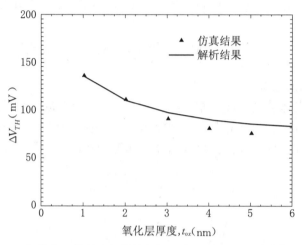

图 10-9　阈值电压的漂移与器件氧化层的厚度关系图(选自[10-15])

以上研究表明,解析模型所得到的结果与仿真所得到的结果符合得非常好,这对纳米尺度双栅 MOSFET 器件阈值电压模型研究,提供了很好的基础。

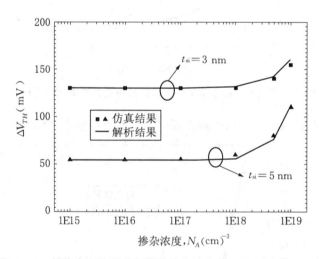

图 10-10　阈值电压的漂移与器件掺杂浓度关系图(选自[10-15])

10.3　围栅 MOSFET 器件

顾名思义,围栅 MOSFET 的栅围绕着一个柱形硅条,硅条截面的形状可以是长方形,也可以是圆柱形等。围栅 MOSFET 的优点是:①沟道是很细的柱形硅条,围栅可以从各个方向对沟道进行控制。研究表明,这种控制可以使围栅 MOSFET 比双栅 MOSFET 具有更好的亚阈值特性和改善短沟道效应。②在硅膜厚度比较薄或圆柱体的半径比较小的情况下,可以使器件的整个沟道区(表面和内部)达到全耗尽,这可以大大提高器件的跨导。但这种器件的缺点是量子限制比较大,并且由于载流子的有效质量的各向异性对器件的性能也有一定的影响。

10.3.1 围栅 MOSFET 的制作工艺流程

早在 1990 年,比利时的 IMEC 研究机构的 J. P. Colinge 等人,使用 3 μm 的工艺技术和商业用 125 mm SIMOX(埋氧工艺程序)衬底,研制出截面为长方形的围栅 MOSFET,其主要工序如下:

(1) 硅片的厚度为 180 nm,在其上生长一层薄的氧化硅,再淀积一层氮化硅,通过刻蚀,形成有源区。

(2) 利用掩膜,留出需要形成镂空的部分,其余部分则保护起来。

(3) 将以上材料放在缓冲氢氟酸中浸泡,腐蚀掉硅岛两侧和底部的氧化硅,形成一个悬空的"硅桥"结构,硅桥的两端在后序工艺中会成为源和漏。

(4) 制作栅氧化层,同时通过植入的方法注入硼以调整阈值电压。

(5) 淀积多晶硅作为栅极,并利用传统的方法形成源和漏。

制作完毕的器件的鸟瞰图如图 10-11 所示。

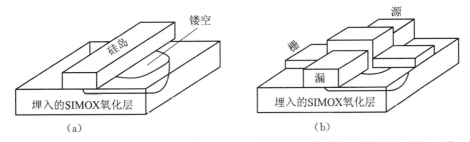

图 10-11 (a)在硅岛的底部形成空洞,(b)制作完成后的围栅器件鸟瞰图(选自[10-16])

2000 年,M. Je 等人实验制作出量子线围栅 MOSFET,其工艺主要使用了电子束光刻、反应离子刻蚀以及热氧化等,最终形成的器件的鸟瞰图和截面图如图 10-12 所示。

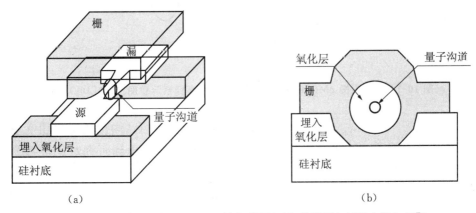

图 10-12 纳米线围栅 MOSFET 的鸟瞰图(a)和截面图(b)(选自[10-17])

这种器件的核心部分——量子线单元具体制作过程如下。

(1) 电子束光刻。在电子束光刻系统中,使用 30 kV 的加速电压和 SAL601 负光刻胶来形成图案,时间为 3 μs,电子束强度为 10 pA。然后在 120 ℃下烘烤 30 min,接着使用 SAL660 显影液(developer)将样品显影(develop)10 min,随后,在 110 ℃下硬烘烤 5 min,这样,便在硅片上形成一个 0.1 μm 的光刻胶图案。

(2) 反应离子刻蚀。在反应离子刻蚀系统中,使用 200 W 的射频功率、230 V 的直流偏压,并将样品通入 50 cm³/min 的氯气流、75 cm³/min 的氦气流,气压控制在 200 毫托。通过图案转换,便形成 0.1 μm 宽的纳米线。

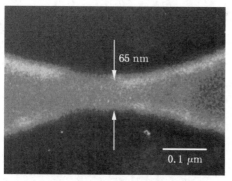

(3) 热氧化。在 900 ℃的温度下进行干氧化,以便将硅条变得更细,宽大约为 65 nm 的纳米线便形成了,见图 10-13。

整个器件的制作过程大致为:使用 P 型衬底的 (100)SOI 硅片,首先形成一个活跃(active)的硅岛,并在其上生长出氧化层,以便在制作源和漏时当着掩膜用,将沟道方向的氧化层去掉,并使用上面的方法形成量子线,然后使用缓冲氧化刻蚀剂将源和漏上面的氧化层去掉,并形成源和漏,接着淀积多晶硅作为栅极,后面的工序与制作标准的 MOSFET 相同。

图 10-13 由 SEM 成像观测到的硅纳米线的鸟瞰图(选自[10-17])

10.3.2 沟道均匀掺杂围栅 MOSFET 的解析模型

对于沟道均匀掺杂的围栅 nMOSFET,它的剖面图和坐标系的选取如图 10-14 所示。

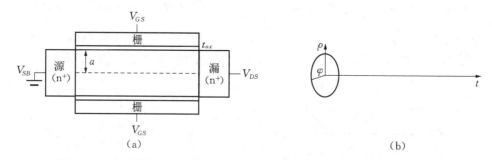

图 10-14 (a)围栅 nMOSFET 的剖面图;(b)柱坐标系示意图(选自[10-18])

在耗尽层近似下,掺杂浓度为 N_A、半径为 a 的掺杂硅圆柱体,内部的空穴和电子的浓度可以忽略,电荷为离子化的受主杂质,电荷密度为 $-qN_A$。在考虑到研究对象是关于 φ 角为对称之后,硅圆柱体内的泊松方程为

$$\frac{\partial^2 \Psi}{\partial \rho^2} + \frac{1}{\rho}\frac{\partial \Psi}{\partial \rho} + \frac{\partial^2 \Psi}{\partial z^2} = \frac{qN_A}{\varepsilon_{si}} \qquad (10\text{-}19)$$

式中 ε_{si} 为硅的介电常数，Ψ 为硅体中的电势。器件的边界条件如下：

①在源端，电势为内建电势 V_{SS}；②在漏端，电势为 $V_{DD} = V_{SS} + V_{DS}$，其中 V_{DS} 为漏源之间所加的电压；③在硅体的中心处，电场为 0；④在硅和氧化硅的界面处，电位移矢量连续，因此

$$\Psi(a, z) = V_{GF} - \frac{\varepsilon_{si}}{C_{ox}} \frac{\partial \Psi}{\partial \rho}\bigg|_{\rho=a} \tag{10-20}$$

其中 $V_{GF} = V_{GS} - V_{FB}$，V_{GS} 为栅压，V_{FB} 为平带电压，$C_{ox} = \varepsilon_{ox}/[a\ln(1+t_{ox}/a)]$，为单位面积的电容，$\varepsilon_{ox}$ 为氧化层的介电常数。根据边界条件(1)和(2)，可以将电势的解写为

$$\Psi(\rho, z) = V_{SS} + \frac{V_{DS}}{L}z + \sqrt{\frac{2}{L}}\sum_n A_n(\rho)\sin\frac{n\pi}{L}z \tag{10-21}$$

将(10-21)式代入(10-19)式可以得到 $A_n(\rho)$ 所满足的方程，这是一个贝塞尔方程，它的解为贝塞尔函数。考虑到在圆柱的中心处 $A_n(\rho)$ 应该有限以及边界条件(4)，可以得到 $A_n(\rho)$ 的解析表达式如下：

$$A_n(\rho) = C_n I_0(r_n\rho) - f_n/r_n^2 \tag{10-22}$$

其中

$$C_n = [f_n/r_n^2 - Q_n\sqrt{L/2}]/[\varepsilon_{si}r_n I_1(r_na)/C_{ox} + I_0(r_na)] \tag{10-23}$$

$$Q_n = \frac{2}{n\pi}(V_{SS} - V_{GF})[1-(-1)^n] - \frac{2V_{DS}}{n\pi}(-1)^n \tag{10-24}$$

在上面表达式中，$r_n = n\pi/L$，$f_n = qN_A\sqrt{2/L}[1-(-1)^n]/(\varepsilon_{si}r_n)$，$n$ 为正整数。这样，便可以得到沟道中电势的解析表达式。

与传统的定义一样，阈值电压的定义为：当硅与氧化硅的界面电势达到 $2\Psi_F$ 时，加在栅上面的电压，即：$V_{TH} = V_{FB} + 2\Psi_F + V_{ox}$。$V_{ox}$ 为氧化层上的电压降，$\Psi_F = (k_BT/q)\ln(N_A/n_i)$ 为费密电势，n_i 为本征载流子浓度。

在氧化层中使用高斯定理，并假设氧化层中的电场沿沟道方向变化比较小，它的变化所带来的影响可以忽略，可以得到氧化层中任意处的径向电场强度为 $E_{ox,\rho}(\rho, z) = E_{ox,\rho}(a, z)a/\rho$，其中 $E_{ox,\rho}(a, z)$ 为界面处氧化层中的径向电场强度，根据电位移矢量连续可知：$E_{ox,\rho}(a, z) = E_{si,\rho}(a, z)\varepsilon_{si}/\varepsilon_{ox}$，$E_{si,\rho}(a, z)$ 为界面处硅中的径向电场强度，可以由高斯定理得到：

$$E_{si,\rho}(a, z) = \frac{qaN_A}{2\varepsilon_{si}} - \int_0^a \frac{\rho}{a}\frac{\partial E_{si,z}(\rho, z)}{\partial z}d\rho \tag{10-25}$$

其中 $E_{si,z}(\rho, z)$ 为硅体中电场强度的沟道方向分量，可以通过对电势求导得到。对氧化层中的电场强度积分便得到氧化层中的电压降

$$V_{ox} = \int_a^{a+t_{ox}} E_{ox,\rho}(\rho, z)d\rho \tag{10-26}$$

上式中，z 值取为 $z_{\min}$，$z_{\min}$ 为沟道表面势最小值所处的位置，它由表面势对 z 的一阶微分等于 0 来确定。完成氧化层中电压降的积分，可以得到阈值电压的表达式为

$$V_{TH} = V_{FB} + 2\Psi_F + \frac{qaN_A}{2C_{ox}} - \frac{\varepsilon_{si}}{aC_{ox}}\sqrt{\frac{2}{L}}\sum_n\left[\frac{1}{2}f_n a^2 - C_n r_n a I_1(r_n a)\right]\sin(r_n z_{\min}) \tag{10-27}$$

当沟道比较长时，阈值电压为

$$V_{TH}^l = V_{FB} + 2\Psi_F + \frac{qaN_A}{2C_{ox}} \tag{10-28}$$

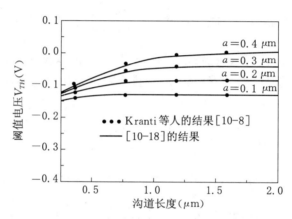

图 10-15　不同半径、不同沟道长度围栅 MOSFET 器件的阈值电压（选自[10-18]）

围栅 MOSFET 器件的阈值电压如图 10-15 所示，其中的参数选取如下：氧化层的厚度为 20 nm，内建电势取 0.2 V，$V_{GF} = 0.2$ V，$V_{DS} = 0.1$ V，$N_A = 10^{16}$ cm^{-3}，平带电压取 -0.87 V。可以看出，阈值电压随着器件半径的增大而变大，这是由于随着器件半径的增大，栅对沟道的控制能力变小。与传统的单栅 MOSFET 器件一样，随着沟道长度的变小，器件的阈值电压也会变小。

由(10-28)式可以看出，随着氧化层单位面积电容的变小，即氧化层的厚度变大，阈值电压会上升，这是由于此时栅对沟道的控制能力变弱而引起的。由(10-28)式还可以知道，当沟道的掺杂浓度变大时，长沟道围栅 MOSFET 器件的阈值电压会上升，并且由于阈值电压与 N_A 成正比，所以与传统的单栅 MOSFET 器件相比，随着 N_A 的增加，阈值电压上升的较快。

10.3.3　沟道非掺杂围栅 MOSFET 的解析模型

1. 沟道中的电势

对于沟道非掺杂器件而言，坐标的选取与图 10-14 一样，即沟道沿着 z 方向，圆柱体的半径方向为 ρ。在耗尽近似下，对于 n 型器件，空穴的浓度可以忽略。考虑到对称性和缓变沟道近似，沟道中电势所满足的泊松方程可写为

$$\frac{d^2\Psi}{d\rho^2} + \frac{1}{\rho}\frac{d\Psi}{d\rho} = \frac{qn_i}{\varepsilon_{si}}e^{q\Psi/k_BT} \tag{10-29}$$

上述方程满足的边界条件如下:①在圆柱体的中心处,电场强度为 0;②在硅和氧化硅的界面处,根据电位移矢量连续可知:

$$\varepsilon_{si}\frac{d\Psi}{d\rho}\bigg|_{\rho=a} = C_{ox}(V_{GS} - V_{FB} - \Psi_s) \tag{10-30}$$

(10-29)式的解析解为

$$\Psi(\rho) = \Psi_0 - \frac{2k_BT}{q}\ln(B\rho^2 + 1) \tag{10-31}$$

其中 Ψ_0 是圆柱体中心处的电势,B 由下式给出:

$$B = -\frac{q^2 n_i}{8k_BT\varepsilon_{si}}\exp\left(\frac{q\Psi_0}{k_BT}\right) \tag{10-32}$$

令(10-31)式中的 $\rho = a$ 便可得到表面势:

$$\Psi_s = \Psi_0 - \frac{2k_BT}{q}\ln\left[1 - \frac{a^2 q^2 n_i}{8k_BT\varepsilon_{si}}\exp\left(\frac{q\Psi_0}{k_BT}\right)\right] \tag{10-33}$$

通过解(10-30)和(10-31)式,消去 Ψ_0 可以得到未知数只有 Ψ_s 的方程

$$C_{ox}(V_{GS} - V_{FB} - \Psi_s) = \frac{2k_BT\varepsilon_{si}}{qa}\left[\sqrt{1 + \frac{a^2 q^2 n_i}{2k_BT\varepsilon_{si}}\exp\left(\frac{q\Psi_s}{k_BT}\right)} - 1\right] \tag{10-34}$$

这样,由(10-34)式先数值求解出 Ψ_s,将其代入(10-33)式,再通过数值求解出 Ψ_0,然后通过(10-31)式,就可将沟道中的电势求出。沟道表面和中心处的电势如图 10-16 所示。

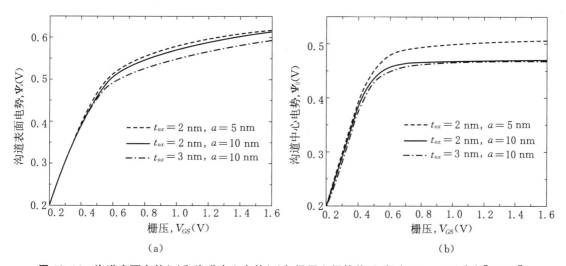

图 10-16　沟道表面电势(a)和沟道中心电势(b)与栅压之间的关系,假定 $V_{FB} = 0$(选自[10-19])

由图10-16(a)可看出,当栅压小于0.6 V时,表面势随着栅压的增大而很快地增大,此时器件处于耗尽区和弱反型区,当栅压大于0.6 V时,表面势增加得比较慢,说明此时器件处于强反型区,所以器件的阈值电压为0.6 V左右。同样,由图10-16(b)可看出,当栅压大于0.6 V时,沟道中心处的电势几乎不变,好像是钉扎了一样,有一个上限。确实,由(10-33)式可知,要使对数有意义的话,则必须满足

$$\Psi_0 < \frac{k_B T}{q} \ln\left(\frac{8 k_B T \varepsilon_{si}}{a^2 q^2 n_i}\right) \tag{10-35}$$

对于双栅器件,也存在同样的情况,即沟道中心处的电势有一个上限,为$(k_B T/q)\ln(2\pi^2 \varepsilon_{si} k_B T/q^2 n_i t_{si}^2)$,其中$t_{si}$为沟道的厚度。

2. 界面处面电荷密度σ及阈值电压V_{TH}

在硅和氧化硅的界面处,根据氧化层的电容、电压以及电荷之间的关系可知,界面处面电荷密度σ由下式给出:

$$\sigma = C_{ox}(V_{GS} - V_{FB} - \Psi_s) \tag{10-36}$$

根据传统的理论,阈值电压的定义为:在转移特性曲线上,当漏源电压较低时,将电流曲线的直线上升部分外推延长到与横坐标轴(栅压坐标)的交点处,所对应的栅压为阈值电压。但是,对于沟道为非掺杂或轻掺杂情况,可以近似认为电流的大小与界面处面电荷密度成正比,所以重新定义阈值电压如下:在面电荷密度与栅压关系曲线中,将面电荷密度的直线上升部分外推延长到与横坐标轴(栅压坐标)的交点处,所对应的栅压为阈值电压。面电荷密度与栅压之间的关系如图10-17所示。

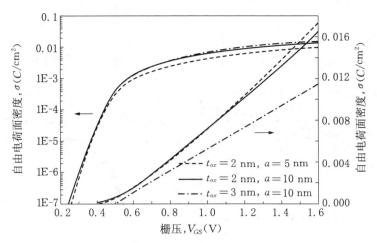

图10-17 面电荷密度与栅压之间的关系(选自[10-19])

作者们分析指出,在假定平带电压为0的情况下,对于圆柱体半径为10 nm、氧化层厚度为3 nm的器件,阈值电压为0.5 V;而当氧化层厚度为2 nm时,阈值电压为0.54 V;对于圆柱体半径为5 nm、氧化层厚度为2 nm的器件,阈值电压为0.58 V。所以,当氧化层的厚度越薄以及器件的半径越小时,阈值电压越大。

10.4 FinFET 器件

10.4.1 FinFET 器件的制作工艺流程

FinFET 属于窄沟道形式的双栅 MOSFET，这种器件的制作方法是：先制作窄的沟道区，再在沟道区的两边形成源和漏，然后再制作两个栅极，大致的工艺流程如下：

(1) 先利用热氧化的方法将埋层氧化层上 SOI 的硅膜减薄至所需的厚度，采用离子注入法将减薄后的硅膜掺杂，接着在硅膜上生长一层薄氧化层便于下一步的光刻用(如图 10-18(a))。

(2) 光刻出图形，形成狭窄的硅脊(即导电沟道)(如图 10-18(b))。

(3) 在硅脊上先后淀积一层掺有硼的 SiGe 和一层较厚的低温氧化层 LTO(如图 10-18(c))。采用掺杂硼的 SiGe 而不用掺杂硼的 Si 来制备源漏区，是因为 p 型 SiGe 的电阻率远小于相同掺杂浓度的 p 型 Si，而且 SiGe 还可提供与硅脊两侧的表面良好的电接触。

(4) 将 LTO 和 SiGe 薄膜刻蚀出图形，从而形成源漏区(如图 10-18(d))。

(5) 在源漏分隔区的侧面边墙上使用低压化学气相淀积(LPCVD)生成一层氮化物，刻蚀出图形，仅露出中间的沟道区(如图 10-18(e))。

(6) 在氮化物隔离层之间的硅脊侧面上，高温生长一层薄的氧化层。在这个高温氧化步骤以及后面的退火步骤的共同作用下，凸起的源漏区之下的硼离子被驱赶到氮化物隔离层下的硅脊内，从而形成 p^+ 源漏区。淀积多晶硅，然后刻蚀出栅极图形(如图 10-18(f))。

(7) 进行后期处理即可。

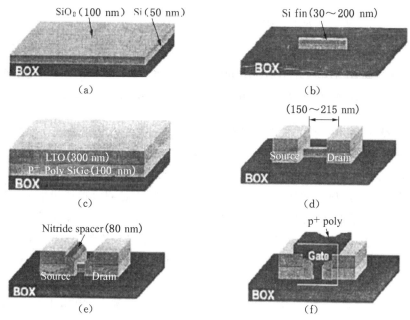

图 10-18 FinFET 器件的制作工艺流程(选自[10-11])

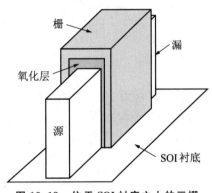

图 10-19 位于 SOI 衬底之上的三栅 FET(FinFET)结构图(选自[10-21])

10.4.2 FinFET 器件的解析模型和有关特性

A. Kloes 等人考虑一个沟道非掺杂的器件,将 FinFET 看成一个三栅结构,并在亚阈值区域,将沟道中的泊松方程近似为拉普拉斯方程,即忽略沟道中的耗尽层电荷和反型层电荷。这种模型的结构图如图 10-19 所示。

在双栅解析解的基础上,找出电势最低点(势垒)在沟道长度方向上的位置,然后,据此解三栅器件的三维电势方程,得到沟道中电势的表达式,由此可求出亚阈值摆幅、阈值电压以及 DIBL 效应,具体结果如下。

(1) 亚阈值摆幅。器件的氧化层厚度为 2 nm,栅压为 -0.55 V,结果如图 10-20 所示。

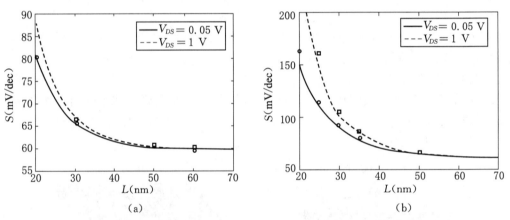

图 10-20 FinFET 的亚阈值摆幅,(a)沟道的厚度(T_{ch})和高度(H_{ch})分别为 10 nm 和 20 nm;(b)沟道的厚度和高度分别为 20 nm 和 50 nm(选自[10-21])

在图 10-20 中,横坐标为沟道的长度,纵坐标为亚阈值摆幅,实线和虚线为模型的解析结果,符号为使用 Sentaurus 模拟得到的结果。可以看出,当沟道长度变长时,与其他的器件一样,亚阈值摆幅变小,器件的性能变好;同样,当漏源之间的电压变大时,亚阈值摆幅变大,器件的性能变差;当器件的沟道厚度和沟道高度变大时,器件的亚阈值特性也变差。

(2) 漏致势垒降低效应(DIBL)。DIBL 的定义为 $dV_{TH} = V_{TH}(V_{DS} = 0.05\text{V}) - V_{TH}(V_{DS} = 1\text{V})$,其结果如图 10-21 所示。由图可以看出,与传统器件一样,当沟道长度越大时,DIBL 效应越小,当沟道的高度和厚度变小时,DIBL 效应也越小。图中实线为模型结果,符号为仿真结果。

(3) 阈值电压。器件的参数为:沟道的长度为 60 nm,漏源之间的电压为 1.5 V。中间为沟道厚度为 65 nm 的结果,实心方块为测量结果,如图 10-22 所示。可以看出,理论结果与实验结果符合的很好。

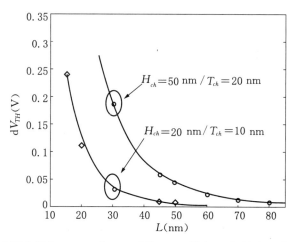

图 10-21　当漏源电压分别为 0.05 V 和 1 V 时的 DIBL 效应，即阈值电压的漂移（选自[10-21]）

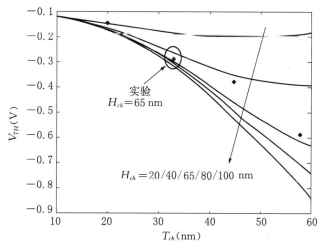

图 10-22　器件的阈值电压与沟道厚度之间的关系（选自[10-21]）

由图 10-22 可以看出，当沟道的厚度越大时，阈值电压越小（绝对值越大），当沟道的高度越大时，阈值电压也越小（绝对值越大）。

参考文献

[10-1] G. E. Moore, *Electronics*, **38**, 114(1965).

[10-2] R. H. Dennard, F. H. Gaensslen, H. N. Yu, V. L. Rideout, E. Bassous, A. R. LeBlanc, *IEEE J. Solid-State Circuits*, **9**, 256(1974).

[10-3] G. A. Sai-Halasz, M. R. Wordeman, D. P. Kern, E. Ganin, S. Rishton, D. S. Zicherman, H. Schmidt, M. R. Polcari, H. Y. Ng, P. J. Restle, T. H. P. Chang, R. H. Dennard, *IEEE Electron Device Lett.*, **8**, 463(1987).

[10-4] T. Hashimoto, Y. Sudoh, H. Kurino, A. Narai, S. Yokoyama, Y. Horiike, M. Koyanagi, *Int. Conf. Solid State Devices Materials*, Tokyo Japan, xxviii+772, 490(1992).

[10-5] M. Ono, M. Saito, T. Yoshitomi, C. Fiegna, T. Ohguro, H. Iwai, *IEEE Trans. Electron Devices*, **42**, 1822—1830(1995).

[10-6] H. Kawaura, T. Sakamoto, T. Baba, Y. Ochiai, J. Fujita, S. Matsui, J. Sone, *IEEE Electron Device Lett.*, **19**, 74(1998).

[10-7] *The International Technology Roadmap for Semiconductors*, available at http://public.itrs.net.

[10-8] 施敏著,刘晓彦、贾霖、康晋锋译,现代半导体器件物理,科学出版社,2001.

[10-9] F. Balestra, S. Cristoloveanu, M. Benachir, J. Brini, T. Elewa, *IEEE Electron Device Lett.*, **8**, 410(1987).

[10-10] 沈寅华、李伟华,微电子学,**30**(5),290(2000).

[10-11] 钱莉、李伟华,电子器件,**25**(3),287(2002).

[10-12] J. Lee, Y. Park et al., *IEDM Tech. Dig.*, 71(1999).

[10-13] A. Dey, A. Chakravorty, N. DasGupta, A. DasGupta, *IEEE Trans. Electron Devices*, **55**, 3442(2008).

[10-14] Q. Chen, B. Agrawal, J. D. Meindl, *IEEE Trans. Electron Devices*, **49**, 1086(2002).

[10-15] Guang-Xi Hu, Ran Liu, Zhi-Jun Qiu, Ling-Li Wang, Ting-Ao Tang, *Japanese Journal of Applied Physics*, **49**, 034001(2010).

[10-16] J. P. Colinge, M. H. Gao, A. Romano-Rodriguez, H. Maes, C. Claeys *IEDM*, 595(1990).

[10-17] M. Je, S. Han, I. Kim, H. Shin, *Solid-State Electronics*, **44**, 2207(2000).

[10-18] G.-X. Hu, R. Liu, T.-A. Tang, S.-J. Ding, L.-L. Wang, *Jpn. J. Appl. Phys.*, **46**, 1437(2007).

[10-19] G.-X. Hu, T.-A. Tang, *J. Korean Phys. Soc.*, **49**, 642(2006).

[10-20] Y. Taur, *IEEE Electron Device Lett.*, **21**(5), 245(2000).

[10-21] A. Kloes, M. Weidemann, D. Goebel, B. T. Bosworth, *IEEE Trans. Electron Devices*, **55**, 3467(2008).

[10-22] G. Hu, J. Gu, S. Hu, Y. Ding, R. Liu, T.-A. Tang, *IEEE Trans. Electron Devices*, **58**, 1830—1836(2011).

第十一章 不挥发存储器基础

存储器是数字系统、计算机以及其他电子仪器中的重要组成部分,它可以用来存放数据、资料及运算程序等二进制信息,并可按照需要从相应的地址取出信息。存储器大致可以分为两大类,当存储器的电源被切断时,如果存储的数据不能保持,则称为挥发性存储器;反之,如果存储的数据仍能保持,则称为非挥发性存储器。存储器根据其是否可写分为只读存储器(ROM, Read Only Memory)和读写存储器(RWM, Read Write Memory),根据其数据访问方式 RWM 可分为随机访问 RWM 和非随机访问 RWM。随机访问 RWM 根据其数据是否需要定时刷新分为静态 RAM(SRAM, Static Random Access Memory)和动态 RAM(DRAM, Dynamic RAM),非随机访问 RWM 按其访问方式分为先进先出(FIFO, First In First Out)、后进先出(LIFO, Last In First Out)、移位寄存器(Shift Register)和按内容编址存储器(Contents-Addressable Memory,简称 CAM)。只读存储器 ROM 写入方式分为掩模 ROM(Mask ROM)和反熔丝编程的 PROM(Programmable ROM)。介于 RWM 和 ROM 之间的是不挥发性可读写存储器(NVRWM, Non-Volatile RWM),按其编程方式不同分为可擦可编程只读存储器 EPROM(Erasable PROM, 或 Electrically PROM)、电的可擦可编程只读存储器 EEPROM(Electrically Erasable PROM, 或 E^2PROM)以及 Flash Memory。本章将介绍有关非挥发存储器的基本物理特性。

11.1 引言

现将存储器大致介绍如下。

1. 挥发性存储器

这类存储器主要有两种,一种是 SRAM,另一种是 DRAM。

(1) 静态随机存取存储器——SRAM。可以用触发器电路组成,一个触发器存储一个 bit 的信息。只要通以电源,虽无时钟,数据照样能够维持,最常用的是由六个晶体管构成一个单元。

(2) 动态随机存取存储器——DRAM。将数据以电荷形式存储于电容上,即使电源不切断,电荷也有可能漏掉,数据必须不断刷新。存取时选中字线(WL,使管子导通)及位线(BL)。读出时存储器电容与位线电容分享电荷,两个电容的比值要适当,使最后电压能由读出放大而检出。读出操作是破坏性的,必须重新写入。

2. 不挥发性存储器

不挥发性存储器的主要特点是存储的信息能够保存,电源去掉后,存储的信息不会丢失,故称其为不挥发。主要有可重复擦写的 RAM 和不能重复擦写或可擦写次数有限的 ROM。

(1) 随机存取存储器——RAM。存储单元是以矩阵结构组成的,能按随机命令随机存入(写)或取出(读)数据,而与存储单元的物理位置无关。只要选中某一地址,每一位信息可单独存取。其主要参数为存取时间:从地址线改变到有效数据出现在输出端的延迟时间。

(2) 只读性存储器——ROM。只读性存储器并不是完全不能写入,只是相对 RAM 来说,它读的频率比写的频率要高很多。地址选中时,信息出现于输出端,当电源切断时信息保持。只读性存储器分为 PROM、EPROM、EEPROM、闪存 EEPROM 以及掩膜 ROM。

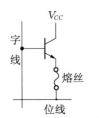

熔丝型 PROM 存储单元

图 11-1 熔丝型可编程只读存储器示意图

① 可编程只读存储器——PROM。可编程 PROM 在封装出厂前,存储单元中的内容全为"1"(或全为"0"),用户可根据需要进行一次性编程处理,将某些单元的内容改为"0"(或"1")。图 11-1 是 PROM 的一种存储单元,它由三极管和熔丝组成,在存储矩阵中的所有存储单元都是这种结构。出厂前,所有存储单元的熔丝都是通的,存储内容全为"1"。用户在使用前进行一次性编程,例如,若想使某单元的存储内容为"0",只需选中该单元后,再在 V_{cc} 端加上电脉冲,使熔丝通过足够大的电流,把熔丝烧断即可。熔丝一旦烧断将无法接上,也就是一旦写成"0"后就无法再重写成"1"了。因此 PROM 只能编程一次,使用起来很不方便。熔丝可以是一个可以用电流脉冲烧断的低值电阻器,也可以是一个在加上电压脉冲后能够短路的薄的高电阻绝缘体。除了使用熔断法外,用户编程方式也可用 pn 结击穿法,其原理与熔断法是一样的。

② 可擦可编程只读存储器 EPROM。这种存储器的编程是将电子通过热电子注入或通过隧穿的方式注入到浮栅中,并且在漏端和控制栅上要加偏压。这种器件的擦除只能是全局性的,不能是选择性的局部擦除,它的擦除方式可以用紫外光或 X 射线。

③ 电可擦可编程只读存储器 EEPROM。这种存储器不仅可以全局性擦除,且可以根据字节地址的不同而有选择性地擦除。为了实现有选择性擦除,对于每一个单元,需要增加一个选择晶体管。这种存储器是一种表面器件,它的稳定性和可靠性与界面特性密切相关,通常,人们采用 C-V 法、准静态法、中子活化法等研究界面态、电荷陷阱、可动离子、载流子在 SiO_2 中的输运等,对这些特性的深入研究也是研究新型器件的物理基础。

④ 闪存(Flash)EEPROM,这种存储器可同时对大批的单元进行擦除,不能对逐个单元进行选择性擦除。但是这种存储器的好处是只需要一个晶体管,所以它的性能是处于 EPROM 和 EEPROM 之间的。

⑤ 掩膜(Mask-Programmed)ROM,也可称之为固定存储器,这种存储器在出厂时的程序已经由制造商编好了,用户不能改编,通常意义上的 ROM 就是指这种存储器。

对于非挥发存储器,除了上述几种之外,还有相变存储器(PCM, Phase Change Memory)、铁电存储器(FRAM, Ferroelectronic RAM)、阻变存储器(RRAM, Resistive RAM)等。

11.2 不挥发存储器概论

11.2.1 不挥发存储器结构

不挥发存储器的基本结构类似于 MOS 晶体管,但实际上并不完全相同,关键问题是如何实现存储信息。简而言之,不挥发存储器存储信息是通过在介质中存储电荷来实现的。根据结构和存储机制的不同,可将不挥发存储器分为两大类:浮栅型和双介质型。

浮栅型不挥发存储器在结构上与 Si 栅 MOS 场效应管相似,其差别仅在于浮栅型不挥发存储器中,多晶硅栅极被 SiO_2 所包围,上下左右均是 SiO_2,浮栅的名称即由此而来。在栅上没有金属电极,又称为浮栅雪崩型 MOS 器件(FAMOS),如图 11-2 所示。当漏与衬底之间的 pn 结被雪崩击穿后,电荷可被注入到被 SiO_2 包围的浮置多晶硅栅中去。

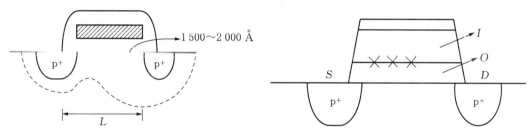

图 11-2 浮栅存储器结构示意图　　图 11-3 双介质型存储器结构示意图

如图 11-3 所示的双介质型(又称 MIOS 型)存储器在 M 与 S 之间除了有 SiO_2 层之外,还有一层介质,例如 Si_3N_4 或者 Al_2O_3,其中 SiO_2 层非常薄,这是 MIOS 不挥发存储器与 MIOS 场效应管的基本差别。对于 MIOS 存储器,SiO_2 的厚度只有几个纳米,最多不超过 10 nm,而对于 MIOS 场效应管,SiO_2 的厚度可达 20~30 nm。由于 MIOS 存储器中的 SiO_2 层很薄,Si 表面的载流子有一定的几率通过 SiO_2 层到达两层介质之间的界面陷阱,从而实现存储功能。

11.2.2 不挥发存储器的工作机理

上面已提到不挥发存储器基本上是 MOS 管,作为存储器,要求它在初始时处于"0"状态,当注入一个电脉冲后,能从"0"状态转变为"1"状态,这个步骤称为写"1",当电脉冲过去后,"1"状态仍旧保持,这就实现了不挥发存储的功能。下面说明如何通过注入电脉冲来实现状态的改变。

我们知道,MOS 管的阈值电压公式为

$$V_{TH} = -\left(V_{ms} + \frac{Q_{SS}}{C_{ox}}\right) \pm \left[2\Psi_F + \frac{1}{C_{ox}}\sqrt{4\varepsilon_s\varepsilon_0 qN_B\Psi_F}\right] \qquad (11\text{-}1)$$

费密势 Ψ_F 的定义为 $\Psi_F = (k_B T/q)\ln(N_B/n_i)$,(11-1) 式中的正、负号分别对应于 n 沟和 p 沟 MOS 管。

1. p 沟情况

假定器件开始时是增强型,这意味着器件在不加栅电压时处于截止态,输出端漏极处于负的高电平,称此时为"0"状态(使用正逻辑)。

如果在某时刻加一负脉冲电压,电子能从半导体注入浮栅,器件的阈值电压将受到影响。假定在负脉冲期间,单位面积注入的电子电荷为 Q_i,它们的作用是减小界面上电荷 Q_{ss} 的影响,在 V_{TH} 表达式中因子 $-Q_{ss}/C_{ox}$ 向正的方向变化,如果 Q_i 足够大的话,V_{TH} 可能变为正值。这就是说原来的 p 沟增强型器件变成耗尽型了,即使不加外电压,也存在导电沟道。在输出端,漏极处于负的低电压,它的实际值高于原来的负高电平,故称它为"1"状态。总之,通过电子注入,从"0"态变到"1"态。

$$V'_{TH} = \left[-V_{ms} - \frac{(Q_{ss} - |Q_i|)}{C_{ox}}\right] + V_T^0 \tag{11-2}$$

$$\Delta V_{TH} = V'_{TH} - V_{TH} = \frac{|Q_i|}{C_{ox}} \tag{11-3}$$

因此,ΔV_{TH} 决定于注入电荷的总量,上述写"1"步骤也可用转移特性曲线来表示,如图 11-4 所示。

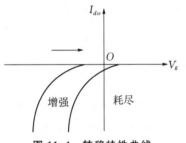

图 11-4 转移特性曲线

对于 FAMOS 和 MIOS,在电荷注入的方法上是不相同的。FAMOS 脉冲电压加在漏端 pn 结上,电子被注入到 SiO_2 层内(负脉冲使 pn 结反偏,并达到雪崩击穿)。MIOS 正脉冲电压加于可控栅极与衬底之间,电子被注入到下面一层的 SiO_2 中。

2. n 沟情况

假定器件在开始时是 n 沟耗尽型的,即 $V_{TH} < 0$ 状态,定义为"0"状态,不加外电压时,器件已导通,输出低电平。当加上电脉冲时,由于注入电子,使器件的 V_{TH} 增加,并且趋向于正值,这时器件从耗尽型转变为增强型。

$$V_{TH} = -\left(V_{ms} + \frac{Q_{ss}}{C_{ox}}\right) + V_T^0 \tag{11-4}$$

$$V'_T = \left[-V_{ms} - \frac{(Q_{ss} - |Q_i|)}{C_{ox}}\right] + V_T^0 \tag{11-5}$$

因此阈值电压的变化量为 $\Delta V_{TH} = |Q_i|/C_{ox}$,变成增强型后,器件处于截止状态,输出端处于高电平,即处于"1"状态,注入电荷的过程称为写"1"。如图 11-5 所示。

如果器件初始时不是耗尽型的,而是增强型的,电子注入后阈值电压增加,注入前后的状态也可以分别看作"0"态和"1"态,当然阈值电压的变化 ΔV_{TH} 必须达到某个值。如图 11-6 所示。

由于被注入的负电荷能被保持在介质内(写 1 后仍保持)与外界无关,因而被称为不挥发存储器。存储的信息可以被保留很长时间。只有当存储的电荷通过周围介质的漏电作用放掉时,存入的信息才丢失掉。故意去掉存入的信息称为"擦"(erase)或"清除",通常可采用电脉冲及光照两种方法来进行"清除"。

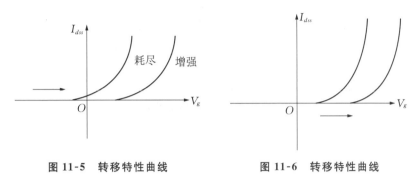

图 11-5　转移特性曲线　　　　图 11-6　转移特性曲线

11.2.3　不挥发存储器的主要性能

1. 写入和清除特性

描写写入特性的主要参数是"写脉冲",其定义为:要使注入电荷能将阈值电压改变一定值所需加的脉冲宽度和振幅。"清除脉冲"定义为清除掉注入电荷所需加的电压脉冲宽度和振幅。显然,"写脉冲"和"清除脉冲"越短,存储器的速度越快。

如果用电脉冲来去掉写入的信息,称为电清除,也可以用光来清除信息,称为光清除(通过光注入来清除)。对于随机存取存储器(RAM)可用电脉冲和光注入两种方法来清除信息,因为在任何时刻可以写入和清除信息。如果只能用光来清除信息,则不能用来做 RAM。

2. 保持特性

定义:存入存储器的信息能保持的时间称为保持特性,作为良好的不挥发存储器,要求信息能保持几年甚至几十年(室温下),在高温下至少要求保持几年。

3. 耐久性（Endurance）

存储器能正常读写的次数,很显然,存储器能被读写的次数越多,则它的耐久性越好。

11.3　浮栅雪崩注入型不挥发存储器的工作原理

11.3.1　能带结构

浮栅雪崩注入型不挥发存储器(FAMOS,Floating-gate Avalanche-injection MOS)的完整结构,如图 11-7 所示,衬底为(100)晶向的 n 型 Si,电阻率为 5～8 Ω·cm。浮栅下面氧化层的厚度 d 为 100～150 nm,上面氧化层的厚度 d' 为 1 μm,沟道长度 L 为 7 μm。

漏和衬底 pn 结的反向击穿电压较高,由于浅扩散结的影响,曲率半径较小,边缘电场效应较强,使得击穿电压的实际值比理论值来得小。通常,实际击穿发生在 30 V 左右,雪崩发生后,大量热电子可能被垂直于表面的电场扫进 SiO_2(克服 Si-SiO_2 界面势垒),实际上,硅中的电子是被注入到 SiO_2 的导带中去的,如图 11-8(a)所示。

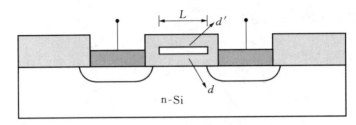

图 11-7　FAMOS 的结构示意图

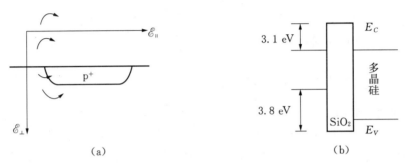

图 11-8　能带示意图

我们知道，硅的导带底 E_{Csi} 比 SiO_2 的导带底 E_{Cox} 低 3.1 eV，硅的价带顶 E_{Vsi} 比 SiO_2 的价带顶 E_{Vox} 高 3.8 eV，如图 11-8(b)所示。相对于硅的热空穴进入 SiO_2 价带(能量差为 3.8 eV)，硅的热电子更容易进入 SiO_2 导带(能量差为 3.1 eV)，进而易进入多晶硅。

11.3.2　注入电荷与脉冲电压的关系

上面已经讨论了 ΔV_T 的变化与单位面积的注入电荷有关，显然，$|Q_i|$ 的值应与电压脉冲的宽度(维持时间)及振幅有关，也与第一薄氧化层的厚度有关。作为定性分析，脉冲宽度及振幅越大，$|Q_i|$ 也越大，因此 ΔV_{TH} 也越大。另一方面，SiO_2 层越薄，$|Q_i|$ 也将越大。通常，ΔV_{TH} 与脉冲宽度的关系曲线可用实验来测量。若 FAMOS 的 $d = 120$ nm，如图 11-9 所示，当脉冲振幅是 50 V 时，最大的注入电荷 Q_i/q 能达到甚至超过 $4 \times 10^{12} \cdot cm^{-2}$，相应的 ΔV_{TH} 可超过 20 V，即有 $\Delta V_{TH} \geqslant 20$ V；对于写 "1" 来讲，这是足够的了。

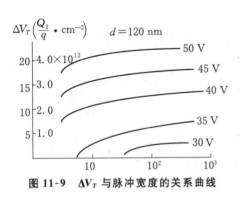

图 11-9　ΔV_T 与脉冲宽度的关系曲线

此结果可由下面计算得到：

$$C_{ox} = \frac{\varepsilon_{ox}}{d} = \frac{3.9 \times 10^{-13}}{1.2 \times 10^{-5}} = 3 \times 10^{-8} \ (F/cm^2) \tag{11-6}$$

$$\Delta V_{TH} = \frac{|Q_i|}{C_{ox}} = \frac{4 \times 10^{12} \times 1.6 \times 10^{-19}}{3 \times 10^{-8}} \approx 20 \ (V) \tag{11-7}$$

11.3.3 间接隧穿过程

对于一个不挥发存储器,当用于注入电荷的电压脉冲过去以后,在很长的一段时间里,注入的电子可以被捕陷在多晶硅内。用人为的方法通过栅 SiO_2 层放电可以使之消失。由于多晶硅上面的 SiO_2 层较厚,即绝缘性能很好,放电过程很难通过它进行。因此,只能通过多晶硅栅下面的 SiO_2 层进行放电,这是一种间接隧穿效应。

如图 11-10 所示,在间接隧穿过程中,SiO_2 层的电场方向为硅指向多晶硅(因负电荷位于多晶硅内),在此电场的作用下,n 型硅的能带向上弯曲,多晶硅中的电子在电场作用下,由于隧道效应将进入 SiO_2 的导带,然后再回到 n 型 Si 衬底的导带,由于电子从多晶硅回到单晶硅是通过 SiO_2 中间的隧道效应实现的,因此称为间接隧穿过程。

Fowler-Nordheim 用量子力学方法计算了间接隧穿电流,他们的电流公式也能用来描述放电时的电流密度,该电流密度取决于电场强度 E、SiO_2 与多晶硅之间的界面势垒以及温度 T 等:

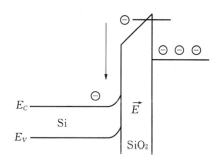

图 11-10 电子的间接隧穿过程

$$J = C_0 E^2 \frac{\pi C k_B T / E}{\sin(\pi C k_B T / E)} \exp\left(-\frac{E_0}{E}\right) \tag{11-8}$$

其中,$C_0 = 10^{-5}$ A/V^2,$C \approx 1.12 \times 10^{27}$ $(cm \cdot C)^{-1}$,$E_0 = 2.54 \times 10^8$ V/cm。

显然,间接隧穿电流与 SiO_2 中的电场密切相关,此电场是由存储在多晶硅内的电荷所形成的。由于电场较小,间接隧穿电流就很小。通常在很长时间内不能观察到放电电流,故保持特性很好。同时,我们还可得出一个结论:电流密度 J 将随着温度的升高而增加,也就是说温度升高时,保持时间会减少,保持特性会变差。

电荷衰减的时间可以进行粗略的估计。假定注入多晶硅栅的电子电荷面密度 Q_i 比位于 Si-SiO_2 界面的正电荷密度大得多。

$$C_{ox} = \frac{\varepsilon_{ox}\varepsilon_0}{d} = \frac{Q_i}{V_{ox}}$$

$$E = V_{ox}/d = Q_i / \varepsilon_{ox}\varepsilon_0 \tag{11-9}$$

前面提到过最大的注入电荷可以达到 $Q_i/q = 4 \times 10^{12} \cdot cm^{-2}$(脉冲电压振幅为 50 V 时),将此 Q_i 代入 (11-9) 式可得

$$E = Q_i/\varepsilon_{ox}\varepsilon_0 = \frac{4 \times 10^{12} \times 1.6 \times 10^{-19}}{3.9 \times 8.85 \times 10^{-14}} = 1.9 \times 10^6 \text{ (V/cm)} \tag{11-10}$$

由(11-8)式可得:$J = 2.2 \times 10^{-47}$ A/cm^2,此值极其微小,如果用此微小电流放电,则将 Q_i 放电变为 $0.7 Q_i$ 的时间为

$$t = \frac{\Delta Q_i}{J} = \frac{0.3 Q_i}{J} = 8 \times 10^{39}(\text{sec}) = 10^{32}(\text{年}) \tag{11-11}$$

当然,实际的保持时间小于理论计算结果。这可能是由于储存在多晶硅栅内的负电荷将在 Si-SiO$_2$ 界面感应出正电荷,它们的作用是增加电场,也即增大隧穿电流。

有人在 125 ℃和 300 ℃测量 FAMOS 的 ΔV_{TH} 来测量储存电荷的衰减。当电压脉冲刚过去时,在开始 1～2 h 内储存的电荷明显衰减,然而电荷将慢慢衰减。这可能是由于在电场的作用下,在界面快速积累起正电荷(FN 隧穿放电过程)。对于 125 ℃情况,从 Q_i 到 $0.7Q_i$ 需要 10 年,在 300 ℃时,从 Q_i 到 $0.7Q_i$ 只需要 1 年。

11.3.4　FAMOS 的清除方法

通常,在 FAMOS 中,储存的电荷不能用电的方法清除,因为在 FAMOS 中,栅是浮置的,电压不能加在浮栅上,但可用光的方法清除储存的信息。若将光照在多晶硅上,注入的电子可获得足够的能量,跃迁到二氧化硅导带,从而形成从硅到多晶硅的光电流,储存的电荷可藉此放掉。此方法称为光清除法。当使用此方法时,光的波长必须小于 290 nm,相应的能量大于 4.3 eV(poly-Si 与 SiO$_2$ 之间的势垒高度),290 nm 波长属于紫外光范围。

存储器芯片的功能测试有可能在封装后进行,如果芯片用塑料或陶瓷封装,由于紫外光可被封装所吸收,这时必须用 X 射线来清除信息。其剂量应大于 5×10^4 rad(1 rad = 100 erg/g),这个量是很大的,比大气中每年平均辐射剂量大几个数量级。

若采用石英作为封装材料,则仍能用紫外线来清除封装后存储器内存储的信息。FAMOS 可用于可编程序的只读存储器(PROM)(EPROM),具有译码和读出电路的 PROM(EPROM)早已问世于国际市场。

11.4　电可编程浮栅不挥发存储器

上面介绍的 FAMOS 结构有一些缺点,即只能用光的方法清除信息,不能用电的方法来清除注入的电子。此外,写入电流比较大,写的周期也较长。为了改进 FAMOS 的一些缺点,以便能用电的方法来清除信息,已发展了一些改进的方法。

11.4.1　双结型和沟道注入型

1. 双结型

如图 11-11 所示的双结型的结构与 FAMOS 相似,对于 p 沟情况,只要附加一个 n^+-p 结于有源区,即形成双结型,同时,在第二层 SiO$_2$ 上加一个第二栅,这样便能实现电写入和电清除。其基本原理为:当外电压加于漏极(反向电压脉冲)在漏结发生击穿,电子被注入到浮栅。当浮栅带有负电荷时,在 n 型衬底表

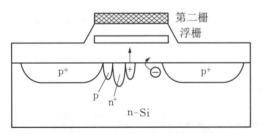

图 11-11　双结型存储器示意图

面会感应出 p 型沟道,原来的增强型 PMOS 就变为耗尽型。在漏极,初始的"0"状态变为"1"状态,当电压脉冲过去后,"1"状态仍旧保持。

为了擦掉"1"状态,并回到"0"状态,只要在 n^+-p(源区)上加一个反向电压,当此结发生击穿时,被电场加速的热空穴聚于表面,若在第二栅极上加一负电压,形成一个向上的电场,这些空穴被注入进多晶硅,并抵消存储在那里的电子,使原来感应出的 p 型沟道消失,最后,存储器将回到"0"状态。第二栅的作用是加速热空穴,若在第二栅上加正电压,则对写入信息是有利的。

清除特性取决于空穴注入的效率,通常,空穴的注入效率大大低于电子的注入效率,这是因为硅和氧化硅的价带能量差为 3.8 eV,它大于硅和氧化硅的导带能量差 3.1 eV。因此在清除时所需加的脉冲电压应高于写入所需加的电压,清除脉冲的持续时间也较长。p 区的浓度必须小心控制,因 Si 区的硼会进入二氧化硅层形成高硼区,它的作用会阻挡热空穴注入。

2. 沟道注入型(非雪崩注入浮栅器件)

对于 n 沟情况,可采用如图 11-12 所示的沟道注入型结构。在写"1"之前,器件原始处于耗尽模式,由于管子导通使漏极处于低电平。写"1"的时候,在漏和源间加上高电压,使沟道区的电子变成热电子,并在栅与沟道间的高电场作用下被注入浮栅,从而完成写"1"过程。第二栅的作用是形成加速电场(加以较高电压),以对注入电子进行加速,这就是写"1"的过程。

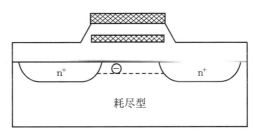

图 11-12 沟道注入型示意图

当需要清除时,只要在漏 n^+-p 结上加一反向电压,产生击穿,空穴将被注入到浮栅。在写"1"时注入的电子会被注入的空穴所抵消,漏结又回到"0"状态。如果在第二栅上加一负电压,形成一个指向上面的电场,它能加速空穴的注入。沟道注入型又称 EEPROM,1972 年在日本电技术实验室首先研制成功。

双结型和沟道注入型不挥发存储器的清除特性将由于采用空穴注入而有所下降。制造工艺步骤也有所增加。为了克服这些缺点,发展了另一种不挥发存储器——迭栅雪崩注入型存储器(SAMOS)。

11.4.2 迭栅雪崩注入型 SAMOS

1. SAMOS(Stacked-gate Avalanche-injection MOS)的写入和清除特性

如图 11-13 所示,SAMOS 与一般 FAMOS 的区别在于:第二层介质上存在一个控制栅。第一氧化层的厚度 $d_1=160$ nm,第二氧化层的厚度为 $d_2=200$ nm,浮栅的长度为 $L_1=17~\mu\text{m}$,控制栅的长度为 $L_2=7~\mu\text{m}$。与上面讨论的双结型的不同是,SAMOS 不采用空穴注入来实现

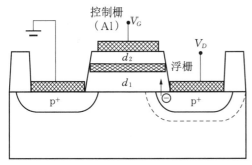

图 11-13 迭栅雪崩注入型示意图

清除。

当需要注入电荷时,在衬底及漏间加一个反向电压,雪崩击穿将发生。被加速的热电子积累于半导体表面,并被注入到二氧化硅的导带,然后在垂直方向的电场作用下进入多晶硅栅。如果在控制栅上加一正电压,被注入的电子将得到加速。

如果需要清除信息,要在控制栅上加一个大的正电压,在控制栅电场作用下,注入浮栅的电子将通过第二层 SiO_2,由隧道效应到达控制栅,从而实现放电,具体的写入-清除过程可由能带图来描述。

(1) 在写入之前,控制栅上不加电压,$V_G=0$,SAMOS 的能图如图 11-14(a)所示,其中忽略了铝、多晶硅和硅之间的功函数差。在硅表面处的能带下弯是由于硅-二氧化硅界面处存在正电荷的原因。

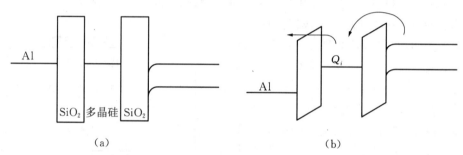

图 11-14 写入前后的能带图,(a)写入前,$V_G=0$;(b)写入时,漏雪崩击穿 $V_G>0$

(2) 在漏极上加一反向电压,如图 11-14(b)所示,漏结发生雪崩击穿,若同时在控制栅上加一正电压,将会加速写入过程。在垂直于表面的电场作用下,衬底中的热电子被发射通过第一 SiO_2 层,进入多晶硅栅。热发射电流密度为 J_1。必须注意,J_1 是雪崩电流的一部分。多晶硅中的电子也可能通过第二介质层到达控制栅,当然这是一种间接遂穿效应,这部分电流为 J_2。在 V_G 较低时,$J_1 \gg J_2$,主要过程是电子所携的负电荷积累于浮栅,从而实现写"1"。浮栅单位面积积累的电荷 Q_i 与电流的关系为

$$\frac{dQ_i(t)}{dt} = J_1 - J_2 \tag{11-12}$$

$$Q_i = \int_0^T (J_1 - J_2) dt \tag{11-13}$$

T 为书写脉冲的持续时间(脉冲宽度)。在能带图中,SiO_2 能带向上倾斜是由于从左指向右的电场所引起的(电势的高低与能量的大小正好相反,即电势高的地方能量低)。

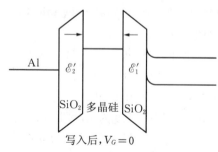

图 11-15 写入后的能带图

(3) 写入后,不再施加漏结的反向击穿电压,这时负电荷积累在多晶硅浮栅内,能带图将变成另一形状,如图 11-15 所示。SiO_2 内能带的倾斜是由于负电

荷产生的电场所造成的。

上面已提到过 J_1 由雪崩电流确定：

$$J_1 = T_i J_{av}(E_1, V_D) \tag{11-14}$$

T_i 表示 J_{av} 中有多少电子通过界面并注入 SiO_2，到达浮栅。J_2 为间接遂穿电流，它与第二 SiO_2 层中的电场 E_2 有关，根据(11-8)式可得

$$J_2 = \frac{C_0 E_2^2 \pi C k_B T / E_2}{\sin(\pi C k_B T / E_2)} \exp\left[-\frac{E_0}{E_2}\right] \tag{11-15}$$

(4) 进行清除时，如图 11-16 所示，一个大的正电压加在控制栅上，由于漏极不加电压，J_1 非常小，J_2 非常大，存储的电荷将被放掉，器件从"1"状态回到"0"状态。

由于存储的电荷 Q_i 决定于 J_1、J_2，它们分别与 E_1、E_2 有关，故 Q_i 与 E_1、E_2 也有关。下面用简单的方法推导 Q_i 与电场之间的关系。

假定两层 SiO_2 的厚度分别为 d_1 和 d_2，加在控制栅上的电压为 V_G，它产生一个电场 E，有

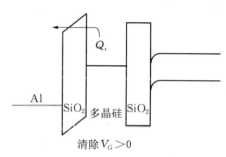

图 11-16 清除时的能带图

$$E = V_G / (d_1 + d_2) \tag{11-16}$$

设法求出分别加在两层 SiO_2 上的电场 E_1、E_2，若注入浮栅的电荷是 $Q_i(t)$，由负电荷造成的加在介质 1、2 上的电场为 E_1'、E_2'，E_1' 的方向与 E 相反，E_2' 的方向与 E 相同：

$$E_1 = E - E_1' = \frac{V_G}{d_1 + d_2} - E_1' \tag{11-17}$$

$$E_2 = E + E_2' = \frac{V_G}{d_1 + d_2} + E_2' \tag{11-18}$$

在单晶硅和控制栅极将感应出正电荷 Q_1 和 Q_2，它们是由存储在浮栅内负电荷所形成的，从而形成 2 个 SiO_2 电容：

$$C_{ox1} = \frac{\varepsilon_{ox}}{d_1} = \frac{Q_1}{V_1}, \quad C_{ox2} = \frac{\varepsilon_{ox}}{d_2} = \frac{Q_2}{V_2} \tag{11-19}$$

$$E_1' = \frac{V_1}{d_1} = \frac{Q_1}{\varepsilon_{ox}}, \quad E_2' = \frac{V_2}{d_2} = \frac{Q_2}{\varepsilon_{ox}} \tag{11-20}$$

假定 $Q_i(t)$ 的存在，不在衬底和控制栅之间形成电势差，即认为 $V_1 = V_2$。此外，根据电荷守恒可得

$$Q_i(t) = Q_1 + Q_2 \tag{11-21}$$

由 (11-19) 式得

$$\frac{Q_1}{C_{ox1}} = \frac{Q_2}{C_{ox2}}$$

$$Q_1 = \frac{d_2}{d_1} Q_2 \tag{11-22}$$

$$Q_1 = \frac{d_2}{d_1}[Q_i(t) - Q_1] \tag{11-23}$$

最后解得

$$Q_1 = \frac{d_2}{d_1 + d_2} Q_i(t) \tag{11-24}$$

将 (11-24) 式代入 (11-20) 式,可得

$$E_1' = \frac{d_2}{\varepsilon_{ox}(d_1 + d_2)} |Q_i(t)| \tag{11-25}$$

利用类似的方法,可得

$$E_2' = \frac{d_1}{\varepsilon_{ox}(d_1 + d_2)} |Q_i(t)| \tag{11-26}$$

将上述结果代入 (11-17) 及 (11-18) 式,可得

$$E_1 = \frac{V_G}{d_1 + d_2} - \frac{d_2 |Q_i(t)|}{\varepsilon_{ox}(d_1 + d_2)} \tag{11-27}$$

$$E_2 = \frac{V_G}{d_1 + d_2} + \frac{d_1 |Q_i(t)|}{\varepsilon_{ox}(d_1 + d_2)} \tag{11-28}$$

由上述方程可见,介质 1 中的电场 E_1 随着电荷 $Q_i(t)$ 的增加而减少,这是因为 E_1' 随着 $Q_i(t)$ 的增加而增加,但 E_1 与 E_1' 方向相反。介质 2 中的电场 E_2 将随注入电荷的增加而增加,因 E_2' 的方向与 E_2 相同,E_2 也随着施加在控制栅上的电压 V_G 的增加而增加,当 V_G 达到一个临界值时,隧穿电流 J_2 将迅速增大。因为是指数关系,所以当 V_G 进一步增大时,甚至会出现 $J_2 \gg J_1$,此时存储的电荷不但不会增加,反而会减小,引起阈值电压的下降。

2. SAMOS 中阈值电压的变化图

用实验可以测量加在控制栅上的电压 V_G 与阈值电压变化量 ΔV_{TH} 之间的关系。作为实验结果,在一定漏极电压 V_D 下,在某个 V_G 值时 V_{TH} 存在一个极大值。例如,当 $V_D = -40\text{ V}$ 时,在漏端发生雪崩击穿,电子被注入浮栅。当 V_G 增加时,它使电子加速,因此 V_{TH} 提高,由图 11-17 可知当 $V_G < 30\text{ V}$ 时,V_{TH} 总是上升,这相应于写入过程,标准的写入条件为 $V_D = -40\text{ V}$,$V_G = 30\text{ V}$。

当 $V_G \to 50\text{ V}$ 时,第二介质层内的电场显著增大,它使间接隧穿电流 J_2 增大,当 J_2 超过热发射电流 J_1 时,注入积累的电荷将减小,从而阈值电压将下降。

SAMOS 的写入时间约为几到几十微秒,它比 FAMOS 的写入时间来得短。在写入期间,V_G 越大,写入时间越短,这是因为电场有加速作用,从图 11-17 也能看到这个结果。图中纵坐标为 ΔV_{TH},单位为伏特,横坐标表示漏端脉冲持续时间,单位为微秒。

如果我们需要清除写入的信息,可用光或电的方法来实现。在用光清除时,经常采用杀菌用的 10 W 紫外灯,它与不挥发存储器相距 3 cm,通常光清除可以重复很多次。

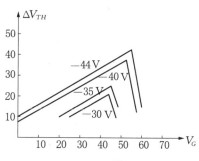
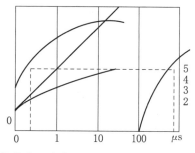

图 11-17 SAMOS 阈值电压变化图

对于电清除，由于不需在漏结加电压，不存在雪崩击穿。只需在控制栅上加一个高的电压，一般为 70～80 V，这时间接隧穿电流将大大超过热发射电流。浮栅中存储的电荷被泄放到控制栅，这时阈值电压将减小，甚至可能变为负值。这样 p 沟 MOS 管就从耗尽型变为增强型。即回复到"0"状态，从而实现清除，实际清除时，只要加高电平脉冲持续 1 s，即能实现清除。

必须注意到阈值电压的值经过几次写入和清除过程不可能回到原始的数值（如图 11-18 所示）。这是因为第一介质层内的电离陷阱俘获了部分电子，它们不可能全部被放掉。

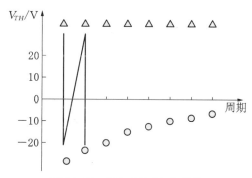

图 11-18 SAMOS 写入和清除

总的来说，写入和清除条件如下：写入，$V_G = 30$ V，$V_D = -40$ V，脉冲时间 50 μs；清除：$V_G = 70$ V，脉冲时间 5 s。

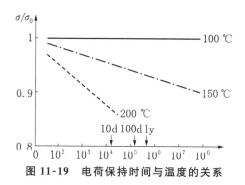

图 11-19 电荷保持时间与温度的关系

3. 信息保持特性

SAMOS 的信息保持特性如图 11-19 所示，横坐标为保持时间，纵坐标为沟道电导的变化，它反映了从耗尽型转变为增强型。

写入时，电子注入浮栅，阈值电压增大，管子变耗尽型，这时沟道电导 σ_0 最大，当清除时，随着电荷的泄放，阈值电压下降，沟道电导 σ 也下降，当回到"0"状态时，管子变增强型，故变化越慢表示保持特性越好。

在温度不太高时（例如 100 ℃），σ/σ_0 为线性关系，而且很平坦，电荷释放慢，保持特性好，温度较高时，信息清除加快。

可引进一个半衰期，它定义为在不同温度下，电荷衰减到原始值的一半所需的时间。例如，在 150 ℃ 时，半衰期超过 100 年，对于 ROM，这是足够了。温度上升到 200 ℃ 时，信息消失加快，保持能力下降。

4. 全译码 256 位 SAMOS 存储器

SAMOS 存储器的基本存储单元如图 11-20 所示，它以 SAMOS 作为存储晶体管，以普通的硅栅 p 沟 MOS 管 T_1 作为负载管, T_1 也称为地址选通晶体管,它们构成二管单元的存储器。在读出或写入信息时,选择某一个存储单元是靠在 x(T_1 的栅极), y(T_1 的漏极)连线上所加的电压来决定的, x 和 y 分别与其他存储单元相连。当 x 和 y 上加的电压 V_x 及 V_y 都是 -40 V 时(负载管),若倒相管 $V_G=30$ V(相对于源、衬底),这时 T_1 管导通(开始导通), T_1 的源极电压应为 $(-40+V_{on})$ V,因此 -40 V 电压基本上都加在 SAMOS 的漏极,使 SAMOS 管的漏结反偏,发生击穿。并在栅极电压 $V_G=30$ V 的加速下,迅速向浮栅注入电荷,实现写入信息(V_T 增加)。V_x 及 V_y 去掉后,信息仍保持。

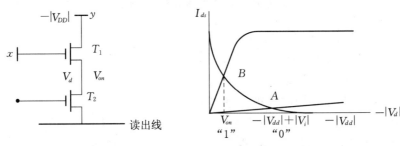

图 11-20 SAMOS 存储器的基本存储单元

需要清除刚才写入的信息时,只要在 SAMOS 控制栅极上加 $+80$ V 的电压,使注入的电子泄放掉,该单元就恢复到"0"状态。

如需要读出该单元的状态时,只要在 x 和 y 上加 -12 V 的电压脉冲,此时 T_1 管导通,但又不至于使 SAMOS 漏结发生雪崩击穿。如果 SAMOS 管处于"1"状态(已写入"1"状态,处于负低电平),已写入负电荷,变成耗尽型,故在浮栅上不加电压就有电流从漏到源经过读出线读出,此电流称为读出电流。如果 SAMOS 管处于"0"状态,仍为增强型,在浮栅不加电压时无导电沟道,故没有电流从读出线流出。总之,可根据读出线有无电流流过判别 SAMOS 是处于"1"状态还是"0"状态。

在 -12 V 电压脉冲作用下,读出时间(或称为取数时间)约为 500 ns。

用 SAMOS 存储单元制成的全译码 256 位存储器如图 11-21 所示,SAMOS 的两层介质均是由热氧化形成的 SiO_2 层。其负载管的栅氧化层可与 SAMOS 做第一次氧化时一起形成。x_1, x_2, x_3 等代表列, y_1, y_2, y_3 等代表行。

读出:若选中 (2, 1) 单元读出,则只要在 V_{x2} 和 V_{y1} 上加 -12 V 电压,就能由读出线读出 (2, 1) 单元的状态。

写入:若要写入 (2, 2) 单元,只要在 V_{x2}、V_{y2} 上加以 -40 V 电压, V_G 加 30 V 电压,便能使 (2, 2) 单元写入状态"1",即注入电子。

清除:清除是在各位上同时进行的,只要在 V_G 上加 80 V 电压后,利用第二层介质的放电,可以在 1 s 内全部清除。

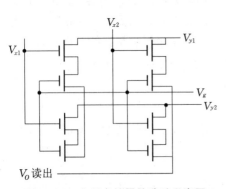

图 11-21 多位存储器的选址示意图

11.4.3 非雪崩注入型浮栅不挥发内存 AtMOS

1. 工作原理

如图 11-22 所示，AtMOS 的结构为：在 n^+ 硅衬底上外延一层薄的 p 型 Si，在 p 型外延层上制造一个带有控制栅极的 n 沟浮栅 MOS 管，其中两层介质均是 SiO_2，厚度为 100 nm。

写入：向浮栅注入电子不是靠雪崩击穿电子的热发射，而是一种非雪崩型注入机理，即在需要注入电子时，在 n^+ 衬底上加负电压，p 型外延接地，使 n^+-p 结正偏（例如 0.7 V），这时源、漏极，控制栅极均加正电压。由于 n^+-p 结正偏，n^+ 区向外延区注入电子，注入外延层的电子扩散并穿过薄外延层到达栅氧化层下面的耗尽区（p 型表面耗尽，因为源、漏均与外延 p 层反偏，控制栅加的是正电压，使 p 型表面能带下弯）。在表面电场的加速

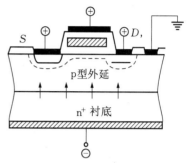

图 11-22 非雪崩注入型浮栅不挥发存储器结构示意图

下，电子获得足够能量成为热电子，通过热电子发射，越过 Si-SiO_2 界面势垒进入 SiO_2 层，并注入到浮栅中去。其能带图与前面讲的雪崩型相同，这样就实现了电子的注入。n 沟 MOS 管的开启电压变大，实现写入"1"。

清除：利用源结或漏结（n^+-p）雪崩击穿时向浮栅注入空穴，从而与储存的电子中和。这时控制栅上应加负电压，以便加速空穴的注入（通常加 -60 V 电压）。

写入时控制栅上加 40 V 电压，以加速电子的注入。若写入前 n 沟的开启电压为 6 V，n^+-p 衬底外延结向浮栅注入电子并在控制栅加速下，开启电压上升到 18 V（$\Delta V_{TH} \geqslant 10$ V 为写入条件），便实现写入。当然究竟是否写入，可用读出的方法，看它处于"0"状态还是"1"状态。无读出电流的话，表明已经写入。读出时，在控制栅上加一个适当的电压，例如 10 V。如果 $I_{DS}=0$，则处于"1"状态，因为开启电压为 18 V，故不导通，输出高电平。如果读出电流存在，说明是初始状态，$V_{TH}=6$ V，没有信号写入（"0"状态），也可能是清除状态（清除状态的 V_{TH} 可能比初始状态的 6 V 更低）。

图 11-23 为漏源电流的平方根 $\sqrt{I_{DS}}$ 与控制栅极电压 V_G 的关系。其中写入状态是在 $V_G=40$ V，V_D、$V_S=15$ V 时向氧化层注入几秒钟电子而得。

清除态是在 $V_{SB}=V_S=45$ V（反偏），$V_G=0$，由源极向浮栅注入空穴几秒钟而得。

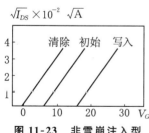

图 11-23 非雪崩注入型浮栅不挥发存储器的电流与栅压关系

2. 写入时间及清除时间与外延层电阻率之间的关系

开启电压的变化幅度 ΔV_{TH} 与电子注入的持续时间有关。因此写入（清除）时间与注入电子（空穴）时间有关，也与衬底电阻率有关。

（1）写入时间：外延层电阻率 ρ 较低时，写入时间较短，速度较高，这是因为 p 型 Si 的 ρ 小，耗尽区薄，电场强故注入时间短。ΔV_{TH} 与注入时间的关系，如图 11-24 所示，此时 $V_G=40$ V。

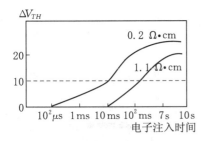

图 11-24　开启电压变化与电子注入时间的关系

必须注意 ρ 也不能太小,因 ρ 太小($\rho < 0.2\,\Omega\cdot cm$)时不易清除。从图 11-24 可知,若以 $\Delta V_{TH} = 10\,V$ 为写入条件,则对于 $\rho = 0.2\,\Omega\cdot cm$ 情况,注入时间为 10 ms, $\rho = 1.1\,\Omega\cdot cm$ 时,注入时间为 100 ms。

(2) 清除时间:清除也以 $\Delta V_{TH} = 10\,V$ 作为判据。电阻率 ρ 大,则清除时间短。因为源与外延 p 型层的 n^+-p 结雪崩击穿,注入的空穴容易进入 SiO_2 层。开启电压变化与空穴注入时间的关系如图 11-25 所示。若 $\rho = 1.1\,\Omega\cdot cm$, $V_{SB} = 45\,V$,要使 ΔV_{TH} 减小 10 V 达到清除的目的,所需时间小于 1 s。若 V_G 加负电压($-50\,V$),则由于此电场对空穴的加速作用,可使清除时间更短。

(3) 保持时间:作为只读存储器(ROM),则要求保持时间越长越好。实验结果说明 AtMOS 的保持情况如下:开始时原有 $V_{TH} = 20\,V$,在存储 1 h 内电荷先损失 5%($V_G = 0$ 时),剩余的电荷相当稳定,在 75 ℃ 下,存储 1 000 h 后,电荷仍能保持 90%,这是因为 SiO_2 层高电阻率造成的。

总的来说,AtMOS 的写入-清除时间比较长,故只宜用作中低速存储器,不宜做高速存储器。

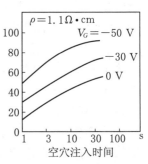

图 11-25　开启电压变化与空穴注入时间的关系

11.4.4　MNOS 不挥发存储器

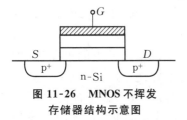

图 11-26　MNOS 不挥发存储器结构示意图

MNOS(Metal Nitride Oxide Semiconductor)存储器与 MNOS 晶体管的结构差别仅在于前者的氧化层厚度只有几个纳米。其基本结构为:在氧化层与栅之间加了一层氮化硅,如图 11-26 所示。

1. MNOS 不挥发存储器的工作原理

初始时开启电压为 V_{T0} (p 沟,$V_{T0} < 0$)。当在栅极上加一个正脉冲时,由于隧道效应,就有电子从硅片表面被注入到 SiO_2 和 Si_3N_4 的界面,由于 SiO_2 与 Si_3N_4 的晶格不匹配,容易形成界面陷阱,使注入的电子形成负电荷的积累,使开启电压从 V_{T0} 向正的方向变化,$V_{T0} \to V_{TP}$,如图 11-27 所示。这个过程称为写"1"的过程,代表存储一个信息。当正脉冲结束后,这个信息依旧储存。如果再在栅极上加一负脉冲,刚才存储的电子会由隧道效应跑向半导体,使存储的负电荷消失,开启电压向负的方向变化,称为清除或者写"0",$V_{TP} \to V_{T0}$。

如果需要知道存储器存储的状态,只需从存储器中读出即可。方法是在栅极加上一个读出脉冲 V_r,V_r 的数值在 V_{T0} 与

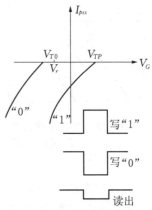

图 11-27　MNOS 不挥发存储器"读"和"写"时电流电压示意图

V_{TP} 之间。如果管子导通,即有电流流过,说明存储器处于"1"状态;如果管子截止,则存储器处于"0"状态。

2. MNOS 与 FAMOS 相比的不同之处

(1) 电荷的注入和清除机理不同。FAMOS 浮栅雪崩型主要是靠雪崩后热电子发射过程注入,清除靠电荷泄漏;而 MNOS 主要靠隧道贯穿效应注入电荷,以及电荷在 Si_3N_4 中输运。

(2) 电荷的存储方式不同。FAMOS 靠多晶硅浮栅存储电荷,MNOS 靠 SiO_2 与 Si_3N_4 界面的陷阱存储电荷。

(3) FAMOS 没有外部栅(浮栅);MNOS 有外部栅,读、写、清除操作都由外部栅进行,故操作比较方便,可用来制作可编程只读存储器(PROM),也可用来制造不挥发半导体随机存取存储器。

3. MNOS 存储器中电荷输运的机理及其存储的特性

(1) MNOS 中电荷的输运机理。要搞清载流子的输运机理,首先必须了解 MNOS 结构的能带图。MNOS 结构在平带时的能带图如图 11-28 所示。Si 的 E_g 为 1.12 eV,SiO_2 的 E_g 为 8 eV,Si_3N_4 的 E_g 为 5.1 eV。

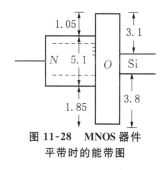

图 11-28　MNOS 器件平带时的能带图

实验发现在 SiO_2 和 Si_3N_4 的界面处存在着密度较高的界面态,也称为陷阱能级,在 Si_3N_4 体内也有陷阱能级,这些陷阱能级对存储器存储电荷起着重要的作用。通常陷阱能级分施主型和受主型两种,施主型能级释放电子后带正电,受主型能级接受电子后带负电,氮化硅中的陷阱多数是施主型的,而 SiO_2 中陷阱较少。

当 MNOS 存储器要写"1"时,在金属栅极上加一正电压脉冲。外电压分别降落在 Si 表面、SiO_2 及 Si_3N_4 上,使它们的能带发生下弯及倾斜,倾斜的方向与电场方向相反。外电压在 SiO_2 及 Si_3N_4 中产生的电场为 E_{ox} 及 E_N,载流子在这些电场的作用下发生输运。为清楚起见,先讨论载流子在 SiO_2 中的输运过程,再讨论在 Si_3N_4 中的输运。

(2) 载流子在 SiO_2 中的输运过程。实际的 MNOS 存储器,按 SiO_2 厚度的不同,可分成两种类型。一种是如图 11-29 所示的薄氧化层型(d_{ox} < 3 nm),这时硅导带中的电子可以在电场 E_{ox} 的作用下,由隧道效应穿过氧化层,直接进入 SiO_2/Si_3N_4 的界面陷阱中,这称为直接隧穿,如图 11-29 所示。另一种是如图 11-30 所示的厚氧化层型($d_{ox} \geqslant 5$ nm),这时 Si 导带中的电子在 E_{ox} 的作用下穿过 SiO_2 界面层的势垒进入 SiO_2 的导带,然后有一部分电子落入 SiO_2/Si_3N_4 的界面陷阱,另一部分进入氮化硅的导带中,这就是间接隧穿过程,如图 11-30 所示。

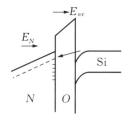

图 11-29　薄氧化层直接隧穿能带图

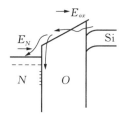

图 11-30　厚氧化层间接隧穿能带图

直接隧穿仅发生在薄氧化层时,其注入电子的几率比间接隧穿要大得多。当氧化层较厚时只能发生间接隧穿,注入几率较小,且进入 SiO_2 导带的电子只有一小部分落入 SiO_2/Si_3N_4 界面的陷阱,这部分电子就决定存储电荷的多少,故注入效率较低(因另一部分流走不能储存)。

(3) Si_3N_4 中的输运过程。进入 Si_3N_4 的电子在 E_N 作用下,也会发生输运过程。Si_3N_4 中的电子输运过程比较复杂,有 3 种不同的过程。

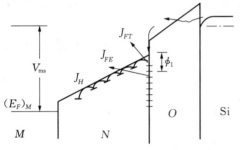

图 11-31　载流子输运示意图

第一种　场发射过程

SiO_2/Si_3N_4 界面陷阱中的电子在 E_N 电场的作用下,通过隧道效应直接进入氮化硅的导带(图 11-31 中 J_{FE})。发生场发射的几率由电场 E_N 决定,与 T 无关,场发射过程引起的电流称为场发射电流 J_{FE},这也是一种 $F\sim N$ 电流。

$$J_{FE} = K_1 E_N^2 \exp(-E_2/E_N) \quad (11\text{-}29)$$

E_2、K_1 是决定于陷阱能级的特性常数,$K_1 = 3.8 \times 10^{-10}$ A/V^2,$E_2 = 1.2 \times 10^5$ V/cm,它们与工艺条件有关。E_N 越大,J_{FE} 也越大。

第二种　场助热发射过程

界面陷阱中的电子有可能通过热激发进入氮化硅的导带中去。由于电场 E_N 的作用,使陷阱中的电子得到加速,容易热激发进入 Si_3N_4 导带,故称为场助热激发(图 11-31 中的 J_{FT})。此过程本身是一种热激发,故与 T 有关,T 越高,J_{FT} 越大。当然 E_N 越大,J_{FT} 也越大,理论计算得出:

$$J_{FT} = K_2 E_N \exp\left(-\frac{q\phi_1}{k_B T}\right) \exp\left[\frac{q}{k_B T}(\beta E_N)^{1/2}\right] \quad (11\text{-}30)$$

K_2、β 是决定于陷阱能级和介电常数的特性常数。ϕ_1 是陷阱的深度。$K_2 = 3 \times 10^{-9}$ A/V·cm,$\phi_1 = 1.0$ V,$\beta = 1.18 \times 10^{-7}$ V·cm。

第三种　跳跃过程

这是电子从一个陷阱跳到另一个陷阱的过程,本质上是一个热激发过程(图 11-31 中的 J_H)。这种过程的几率与电场的关系不及与温度的关系密切。

$$J_H = K_3 E_N \exp\left(-\frac{q\phi_3}{k_B T}\right) \quad (11\text{-}31)$$

K_3 为特性常数,ϕ_3 为热激活能,$K_3 = 5 \times 10^{-14}$ A/V·cm,$\phi_3 = 0.1$ V。以上特性参数均是在 800 ℃下,用四氯化硅和氨反应生成的 Si_3N_4 进行测量的结果。

通过氮化硅的总电流为

$$J_N = J_{FE} + J_{FT} + J_H \quad (11\text{-}32)$$

究竟哪一个电流成分起主要作用决定与电场 E_N 及温度 T。在一定电场强度下,可测量

电流密度与 T 的关系，这样就可以看出哪一种电流起主要作用。图 11-32 是 $E_N = 5.3 \times 10^6$ V/cm 时，J_{FE}、J_{FT} 及 J_H 与温度 T 的关系。

由图或计算均可得出结论：

① J_{FE} 在低温和大电场时起主要作用，低温时另两个电流不显著。

② J_{FT} 在高温和大电场下起主要作用，高温时另两项电流不及 J_{FT} 大。

③ J_H 仅在低电场及中等温度下对总电流有贡献。

④ 改变工艺条件会改变特性常数，三种电流的大小可能发生变化，从而使 J_N 变化。故由工艺条件在一定程度上可控制通过 Si_3N_4 的电流。

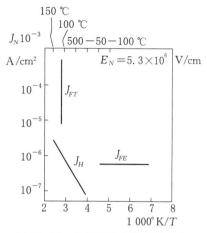

图 11-32　几种电流与温度的关系

4. MNOS 器件的存储机理和特性

(1) 薄 SiO_2 层 MNOS 器件写入、保持、清除等特性的定性分析。

写入：在金属栅上加一正脉冲电压，它会产生电场 E_{ox} 及 E_N；由于此时氧化层厚度较薄，半导体导带中的电子在 E_{ox} 作用下，通过直接隧穿效应可进入 SiO_2/Si_3N_4 的界面陷阱及进入 Si_3N_4 本身的陷阱能级。

当然，在此同时有一部分电子会在 E_N 作用下，根据上面讨论的三种机制输运到金属。若 $E_{ox} \gg E_N$，则由 Si 向陷阱发射的电子电流密度 J_{ox} 比由陷阱流到金属的 J_N 大得多，便在陷阱中积累起负电荷，使 V_{TH} 上升，从而实现写"1"过程。

写"1"结束后，正脉冲电压消失，外加栅压为零。由于陷阱中储存的负电荷会在金属及 Si 两侧感应出正电荷，使 SiO_2 及 Si_3N_4 中都存在电场 E'_{ox} 及 E'_N，其方向均是指向储存的负电荷，故 SiO_2 及 Si_3N_4 的能带都是倾斜的。若储存的负电荷 Q_i 不减少，此状态就保持，但在 E'_{ox} 的作用下，一部分电子会由直接隧穿作用从陷阱回到 Si，形成直接隧穿电流。同时，陷阱中一部分电子还会通过 Si_3N_4 输运到金属。这是陷阱中电子自行衰减的两个原因，使存储器有一定的保持时间。

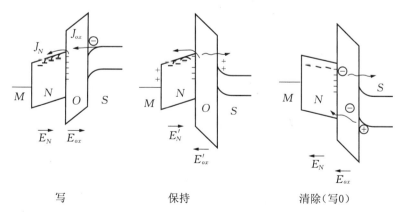

写　　　　　　保持　　　　　清除（写0）

图 11-33　"写入"、"保持"、"清除"时的能带图

对于 MNOS 存储器,要想清除信息,即写"0"时,只需在栅极上加一负脉冲。它在 SiO$_2$ 上产生的电场 E_{ox} 的方向与 E'_{ox} 的方向一致,其作用是加速陷阱中的电子通过直接隧穿进入 Si,使陷阱电子迅速消失。同时,在 E_{ox} 的作用下,Si 价带中的空穴由直接隧穿作用进入陷阱,并与陷阱中的电子复合,这也使陷阱中的电子减少。此时由于 E_N 指向栅,电子不会向栅进行输运。图 11-33 说明在上述过程中能带变化的情况。

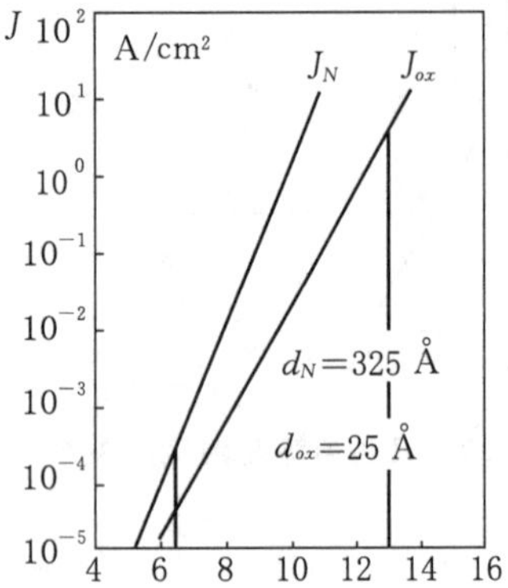

(2) 由 $E \sim J$ 关系进一步讨论写入-清除-保持特性。

上面已说明写"1"、写"0"及保持特性均取决于电流 J_{ox} 及 J_N。写"1"要求,$J_{ox} \gg J_N$。写"0"要求,J_{ox} 比较大。保持要求,J_{ox}、J_N 均小。

而 J_{ox} 及 J_N 分别与电场强度 E_{ox} 及 E_N 有关。对于薄氧化层情况,由实验测得 J_{ox}、J_N 分别与电场 E 的关系如图 11-34 所示。

J_{ox} 是直接隧穿电流,J_N 主要是场发射和场助热发射电流(因电场较强)。设陷阱中存储的电子电荷为 $Q_i(t)$,电场 E_{ox} 及 E_N 主要由外加栅极电压 V_G 及储存电荷 $Q_i(t)$ 决定。假定金属与半导体功函数之差可以忽略,也忽略 Si/SiO$_2$ 界面中的正电荷及 Si 表面势,即假定 V_G 是降落在 Si$_3$N$_4$ 和 SiO$_2$ 上的有效栅电压。

图 11-34 电流密度电场之间的关系(横坐标为电场 × 10^6 V/cm)

$$V_G = E_{ox} \cdot d_{ox} + E_N \cdot d_N \tag{11-33}$$

另外由高斯定理,

$$\varepsilon_{ox} E_{ox} - \varepsilon_N E_N = \frac{Q_i(t)}{\varepsilon_0} \tag{11-34}$$

(11-34)式两边同乘 d_{ox},得

$$\varepsilon_{ox} d_{ox} E_{ox} - \varepsilon_N d_{ox} E_N = \frac{d_{ox} \cdot Q_i(t)}{\varepsilon_0} \tag{11-35}$$

(11-33)式两边同乘 ε_{ox},得

$$\varepsilon_{ox} E_{ox} d_{ox} + \varepsilon_{ox} E_N d_N = \varepsilon_{ox} V_G \tag{11-36}$$

(11-36)与(11-35)两式相减得

$$E_N(\varepsilon_{ox} d_N + \varepsilon_N d_{ox}) = \varepsilon_{ox} V_G + d_{ox}|Q_i|/\varepsilon_0$$

最后解得

$$E_N = \frac{V_G}{d_N + d_{ox}\varepsilon_N/\varepsilon_{ox}} + \frac{|Q_i|}{\varepsilon_0 \varepsilon_N + \varepsilon_0 \varepsilon_{ox} d_N/d_{ox}} \tag{11-37}$$

用同样的方法可得

$$E_{ox} = \frac{V_G}{d_{ox} + d_N \varepsilon_{ox}/\varepsilon_N} - \frac{|Q_i|}{\varepsilon_{ox}\varepsilon_0 + \varepsilon_0 \varepsilon_N d_{ox}/d_N} \tag{11-38}$$

上述结果表明氮化硅中电场不管有无存储的电荷$|Q_i|$,总与外电压方向一致。而 SiO$_2$

中的电场,当 V_G 为正(写入)时,Q_i 的存在使电场减小,即 E_{ox} 与 E'_{ox} 的方向不一致。在 $V_G <0$(清除)时,方向一致。

下面根据 E_N、E_{ox} 以及前面的能带图来分析写入——保持特性以及清除特性。

写入:刚开始注入电子时,$Q_i(0) = 0$。由于 $d_{ox} \ll d_N$,$\varepsilon_N \approx 2\varepsilon_{ox}$,故 E_{ox} 比 E_N 大。

若取 $d_N \approx 10 d_{ox}$,$\varepsilon_N = 2\varepsilon_{ox}$,可算得:$E_{ox} = \dfrac{V_G}{6 d_{ox}}$,$E_N = \dfrac{V_G}{12 d_{ox}}$,$E_{ox} > E_N$。若 $d_{ox} = 2.5$ nm,$d_N = 33.5$ nm,写入条件 $V_G = 25$ V。可得:$E_{ox} = 1.3 \times 10^7$ V/cm,$E_{ox} = 6.5 \times 10^6$ V/cm。由图 11-34 可查出 J_{ox} 比 J_N 大 5 个数量级,说明刚开始时主要是电子注入陷阱的电流($J_{ox} \approx 30$ A/cm^2)。

随着注入时间的增加,$Q_i(t)$ 增大,E_{ox} 逐渐减小,E_N 逐渐增大,相应地 J_{ox} 减小,J_N 增大。如果脉冲持续时间为 t_w,在 t_w 时间内积累的电子电荷可由下式求得:

$$\mathrm{d}Q_i(t)/\mathrm{d}t = J_{ox} - J_N, \quad \mathrm{d}Q_i(t) = (J_{ox} - J_N)\mathrm{d}t \tag{11-39}$$

$$Q_i(t) = \int_0^{t_w} (J_{ox} - J_N)\mathrm{d}t \tag{11-40}$$

上述积分号内的 J_{ox}、J_N 本身包含着 $Q_i(t)$,因此是一个积分方程,不能用简单的积分算出。

可作如下定性分析:开始时 E_{ox} 变化不大(Q_i 小),可当作恒流充电,$Q_i(t)$ 随时间线性增加。在中间阶段,由于 $Q_i(t)$ 增大,E_{ox} 显著减小,因此充电电流减小。这时 $Q_i(t)$ 不随时间 t 线性增加,而是对数关系,$Q_i(t) \sim \ln(t)$,使电荷积累得较慢。最后 J_{ox} 与 J_N 相等,Q_i 达到饱和,不再增加。Q_i 达到饱和所需时间较长(几秒→几十秒→几百秒)。实际工作时,$Q_i(t)$ 总处在与 t 线性或对数变化范围内,因为 $Q_i(t)$ 充电达到一定数值时,V_{TH} 的变化已使存储器达到写"1"状态了。

例如,$\dfrac{Q_x(t)}{q} = -3.3 \times 10^{12} \cdot$ cm^{-2},引起 ΔV_T 为

$$\Delta V_T = -\dfrac{Q_x(t)}{C_i} = \dfrac{|Q_i(t)|}{C_i} \tag{11-41}$$

$$\dfrac{1}{C_i} = \dfrac{1}{C_{ox}} + \dfrac{1}{C_N} \tag{11-42}$$

$$C_{ox} = \dfrac{\varepsilon_{ox}\varepsilon_0}{d_{ox}} = 0.16 \times 10^{-5} \,(\text{F/cm}^2) \tag{11-43}$$

$$C_N = \dfrac{\varepsilon_N \varepsilon_0}{d_N} = 0.2 \times 10^{-6} \,(\text{F/cm}^2) \tag{11-44}$$

所以,$\dfrac{1}{C_i} = 5.6 \times 10^6$,因此得到阈值电压的变化量为

$$\Delta V_T = q \times 3.3 \times 10^{12} \times 5.6 \times 10^6 \approx 3(\text{V}) \tag{11-45}$$

根据 E_{ox} 和 E_N 的公式,将 $V_G = 25$V,$\dfrac{Q_{x(t)}}{q}$ 代入,可算得

$$E_{ox} = 1.13 \times 10^7 \text{ V/cm}, \quad E_N = 6.6 \times 10^6 \text{ V/cm}$$

再由图 11-34 查得

$$J_{ox} = 1 \text{ A/cm}^2, \quad J_N = 10^{-3} \text{ A/cm}^2$$

J_{ox} 仍比 J_N 大 3 个数量级。可以用很粗略的方法大致估算充电到这个 Q_i 值所需的时间。

$$Q_i \approx \bar{J}_{ox} \cdot t_u \tag{11-46}$$

将 J_N 忽略不计，$\bar{J}_{ox}$ 取初始时的 30 A/cm² 与后来 1 A/cm² 的平均值，就可以得到充电到 $\dfrac{Q_x(t)}{q} = -3.3 \times 10^{12} \cdot \text{cm}^{-2}$，也就是使 $\Delta V_{TH} = 3$ V 所需时间约为 33 ns。

$$t_u = \frac{Q_i}{J_{ox}} = \frac{3.3 \times 10^{12} \times 1.6 \times 10^{-19}}{15} = 33 \times 10^{-9} \text{ (s)}$$

所以 33 ns 就是它的写入时间(理论计算值)。实验上得到在上述介质厚度、栅压条件下，所需写入时间约为 100 ns。

清除：即写"0"。清除脉冲的时间也差不多，总的来说写入和清除时间都是比较短的，这是薄氧化层 MNOS 存储器的主要优点。

保持：在保持时，栅极上脉冲电压 $V_G = 0$。由存储的负电荷 Q_i 产生的电场强度为

$$E'_{ox} = -1.3 \times 10^6 \text{ V/cm}, \quad E'_N = 10^5 \text{ V/cm}$$

E'_{ox} 的方向是指向负电荷，其作用是使陷阱中的电子向 Si 方向、即向 Si-SiO₂ 界面态运动。$E'_N < E'_{ox}$，故保持时的泄漏电流主要是向 Si 运动的电子流。

$E'_{ox} = -1.3 \times 10^6$ V/cm 时对应的电流，不能从 E-J 关系图中直接查到，必须将 E 反向延长，这样可以得到 $J_{ox} = 10^{-10}$ A/cm² 的数量级。这个电流作为泄放电流是比较大的，它比 FAMOS 泄漏的间接隧穿电流 $J \sim 10^{-47}$ A/cm² 大得多，其原因显然是 SiO₂ 层较薄之故。总之薄氧化层 MNOS 存储器保持特性较差，实际器件的不挥发性不超过一年。

读出：要读出 MNOS 存储器的状态时，只要在栅极加一个较低的电压 V_r，例如取 $V_r = -2.5$ V，这时根据公式可算得 $E_{ox} = -2.6 \times 10^6$ V/cm，大约是 $V_G = 0$(保持)时的 2 倍。读出时的泄漏电流比保持时大得多，故经过多次读出操作后会使存储的信息迅速挥发。

读出的状态是"1"还是"0"，只要看加读出脉冲 V_r 后，管子是导通还是截止。是导通的话，说明管子中有负电荷储存，开启电压已上升，变为耗尽型了(p 沟)，这时是"1"状态。若管子截止，说明无负电荷储存，为"0"状态。

(3) 厚氧化层 MNOS 器件。

由于薄氧化层 MNOS 器件保持特性较差，真正的 MNOS 不挥发存储器常将 SiO₂ 做得稍厚些。SiO₂ 层越厚，保持时 E'_{ox} 就越小，保持特性越好。但 d_{ox} 也不能太大，因为超过 5 nm 后，直接隧穿效应(注入)几乎不能发生，由间接隧穿产生的注入电流较小，不利于写入特性。

例如：当 SiO₂ 层电场强度与薄氧化层相同(加大 V_G)时，即 $E_{ox} = 1.3 \times 10^7$ V/cm，由 (11-8)式所示的 F-N 公式

$$J = 10^{-5} E^2 \frac{\pi Ck_B T/E}{\sin(\pi Ck_B T/E)} \exp\left(-\frac{E_0}{E}\right)$$

可算得 $J_{ox} = 6.8 \text{ A}/\text{cm}^2$，比直接隧穿电流 $30 \text{ A}/\text{cm}^2$ 小得多了(直接隧穿电流的计算没有公式,只有查图表)。

如果取 $d_{ox} = 6 \text{ nm}, d_N = 60 \text{ nm}$。要获得 $E_{ox} = 1.3 \times 10^7 \text{ V}/\text{cm}$ 这么大的电场强度，V_G 必须为 48 V。写入时间比薄氧化层情况要大得多，这是厚氧化层器件的缺点。这说明厚 SiO_2 MNOS 改善保持特性是靠牺牲写入-清除特性而获得的，这样就会影响 MNOS 存储器的速度。

关于写入与保持特性的矛盾是一个未解决的问题，希望从结构上加以改进，以使两者都能兼顾。

11.4.5　MAOS 不挥发存储器

1. 工作原理

MAOS 不挥发存储器的结构与 MNOS 相似，有两点不同之处：一是结构不同，它用 Al_2O_3 代替 Si_3N_4；二是存储电荷的机理不同，氮化硅中界面态(陷阱)有施主型的，也有受主型的，施主型的界面态是空穴陷阱，清除时 Si 价带中空穴进入陷阱，相当于电子进入硅价带，而受主型的界面态是电子陷阱，可存储负电荷。Al_2O_3 中只有电子陷阱，没有空穴陷阱(用反应溅射法制成的 Al_2O_3 除外)，因此只能存储负电荷，不能用注入空穴的方法来中和电子以达到清除的目的。

MAOS 结构在零栅压时能带是平的(忽略 V_{ms}、Q_{ss} 以及 Si 的表面势)，Al_2O_3 的禁带宽度为 $E_g - 8 \text{ eV}$，Al_2O_3 导带底能量比 SiO_2 导带底能量低 1.9 eV。

写入：在栅极上加正脉冲电压，使半导体导带中的电子在电场 E_{ox} 的作用下，通过直接隧穿作用进入 Al_2O_3 的陷阱内，形成负电荷的累积，这是 d_{ox} 较薄的情况。对于实际 MAOS，d_{ox} 不能太薄，电子靠间接隧穿作用先进入 SiO_2 导带，再落到 Al_2O_3 的陷阱中，进入几率要小些。要求电荷在陷阱中能积累的话，其条件是在 Al_2O_3 中的电场 E_A 作用下，所发生的场发射、场助热发射以及跳跃过程引起的泄漏电流很小，这些电流的公式与 MNOS 相同，只是常数不同而已。

保持特性：写"1"后(即电荷存储后)，正脉冲去掉，由于负电荷的存在会感应出正电荷，形成指向负电荷的电场 F'_A、F'_{ox}，使陷阱中存储的负电荷因隧道效应及在 Al_2O_3 中的输运过程而泄漏掉，形成泄漏电流，所以为使保持特性良好，要求 SiO_2 不能太薄。

在栅极加负脉冲，且幅度不太大时，金属中的电子可通过在 Al_2O_3 中输运的三种机理而注入陷阱，使电子电荷积累，同时在氧化硅中的电场 E_{ox} 的作用下，陷阱中的电子也可通过间接或直接隧穿效应注入 Si 的导带，使负电荷减少。但当负栅压不大，E_{ox} 较小的情况下，隧穿电流很小，金属向陷阱注入电子起主要作用。负栅压引起负电荷积累也有一定的写入作用。

清除：写"0"。如果负栅压的绝对值较大，E_{ox} 较强，间接隧穿电流较大，会使陷阱中积累的电子减少，从而实现清除信息(开启电压减小)，即写"0"。

图 11-35 说明了上述过程中能带变化的情况。

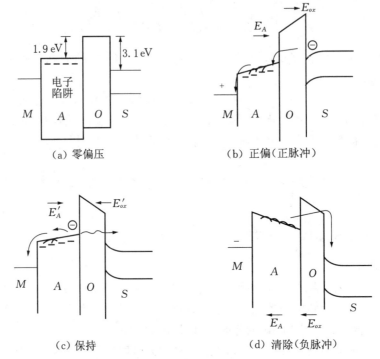

(a) 零偏压 (b) 正偏(正脉冲)

(c) 保持 (d) 清除(负脉冲)

图 11-35 MAOS 存储器的"写入"和"清除"能带图

2. 实验结果讨论

实验测得了 ΔV_{TH} 随栅极电压的变化关系。实验中 Al_2O_3 是用化学气相淀积方法制备的，$d_A = 70$ nm，$d_{ox} = 5$ nm。从图 11-36 可见，当 V_G 的正脉冲幅度或负脉冲幅度分别超过某一临界值时，V_{TH} 上升，$\Delta V_{TH} > 0$，即开始写"1"过程，说明正脉冲和低值负脉冲均能注入电子。但负脉冲超过某一临界值时，ΔV_{TH} 开始减小，说明绝对值大的负脉冲引起较大间接隧穿电流而使储存的电子减少。当然，开始发生 $\Delta V_T < 0$ 的负脉冲电压与 d_{ox} 有关。为使清除负脉冲不致太大，要求 d_{ox} 不要太厚。总之，利用大的负脉冲可以清除 MAOS 存储的信息。实际应用中，一般总用正脉冲来写入。

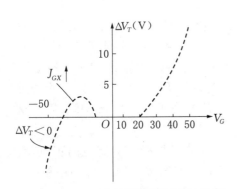

图 11-36 MAOS 存储器的阈值电压变化图

例如，加 35 V 正电压、100 ms 的正脉冲，得到 $V_{TH} = 15.2$ V，相当于写"1"。加 -44 V、100 ms 负脉冲，可使 V_{TH} 变为 4.2 V，即清除信息，写"0"。

保持特性的实验结果如图 11-37 所示。V_{TH} 的变化规律为：开始 30 min 内 V_{TH} 衰减比较快，相当于电子泄漏比较快(电荷多时，容易发生隧穿)，以后则慢慢衰减。在不同温度下，衰减速度也不同。在温度较高时，衰减比较快，这可能是陷阱中电子通过场助热发射在 Al_2O_3 中输运而泄漏电子所造成的。

实验还研究了经过多次写入-清除重复过程后，MAOS 的特性。发现经过栅极正、负脉冲多次写入和清除后，"1"态时的 V_{TH} 及"0"态时的 V_{TH} 均上升。例如，经过 10^4 次写入-清除后，$V_{TH}(0)$ 由 4.2 V 上升为 4.7 V，$V_{TH}(1)$ 由 15.2 V 上升到 17.2 V。V_{TH} 上升的原因是电子积累增多而导致的。但增多的电子从何而来呢？经分析，这可能是在清除过程中有电子从栅极注入，也可能是由于界面态密度的变化，使注入电子增加。为了克服这种不稳定现象，在 10^4 次写入-清除操作后，将 MAOS 在 200 ℃ 下退火 30 min，可使 V_{TH} 恢复到原来数值。

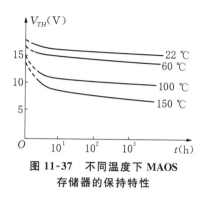

图 11-37　不同温度下 MAOS 存储器的保持特性

MAOS 不挥发存储器的缺点是写入电压较高(35 V)，重复特性也没有 MNOS 好。

3. 如何提高 MNOS、MAOS 不挥发存储器的性能

上面已指出过 MNOS、MAOS 器件在保持特性及写入-清除特性之间存在一定的矛盾，即为了提高保持特性，要求 d_{ox} 厚些，使 E'_{ox} 减小，以减小泄漏电流。但 d_{ox} 大后会使写入信息(写"1")的效率降低，即所需的栅极脉冲电压的幅度及宽度(持续时间)都增大。这是因为 d_{ox} 厚后，使注入电子的效率降低，故影响了速度。同样，清除脉冲的幅度及宽度也因同样的原因要增大。

为了克服这一对矛盾，若能设法在 SiO_2 与 Si_3N_4 界面处提高界面态密度(陷阱密度)，使写入时由间接隧穿通过 SiO_2 的电子大部分被界面陷阱所俘获，就可提高注入效率，可以在较小脉冲幅度和宽度条件下实现写"1"和写"0"操作。

具体方法是使用界面掺杂法。步骤如下：SiO_2 的厚度控制在 7 nm(较厚，有利于提高保持特性)，用电子束蒸发浓度为 $1.5 \times 10^{15}/cm^2$ 的钨，再淀积 52 nm 的 Al_2O_3，W 存在于 SiO_2 与 Al_2O_3 之间会形成较高的界面态密度(高密度陷阱)。

实验发现，若掺钨时，在 $V_G = 35$ V 脉冲电压下，使 $\Delta V_{TH} = 8$ V，写入信息所需时间降为零点几微秒。如果不掺钨，脉冲周期要 10 μs 才能达到同样的阈值电压变化量，即 $\Delta V_{TH} = 8$ V。

如果将 d_{ox} 减薄到 $d_{ox} = 6$ nm，Al_2O_3 取 30 nm，掺 W 后可在 $V_G = 25$ V、脉冲宽度为 1 μs 条件下，获得良好的写入性能。这种结构对掺杂量的控制及杂质选取要求较高，仍处于研究和试验之中。

11.4.6　浮栅型闪存存储器

浮栅型闪存以其结构的不同，可以分为 NOR 型和 NAND 型两种，NOR 型闪存可以以字(Word)为单位读写，通常一个字包含若干个字节(Byte)，每个字节包含 8 个位元(Bit)，擦除以块(Sector)或者整块芯片(Chip)为单位。目前主要用于代码的存储例如计算机主板上的 BIOS，手机的 SIM 卡等。NAND 型闪存以页(Page)为单位读写，擦除以块(Block)为单位，主要应用于大量数据的存储。

无论是 NOR 型闪存还是 NAND 型闪存，都是利用了沟道热电子注入的方式将电子注入到多晶硅浮栅中，将电子吸出浮栅则是利用了 F-N 隧穿效应。在编写操作中，电子被横向电场加速，当到达漏极的时候，在纵向电场的作用下，改变运动方向并穿过底层氧化硅的势垒进入到浮栅中，器件的阈值电压随之升高（从 1～3 V 之间增加到 6～8 V 之间）。沟道随之进入关断状态。反之在擦除操作中，电子在栅极和衬底之间 18 V 电压的作用下，从浮栅回到沟道，器件的 V_{TH} 随之减少（从 6～8 V 之间减小到 1～3 V 之间）。这两个不同的 V_{TH} 状态就形成了"0"和"1"所组成的一个位元。

11.4.7 双密度闪存存储器(DDF Memory)

双密度闪存的存储单元器件实质上是一个以三明治结构的氧化硅-氮化硅-氧化硅(ONO)取代了栅氧层的 NMOS 管，而其中的氮化物就起到了和浮栅闪存中多晶硅相同的作用，用来存储电荷并改变器件的阈值电压。

氮化硅和多晶硅最大的区别是，多晶硅是导体，电荷进入其中之后会平均分布到所有的位置，而氮化硅则不是导体，一旦电荷通过沟道热电子作用而注入氮化硅中之后，它们只能分布在源漏极附近很小的区域内，不会分散到整个氮化硅层。正是利用这个特性，双密度闪存实现了在一个存储单元中可存放两个位(Bit)的目标。

1. 写操作和写入特性

双密度闪存的编写也是利用沟道热电子效应，在栅极加上 9 V 左右的电压，源极和衬底接地，在漏极加脉冲宽度为 150 ns、起始电压为 3 V、步进电压为 0.5 V 的电脉冲。电荷进入 ONO 层之后不会分散到 ONO 层的其他地方，只能被高势垒的氮氧化合物捕陷在漏极的附近。

2. 擦除

双密度闪存的擦除与浮栅型器件不一样，它是利用了隧穿辅助热空穴注入来中和已经储存在氮化硅中的电子。栅极加上 −7 V 左右的电压，在漏极加脉冲宽度为 500 ns、起始电压为 4 V、步进电压为 0.5 V 的电脉冲，这样空穴会被注入氮化硅中。同样，空穴也不会分散到氮化硅层中的其他地方。

3. 读取

读取是双密度闪存与浮栅型闪存的又一主要不同点，由于双密度闪存中，在靠近源漏两端可以各存储一个位，所以用以往的读取方式就不能正确判断每个位的状态。举例来说：假设我们将器件左边位编写成高 V_{TH}，逻辑状态为"0"。在读取这个位的时候，在栅极加上 4 V 的电压，源极和衬底都接地，漏极接 1.3 V，这个时候沟道电流应该是 0，可是无法判断这个零电流是漏极的高 V_{TH} 造成的还是源极的高 V_{TH} 造成的。所以利用一种称为反向读取的机制，规定在读存储单元的信息时候把读取电压 1.3 V 加在不需要了解的位上，换句话说，当在漏极加读取电压的时候，实际上是判断了源极的状态。这是因为当在漏极加读取电压的时候，1.3 V 的电压在漏极附近产生了一块耗尽层，正好可以屏蔽掉其上方的位。这个时候沟道电流只由源极位的 V_{TH} 决定。这样通过反向读取的方法，就可以独立地读取出存储单元中任何一边的逻辑状态。

4. 制作工艺

可采用 90 nm 双多晶硅工艺制作。这一工艺集成了存储阵列的双多晶硅平坦化工艺和外围 CMOS 电路工艺。存储阵列的工艺步骤包括：①阵列区离子注入，衬底硼注入，反穿通铟注入，调整阈值电压磷注入。②氧化硅-氮化硅-氧化硅形成，干法热氧化膜生长底层氧化硅，化学气相淀积氮化硅，湿法氧化膜生长顶层氧化硅。③隐埋形成位线，第一次多晶硅化学气相沉积，位线蚀刻，隐埋位线砷离子注入，斜角硼注入，低温氧化硅化学气相淀积及化学机械抛光。④形成字线，第二次多晶硅淀积，多晶硅蚀刻，钴化硅层形成。在外围 CMOS 电路的工艺方面包括：①高压器件氧化层生长，N 型深阱离子注入，高压 N/P 阱离子注入，高压 N/P MOS 阈值电压调整离子注入。②低压器件氧化层生长，低压 N/P 阱离子注入，低压 N/P MOS 阈值电压调整离子注入。两方面共用的工艺包括：①浅沟道隔离；②接触；③后端铜连接。

双密度闪存所具有的最大优势就是能在一个存储单元中存两个位元，这样就能在相同的技术工艺中比浮栅型的闪存多一倍的数据量，随着浮栅型闪存也开发出双阈值电压的技术，双密度闪存还将利用本身的优势开发每存储单元四位元的技术，其基本思想就是在每个存储单元的每边设置两个阈值电压。这样在存储阵列中就能产生四个不同的阈值电压分布，目前已有公司成功地应用了该技术。相信在不久的将来，由这种技术生产的产品会得到更广泛的应用。

11.5 铁电不挥发存储器

E^2PROM，Flash Memory 目前是市场上不挥发存储器的主流，但它们有其本身的缺点：①读写速度较慢，不利于与高速微处理器匹配实现嵌入式系统；②工作电压偏高，不利于低功耗，与主流电路不匹配，需加增压泵，同时增加其附加电路的器件数和面积；③可读、写、擦的次数受到限制。

近十多年来，另一种不挥发存储器应运而生，这就是新型的铁电不挥发存储器。它的优点正好补足了 E^2PROM 及 Flash 的缺点。铁电存储器是利用铁电薄膜的电滞回线特性来实现不挥发存储器功能的。它可以分为两类：①破坏性读出（DRO）铁电存储器（FeRAM）；②非破坏性读出（NDRO）铁电存储器（MFIS）。

11.5.1 铁电材料的基本特性

固态物质按导电特性来分，可以分为超导体、导体、半导体和绝缘体。按对外电场作用响应的方式来分，固体分为两类：一种是以传导方式（电子、空穴、离子传导）传递外电场的作用和影响，这种材料称为导电材料；另一种是以感应方式来传递外电场的作用和影响，称为介电材料或电介质。

电介质的基本特征是在外电场作用下会出现电极化，即原来不带电的电介质内部和表面将会感生出一定的电荷。这种电极化可用极化强度 **P**——单位体积内感应的电偶极矩来描述。电偶极矩的大小定义为等量而异号的电荷与距离的乘积，方向由负电荷指向正电荷。从微观机制看来，这种电极化主要来源于三个方面：电子位移极化；离子位移极化；固有电矩的取向极化。若在外电场作用下电介质的极化均匀，电介质中将不出现感应的体电荷，只有感应的面电荷。这时，极化强度的大小等于表面上单位面积的感应电荷值。

必须注意，另外还有一类电介质即使不存在外电场，内部也会出现极化，称为自发极化，这由其特殊的晶体结构决定的。自发极化用矢量描述，它的出现使晶体造成一个特殊的方向。这种特殊结构的电介质每个晶胞中原子的构型使正负电荷重心沿这个特殊方向发生相对位移，形成电偶极矩，整个晶体在该方向上呈现极性，一端为正，另一端为负，该方向称为极轴，这种电介质称为极性电介质。

电介质具有介电性、压电性、热释电性、铁电性等特性，它们都与其极化性质有关。特别是热释电及铁电性质都与自发极化有关。

介电性：在电场作用下电介质产生电极化的现象称为晶体的介电性。此时极化强度 P 与外电场的关系为

$$P = \varepsilon_0(\varepsilon_r - 1)E \tag{11-47}$$

压电性：某些电介质材料在外力作用下发生形变时，在它的某些相对应的表面上要产生等量异号电荷。这种没有电场作用，只是形变而产生电极化的现象称为正压电效应。可用下式描述：

$$P = d\sigma \tag{11-48}$$

σ 为应力，d 为压电常数。

某些电介质材料在外电场作用下，不仅产生电极化，还要产生形变，这种在电场作用下产生形变的现象称为逆压电效应。可用下式描述：

$$S = d_t E \tag{11-49}$$

S 为弹性应变，d_t 为压电常数。用热力学可以证明 $d_t = d$，即一种材料的正压电常数与逆压电常数相等，具有正压电效应的材料必有逆压电效应。

热释电性：极性电介质因温度变化而发生电极化改变的现象称为热释电性，具有热释电性的材料称为热释电材料，热释电效应的大小可用热释电系数 p 来描述。如果温度变化 ΔT，自发极化强度的变化为：

$$\Delta P_s = p \Delta T \tag{11-50}$$

p 为热释电系数（$C \cdot cm^{-2} K^{-1}$）。热释电性是具有自发极化的电介质的共性。

铁电性：如果材料不仅具有自发极化，而且自发极化有两个或者多个可能的取向，自发极化强度可以随外加电场的反向而改变方向。其极化强度 P 与外电场的关系与铁磁体的磁滞回线相似，这类材料称为铁电材料，与磁滞回线相似的 $P-E$ 关系称为电滞回线。

由上述可知，铁电材料是自发极化强度可以随外电场方向反转的热释电材料，凡是铁电材料一定有热释电性，而反过来，热释电材料却不一定都有铁电性。在图 11-38 中，P_s 是饱和时的最大极化强度，P_r 为剩余极化强度。

最典型的铁电体是具有钙钛矿结构的铁电体——ABO_3（Perovskite）结构，如图 11-39 所示，它是由 ABO_3 的立方结构组成，实际上，A、B 都不一定是单一的元素，都有可能是几种元素，但这些元素的原子百分比之和必须满足

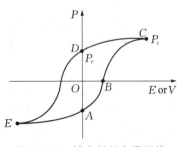

图 11-38 铁电材料电滞回线

ABO_3 的关系。例如 PZT 中的 A 表示铅(Pb^{2+})，B 表示钛(Ti^{4+})和锆(Zr^{4+})，而钛和锆的原子百分比之和应与铅大致相同。其中离子 A(Ba^{2+} 或 Pb^{2+})处于立方体的角上，离子 B(Ti^{4+} 或 Zr^{4+})处于立方体的体心，氧离子 O^{2-} 处于立方体的各个面心。完全正常时，在一个晶胞内正离子与负离子的总数相等。

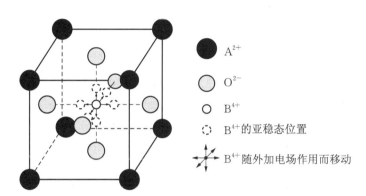

图 11-39　钙钛矿结构铁电材料晶胞示意图

由于晶体中总存在缺陷、畸变以及正负离子之间的相对位置移动等，从而在晶体内部会形成电偶极子，单位体积内的电偶极矩便是极化强度，取向一致的偶极畴对外反映出具有剩余极化强度的特性。典型的钙钛矿结构有 $BaTiO_3$（钛酸钡）、PZT（$Pb(Zr_xTi_{1-x})O_3$，x 代表含量的百分比）、PLZT（铅、镧、锆、钛）、$KMgF_3$ 等。

在图 11-39 中，晶胞中的 B^{4+}（例如 Ti^{4+}）除了在晶胞的体心有一个势能较低的势阱外，在每个与 O^{2-} 的连线中均有一个势能稍高一点的势阱，晶胞中的 B^{4+} 可能在体心和另外六个亚稳态位置达到稳定。未经任何处理或在温度低于居里温度时，晶胞中的 B^{4+} 有可能由于热运动而跑到亚稳态位置上发生畸变，形成一个电偶极子。相邻的同向的电偶极子合在一起构成所谓的铁电畴(Ferroelectric Domain)，对于单独一个铁电畴而言其极化强度可能达到饱和。

铁电材料除钙钛矿结构外，还有铌酸锂型铁电体、钨青铜型铁电体、层状铁电体(SBT、LBT)等结构类型。

11.5.2　铁电薄膜的特性与应用

厚度在几十纳米至几微米的铁电材料称为铁电薄膜，它是一类重要的功能材料。自 20 世纪 80 年代中期以来，铁电薄膜的制备技术得到了飞速的发展，扫清了制备优质铁电表面的技术障碍，特别是能在较低衬底温度下淀积高质量铁电薄膜材料，使铁电表面工艺技术与 IC 工艺技术相容，使传统的电介质材料、器件、物理与半导体材料、器件、物理相结合，形成了一个新的学科分支——集成铁电学。此外，微电子技术、光电子技术、传感器技术等的发展对铁电材料提出了小型、轻量、可集成等要求，促使大批新型铁电薄膜器件原型不断出现。

目前，铁电薄膜主要应用在以下几个方面：

(1) 利用铁电薄膜的开关、存储特性形成铁电存储器，这是我们将要重点介绍的。

(2) 利用铁电材料的高介电常数特性，制作电容器。

铁电材料基本都具有很高的介电常数，一般在 100～20 000 范围内。如 $PbTiO_3$ 的介电常数为 200，PZT(52/48)的介电常数为 500～1 360，PLZT(8/65/48)则可达 3 700。利用铁电材料的高介电常数特性可以制备电容器。世界上每年生产的电容器约几十亿只，其中有一半以上是用铁电材料作为介质的。

片状电容器的电容 C 可以由下式计算：

$$C = \frac{\varepsilon_0 \varepsilon_r A}{d} \tag{11-51}$$

其中 ε_0 为真空介电常数，ε_r 是介质层的相对介电常数，A 是电极板的面积，d 是介质层的厚度。因此采用高介电常数的铁电材料可以在面积和厚度相同的情况下大大提高电容器的容量。

铁电薄膜除了制备常规的电容外，也被应用在制备 DRAM 中的集成电容，这样就克服了 TiO_2、SiO_2 等材料介电常数较小的缺点以及深沟刻槽的困难，将用于 1 Gbit 以上的高密度 DRAM 中。

(3) 利用热电效应制作热探测器。

某些铁电材料在居里温度点附近电阻率会随着温度的增加而大大增加，利用这一特性可以制造 PTC(正温度系数)开关热敏电阻器。由于铁电材料具有热释电特性，因此可以用于量热术和辐射的热探测器制备。典型的热探测器的几何配置如图 11-40 所示。热电薄片在垂直于极轴的表面上安装有电极，极轴与入射辐射可相互平行(正面电极)或垂直(侧面电极)。采用正面电极时，如果电极被黑化，入射辐射可在电极处被吸收，如果电极透明，则入射辐射将在片内被吸收。热电探测器的响应率首先依赖于探测元件对入射辐射的热响应，其次依赖于对温度变化的热电响应。

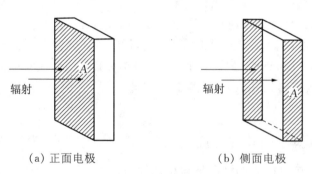

(a) 正面电极　　　　　　(b) 侧面电极

图 11-40　热探测器示意图

运用铁电材料的热电特性也可以制成热电摄像管，其中热电体薄片的后表面如通常的电视摄像管那样。典型的热电摄像管器件结构如图 11-41 所示。入射的辐射被一个红外透镜经过遮光器聚焦于热电靶上，该靶的热电轴垂直于靶面，前面的带电极的表面涂有吸收膜。未照射时，电子束保持靶后面的电位为一参考电位。当红外像落在靶上时，电位与温度的改变成正比地发生变换，扫描的电子束于是沉淀有足够的电荷以重现原来的电位，再通过容性耦合与前表面电极相连的电路内产生了视频信号。这个视频信号经过放大后，可用通常的电视显像装置显示。

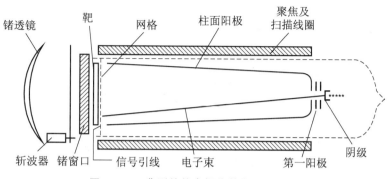

图 11-41 典型的热电摄像管器件结构图

（4）利用压电效应制作压力传感器。

前面已经提到过，根据耦合机理不同，可分为由"压力"产生"电"的正压电效应和由"电"产生"压力"的逆压电效应，正压电效应和逆压电效应统称压电效应。可应用于压力传感器的制造。图 11-42 为铁电压力传感器示意图。

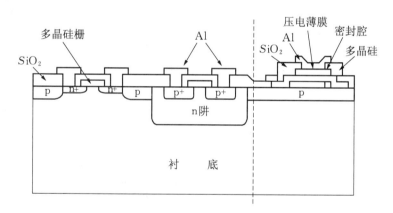

图 11-42 铁电压力传感器示意图

（5）利用声学特性制作声学器件。

利用铁电材料的特殊的声学特性可以制作新型的声学器件，图 11-43 为铁电薄膜体声学共振器结构示意图。

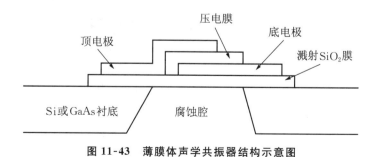

图 11-43 薄膜体声学共振器结构示意图

11.5.3 铁电存储器的分类

20世纪60年代，人们就开始研究铁电材料在存储器中的应用，但是由于PZT铁电材料不能制成薄膜，使工作电压太高以及不能很好地和Si工艺结合，所以铁电存储器件的研究没有成功。80年代中期，铁电薄膜制备技术的突破，使铁电存储器的研制取得很大进展。铁电存储器具有不挥发、抗辐照、高速、低功耗、高读写次数等优异的特性。按读出方式来分，铁电存储器可分为破坏性读出(DRO)的FeRAM和非破坏性读出(NDRO)的MFIS两大类。表11-1列出FeRAM与E^2PROM等的性能比较。

表 11-1

	非挥发存储器		只读存储器				随机读取存储器	
	FFeRAM	FeRAM	FLASH	EEPROM	EPROM	Mask ROM	DRAM	SRAM
读取时间	60 ns	200 ns	120 ns	150 ns	120 ns	120 ns	70 ns	70 ns
编程时间	100 us	400 ns	10 us	10 ms	10 ms	N/A	70 ns	70 ns
编程电压	5 V	5 V	12 V	12.5 V	12.5 V	N/A	5 V	5 V
擦除时间	0 ns	0 ns	10^4 ns	0 ns	(15Ws/cm²)	N/A	5 V	5 V
擦写次数	10^{12}	10^{10}	10^4	10^4	10^3	N/A	∞	∞
保持时间	10 Year	10 Year	10 Year	10 Year	10 Year	∞	0	0
工作电流	1 mA	5 mA	10 mA	30 mA	10 mA	35 mA	70 mA	10 mA
静待电流	50 μA	200 μA	50 μA	300 μA	1 μA	100 μA	100 μA	2 μA
单元面积	0.8~1	1~2	0.8	1	0.8	0.5	1	3~4
产品	Nontitle	FM1208	i28F010	AT28C010	HN27CIM AG-12	LH530800A	MSM 418125A-75	HMS 28128BL-1

由表11-1可以看出，FeRAM在速度、功耗、抗疲劳特性等方面都有一定的优势，是一种极有发展前途，可能在将来取代某些存储器的新型器件。

11.5.4 FeRAM的结构和工作原理

1. 由电滞回线看存储状态

铁电薄膜基本特性是它具有剩余极化，其电滞回线如图11-44所示。一般而言，在电滞回线上任何一对对称（或非对称）的配对点，都可用作记忆的两种状态。利用A和$\bar{A}$点可以制备不挥发铁电存储器FeRAM，利用$\bar{B}$、$\bar{C}$和B、C点可以制备不挥发非破坏性读出存储器MFSFET。如表11-2所示。

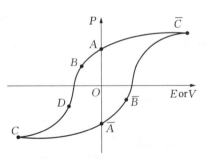

图 11-44 铁电材料的电滞回线图

表 11-2

逻辑	模式	"0"	"1"
挥发性		A	$\bar{C}$ 或 B
非挥发性	DRO	A	$\bar{A}$
	NDRO	B、C	$\bar{B}$、$\bar{C}$

利用 P 轴上的 A 与 $\bar{A}$ 只能用于 DRO 存储，因为此时必须反转材料的极化状态，以区别存储的状态。利用 B 与 $\bar{B}$，或 C 与 $\bar{C}$，则可用于 NDRO 存储，因为在此情况下，我们可以利用 B 与 $\bar{B}$ 的静电电位值当做实际要存储的两个状态，要获得存储信息，不必动态地反转极化状态。其他配对例如 A 与 B，A 与 $\bar{C}$，则可用于 DRAM，在这种情况下，不需要任何极化方向的反转。

2. FeRAM 的存储单元

8T-2C(8 Transistor-2 Capacitor)结构其实是将普通的 SRAM 单元和 2T-2C 单元进行组合。在一般情况下完全可以按照 SRAM 的方式进行工作，仅需要在掉电情况下将数据写入铁电电容内，达到非挥发性存储的目的。由于 SRAM 的读出是非破坏性的，所以这种结构的突出优点是速度快。但很明显，其缺点是单元面积过大，对于集成高密度的存储器是不合适的。

对于 1T-1C 单元，需要设置灵敏放大器的参考电平，其值位于分别代表"0"的低电平和"1"的高电平之间。一般是在灵敏放大器的一端制作一个虚单元，其中存储逻辑"0"，该单元中的电容值比标准单元要大，这样在读出时会在灵敏放大器一侧产生介于低和高之间的电平。因为铁电体存储器依赖电极化存储信息，其读出的电信号量较小，读出时高低电平原本就不会相差很大。因此对于这种结构来说，必须精确控制铁电薄膜的电容值和矫顽电压，并且要求主电滞回线大而方（这时高低电平之间的差值较大），这对铁电电容的制作提出较高要求。灵敏放大器的灵敏度也成为重要影响因素。

对于 2T-2C 单元，其面积要比 1T-1C 来得大，但是灵敏放大器是直接比较高低电平，无需设计参考电平，因此对于铁电电容和灵敏放大器的要求就降低了。对于低密度的 FeRAM，2T-2C 结构不失为一种好的选择。

图 11-45 是各种 FeRAM 的单元结构图。

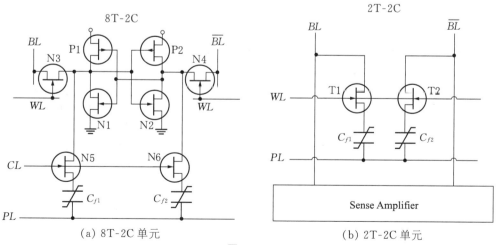

图 11-45

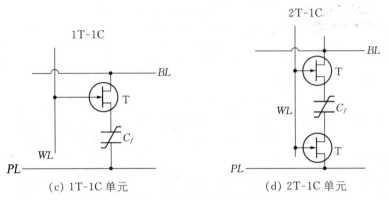

(c) 1T-1C 单元　　　　　(d) 2T-1C 单元

图 11-45　FeRAM 单元图

3. 2T-2C FeRAM 工作原理

2T-2C FeRAM 单元的完整电路如图 11-46 所示。

图 11-46 中 T1-T6 及 T8-T12 为 n 沟 MOS 管，T7 为 p 沟 MOS 管，C_{f1} 和 C_{f2} 为铁电电容，BL 和 $\overline{BL}$ 是一对位线，WL 和 PL 是字线和板线(编程线)，$\varPhi_{precharge}$ 为预放电时钟，$\varPhi_{BL}$ 是板线的译码信号电位，SN(Sense NMOS)和 SP(Sense PMOS)是灵敏放大器的时钟，存储单元由 T1、T2、C_{f1} 及 C_{f2} 组成，灵敏放大器由 T7-T12 组成。不管在"1"状态还是"0"状态，C_{f1} 及 C_{f2} 总是处于相反的极化状态(方向)。

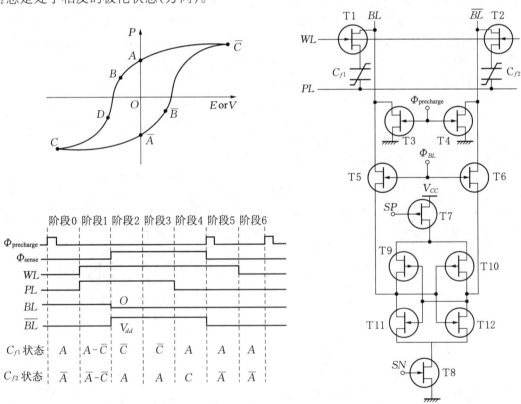

图 11-46　2T-2C FeRAM 单元电路图

表 11-3 铁电电容状态

PL	高	高	低	低
BL	低			低
$\overline{BL}$		高	高	
电容状态	$\overline{C}$ 正电压	A 零电压或 $\overline{A}$	C 负电压	A 零电压或 $\overline{A}$

表 11-3 说明铁电电容的状态与所加电压的关系。

(1) "读"和自恢复操作过程及原理。

假设存储单元处于"1"状态时,C_{f1} 为"0"(即处于电滞回线的 A 点),C_{f2} 为"1"(即处于电滞回线的 $\overline{A}$ 点)。存储单元处于"0"状态时,C_{f1} 为"1"($\overline{A}$ 点),C_{f2} 为"0"(A 点)。

阶段零:在读操作之前,必须加一正脉冲电压 $\Phi_{\text{precharge}}$ 将 BL 及 $\overline{BL}$ 预放电至零(接地)。

阶段一:选中读的单元,WL 和 PL 加高电平,迫使 C_{f1} 从 A 点变到 $\overline{C}$ 点,C_{f2} 从 $\overline{A}$ 点变到 $\overline{C}$ 点。这时 C_{f1} 为非开关操作,C_{f2} 为开关操作。

阶段二:SN 及 SP 时钟加高电平使灵敏放大器打开,由于 C_{f2} 经历了开关操作,比非开关操作的 C_{f1} 产生更多电荷,因此 $\overline{BL}$ 上的电压高于 BL,即 $V_{\overline{BL}} > V_{BL}$,灵敏放大器将驱动较高的 $V_{\overline{BL}}$ 到 V_{dd},并使较低的 V_{BL} 成为零电平。结果,C_{f1} 及 C_{f2} 将分别处于 $\overline{C}$ 点和 A 点。注意此时 C_{f2} 的状态被破坏,这也就是称其为破坏性读出的原因。至此,BL 及 $\overline{BL}$ 上的数据可以被读出了。

阶段三:通过灵敏放大器输出 V_{BL} 及 $V_{\overline{BL}}$ 数据。

阶段四:恢复 C_{f2} 的状态。将 PL 接地,字线 WL 保持高电平。由于 C_{f1} 及 C_{f2} 上偏置改变,它们的状态将分别变为 A 点和 C 点。

阶段五:关闭灵敏放大器,Φ_{sense} 接低电位,利用 $\Phi_{\text{precharge}}$ 正脉冲将 BL 及 $\overline{BL}$ 放电到零。这时 C_{f1} 及 C_{f2} 的状态将为 A 点及 $\overline{A}$ 点。显然,C_{f1} 及 C_{f2} 已回到原来的状态。

阶段六:WL 接地,结束整个读的周期。

(2) "写"操作的过程和原理(写"1")。

阶段一:首先在 BL 及 $\overline{BL}$ 上分别加低电平和高电平,将输入数据锁存于位线。

阶段二:将 WL 和 PL 加上高电平,选中单元并开始写操作。C_{f1} 的状态将处于 $\overline{C}$ 点;而 C_{f2} 的状态与以前相同,处于 A 或 $\overline{A}$ 点。

阶段三:开始时 PL 接地,使 C_{f1} 的状态变到 A 点,C_{f2} 的状态变到 C 点。(此时 $\overline{BL}$ 为 1,PL 为 0,C_{f2} 的上极板电压高,故处于 C 点)

阶段四:打开 $\Phi_{\text{precharge}}$,将 BL 及 $\overline{BL}$ 放电到零,从而 C_{f2} 的状态变到 $\overline{A}$。

阶段五:最后 WL 接地,结束写的周期。

显然,写"0"的操作与写"1"的操作相似,只要输入信号时将 BL 与 $\overline{BL}$ 交换即可,如图 11-47 所示。

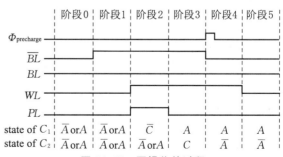

图 11-47 写操作的过程

4. FeRAM 的制作工艺

对于低位的 FeRAM 常采用 2T-2C 单元,在设计好版图并经过仿真后,可进行工艺流片,首先进行 CMOS 工艺流片,以制作外围电路、存储单元中所需的 MOS 管等,然后再制作集成铁电电容,这是 FeRAM 制作的关键所在,需克服不少技术难点才能完成此项工艺。

FeRAM 工艺流程有如下 22 个步骤:
①溅射 Pt/Ti 下电极;②淀积 PZT 薄膜;③光刻 PZT 图形;④腐蚀 PZT 薄膜;⑤去除光刻胶;⑥光刻 Pt/Ti 下电极图形;⑦刻蚀 Pt/Ti 下电极图形(RIE);⑧去除光刻胶;⑨PECVD 法生长 SiO_2;⑩退火;⑪光刻引线孔、穿通孔;⑫刻蚀 SiO_2(RIE);⑬去除光刻胶;⑭光刻电容穿通孔;⑮去除光刻胶底膜(RIE);⑯溅射 TiN/Pt;⑰Lift-off;⑱退火;⑲蒸 Al;⑳反刻;㉑腐蚀 Al;㉒合金化。

铁电电滞回线可采用 Sawyer-Tower 电路进行测试。

11.5.5 非破坏性读出铁电不挥发存储器

上一节介绍的 2T-2C 单元(或 1T-1C)构成的 FeRAM 是一种破坏性读出不挥发存储器,读出信息后必须回写。另外一种铁电存储器是利用 MOS 结构,用铁电薄膜(F)代替其中的 SiO_2 层,形成 MFS 结构,根据铁电薄膜的极化特性,得到单管单元、具有非破坏性读出的不挥发存储器。其基本思想在很久以前就有人提出过,但由于技术上的困难,只能得到一些样品,一直未能生产出具有实际应用价值的产品。其间,在结构方面作了各种尝试,例如从 MFS 到 MFIS 以及到 MFMIS;在介质材料(I 层)和铁电材料(F 层)方面也做了多种选择;在工艺方面也进行了不少探索,迄今仍然处于实验阶段。

1. MFSFET 的基本工作原理

(1) 极化强度的电导调制效应。

MOSFET 中 SiO_2 层内的正电荷可以在 p 型 Si 的表面吸引出电子,也就是使半导体表面能带下弯,半导体表面的导电能力发生变化。而铁电薄膜具有自发和剩余极化强度,对于一定的极化方向,也可以使能带弯曲,也具有调制半导体表面电导的作用,使半导体表面的导电能力发生变化。最初的做法是在体铁电材料上生长半导体薄膜,形成极化电导调制,如图 11-48 中的中图所示。以后是在半导体衬底上生长铁电薄膜,以构成铁电极化电导调制。

(2) 极化反转、存储信息。

上述极化调制也称场效应,当 MFS 场效应器件的栅极加正向电压 V_G,并且 V_G 大于阈值电压 V_T 时,漏和源之间的半导体表面强反型,形成导电通道。它与一般 MOS 器件的不同点在于铁电薄膜具有剩余极化强度 P_r,如果 P_r 的值

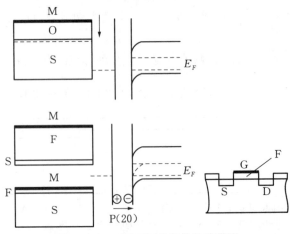

图 11-48 MFSFET 的结构和能带图

足够大,当外电压去掉后半导体表面的导电沟道依然存在。此时若在源和漏之间加上电压 V_{DS},仍有电流流过。只有在栅上施加的反向电压超出铁电薄膜的矫顽电压时,极化强度才会降到零并反向,即成为负的极化强度。随之,表面导电沟道会变薄甚至消失,源漏电流会明显减小或消失。当外电压去掉后这种情况会因为剩余极化强度的作用而保持。这样,由剩余极化的两种状态(不同取向)可以使 MFS 处于两种不同的状态:导通或截止,或者导通与微导通。这两种状态就可被用来作为存储器的两个状态。而且可以通过外加电压使它从一种状态转变为另一种状态。通过测量 I_{DS} 的大小可以读出 MFS 存储器所存储的信息是"1"或"0"。

下面给出外加电压对 MFS 结构作用的示意图 11-49 及 MFSFET 的转移特性曲线 (V_G-I_{DS} 关系图)。其转移特性曲线与一般的 MOS 管不同之处在于它有两条曲线,栅极电压为正和负时将沿着两条途径变化。

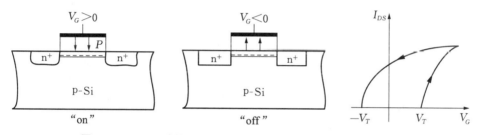

图 11-49 MFS 结构作用的示意图及 MFSFET 的转移特性曲线

2. MFIS 结构的 C-V 特性

MFSFET 的设想很早就提出了,但铁电薄膜与半导体接触的界面效应使得器件的可靠性、稳定性变得较差。例如,在外加电压时,会发生载流子从半导体注入铁电薄膜,并被束缚于界面态。在生长薄膜的温度条件下还会发生界面反应。因此,有人提出在 MFS 结构中加入一层 F 与 S 之间的阻挡介质层,形成 MFIS 结构,以改善界面特性。当然对此介质的厚度、介电常数、与 F 及 S 的黏附性能都有一定的要求。在讨论 MFIS FET 之前,先讨论一下 MFIS 电容结构的 C-V 特性。

不失一般性,以 p 型半导体作为衬底材料来讨论。由于铁电材料的电滞回线特性,故它的 C-V 特性与一般电容不同,呈双驼峰状,如图 11-50(b)所示。构成 MFIS 结构时,其 C-V 特性也与一般 MOS 电容的 C-V 曲线不同。MOS 电容在电压正反方向变化时沿同一条曲线变化,而 MFIS 的 C-V 曲线有两条,即电压正负变化时,电容沿不同途径变化,如图 11-50(c)所示。这也反映了剩余极化强度的作用。

假定阻挡介质层不存在缺陷,器件工作时无电子从半导体注入铁电薄膜。这时 MFIS 电容结构等效于一个铁电电容、一个介质电容与半导体衬底空间电荷区的电容相串联。

$$\frac{1}{C_{eff}} = \frac{1}{C_F} + \frac{1}{C_I} + \frac{1}{C_S}$$

在高频情况下,V_G 从 $-V$ 变到 $+V$,再从 $+V$ 回扫到 $-V$。当 V_G 从 $-V$ 向正方向变化但还未到达正矫顽电压 V_C 时,铁电薄膜中的极化强度总是负的,即其方向总是自下向上。p型硅表面能带向上弯曲,表面是(空穴)积累的。要使半导体表面进入耗尽甚至反型,必须先克服正矫顽电压 V_C,使极化反向成为正的,即由上向下从铁电薄膜指向衬底。

在 V_G 为很大 $|-V|$ 时,半导体表面空穴积累,表面势有很小的变化就会引起空间电荷很大的变化,表明空间电荷电容 C_S 很大,总的等效电容就是 C_I 与 C_F 的串联值,在达到矫顽电压 V_C 之前其值基本不变,这就是图 11-50(c) 中 $A \to B$ 段。当 V_G 大于 V_C 时极化方向反转,即从 F 指向半导体,使半导体能带有向下弯的趋势。达到一定值后,表面进入耗尽、反型甚至强反型。在此过程中,C_S 减小,$1/C_S$ 不能忽略,总的有效电容减小,C-V 曲线下降。强反型时 C_S 又会很大,但在高频时载流子的变化跟不上高频信号的变化,总的有效电容进入极小值。这个过程由图 11-50 中的 $B \to C$ 段表示。当 V_G 从 $+V$ 开始回扫即向减小电压的方向变化时,由于剩余极化的作用,等效电容将维持一段不变的值,在 V_G 到达 $-V_C$ 之前由于 P 的减小,使得半导体表面逐步脱离反型,总的等效电容增大,但不是沿着原有路径 $C \to B$ 而是 C 向 D 变化,即沿着顺时针方向变化。当 V_G 达到 $-V_C$ 时极化又要反向,半导体表面会重新进入积累。到达 A 时 $1/C_S$ 再次可以忽略,总的有效电容又回到最大值。从 MFIS 结构的 C-V 曲线可以看出它在回扫时平移了一段电压值 V_{Win},它决定于正负矫顽电压绝对值之和。通常可将 V_{Win} 定义为 MFIS 结构的"窗口"。

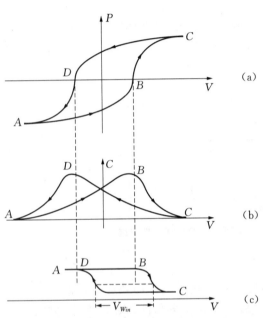

图 11-50 MFIS 的电滞回线(a)、电容-电压特性(b)、MFIS 结构的窗口图(c)

MFIS 中的阻挡层是很重要的。如果无此层或者其质量欠佳、缺陷密度较高、漏电流较大,会出现载流子从半导体向铁电薄膜注入的现象。例如在 V_G 为负值时,硅衬底表面多子空穴积累,外电场或极化强度都可能引起空穴向铁电薄膜注入。栅极电压足够正及正极化较大时半导体表面反型时还可能造成电子注入。注入的载流子会陷于铁电畴的附近使剩余极化减小;同时由于载流子从半导体注入铁电体会在半导体表面留下相反极性的电荷,这样也会在铁电薄膜中感应出相反的极化,同样会使需要的极化减小。因此,载流子注入的结果会使剩余极化强度减小,经多次读写后会造成电流的变化幅度减小而难以辨认,最后使器件失效。

3. 阻挡层对"窗口"大小的影响,窗口优值

介质阻挡层的选择除了要求它与半导体衬底及铁电薄膜黏附性好、能起阻挡作用外,还要求它有适当的介电常数以及一定的厚度。在一定的栅极电压下,若阻挡层太厚,则加在铁电薄膜上的电压将会相对减小,这时矫顽电压也相对减小,所以"窗口"也将减小。

为使器件功耗降低,要求工作电压低同时有足够的剩余极化强度,因此要求铁电薄膜的电滞回线呈较窄、较方、较高的形状,这样才能确保区分两种电流状态。但是矫顽电压小时,"窗口"也较小。如果"窗口"的大小与正反向矫顽电压的差值愈接近,表明载流子注入等效应的影响愈小。因此就可以引进一个"窗口"优值 Q 来综合描写 MFIS 结构的存储特性,它定义为

$$Q_F = (C\text{-}V \text{ 特性的窗口大小})/(\text{正反向矫顽电压差}) \tag{11-52}$$

Q_F 可以用来综合反映 MFIS 结构的存储性能。

研究存储窗口的一个重要方面是分析 MFIS 结构中各层的厚度及电压分配关系,如加在栅极上的电压为 V_G,加在铁电薄膜及介质薄膜上的电场分别为 E_{Fe} 及 E_I,则有

$$V_G = t_{Fe}E_{Fe} + t_I E_I + \phi_S \tag{11-53}$$

其中 t_{Fe} 及 t_I 分别为铁电薄膜及介质薄膜的厚度;ϕ_S 为半导体表面势。铁电薄膜及介质薄膜中的电位移矢量分别为

$$D_F = \varepsilon_0 E_{Fe} + P \tag{11-54}$$
$$D_I = \varepsilon_0 \varepsilon_I E_I \tag{11-55}$$

设栅极上的电荷为 Q_M,半导体的电荷为 Q_S,铁电薄膜和介质薄膜界面处的电荷为 Q_I,N 为载流子数(电子或空穴),则根据高斯定理有

$$Q_M = D_F, \ Q_S = -D_I, \ Q_I = qN \tag{11-56}$$

由于整个系统是电中性的,因此有

$$Q_M + Q_S + Q_I = 0 \tag{11-57}$$

将(11-54)~(11-56)式代入(11-57)式,得

$$\varepsilon_0 E_{Fe} - \varepsilon_0 \varepsilon_I E_I = -(P + qN) \tag{11-58}$$

(11-53)式可写为

$$t_{Fe}E_{Fe} + t_I E_I = (V_G - \phi_S) \tag{11-59}$$

由(11-58)及(11-59)式可解得

$$E_I = [\varepsilon_0(V_G - \phi_S) + t_{Fe}(P + qN)]/(\varepsilon_0 t_I + \varepsilon_0 \varepsilon_I t_{Fe}) \tag{11-60}$$
$$E_{Fe} = [\varepsilon_0 \varepsilon_I (V_G - \phi_S) - t_I(P + qN)]/(\varepsilon_0 t_I + \varepsilon_0 \varepsilon_I t_{Fe}) \tag{11-61}$$

当 V_G 比 ϕ_S 大得多,以及 $Q_I = 0$ 时,以上两式可以简化为

$$E_I = (\varepsilon_0 V_G + t_{Fe}P)/(\varepsilon_0 t_I + \varepsilon_0 \varepsilon_I t_{Fe}) \tag{11-62}$$
$$E_I = (\varepsilon_0 \varepsilon_I V_G - t_I P)/(\varepsilon_0 t_I + \varepsilon_0 \varepsilon_I t_{Fe}) \tag{11-63}$$

由此可见,为了得到合适的电压分配,介质薄膜厚度与铁电薄膜厚度要有恰当的比例,ε_I 的值也必须适当。

4. MFIS 的制作工艺

围绕选用不同的铁电薄膜、不同介质材料、不同的厚度等,不少人曾进行了研究工作,以下举例说明:

S. Y. Wu 于 1974 年用 $Bi_4Ti_3O_{12}$(钛酸铋)铁电薄膜,p 型硅作为衬底,制作了 MFS 结构,但性能不够理想。主要原因是存在载流子注入现象,即当栅极加正电压(正极化)时,会从半导体向铁电薄膜界面注入电子,外电压去掉后注入的电子被束缚于铁电体的铁畴处,在硅表面感应出极性相反的空穴,使能带向上弯,不利于沟道导通。因此,关键问题是如何找到适当的阻挡层,以避免或抑制电荷注入。

Rost 于 1991 年用铌酸锂作为铁电材料,但遇到的问题是电荷积累于晶粒间界,当栅电压去掉后,剩余极化强度受到影响。

D. R. Lampe 于 1992 年用 $BaMgF_4$ 作为铁电材料,但制作的 MFS 器件保持特性不好。

K. H. Kim 于 1998 年改进了工艺,以(100)p 型硅作为衬底(6~9 Ohm-cm),漏源扩散 P_2O_5 1 h,用 RF 溅射 90 nm 厚的 $LiNbO_3$,在 600 ℃下氧气中快速热退火(RTA,Rapid Temperature Annealing) 60 s,得到较低的 $LiNbO_3$/Si 界面态密度。他们得到的器件特性如下:

① 1 MHz 下,MFS 的 C-V 曲线在 $V_G = -3$ V 到 $+3$ V 时的窗口为 1 V;界面处能带中央态密度为 1×10^{11} $(cm^2 \cdot eV)^{-1}$。

② 线性区 I_{DS}-V_G 曲线($V_D = 0.1$ V)在 -3 V 到 $+3$ V 时,V_T 移动 1.5 V;估计 $\mu_n = 600$ $cm^2/V \cdot s$,跨导为 0.16 m/Ω。该器件的优点是写电压较低(3 V),缺点是抗疲劳特性和保持特性有待改进。

H. N. Lee 于 1998 年用 SBT($SrBi_2Ta_2O_9$)作为铁电材料,以 Y_2O_3($\varepsilon = 9 \sim 14$)为介质制作了 MFIS 器件。Y_2O_3 层防止了铁电与硅之间的薄 SiO_2 形成界面层,否则此薄 SiO_2 上降落的高电场导致严重的应力和高的界面缺陷电荷,Y_2O_3 还能阻挡电荷注入。他们用的衬底是(100)p 型硅,源及漏用磷注入,Y_2O_3(18 nm)用电子束蒸发,在 800 ℃氧气气氛中退火 0.5 h;用金属有机淀积法(MOD,Metal-Organic Deposition)淀积 SBT 薄膜,150 ℃处理 5 min,800 ℃氧气气氛中退火 1 h;上电极溅射 Pt。

Pt/SBT/Y_2O_3/Si 的 C-V 曲线中阈值电压移动表明存在储存窗口,扫描电压±5 V 时,窗口为 0.96 V;±7 V 时为 1.35 V。其 I_{DS}-V_G 转移特性表明其窗口为 1.4 V。该器件的缺点是工作电压还是偏高,截止电流太大。

S. Horita 等人也作了相应的研究。

5. MFIS 的读写功能

写操作:如果要写入"1"状态或"零"状态,通常用两个电压进行操作,如图 11-51 所示。例如 +10 V 写"1",-10 V 写"0"。

加栅压的方式有两种:一是栅与背电极写入方式,另一是栅和源、漏极写入方式,后者 I~V 特性比较好。

读出条件可以是 2 V、1.5 V、1 V,只要能有效区分状态即可。

K. H. Kim 研制的 MFS 器件在栅极上加 +3 V(写"1")或 -3 V(写"0")电压 1 s 后写入信息。读取信息时加 2 V 或 1.5 V、1 V、0.5 V 电压,持续 10 s。得到的结果为:写 3 V 读

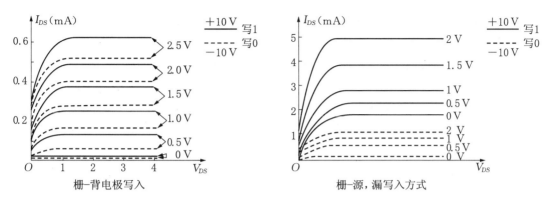

图 11-51 两种写入方式的电流-电压特性

2 V 时得到电流 1.8 mA("1"状态);写 -3 V 读 2 V 时电流为 1.1 mA;读电压为 0.5 V 时 $I_{DS}("on") = 250~\mu A$，$I_{DS}("off") = 20$ nA，相差 4 个数量级，足以区分。

此器件的优点是写电压低(3 V)，适合于低功耗应用;缺点是速度慢、抗疲劳特性及保持特性有待改进。

Yashikazu(Yoshikazu)研制的 MFMIS 器件(6)用 10 V 电压写"1"，脉宽为 10 μs；用 -10 V 电压写"0";读出时虽能区分两个状态，但由于剩余极化强度不够大，off 态的电流偏高，不利于关断。

6. MFIS 不挥发存储器发展展望

NDRO 的单管单元的铁电不挥存储器由于其结构简单、具有非破坏读出、抗辐照等优点而备受人们瞩目，但由于不少技术问题尚未解决，可靠性和稳定性也有问题，要真正投入实际使用，还有很多研究工作要做。可以肯定的是这项工作既有学术价值，又有应用前景，需要而且可以做的工作有：

进一步物色合适的铁电材料，提高它们的性能，例如增大 P_r、减小 E_c 等。

研究合适的阻挡介质，要求其介电常数合适，能抗电荷注入，与半导体、铁电体的黏附性能好、界面特性好。

从结构上进行改进，加深对其工作机理的分析，建立完整的解析模型。

建立测试方法和测试规范。

提高器件的可靠性和稳定性，降低成本，使之实用化。

预测在今后有可能解决实用化问题，投入批量生产，逐步替代其他不挥发存储器，占领部分市场。

11.6 电阻型不挥发存储器

11.6.1 引言

有些材料，在一定的脉冲电压作用下，可以从高阻态变为低阻态，也可以从低阻态变为高阻态，其高阻值与低阻值之比可达到四个数量级之多。这种电脉冲感应可逆电阻(EPIR,

Electric-Pulse-Induced Reversible),并不使材料本身发生相变,可以用来制作电阻开关型不挥发存储器(RRAM, Resistance RAM)。

早在几十年前,人们就发现了金属氧化物的电阻率会发生转变的特性,但直到 2000 年,S. O. Liu 等人发表文章,使用 $Pr_{0.7}Ca_{0.3}MnO_3$(PCMO)材料,利用它的 EPIR 特性来制作不挥发存储器,才引发较大的研究阻式存储器热潮。使用金属-绝缘层-金属(MIM)结构,可以制成不挥发存储器,其中的绝缘层可以使用二元金属氧化物,例如:Nb_2O_5、Al_2O_3、Ta_2O_5、TiO_2、NiO、ZrO_x、Cu_xO 等。而利用这些材料来制作的 RRAM 工艺,与一般的 CMOS 工艺是兼容的,所以人们对阻式存储器特别关注。

11.6.2 阻式存储器的有关特性

一个 RRAM 器件可以是对称结构,如金属-PCMO-金属;或者是非对称结构,如金属-PCMO-YBCO($YBa_2Cu_3O_{7-x}$),PCMO 通过外延生长在 YBCO 上。一般而言,RRAM 器件具有两个稳定的阻值状态,即高阻态和低阻态。当加较宽的低电压脉冲时,电阻可以减小,处于低阻态,称为"Reset";当加非常窄的较高电压脉冲时,电阻可以增加,处于高阻态,称为"Set",由此特性可制作不挥发存储器。

1. 对称的 MIM 结构的 RRAM 器件

通过金属-有机物淀积(MOD, Metal-Organic Deposited),或通过物理气相淀积(PVD, Physical Vapor Deposited),将 PCMO 淀积到铂上,同时,用铂作为上电极,这种器件具有 MIM 的对称结构,它的"写"和"擦"的条件如图 11-52 所示。

前面提到,"写"或"Set"的时候,是加高电压、窄宽度的电脉冲(5 V, 200 ns)使器件处于高阻态。"擦"或"Reset"的时候,是加低电压、长宽度的电脉冲(3 V, 1 ms)使器件处于低阻态。其实,只要施加的电脉冲适当,器件可以处于高阻态与低阻态中的任一状态,如图 11-53 所示。

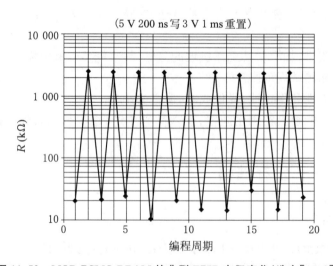

图 11-52 MOD PCMO RRAM 的典型 EPIR 电阻变化(选自[11-9])

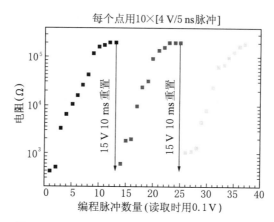

图 11-53　RRAM 阻值的递增特性(选自[11-9])

2. 非对称的金属-PCMO-YBCO 结构

通过脉冲激光淀积(PLD, Pulse Laser Deposited),将 PCMO 淀积到 YBCO 上,上面的电极用金来制作。电脉冲的振幅保持为 4.8 V 不变,负的窄脉冲将其"写"(Sct)为高阻值,而同样振幅、同样宽度的正的脉冲将电阻器"擦"(Reset)为低阻态。当负脉冲宽度在 50～100 ns 范围内时,电阻比值(高阻态时的电阻值/低阻态时的电阻值)随脉冲宽度的增大而增大(淬火)。当负脉冲宽度等于 100 ns 时,电阻比值达到最大值,当负脉冲宽度大于 100 ns 时,电阻比值随脉冲宽度增加而减小,而当负脉冲宽度大于 200 ns 时,电阻比值基本不变,即此时的电阻值基本不变,如图 11-54 所示。

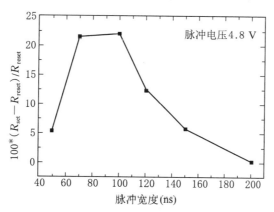

图 11-54　RRAM 的高阻态与低阻态的阻值比(选自[11-9])

3. 编程脉冲宽度窗口(PPWW, Programming Pulse Width Window)

当脉冲宽度越小、高低态阻值比越大时,这种 RRAM 器件的性能则越好,所以可以用编程脉冲宽度窗口(PPWW)的大小来衡量器件性能的好坏。编程脉冲宽度窗口越小则越好,因为脉冲宽度越小,则器件的"写"或"擦"所需的时间越短,存储的速度越快。对于脉冲振幅为 4.8 V 时,上面刚刚提到的利用 PLD 方法制作的 PCMO-YBCO 阻式存储器,它的 PPWW 为 100 ns。利用 MOD 方法制作的 Pt-PCMO-Pt 阻式存储器,它的 PPWW 约为 1 ms,利用

PVD 方法制作的 Pt-PCMO-Pt 阻式存储器,它的 PPWW 约为 2 ms。所以利用 PLD 方法制作的 PCMO-YBCO 阻式存储器比其他的器件要优越很多。需要指出的是,PPWW 与脉冲的振幅以及电阻器材料和结构有关。

4. RRAM 电阻值的温度特性

Papagianni 等人于 2004 年研究了 Au/PLD PCMO/YBCO 器件的温度特性,结果表明,在 100～300 K 的温度范围内,这种器件的阻值比几乎不变,所以高阻态并不是由势垒高度的增加而引起的,而是由于在高阻态时,自由电子密度的减小而引起的。

在室温附近,对于 Au/PLD PCMO/YBCO 器件,不管是低阻态还是高阻态,电子的激活能大约都为 0.17 eV,而在低温时,高阻态时的电子激活能将下降,而低阻态时则没有此现象。由此可以推测,低温时,高阻态的电子激活能将下降,是由于电子填充了深陷阱态(deep trap)而引起的。而对于低阻态,自由电子密度本身比较大,即使是在低温的情况下,深陷阱态已经是被填满的,电子的激活能不会随着温度的降低而下降。

陷阱中被束缚的电子密度为

$$n_T = \sum_m \frac{N_{Tm}}{1 + \exp[(E_{Tm} - E_F)/k_B T]} \quad (11\text{-}64)$$

其中 N_{Tm} 为陷阱能量为 E_{Tm} 时的态密度。可以证明,当陷阱态中的一半被占据时,陷阱态对电阻值的贡献最大,这时器件处于高阻态。此时,$n_T = 0.5 N_{Tm}$,且 $E_{Tm} = E_F$,随着温度的升高,费密能级会增大并向着禁带中央移动,陷阱态的能量会增大,所以激活能变大。同样,随着温度的降低,费密能级会向着禁带边缘移动,陷阱态的能量会减小,所以激活能变小。

对于 Pt/MOD/PCMO/Pt 器件,它的 PCMO 本质上是小颗粒多晶硅结构,尽管在很窄的温度范围内,激活能的大小都是变化的,没有一个固定值。对于高阻态,激活能从 0.55～0.7 eV 不等;对于低阻态,激活能从 0.20～0.35 eV 不等。这种器件的陷阱态密度比较大,所以它的导电机制主要是通过载流子的跳跃而实现的。

11.6.3 阻式存储器的工作机理

1. 定域态和扩展态理论

目前,被普遍接受的理论是,一些材料,在不同的条件下之所以表现出不同的电阻值,是由于其内部的电子可以处于不同的状态:定域态(Localized State)和扩展态(Extended State)。由布洛赫定理可知,电子在周期性势场中运动时,波函数可写为

$$\psi_k(x) = u_k(x) e^{jkx} \quad (11\text{-}65)$$

式中,k 为波数,$u_k(x)$ 是一个与晶格同周期的周期性函数,即

$$u_k(x) = u_k(x + na) \quad (11\text{-}66)$$

n 为整数,a 为晶格的周期。对于非晶态或多晶态(原子的排列短程有序,长程无序),不存在周期性势场。理论计算表明对于这种不规则势场有两种状态,即扩展态和定域态:

(1) 扩展态:令 E_{cri} 为临界能量,当 $E > E_{cri}$ 时,波函数能扩展到整个空间,相应于电子能通过隧道效应从一个势阱跑到另一个势阱。

(2) 定域态:当 $E < E_{cri}$ 时,波函数随 x 指数下降,电子只能在局部区域运动。

对于非晶态,它的导带及价带与晶体不同,在导带,能量大于 E_c 的状态是扩展态,小于 E_c 的是定域态;在价带,能量低于 E_v 的是扩展态,高于 E_v 的是定域态。态密度与能量的关系如图 11-55 所示。

阴影部分表示定域态, E_g 与材料的不规则有关。当存在缺陷或不规则性增加时,导带和价带的定域态可能重叠,电子的价带顶会转移到导带底,费密能级位于重叠区。

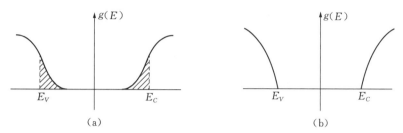

图 11-55 态密度与能量之间的关系(a) 非晶体;(b) 晶体

非晶体的电导和迁移率:扩展态载流子是自由的,导电机理类似于导带内的自由电子及价带内的自由空穴。在定域态,载流子只能通过与晶格相互作用从一个定域态跳到另一个定域态,故定域态载流子迁移率远小于扩展态。

正是由于在不同条件下,处于扩展态电子的数目不同,导致非晶态材料的电阻值不同。

2. RRAM 电荷输运性质

PCMO 是一个低电阻率绝缘材料,在高温时,会导致绝缘性丢失(Loss Dielectric),Hsu 等人认为,RRAM 的电荷输运主要是由绝缘性丢失和电荷被捕获效应引起的。其中电偶极子极化、势阱感应极化、深陷阱态电荷捕获效应分别由下面三个方程来描述:

$$Y_{DP}(\omega) = \frac{(\varepsilon_\infty + 2)^2}{9\varepsilon_0} \frac{N_{dp}\alpha_{odp}\omega^2\tau_{dp}}{1+\omega^2\tau_{dp}^2} + j\omega\left[\varepsilon_\infty + \frac{(\varepsilon_\infty + 2)^2}{9\varepsilon_0} \frac{N_{dp}\alpha_{odp}}{1+\omega^2\tau^2}\right] \quad (11\text{-}67)$$

$$Y_{PP}(\omega) = \frac{(\varepsilon_\infty + 2)^2}{9\varepsilon_0} \frac{N_{PP}\alpha_{opp}\omega^2\tau_{PP}}{1+\omega^2\tau_{PP}^2} + j\omega\left[\varepsilon_\infty + \frac{(\varepsilon_\infty + 2)^2}{9\varepsilon_0} \frac{N_{PP}\alpha_{opp}}{1+\omega^2\tau^2}\right] \quad (11\text{-}68)$$

$$Y_T(\omega) = \frac{\beta N_T \tau_T}{1+\omega^2\tau_T^2} + j\omega\frac{\beta N_T \tau_T^2}{1+\omega^2\tau_T^2} \quad (11\text{-}69)$$

其中 Y 为导纳(admittance), N 为极化中心密度, α_0 为电极化率, τ 为时间常数, ω 为频率, ε_0、ε_∞ 为低频和极高频时的介电常数, β 为传导因子, N_T 为陷阱态密度, τ_T 为陷阱常数,下标 DP、PP 以及 T 分别代表偶极子极化、势阱极化和深陷阱态电荷捕获效应。除了上述三项之外,还有本征导纳

$$Y = G_0 + j\omega C_0 \quad (11\text{-}70)$$

总的导纳为四项之和。

采用等效的 RC 串联电路,来测量阻抗的频率响应,结果如图 11-56 中的(a)和(b):(a) RRAM 编程到高阻值 650 kΩ,(b)低阻值 7.5 kΩ。同时,根据上面的分析计算,可以得到计算结果,如图 11-56 中的(c)和(d)。不难看出,在低频时,阻值与频率几乎无关,高阻态和低阻态大约在超过 1 kHz 及 100 kHz 时电阻开始明显下降。

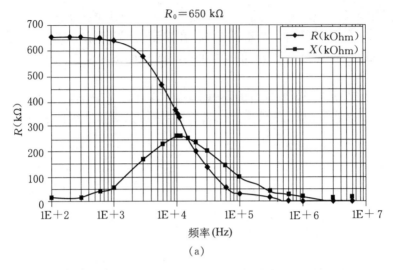

(a)

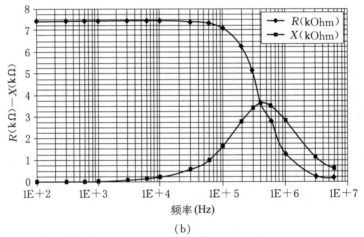

(b)

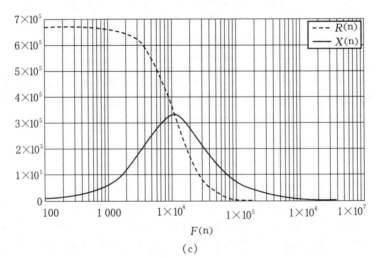

(c)

图 11-56

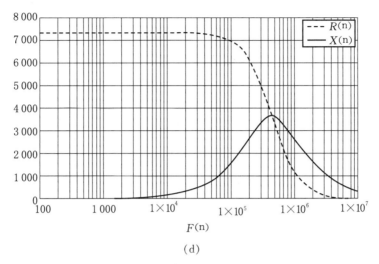

(d)

图 11-56　MOD PCMO RRAM 的阻抗图,(a)、(b)为实际测量的,(c)、(d)为计算的;
(a)、(c)为高阻态,(b)、(d)为低阻态(选自[11-8])

3. 理想的 RRAM 的 R-V 回路

图 11-57 是一个使用 PCMO 为材料的 RRAM 的草图。

其中,TE 代表上电极,BE 代表下电极,R_A 表示靠近上电极的电阻,R_B 表示靠近下电极的电阻。对于不同的结果,它们的 R-V 回路如图 11-58 所示。

假定器件由负脉冲在近上面电极形成高电阻率,在近底部电极是低电阻率。如果一个缓慢上升的正电压加上去,近上面电极保持高阻,靠近底部电极保持低阻。当电压增加到 A1 时,R_A 区的电场高,能将定域电子去定域化,电阻 R_A 回到低电阻态。当电压大于 B1 时,虚阴极的电荷密度足够高以触发近底部电极处自由价电子定域化,R_B 转变为高阻态。正电压进一步增加不会改变器件的电阻状态,直到高场触发器件雪崩击穿。电压降低时电阻 R_A 及 R_B 沿 A2-A3 及 B2-B3 保持常数值,直到 B3 高场触发近底部电极处定域电子去定域化,R_B 回到低阻态。当电压比 A3

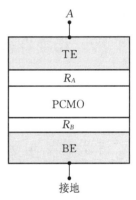

图 11-57　PCMO RRAM 的结构草图(选自[11-8])

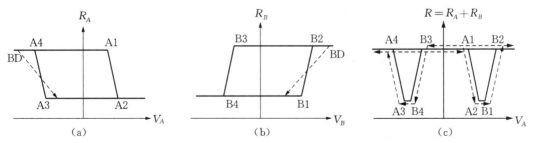

图 11-58　R-V 回路特性曲线,(a)非对称 RRAM,其上电极可转换,(b)非对称 RRAM,其下电极可转换,(c)对称的 RRAM(选自[11-8])

还负,近上面电极虚阴极处电子密度很高,触发自由价电子定域化,R_A 回到高阻态。电压再负会引起雪崩击穿。雪崩时产生电子-空穴对,空穴流向阴极在虚阴极处与电子复合反过来增大虚阴极处的电场,使定域电子去定域化,回到低阻态。

$R_A + R_B$ 情况(图 11-58(c)中的虚线):当正电压增加时,电阻处于高阻态,在 A1 电阻减小趋向低阻态 A2;在 B1 电阻增加趋向于高阻态 B2。然后电压减小时保持高阻态,沿 B2-A1 到 B3;并开始降低到 B4。进一步增加负电压使器件在 A3 电阻增加,在 A4 器件处于高阻状态。

通过以上分析,可以得到如下结论:

(1) 高阻态是由于自由电子减少,低阻态是器件的本征态。

(2) 价电子密度减小是由于存在大的非平衡电子密度,它可由电压脉冲形成,也可由位移电荷感应的电压或 SCLC(Space-Charge-Limited Current)形成。当非平衡电子密度大于某阈值时,由 Jahn-Teller 效应,它可使该区域的价电子定域化,器件恢复平衡时便进入高阻态,定域的价电子被感应的晶格畸变及电子-晶格相互作用所稳定可增强保持特性。

(3) 高电场可触发定域的价电子崩溃,当脉冲宽度大于时间常数 τ 但小于稳态空间电荷流启动时间,空间电荷密度很小,电场强度大致均匀分布于整个电阻。大的电场强度使定域电子去定域化将 RRAM Reset 为低阻态。低阻通道形成后该处的电场强度受低阻压降限制,不会再形成附加导电通道,使低阻态 RRAM 与器件尺寸无关。

11.7 相变存储器

相变存储器(PCM, Phase Change Memory)是一种基于相变理论的存储器:材料由非晶态转变为多晶态,再由多晶态变回非晶态的过程中,其非晶态和多晶态会呈现出不同的电阻特性,可以利用非晶态和多晶态来存储"0"和"1"的数据信息。

11.7.1 相变存储器简介

相变存储器通常由一个晶体管和一个相变电阻共同组成。写入时,通过施加不同高度和宽度的电脉冲,可以使相变材料在非晶态和多晶态之间相互转换,如图 11-59 所示,对应为不同阻值的电阻状态,以此代表不同的逻辑信息。读取时,在器件两端施加一小于相变电压的信号,根据读出的不同的电流大小来区分"0"和"1"。

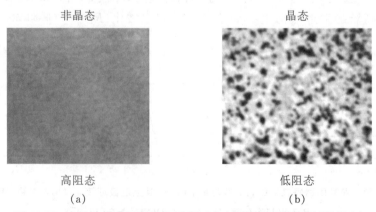

图 11-59 (a) 非晶态相变材料(高阻态);(b) 晶态相变材料(低阻态)

相变存储器有如下显著优点：①可擦写次数多，可达 10^{12} 以上，远高于当前的主流存储器内存；②结构简单，存储密度高，且可以随半导体技术的推进不断缩小，据报导，6 nm 的相变材料依然有很好的相变特性；③多态存储能力，相变存储器的高阻和低阻值相差 10^3 以上的窗口，使得其具有多态存储的能力，目前已有 2 bit/cell 的测试芯片；④存储性能可靠，相变存储器具有抗辐射、耐高低温、抗电子干扰等优点，使其应用领域极为广泛。

正因为有这些显著的优点，使得相变存储器极有可能替代目前的内存和 DRAM，成为未来不挥发存储器主流。然而，写操作电流大（接近毫安量级）已成为阻碍其实际应用的关键问题之一，大电流需要大尺寸的晶体管驱动，造成外围电路规模过大，存储芯片面积居高不下。如何减小写操作电流已成为相变存储器亟待解决的问题。

11.7.2 相变存储器的存储机理

相变存储器（PCM）是一种基于硫系化合物半导体的两端器件，如图 11-60 所示。

所谓硫化合物半导体是指Ⅵ族元素（如硫 S，硒 Se，锑 Te 等）参与合成的半导体材料。在 20 世纪 60、70 年代，S. R. Ovshinsky 发现了硫族化合物材料在多晶态和非晶态的可逆转变中会伴随着巨大的电学和光学性质的变化。利用此特性，可用来存储二进制数字信息，目前市场上的很多相变光盘用的就是硫族化合物材料，在激光的作用下使其在晶态和非晶态之间发生相变，利用其相变前后光学系数的不同来存储信息。光致相变，其实质是由激光产生热量，把非晶态的相变材料加热到一定程度，达到其晶化温度时，即可发生从

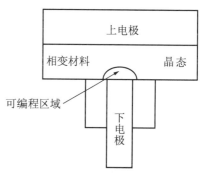

图 11-60 PCM 存储结构示意图

非晶态到多晶态的转变。反之，利用一短激光脉冲，把相变材料迅速加热致熔点，然后骤冷，熔融状态的相变材料来不及原子间的排列组合而维持在非晶态。除了光致相变外，在电信号的作用下也可发生相变，利用相变前后电阻率的巨大变化来存储信息。近年来，由于半导体材料制备技术的进步及对新型不挥发存储技术的需求，相变存储器得到了广泛的研究和飞速的发展。研究表明，很多材料具有相变特性，比如二元的 SbTe 系列、InSe 系列、GeTe 系列；三元的 GeSbTe 系列，等等。目前工业界使用最多的相变材料是 Ge-Sb-Te 系列。

相变材料存储器的存储速度与保持特性是一对矛盾，转变速度快的材料一般稳定性不好，只要施加一个微弱的信号即可改变其状态，如果需要有好的保持特性，就必须以牺牲速度为代价。经过长期的研究，Ge-Sb-Te 系列相变材料可以同时兼顾速度和稳定性，主要原因是由于 GeSbTe 存在面心立方的 FCC NaCl 亚稳相结构，这种对称性很高的相，减少了从非晶态向晶态转变时的原子移动距离。其成员之一的 $Ge_2Sb_2Te_5$ 材料在相变光盘领域中使用极为广泛，同时此材料亦有优异的电学性能，在非晶态和晶态的电阻率比可达到 10^6 量级。基于 $Ge_2Sb_2Te_5$ 的相变存储器件在小尺寸下的高阻态和低阻态阻值比（即所谓的 On/Off ratio）也可达到 100 倍以上，不仅使器件具有很强的噪声容限，同时具有多值存储的能力。硫系化合物的相变机理

比较明确,主要是热激所致,在电流产生的焦耳热作用下进行可逆相变。

相变存储器编程过程如图 11-61 所示。

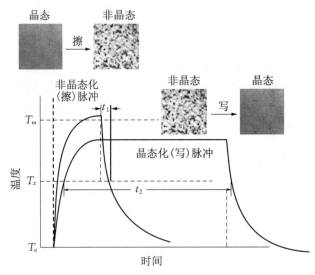

图 11-61 相变存储器编程过程

在实际应用中,我们把从高阻到低阻的转变过程(非晶态到晶态的转变)称为 Set(写)过程,从低阻到高阻(晶态到非晶态转变)称为 Reset(擦)过程。在相变存储器上施加一宽而低的脉冲,电流产生的焦耳热把相变材料局部加热致晶化温度使相变材料晶化,从而产生导电通道,完成从高阻态向低阻态的转变。当在相变存储器上施加一高而窄的脉冲,电流产生的焦耳热把导电通道中的相变材料短时间内加热致熔点以上,然后撤除脉冲使之淬冷,熔融的相变材料由于温度的快速下降而来不及进行原子间的排序,从而实现从晶态到非晶态的转变(低阻到高阻的转变)。最新研究表明,相变存储器的 Reset 过程与脉冲信号的宽度影响不大,关键在于脉冲的下降沿,当脉冲下降较慢时是晶化过程,当脉冲下降快时即可实现非晶化过程,此发现对传统的"低宽脉冲 Set,高窄脉冲 Reset"的概念有很大发展。

11.7.3 相变存储器的电学特性

相变存储器的电学特性一般通过电流-电压($I\text{-}V$)特性曲线、电阻-电流($R\text{-}I$)特性曲线、保持特性、疲劳特性等来表征。图 11-62 是相变存储器典型的 $I\text{-}V$ 特性曲线。在初始态为高阻态器件两端加一扫描电压,当施加的电压高于阈值电压(V_{TH})时,$I\text{-}V$ 曲线的斜率突然变大、电流突然上升,出现了所谓的负阻现象。当电压达到一定值时,在电极之间会形成细小的导电通道,当电压进一步增大时,导电通道中的电流越来越大,产生越来越多的焦耳热,使导电通道中的相变材料晶化,即完成 Set 过程。当需要将器件从低阻态回复到高阻态时,加在器件两端的电流必须达到图中阴影区域以上,产生足够的热量使相变材料融化,然后淬冷,完成 Reset 过程。读取数据时,只需要在器件两端加一小电压(小于阈值电压 V_{TH}),把读取电流与参照值(通常介于高阻值和低阻值之间)比较,即可判断存储的信息状态。

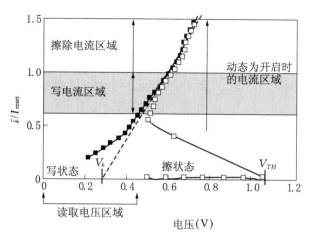

图 11-62　相变存储器 I-V 特性曲线

图 11-63 为相变存储器的 R-I 特性曲线,反映了 PCM 的随机擦写特性,无论处于何种状态,当施加 Reset 信号时,器件即可置于高阻态;当施加 Set 信号时,即可置于低阻态,无需在进行写操作之前将器件重新置"0",极大提高了器件的可操作性与速度。

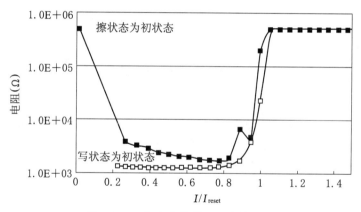

图 11-63　相变存储器 R-I 特性曲线

保持特性是存储器的一个重要指标,一般通过 Arrhenius 外延的方法获得。通过高温加速老化实验获取在某个温度点下的失效时间,用 Arrhenius 公式外延三个以上温度点的数据即可取得器件的保持特性。业内对不挥发存储器的保持特性标准一般为 85 ℃ 10 年,图 11-64 展示了基于 $Ge_2Sb_2Te_5$ 的相变存储器保持特性,可在 120 ℃ 维持 10 年。150 ℃ 以上 $Ge_2Sb_2Te_5$ 的保持特性很差,此因素限制了相变存储器在高温领域中的应用,有待进一步改进。

疲劳特性,即可擦写次数,是存储器的另一个重要指标。目前主流不挥发存储器内存在 10^6 次左右,据报道,基于 $Ge_2Sb_2Te_5$ 的相变存储器,擦写次数可达到 10^{12} 以上,如图 11-65 所示,具有广阔的应用前景。

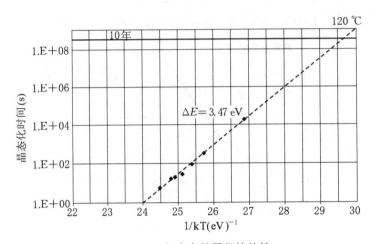

图 11-64 相变存储器保持特性

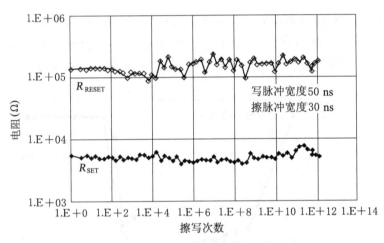

图 11-65 相变存储器疲劳特性

参考文献

[11-1] S. Y. Wu, *IEEE Trans. Electron Devices*, ED-**21**(8), 499(1974).

[11-2] T. A. Rost, H. Lin, T. A. Rabson, Appl. Phys. Lett., **59**(27), 3654(1991).

[11-3] D. R. Lampe, D. A. Adams, M. Austin, M. Polinsky, J. Dzimianski, S. Sinharoy, H. Buhay, P. Brabant, Y. M. Liu, *Ferroelectrics*, **133**(1—4), 61(1992).

[11-4] K.-H. Kim, *IEEE Electron Device Lett.*, **19**(6), 204(1998).

[11-5] H. N. Lee, M.-H. Lim, Y. T. Kim, T. S. Kalkur, S. H. Choh, *Jpn. J. Appl. Phys.*, **37**(3n), 1107(1998).

[11-6] S. Horita, B. N. Q. Trinh, *IEEE Trans. Electron. Devices*, **56**(12), 3090(2009).

[11-7] S. Q. Liu, N. J. Wu, A. Ignatiev, *Appl. Phys. Lett.*, **76**, 2749(2000).

[11-8] S. Q. Liu, N. J. Wu, A. Ignatiev, *NASA Non-Volatile Memory Technology Symposium*, 2001 Proceedings, p. 18.

[11-9] S. T. Hsu, T. Li, N. Awaya, *J. Appl. Phys.*, 024517(2007).

[11-10] S. T. Hsu, T. Li, *Mater. Res. Soc. Symp. Proc.*, **997**, 0997-I04-01(2007).

[11-11] S. T. Hsu, W. Pan, W. W. Zhuang, *IEEE Non-Volatile Semiconductor Memory Workshop*, Feb 16—20, 2003. *Technical Digest*, 2003, 97—98.

[11-12] Stefan Lai, Tyler Lowrey, *IEEE IEDM Technical Digest*, 2001, 803.

[11-13] A. Pirovano, A. L. Lacaita, A. Benvenuti, et. al., *IEEE IEDM Technical Digest*, 2003, 699—702.

[11-14] D. Kang, D. Ahn, M. Won, et. al., *Japanese Journal of Applied Physics*, **43**(8A), 5243(2004).

[11-15] S. Ovshinsky, *Physical Review Leters*, **21**(20), 1450(1968).

[11-16] M. Lankhorst, B. Ketelaars, et. al., *Nature Materials* **4**, 347(2005).

[11-17] H. Lee, D. H. Kang, L. Tran, *MaterialsScience and Engineering*, B **119**, 196(2005).

[11-18] H. Lee, Y. K. Kim, D. Kim, et. al., *IEEE Transactions on Magnetics*, **41**(2), 104(2005).

[11-19] D. P. Gosain, M. Nakamura, T. Shimizu, et. al., *Jpn. J. App. Phys.*, **28**(6), 1013(1989).

[11-20] E. M. Sanchez, E. F. Prokhorov, J. Gonzale, et. al., *Thin Solid Films*, **471**, 243(2004).

[11-21] Y. C. Chen, C. T. Rettner, et. al., *IEEE IEDM Technical Digest*, 2006, 30—3.

[11-22] A. Redaelli, D. Ielmini, et. al., *IEEE IEDM Technical Digest*, 2006, 31—2.

第十二章 金属-半导体接触和肖特基势垒器件

金属-半导体（金-半）接触，是半导体器件物理以及集成电路工艺中的一个重要问题。早在1874年，人们就发现金属同硫化铅半导体接触时，会产生整流作用。1938年，肖特基在能带理论的基础上，提出金-半接触处会形成势垒，即肖特基势垒，奠定了金-半接触整流的理论基础。在20世纪30年代末和40年代初，肖特基和贝瑟分别提出了扩散理论和热电子发射理论，对金-半接触的有关特性作了定性说明。到了20世纪60年代，人们制造出重复性好、性能稳定的肖特基势垒（金-半）二极管，它具有近乎理想的伏-安特性，并具有整流变频效率高、噪声低、机械强度高、抗烧损能量大等优点，更为重要的是，它便于大规模集成，可被用于集成电路领域。

随着集成电路中技术和工艺的发展，MOSFET的特征长度变得越来越小，原先的通过重掺杂而形成的源/漏结构，已经不再能够满足需要，据ITRS2008年的预测，在未来的七年里，将使用肖特基势垒源/漏结构的MOSFET。

12.1 金属-半导体接触的势垒模型

12.1.1 金属和半导体的功函数

我们知道，金属中存在大量的自由电子，在平衡情况下，每秒内有多少个电子跑出金属，就有多少电子被吸进金属，达到动态平衡。如果受到光照或热激发，则金属中的电子有可能获得足够的能量而跑出金属，这取决于外界激发的能量与金属功函数的大小。所谓的金属功函数 W_m，是指金属外真空中能级 E_0 与金属的费密能级 E_F 之差，即

$$W_m = E_0 - E_F \tag{12-1}$$

对于半导体，同样存在功函数，即电子从半导体中逸出的话，需要能量。半导体功函数的定义为真空能级与半导体费密能级之差。由于半导体费密能级与掺杂类型和掺杂浓度等有关，所以半导体功函数没有一个确定的值。但是，对于同一种半导体材料，如硅，不管它的掺杂如何，它的导带底能级 E_c 到真空能级 E_0 的能量差却是固定值，称为半导体的电子亲和能 $q\chi$，即

$$q\chi = E_0 - E_c \tag{12-2}$$

硅的电子亲和能为 4.05 eV，锗的为 4.13 eV，砷化镓的为 4.07 eV。

对于 n 型半导体，如图 12-1 所示，导带底的能级 E_c 与费密能级 E_{fn} 之间的能量差为 $E_g/2$

$-q\phi_{fn}$，其中 E_g 为禁带宽度，对于硅，在室温时它等于 1.12 eV，$\phi_{fn}=(k_BT/q)\ln(N_D/n_i)$ 为 n 型半导体的费密势，N_D 为施主杂质浓度。n_i 为本征载流子浓度，对于硅，在室温下，约为 $1.45\times10^{10}\,\mathrm{cm}^{-3}$。若以价带顶为能量 0 点，则 $E_{fn}=E_g/2+q\phi_{fn}$。对于 n 型半导体，费密能级位于禁带中央的上方，所以其功函数为

$$W_n = E_0 - E_{fn} = q\chi + \frac{E_g}{2} - q\phi_{fn} \tag{12-3}$$

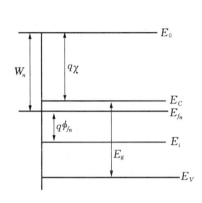

图 12-1　n 型半导体功函数示意图

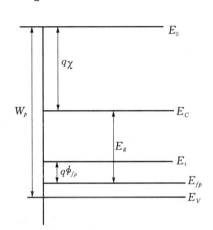

图 12-2　p 型半导体功函数示意图

同样，对于 p 型半导体，如图 12-2 所示，导带底的能级 E_C 与费密能级 E_{fp} 之间的能量差为 $E_g/2+q\phi_{fp}$，$\phi_{fp}=(k_BT/q)\ln(N_A/n_i)$ 为 p 型半导体的费密势，N_A 为受主杂质浓度。若以价带顶为参考点，则 $E_{fp}=E_g/2-q\phi_{fp}$。对于 p 型半导体，费密能级位于禁带中央的下方，功函数为

$$W_p = E_0 - E_{fp} = q\chi + \frac{E_g}{2} + q\phi_{fp} \tag{12-4}$$

12.1.2　金属和半导体的接触势垒

1. 接触电势差

当金属与半导体相接触时，它们之间形成接触电势差，电子会从费密能级高（功函数小）的一方，向费密能级低（功函数大）的一方流动。如果是 n 型半导体与功函数比它大的金属相接触，则电子会从半导体向金属一方流动，达到平衡时，金属和半导体中的费密能级相等。半导体的表面因有电子流失而带正电，金属的表面因有电子流入而带负电，形成由半导体指向金属的电场。

当金属与半导体之间的距离远大于原子间距时，接触电势差主要降落在金属和半导体之间，这时接触电势差 V_{sm} 正比于它们的功函数之差，即

$$V_{sm} = V_s - V_m = -\frac{1}{q}(W_s - W_m) = \frac{1}{q}(W_m - W_s) \tag{12-5}$$

其中 V_s、V_m 分别为半导体和金属上的电势，W_s 表示半导体的功函数。由此可见，半导体的电势高，金属的电势低。

2. 金属与半导体紧密接触

当金属与半导体紧密接触时，半导体表面的正电荷密度会增加，半导体的表面比体内的电势低 ϕ_s，这里 $\phi_s > 0$。金属同半导体形成的接触电势差，主要部分是降落在半导体的空间电荷区，即 ϕ_s；另一部分则降落在金属与半导体之间，即 V_{sm}，此时有

$$(W_m - W_s) = q(V_{sm} + \phi_s) \tag{12-6}$$

如果忽略金属与半导体之间的间隙，这时接触电势差基本完全降落在空间电荷区，即有

$$(W_m - W_s) = q\phi_s \tag{12-7}$$

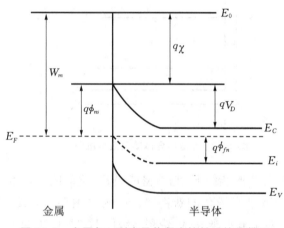

图 12-3 金属与 n 型半导体紧密接触后的能带图

需要注意的是，这时半导体的表面电势比体内低，离半导体表面远的地方，电势高，电子的能量低；在离半导体表面近的地方，电势低，电子的能量高。所以在其表面处，半导体的能带是向上弯曲的，如图 12-3 所示。

为了方便，我们今后一般只讨论这种极限情况，即金属与半导体是紧密接触的，这时半导体一边的势垒高度为 qV_D，

$$qV_D = q\phi_s = W_m - W_s \tag{12-8}$$

而金属一边的势垒高度为

$$q\phi_{ns} = qV_D + \frac{E_g}{2} - q\phi_{fn} = W_m - q\chi \tag{12-9}$$

势垒 $q\phi_{ns}$ 也称肖特基势垒，它是指对电子而言，从金属一侧向半导体看过去的势垒高度。

3. 金属与 n 型半导体接触

从上面的分析我们知道，当金属与 n 型半导体接触时，如 $W_m > W_s$，在半导体表面附近有正电荷积累，而这些正电荷是电离的施主杂质，它的浓度比金属表面的电子浓度要低几个数量级，它们在半导体空间要扩展到几百纳米的距离，从而在半导体表面形成空间电荷区。在此区域内，电子浓度比体内小很多，因此它是一个高阻的区域，常称为"n 型阻挡层"。

由类似的分析可以看出，当金属的功函数比 n 型半导体的功函数小时，它们接触后，电子会从功函数小的金属（费密能级高）流向功函数大的半导体（费密能级低），从而金属带正电，半导体带负电。在半导体表面形成负的空间电荷区，电场方向由表面指向体内，半导体的表面附近电势高，电子的能量低，离半导体表面较远的地方，电势低，电子的能量高，所以半导体的能带在表面处是下弯的。在半导体表面空间电荷区，电子的浓度比体内的大很多，因而是一个电导很高的区域，常称此区域为"n 型反阻挡层"。

4. 金属与 p 型半导体接触

对于金属与 p 型半导体接触，情况与 n 型的则刚好相反。当 $W_m < W_s$ 时，即金属的费密能级高，半导体的费密能级低。空穴会从费密能级低的向费密能级高的一方流动(相当于电子从费密能级高的向费密能级低的流动)，即空穴从半导体向金属流动，从而金属带正电，半导体带负电，能带向下弯，造成空穴的势垒，形成"p 型阻挡层"。当 $W_m > W_s$ 时，空穴从金属流向半导体，从而金属带负电、电势低，半导体带正电、电势高，半导体电场由体内指向表面，能带向上弯，形成"p 型反阻挡层"。

5. 空间电荷区宽度

当金属与 n 型半导体接触时，将外加电压 V 施加在金属上，假定 $W_m > W_s$，在半导体表面附近会有正电荷积累，空间电荷区的一维泊松方程为

$$\frac{\mathrm{d}^2 V(x)}{\mathrm{d}x^2} = -\frac{\rho}{\varepsilon_s \varepsilon_0} = -\frac{qN_D}{\varepsilon_s \varepsilon_0} \tag{12-10}$$

取金-半接触处为坐标原点，金属费密能级为零电势能点，则将金属费密能级 E_{fm} 除以 $-q$ 作为电势零点，则有下列边界条件：

$$\begin{cases} x = 0, \ V(0) = -\phi_{ns} \\ x = x_d, \ V(x_d) = -(\phi_n + V), \ \mathrm{d}V/\mathrm{d}x = 0 \end{cases} \tag{12-11}$$

上式中 x_d 为空间电荷区的宽度，或称为耗尽层宽度，它的物理意义是，空间正电荷只存在于 $0 < x < x_d$ 处，并且在 $x = x_d$ 处，半导体的性质与体内的完全一样，电场强度都为零。$q\phi_n$ 是半导体深处半导体的导带底与半导体的费密能级差，$\phi_n = \phi_{ns} - V_D$ 或 $q\phi_n = \frac{E_g}{2} - q\phi_{fn}$。

(12-10)式的解的形式为：$V(x) = ax^2 + bx + c$，由(12-10)式本身可知，$a = -\frac{qN_D}{2\varepsilon_s \varepsilon_0}$，根据(12-11)式可将另外两个常数 b、c 确定下来，最后得到：

$$V(x) = \frac{qN_D}{\varepsilon_s \varepsilon_0}\left(xx_d - \frac{1}{2}x^2\right) - \phi_{ns} \tag{12-12}$$

$$x_d = \sqrt{\frac{2\varepsilon_s \varepsilon_0}{qN_D}(V_D - V)} \tag{12-13}$$

x_d 就是空间电荷区的宽度，或称势垒宽度，它与外加电压有关，这种宽度依赖于外加电压的势垒称为肖特基势垒。

12.1.3 表面态对接触势垒的影响

大量的研究表明，由于半导体表面存在界面态，所以同一种半导体与不同的金属相接触时，尽管金属的功函数相差比较大，但是接触形成的势垒高度却变化不大，说明金属的功函数对势垒高度的影响很小。

在半导体的表面禁带中，存在着施主型和受主型界面态，对应的能级为表面能级。若能级被电子占据时呈电中性，放出电子后呈正电性，称施主型界面态。若能级空着时呈电中

性,接受电子后呈负电性,称受主型界面态。

电子可以填充表面能级,当电子填充了某一表面能级的能量 E_{fs} 以下的全部能级时,这时半导体的表面是电中性,E_{fs} 称为表面中性费密能级,或称为表面中性能级,它的数值从半导体的价带顶算起,并有如下关系:

$$电子填充表面能级 \begin{cases} 大于 E_{fs},表面带负电 \\ 等于 E_{fs},表面电中性 \\ 小于 E_{fs},表面带正电 \end{cases}$$

一般情况下,表面中性能级与体内费密能级不相等,n 型半导体的 E_{fn} 比 E_{fs} 要高,如果表面态是受主型的,那么体内的电子就会向表面流动,过来填充能级较低的表面态,使表面带负电。使得靠近表面的一层半导体因缺少电子而带正电,形成正的空间电荷区,半导体的能带上弯。尽管此时半导体没有与金属接触,表面已经有势垒形成,其高度取决于 E_{fn} 与 E_{fs} 之间的能级差。这种在半导体表面,费密能级的位置由表面态所决定(即在表面处,费密能级等于 E_{fs}),而与半导体掺杂浓度无关的现象,称为费密能级钉扎效应。

在表面处,由于导带底到真空能级仍为 $q\chi$,但表面处的导带底与费密能之间的距离增大了 qV_D。所以,半导体的功函数要作相应的调整,会增大,增大的值就是势垒的高度,如图 12-4 所示,没有表面态时的半导体功函数为 W_s,有表面态后半导体功函数为 W_s'。当表面态密度非常高时,半导体的功函数几乎与施主浓度无关。

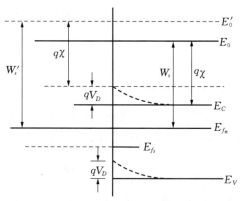

图 12-4 具有表面态时半导体的能带图

$$W_s' = q\chi + qV_D + (E_C - E_{fn}) = q\chi + (E_{fn} - E_{fs}) + (E_C - E_{fn}) = q\chi + (E_C - E_{fs})$$

如果以价带顶为能量的 0 点,则 $E_C = E_g$,所以当表面态密度非常高时,半导体的功函数为

$$W_s' = q\chi + (E_g - E_{fs}) \tag{12-14}$$

E_{fs} 是从价带顶算起的表面中性费密能级。

12.2 金属-半导体接触整流理论

金属和半导体接触时,具有整流的性质,本节将定性和定量地分析这种性质。

12.2.1 金属-半导体接触整流的定性分析

不失一般性,这里我们考虑金属与 n 型半导体的接触,并且规定,当金属接正极、半导体接负极时,外加电压为正向。当外加电压为正向时,它所产生的电场方向与半导体中空间电荷区的电场方向相反,所以它会减小半导体一边的势垒高度,由原来的 qV_D 减为 $q(V_D - V)$,其中 V 为外加电压,但金属一边的势垒高度不变,仍为 $q\phi_{ns}$,如图 12-5(b)所示。

半导体这边的势垒减少后,原来的平衡被打破,电子会从半导体这边向金属一方流动,从而形成由金属到半导体的正向电流,此电流的大小与外加电压密切相关,外加电压越大,则势垒降低得越多,电流越大。

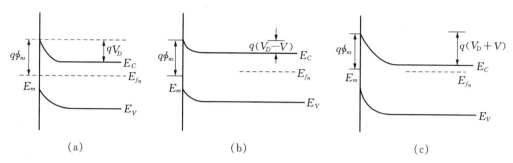

图 12-5　外加电压下金-半接触的势垒,(a)平衡时;(b)加正向电压;(c)加反向电压

反过来,当金属接负极、半导体接正极时,即加反向电压,这样外加电场的方向与半导体中空间电荷区形成的电场方向相同,因而使半导体这边的势垒高度增大,由原来的 qV_D 增大为 $q(V_D+V)$。原有的平衡被破坏,就会有电子从金属向半导体流动,形成从半导体流向金属的反向电流。当反向电压比较大时,反向电流的大小,取决于从金属这边越过势垒进入半导体中电子的多少。但金属这边势垒的高度 ϕ_{sn} 几乎不随外加电压的变化而变化,所以当外加电压较大时,反向电流基本不变,称为反向饱和电流。并且,在金属中能量比金属的费密能级 E_{fm} 高出 $q\phi_{sn}$ 的电子数目较少,所以一般情况下,反向电流的数值比较小。

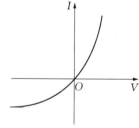

从以上分析可以看出,金-半接触具有二极管的电流-电压特性,因此称为金-半接触的整流特性,如图 12-6 所示。以上只是定性分析,下面我们来定量分析金-半接触的电流电压特性。

图 12-6　金-半接触的电流-电压特性

12.2.2　扩散理论

1938 年,肖特基提出了金-半接触的扩散理论,该理论假定电子的平均自由程比势垒区的宽度 x_d 小很多,可以在势垒区中建立电子浓度梯度。当不施加外加电压时,处于平衡状态,势垒区具有电子的扩散电流(由浓度梯度而引起)和漂移电流(由势垒区的空间电场而引起),这两种电流的大小相等、方向相反,净电流为零。当加正向电压时,空间电荷区电场减弱,漂移电流减小,扩散电流超过漂移电流,从而形成正的净电流。

在空间电荷区的某处,电流密度由下式给出:

$$j = -qn(x)\mu_n E + qD_n \frac{dn}{dx} \quad (12\text{-}15)$$

式中,μ_n 为电子的迁移率,E 为空间电荷区的场强,D_n 为电子的扩散系数,上式右边第一项代表漂移电流,第二项代表扩散电流。根据爱因斯坦关系 $D_n = \dfrac{k_B T}{q}\mu_n$,以及 $E = -\dfrac{dV(x)}{dx}$,

(12-15)式可写为

$$j = qD_n\left[\frac{qn(x)}{k_BT}\frac{\mathrm{d}V(x)}{\mathrm{d}x} + \frac{\mathrm{d}n(x)}{\mathrm{d}x}\right] \tag{12-16}$$

当 $V = 0$ 时，$j = 0$，根据上式可以得到在空间电荷区电子的浓度分布为

$$n(x) = n_0\exp\left[-\frac{qV(x)}{k_BT}\right] \tag{12-17}$$

其中 n_0 为半导体深处的体内电子浓度。

当外加电压不为零、但处于稳定状态时，(12-16)式仍然成立，并且 j 与 x 无关。将(12-16)式两边同乘 $\exp(-qV/k_BT)$，并对整个空间电荷区积分，得到

$$j\int_0^{x_d}\exp(-qV/k_BT)\mathrm{d}x = qD_n\int_0^{x_d}\mathrm{d}[n(x)\exp(-qV/k_BT)] \tag{12-18}$$

我们仍然取金属的费密能级 E_{fm} 为电势能的零点，该点所对应的电势取为零点。据此可写出边界条件：

$$x = 0,\ V(0) = -\phi_{sn} \tag{12-19}$$

同时，在 $x = 0$ 处，半导体和金属直接接触，并与金属直接交换电子，所以这里的电子仍旧和金属近似处于平衡状态。因此有

$$n(0) = n_0\exp(-qV_D/k_BT) \tag{12-20}$$

在空间电荷区的边界处，若半导体是非简并的，则电子浓度与半导体深处的相等，所以有下列边界条件：

$$x = x_d,\ V(x_d) = -(\phi_n + V),\ n(x_d) = n_0 = N_C\exp(-q\phi_n/k_BT) \tag{12-21}$$

式中 $N_C = 2(2\pi m_e^* k_BT)^{3/2}/h^3$，为导带处的有效态密度，$m_e^*$ 为电子的有效质量。根据(12-18)式可求得：

$$j = \frac{qN_CD_n[\exp(qV/k_BT)-1]}{\int_0^{x_d}\exp[qV(x)/k_BT]\mathrm{d}x} \tag{12-22}$$

在上式积分中，$V(x)$ 用(12-12)式代入，并考虑到：当势垒高度 $q(V_D - V)$ 远大于 k_BT 时，积分会随着 x 的增大而急剧减小，所以略去(12-12)式中 x^2 项，完成积分，并作一些近似，最后得到

$$j = j_0[\exp(qV/k_BT) - 1] \tag{12-23}$$

其中

$$j_0 = \frac{q^2D_nN_c}{k_BT}\left[\frac{2qN_D(V_D-V)}{\varepsilon_s\varepsilon_0}\right]^{1/2}\exp(-q\phi_{ns}/k_BT) \tag{12-24}$$

由(12-23)式可以看出,当加正向电压时,$V>0$,$qV/k_BT\gg 1$,所以正向电流近似呈指数增长。当加反向电压时,$V<0$,$qV/k_BT\ll -1$,(12-23)式中的指数项可以忽略,$j=-j_0$,所以加反向电压时,电流近似为常数。综上分析,可以得到前面的电流-电压关系图。

扩散理论成立的前提是:势垒区可以建立宏观的电子浓度梯度,电子在势垒区有足够多的碰撞,所以要求 $x_d\gg l_0$,其中 l_0 为电子的平均自由程。

$$l_0 = \frac{m\mu_n}{q}v \tag{12-25}$$

取电子的迁移率为 $\mu_n=500\ \text{cm}^2/\text{V}\cdot\text{s}$,$m$ 用自由电子的质量,取电子热运动速率 $v=10^7\ \text{cm/s}$,则 $l_0=2.8\times 10^{-6}\ \text{cm}$。对于 x_d,取 $V_D-V=0.6\ \text{V}$,当 $N_D=10^{15}\ \text{cm}^{-3}$ 时,由(12-13)式算得的 $x_d=8.8\times 10^{-5}\ \text{cm}$;当 $N_D=10^{17}\ \text{cm}^{-3}$ 时,可以算得 $x_d=8.8\times 10^{-6}\ \text{cm}$,此时 $x_d\gg l_0$ 勉强成立。所以,当 N_D 很大,或正向电压很高,或半导体材料的电子迁移率很大时,扩散理论就不成立了,此时使用热电子发射理论可能更为合适。

12.2.3 热电子发射理论

热电子发射理论认为,金属和半导体中,一些热运动速率比较大的电子,可以越过势垒区,从一边发射到另外一边,在不施加偏压时,单位时间内从金属发射到半导体的电子数,等于从半导体发射到金属的电子数,净电流为零。当施加正向偏压时,半导体这边的势垒会降低,由原来的 V_D 降为 V_D-V,半导体向金属发射的电子数会多于从金属向半导体发射的电子数,两者之差即为净电流。

1. 等能面为球面的简单情况

下面我们讨论由半导体向金属发射的电流密度 j_{sm},根据态密度理论可知,在单位体积中,速度在 $v_x\to v_x+\mathrm{d}v_x$,$v_y\to v_y+\mathrm{d}v_y$,$v_z\to v_z+\mathrm{d}v_z$ 范围内的电子数为

$$\begin{aligned}\mathrm{d}n &= \frac{2}{h^3}f(E)\mathrm{d}p_x\mathrm{d}p_y\mathrm{d}p_z \\ &= \frac{2m_0^3}{h^3}\frac{\mathrm{d}v_x\mathrm{d}v_y\mathrm{d}v_z}{\exp[(E-E_{fn})/k_BT]+1}\end{aligned} \tag{12-26}$$

式中因子 2 是考虑电子的自旋简并度而引起,$f(E)$ 为费密分布函数,h 为普朗克常数,上式已假定电子的等能面为球面,即电子的有效质量在各个方向是相等的,都为 m_0。假定金-半接触面与 x 轴垂直,由 $\mathrm{d}n$ 而引起的电流密度为

$$\mathrm{d}j_{sm} = qv_x\mathrm{d}n = \frac{2qm_0^3}{h^3}f(E)v_x\mathrm{d}v_x\mathrm{d}v_y\mathrm{d}v_z \tag{12-27}$$

只有能量比较高的电子,即能量比费密能级高出 $q\phi_{sn}$ 或 $q(V_D-V)$ 的电子,才能实现热电子发射。这些电子的能量比 E_{fn} 要高出好几个 k_BT,可以用玻耳兹曼分布来代替费密分布。这样对上式积分,便可得到由半导体向金属发射的电子所形成的电流

$$j_{sm} = \frac{2qm_0^3}{h^3}\int_{-\infty}^{\infty}\int_{-\infty}^{\infty}\int_{v_{x0}}^{\infty} e^{E_{fn}/k_BT} e^{-\frac{m_0}{2k_BT}(v_x^2+v_y^2+v_z^2)} v_x \mathrm{d}v_x \mathrm{d}v_y \mathrm{d}v_z \quad (12\text{-}28)$$

上式中对 v_x 的积分下限取 v_{x0}，它应当满足

$$\frac{1}{2}m_0 v_{x_0}^2 - E_{fn} > q(V_D - V) + q\phi_n = q(\phi_{ns} - V) \quad (12\text{-}29)$$

完成(12-28)式的积分，可得

$$j_{sm} = AT^2 \exp(-q\phi_{ns}/k_BT)\exp(qV/k_BT) \quad (12\text{-}30)$$

式中 A 为理查逊常数，由下式给出：

$$A = \frac{4\pi m_0 q k_B^2}{h^3} \quad (12\text{-}31)$$

将 m_0 用自由电子的质量代入，可得 $A = 120 \text{ A}/(\text{cm}^2\text{K}^2)$。

电子从金属到半导体所面临的势垒高度不随外加电压而变化，所以从金属到半导体发射的电子所形成的电流密度 j_{ms} 是个常量，在数值上它等于热平衡条件下($V=0$)的 j_{sm}，但方向相反，所以有

$$j_{ms} = -j_{sm}|_{V=0} = -AT^2\exp(-q\phi_{ns}/k_BT) \quad (12\text{-}32)$$

综合(12-30)和(12-32)两式可得，净电流密度为

$$j = j_{sm} + j_{ms} = AT^2\exp(-q\phi_{ns}/k_BT)[\exp(qV/k_BT)-1] \quad (12\text{-}33)$$

对于施加反向偏压的情况，结果与上式完全一致，只不过 V 为负值而已。当 $V < -3k_BT/q$ 时，上式中方括号内的指数项比 1 小得多，可以忽略，可以得到

$$j = -AT^2\exp(-q\phi_{ns}/k_BT) \quad (12\text{-}34)$$

是一个常量。

2. 等能面为椭球面的实际情况

上述分析中，没有考虑到等能面是椭球面的实际情况。一般情况下，半导体有几个能谷，每个能谷都可以发射电子。设沿等能面椭球的三个主轴 x, y, z 方向的电子有效质量分量分别为 m_x^*, m_y^*, m_z^*，发射电子的平面法向为 i，它与椭球主轴夹角的方向余弦分别为 $\gamma_1, \gamma_2, \gamma_3$，电子的波矢分量分别为 k_x, k_y, k_z。在能谷附近，电子的能量为

$$E = E_C + \frac{\hbar^2}{2}\left(\frac{k_x^2}{m_x^*} + \frac{k_y^2}{m_y^*} + \frac{k_z^2}{m_z^*}\right) \quad (12\text{-}35)$$

这时电子沿 i 方向的速度分量为

$$v_i = (v_x\gamma_1 + v_y\gamma_2 + v_z\gamma_3) = \hbar\left(\frac{k_x}{m_x^*}\gamma_1 + \frac{k_y}{m_y^*}\gamma_2 + \frac{k_z}{m_z^*}\gamma_3\right) \quad (12\text{-}36)$$

同样，利用玻耳兹曼分布代替费密分布，并根据态密度理论，可以得到一个能谷发射电子所

形成的电流为

$$j_i = \frac{2qm_x^* m_y^* m_z^*}{h^3} \iiint \exp[(E-E_{fn})/k_BT] v_i \mathrm{d}v_x \mathrm{d}v_y \mathrm{d}v_z \tag{12-37}$$

为了将上述积分算出，作一些变量代换，令

$$\alpha_1 = \gamma_1 \sqrt{m_y^* m_z^*}, \quad \alpha_2 = \gamma_2 \sqrt{m_z^* m_x^*}, \quad \alpha_3 = \gamma_3 \sqrt{m_x^* m_y^*}$$

$$\beta_1 = \frac{\hbar k_x}{(2m_x^* k_B T)^{1/2}}, \quad \beta_2 = \frac{\hbar k_y}{(2m_y^* k_B T)^{1/2}}, \quad \beta_3 = \frac{\hbar k_z}{(2m_z^* k_B T)^{1/2}}$$

这样，可将(12-37)式改写为

$$j_i = \frac{2q}{h^3}(2k_BT)^2 e^{-\frac{E_c-E_{fn}}{k_BT}} \left[\alpha_1 \iiint e^{-(\beta_1^2+\beta_2^2+\beta_3^2)} \beta_1 \mathrm{d}\beta_1 \mathrm{d}\beta_2 \mathrm{d}\beta_3 + \right.$$
$$\left. \alpha_2 \iiint e^{-(\beta_1^2+\beta_2^2+\beta_3^2)} \beta_2 \mathrm{d}\beta_1 \mathrm{d}\beta_2 \mathrm{d}\beta_3 + \alpha_3 \iiint e^{-(\beta_1^2+\beta_2^2+\beta_3^2)} \beta_3 \mathrm{d}\beta_1 \mathrm{d}\beta_2 \mathrm{d}\beta_3 \right] \tag{12-38}$$

当施加的偏压为零时，上式积分下限选取的原则是使下式满足

$$E - E_{fn} \geqslant q\phi_{ns} \tag{12-39}$$

在势垒顶附近，即金-半接触的界面处，$E_C - E_{fn} = q\phi_{ns}$，由(12-35)式我们知道，电子的能量等于 E_C 加动能，所以只要积分下限取为 $v_i = 0$ 即可使(12-39)式得到满足，令(12-36)式等于零可得

$$\alpha_1\beta_1 + \alpha_2\beta_2 + \alpha_3\beta_3 = 0 \tag{12-40}$$

利用上式这个约束条件，可将(12-38)式的积分求出，结果为

$$j_i = j_i^0 = A_i^* T^2 \exp(-q\phi_{ns}/k_BT) \tag{12-41}$$

式中 j_i^0 表示施加的偏压为零时的热电子发射引起的电流密度，A_i^* 由下式给出：

$$A_i^* = \frac{A}{m_0}(\gamma_1^2 m_y^* m_z^* + \gamma_2^2 m_z^* m_x^* + \gamma_3^2 m_x^* m_y^*)^{1/2} \tag{12-42}$$

对所有能谷求和，便可得到半导体向金属发射电子产生的电流，此时，只需将(12-41)式中的 A_i^* 改为 A^* 即可，

$$A^* = \sum_i A_i^* \tag{12-43}$$

其中 A^* 称为有效理查逊常数。

对于 n 型硅，设电子的发射 x 沿 $\langle 100 \rangle$ 方向，此时 $\gamma_1 = 1, \gamma_2 = \gamma_3 = 0$，有两个椭球的长轴与 x 方向平行，电子的有效质量分别为 $m_x^* = m_l, m_y^* = m_z^* = m_t$，其中 m_l 和 m_t 分别为纵向和横向有效质量，这两个能谷的有效理查逊常数为 $A_1^* = Am_t/m_0$。对于另外四个能谷，两个在 y 轴上，$m_x^* = m_z^* = m_t, m_y^* = m_l$；另有两个在 z 轴上，$m_x^* = m_y^* = m_t, m_z^* = m_l$，对于这四个能谷，它们的有效理查逊常数都为 $A_2^* = A(m_t m_l)^{1/2}/m_0$。所以对于 $\langle 100 \rangle$ n 型

硅，有效理查逊常数为

$$A^* = \frac{2m_t + 4(m_t m_l)^{1/2}}{m_0} A \tag{12-44}$$

$m_t = 0.19 m_0$，$m_l = 0.97 m_0$，所以有效理查逊常数大约为 252 A／(cm²K²)。

利用同样的方法可得⟨111⟩n 型硅的有效理查逊常数为

$$A^* = \frac{6}{m_0}\left(\frac{m_t^2 + 2m_t m_l}{3}\right)^{1/2} A \tag{12-45}$$

其数值大约为 264 A／(cm²K²)。

对于 p 型硅，令轻、重两种空穴的有效质量分别为 m_{lh}^* 和 m_{hh}^*，则有

$$A^* = \frac{m_{lh}^* + m_{hh}^*}{m_0} A \tag{12-46}$$

$m_{lh}^* = 0.16 m_0$，$m_{hh}^* = 0.49 m_0$，其有效理查逊常数为 78 A／(cm²K²)。

硅、锗、砷化镓等半导体材料，在室温下都具有较高的载流子迁移率，即有较大的平均自由程，所以这些材料的肖特基势垒电流输运机制，主要是热电子发射。而当 N_D 很小（$N_D < 10^{14} \cdot \text{cm}^{-3}$），或势垒区的电场很小时，热电子发射理论不再成立。

12.2.4 量子隧穿理论

由量子力学理论可知，能量低于势垒的粒子，有一定的概率穿过这个势垒，当然穿过的概率随着势垒的高度和宽度的增加而指数下降。为简单起见，我们假定，存在一个临界势垒厚度 x_0，它所对应的势垒高度为 $|qV(x_0)|$。当电子的能量大于 $|qV(x_0)|$ 时，则电子穿过势垒的概率为 1；当电子的能量小于 $|qV(x_0)|$ 时，则电子穿过势垒的概率为 0。对于金属中的电子而言，原来的势垒顶的高度为 $|qV(0)|$，即 $q\phi_{ns}$（以金属的费密能级为零电势能点），考虑到量子力学效应之后，势垒顶的高度变为 $|qV(x_0)|$。若 $x_0 \ll x_d$，则根据(12-12)式可知，势垒高度的降低量为

$$q\Delta V = q\phi_{ns} - |qV(x_0)| \approx \left[\frac{2q^3 N_D}{\varepsilon_s \varepsilon_0}(V_D - V)\right]^{1/2} x_0 \tag{12-47}$$

当反向电压较高时，势垒的降低比较明显，使反向电流增加得较多，理论结果与实际情况比较符合。

12.2.5 镜像力理论

根据电动力学知识人们知道，一个电子放在一个金属平面板附近，则这个电子会受到金属板的作用力，这个力可以等效为"镜像力"，即电子受到金属板力的大小和方向，同电子与镜像电荷受到的力一样，如图 12-7 所示。

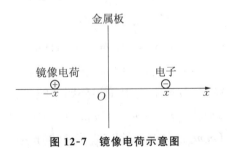

图 12-7 镜像电荷示意图

第十二章　金属-半导体接触和肖特基势垒器件

设电子离金属板的距离为 x，则镜像电荷与电子是关于金属板为对称的（将金属板看作一面镜子），电子的带电量为 $-q$，镜像电荷的带电量为 $+q$。电子受到金属板的吸引力为

$$f = -\frac{q^2}{4\pi\varepsilon_0(2x)^2} \tag{12-48}$$

若取无穷远处为电子的电势能的零点，则图中电子所具有的电势能为

$$W_c = \int_x^\infty f\,\mathrm{d}x = -\frac{q^2}{16\pi\varepsilon_0 x} \tag{12-49}$$

当半导体和金属接触时，在耗尽层中可以近似地利用上述结论。在不加偏压的平衡情况下，以半导体的导带底为电势能的零点，则由于镜像力的作用，电子所具有的电势能为

$$W(x) = \frac{-q^2}{16\pi\varepsilon_s\varepsilon_0 x} - qV(x) = \frac{-q^2}{16\pi\varepsilon_s\varepsilon_0 x} + \frac{q^2 N_D}{\varepsilon_s\varepsilon_0}(x-x_d)^2 \tag{12-50}$$

其中利用了(12-12)式。假设电势能的极大值在 x_m 处，则将上式对 x 求导，并令其一阶导数为零，可得

$$\frac{q^2}{16\pi\varepsilon_s\varepsilon_0 x_m^2} = \frac{q^2 N_D}{\varepsilon_s\varepsilon_0}(x_d - x_m)$$

若 $x_d \gg x_m$，并将 x_d 用 x_{d0} 代替，x_{d0} 的物理意义是不施加偏压时空间电荷区的宽度，$x_{d0} = \left(\frac{2\varepsilon_s\varepsilon_0 V_D}{qN_D}\right)^{1/2}$。为此，得到电势能极大值的位置在

$$x_m = \left(\frac{1}{16\pi N_D x_{d0}}\right)^{1/2} \tag{12-51}$$

将 x_m 的表达式代入(12-21)式，并略去 x_m^2 项，可以得到

$$W(x_m) = qV_D - \frac{q^2}{8\pi\varepsilon_s\varepsilon_0 x_m} \tag{12-52}$$

不考虑镜像力时，电势能为 qV_D，因此考虑镜像力后而导致的肖特基势垒的降低量为

$$q\Delta\phi = \frac{q^2}{8\pi\varepsilon_s\varepsilon_0 x_m} = \frac{1}{2}\left[\frac{2q^7 N_D V_D}{\pi^2(\varepsilon_s\varepsilon_0)^3}\right]^{1/4} \tag{12-53}$$

在平衡条件下，$\Delta\phi$ 很小，大约为几十毫伏，可忽略，x_m 约为 $10\sim100$ nm。

在有外加偏压的不平衡情况下，镜像力使势垒顶的位置向半导体一侧移动，移动量为 $\Delta x = \frac{1}{4\sqrt{\pi N_D x_d}}$，$x_d$ 为施加偏压情况下肖特基势垒的宽度（或厚度），$x_d = \left[\frac{2\varepsilon_s\varepsilon_0(V_D-V)}{qN_D}\right]^{1/2}$（金属加正电压时，$V > 0$），肖特基势垒的降低值为

$$q\Delta\phi \approx \frac{1}{2}\left[\frac{2q^7 N_D}{\pi^2(\varepsilon_s\varepsilon_0)^3}(V_D-V)\right]^{1/4} \tag{12-54}$$

其中 V_D 由(12-8)式给出。上式表明,由镜像力而引起的势垒的降低,随着反向电压的增加而缓慢增加。当反向电压较高时,镜像力的影响才变得重要。

12.3 肖特基势垒二极管

利用金属-半导体的整流特性而制成的二极管,称为肖特基势垒二极管,它和传统的 p-n 结二极管具有类似的伏安特性,即具有单向导通性。

由前面的热电子发射理论和扩散理论可知,肖特基势垒二极管的电流密度可分别由(12-23)或(12-33)式给出,即可以表示为

$$j = j_0(e^{qV/k_BT} - 1) \tag{12-55}$$

当正向偏置时,且 $V \gg 0.078$ V 时,电流密度可近似为

$$j = j_0 e^{qV/k_BT} \tag{12-56}$$

而实际的肖特基势垒二极管的正向电流随着电压的上升不及上式来得快,引入一个大于 1 的非理想因子 α,可将上式重写为 $j = j_0 e^{qV/\alpha k_BT}$,其中 α 由下式给出:

$$\alpha = \frac{q}{k_BT} \frac{dV}{d\ln j} \tag{12-57}$$

然后根据实验测量 $\ln j$-V 关系直线的斜率,便可得到 α。

当施加反向偏压时,根据前面的分析可知,在 $|V| \gg 0.078$ V 的情况下,反向电流会饱和,与外加电压的大小无关,而实际的反向电流是不饱和的。下面我们来分析理论与实际产生偏差的原因。

12.3.1 镜像力因素

由上节讨论我们知道,在镜像力的作用下,势垒的高度会降低,降低量由(12-54)式给出,即

$$q\Delta\phi \approx \frac{1}{2}\left[\frac{2q^7 N_D}{\pi^2(\varepsilon_s\varepsilon_0)^3}(V_D - V)\right]^{1/4} \tag{12-58}$$

根据上式,可以看出,当加正向偏压时,随着外加电压 V 的增加,$q\Delta\phi$ 缓慢变小,也就是说势垒的高度随着外加电压 V 的增加而缓慢增加,所以导致电流随电压的上升而减缓。当加反向偏压时,势垒的高度随着外加电压 V 的增加而缓慢降低,所以导致反向电流随反向电压的增大而增大,因而不会出现饱和电流。

当加正向偏压、且室温下 $V \gg 0.078$ V 时,根据(12-33)式,将理查逊常数 A 用有效理查逊常数 A^* 代替,并将势垒高度 $q\phi_{ns}$ 用有效势垒高度 $q\phi_{ns} - q\Delta\phi$ 代替,这样正向电流密度可写为

$$j = A^* T^2 \exp[-q(\phi_{ns} - \Delta\phi)/k_BT]\exp(qV/k_BT) \tag{12-59}$$

将上式取对数后对 V 求微分,并根据(12-57)式,可以得到 α 的表达式如下:

$$\alpha \approx 1 + \frac{1}{4}\left(\frac{q^3 N_D}{8\pi^2 \varepsilon_s^3 \varepsilon_0^3}\right)^{1/4}(V_D - V)^{-3/4} \tag{12-60}$$

对于硅,当 $V_D - V = 0.5\text{ V}$,$N_D = 10^{15}\text{ cm}^{-3}$ 时,$\alpha = 1.006$,当 $N_D = 10^{16}\text{ cm}^{-3}$ 时,$\alpha = 1.01$,当 $N_D = 10^{17}\text{ cm}^{-3}$ 时,$\alpha = 1.02$。实际的 α 值比仅考虑镜像力而计算得到的要大。

根据(12-34)式,将 A 用 A^* 代替,在考虑到镜像力使得势垒降低这个因素之后,反向电流密度可写为

$$j = A^* T^2 \exp(-q\phi_{ns}/k_B T)\exp(q\Delta\phi/k_B T) \tag{12-61}$$

$$\ln j \propto \frac{q\Delta\phi}{k_B T} \propto (V_D - V)^{1/4} \tag{12-62}$$

实验发现,有很多肖特基势垒二极管,其反向电流比仅计入镜像力而得到的结果要大,所以镜像力并不是引起肖特基势垒二极管的伏安特性偏离理想伏安特性的唯一因素。

12.3.2 外加电场因素

与镜像力作用相类似,当有外加偏压时,特别是施加反向偏压时,有一部分电压会降落在金属的表面层,这样在金属的表面就有势能降低 $q\Delta\phi$,如图 12-8 所示。对于金属而言,真空能级在其表面是弯的,因此在金属表面它的功函数由原来的 W_m 降为 $W_m - q\Delta\phi$,而半导体这边的功函数不变。根据(12-9)式可知,金属一边的势垒高度由原来的 $W_m - q\chi$,降为 $W_m - q\chi - q\Delta\phi$,所以势垒的高度降低了

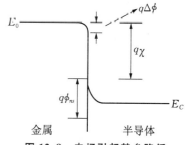

图 12-8 电场引起势垒降低

$q\Delta\phi$。反向电压越大,则反向电场越强,势垒的降低量 $q\Delta\phi$ 越多,从而反向电流会随着电压的增大而缓慢增大,不会出现饱和电流。

12.3.3 场发射和热电子场发射因素

其实,电子发射并不是肖特基势垒二极管中唯一的电荷输运机制。当势垒比较薄时,半导体中靠近导带底的电子,可以通过量子隧穿效应而到达金属中,或发生相反的过程,称之为场发射,如图 12-9 中的箭头 FE 所示。另外,电子也可以被激发到势垒顶稍下一些的较高能级,然后再通过量子隧穿效应而穿过势垒,如图 12-9 中的 HFE 箭头所示,这称之为热电子场发射。

肖特基势垒二极管的完整的电荷输运,应当包括电子发射、场发射以及热电子场发射,这几种不同的输运方式在不同的条件下分别起主要作用。在温度比较低、掺杂浓度比较高的情况下,高能量电子比较少、势垒厚度比较薄,场发射起主要作用;在中等温度时,热电子场发射占主导地位;在高温和掺杂浓度比较低时,电子发射是主要的输运方式。

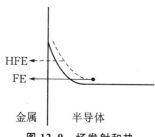

图 12-9 场发射和热电子场发射示意图

12.3.4 其他因素

除了上面的几个影响肖特基势垒二极管电流的因素之外,还有载流子的产生-复合、边缘效应、界面层的作用等因素。

所谓载流子的产生—复合,与通常的硅 pn 结一样,在正向小注入和势垒区的高度 $q\phi_{ns}$ 比较大的情况下,势垒区的复合电流起主要作用,此时电流密度与 $\exp(qV/\alpha k_B T)$ 成正比,α 的值接近于 $2q\phi_{ns}/E_g$。在施加反向偏压时,载流子的产生起主要作用,电流密度与 $(V_D - V)^{1/2}/\tau$ 成正比,其中 $1/\tau$ 为产生率。

所谓边缘效应,是由于受到结边缘氧化层的影响,势垒区在该处会扩展或收缩。当氧化层中存在正电荷时,它会在半导体中感应出负电荷,使电子的浓度变大,半导体的表面成为积累区,所以势垒区在接触边缘处要变窄,因此会影响肖特基势垒二极管的伏安特性。

所谓界面层的作用,是指在实际的金属和半导体之间,都会存在厚度比较大的界面层,外加电压会有一部分降落在界面层上。载流子是依靠量子隧穿效应而通过界面层的,所以在这种情况下,正向电流随电压的变化很缓慢,α 的值可以比 1 大很多。在一些用电镀法制造的肖特基势垒二极管中,如果表面处理得不好的话,界面层的作用会很大。

12.4 肖特基势垒源/漏单栅结构的 MOSFET

当前,随着 MOSFET 器件尺寸的按比例缩小,短沟道效应越来越严重,为了减小短沟道效应,MOSFET 的源和漏的结深要尽可能地小,同时,为了减小串联电阻,需要增加"源-漏"区的掺杂浓度。由于掺杂浓度受到杂质"固溶度"的限制,当掺杂的浓度达到了杂质的"固溶度"时,串联电阻就很难再减小了。

为了解决结深以及固溶度的限制,人们提出了用金属做源和漏,这样在源区和漏区形成金属-半导体接触,即肖特基势垒(SB)接触。这一想法由 Nishi 最先提出,早在 1966 年 Nishi 提交了一份日本专利,认为要彻底地用金属来替代掺杂硅作为源和漏,此专利于 1970 年获得授权。在 1968 年,M. P. Lepselter 和 S. M. Sze 发表文章,提出用 PtSi 做源和漏,并制作出 PMOS,但限于当时的工艺条件,在室温下这种器件的驱动电流比传统的 MOSFET 要低 10 倍。直到 20 世纪 80 年代,人们发现驱动电流低的主要原因是源/漏电极与栅极之间的缝隙太大。通过工艺上的改进之后,驱动电流大大提高,使 SB MOSFET 的研究得到很大的进展。研究表明,使用金属做源和漏有以下好处:

(1) 能够突破结深及固溶度的限制。
(2) 可以减小串联电阻及寄生电容。
(3) 能有效地压制源漏穿通效应(Punch Through)以及漏致势垒降低效应。
(4) 可以减轻寄生的双极型晶体管效应。
(5) 可以在不用高温的条件下形成源或漏。

正是由于上述这些优越性,引起人们对肖特基势垒源-漏结构的 MOSFET 研究的浓厚兴趣,并认为是器件尺寸小型化后的很好的发展途径。

12.4.1 单栅 SB MOSFET 的制作工艺流程

单栅 SB MOSFET 的制作工艺与当前的 CMOS 制作工艺是相容的,不需要新的设备,并且它的制作工序比传统的 CMOS 制作工序要少。首先使用标准的诸如 STI 或 LOCOS 隔离工艺,然后进行标准阱和沟道的离子植入,随后形成双掺杂多晶硅栅或金属栅。使用常规的光刻技术来形成精细的栅。在栅上形成很薄(小于 10 nm)的侧墙隔离。

利用自对准技术,将暴露出来的源/漏区淀积 PtSi,以便形成 PMOS 的源和漏。或者,利用自对准技术,将暴露出来的源/漏区淀积 ErSi,以便形成 NMOS 的源和漏。铂和铒是通过常规的物理气相淀积方法制作的。

SB-CMOS 电路需要互补的 SB-NMOS 和 SB-PMOS,这可以通过使用费密能级在禁带中央(mid-gap)的硅化物,也可以使用互补的硅化物。前者所形成的肖特基势垒高度大约为硅的禁带宽度的一半,但这样制成的器件具有很差的饱和驱动电流,而且因栅感应而形成的漏极电流以及结泄漏电流也很大。而互补的硅化物则可以形成两个不同的互补的势垒高度,这种器件的性能较好。

12.4.2 电流电压分析

R. A. Vega 研究了单栅 SB MOSFET 的电流传输机理,他使用短沟道阈值电压模型以及爱里函数和矩阵变换(transfer)隧穿模型,推导出一维 SB MOSFET 模型,现简单介绍如下。

1. 沟道电势模型

作者假定在源和漏的金-半接触处,存在电势突变,由第九章的知识可知,沟道处的电势 V_c 可写为下列形式:

$$V_c = -\frac{E}{q}$$

$$= \mp \left[(V_{bi} \mp V_{DS} - \Psi_{slc}) \frac{\sinh\left(\frac{x}{l}\right)}{\sinh\left(\frac{L_{ch}}{l}\right)} + \Psi_{slc} - V_{bi} + \phi_B + (V_{bi} - \Psi_{slc}) \frac{\sinh\left(\frac{L_{ch}-x}{l}\right)}{\sinh\left(\frac{L_{ch}}{l}\right)} \right]$$

(12-63)

其中 l 为特征长度,有

$$l = \sqrt{\frac{\varepsilon_s t_{ox} W_{Dmax}}{\eta \varepsilon_{ox}}} \qquad (12\text{-}64)$$

$$\Psi_{slc} = \mp V_{GS} + \phi_{ms} - \frac{qN_b W_{Dmax} t_{ox}}{\varepsilon_{ox}\varepsilon_0} + \frac{Q'_{ox}}{C'_{ox}} \qquad (12\text{-}65)$$

上述各式中,E 是载流子的能量,L_{ch} 是沟道的长度,x 是沟道中某点的坐标位置,Ψ_{slc} 是长沟道时的表面势,W_{Dmax} 为最大栅感应硅体耗尽层厚度,N_b 是体掺杂浓度,ϕ_{ms} 是金属与半导体功函数之差。Q'_{ox} 为氧化层界面电荷面密度,对于理想情况下为零。C'_{ox} 为氧化层单位面积电容,η 是一个与沟道长度和漏端电压有关的拟合参数,对于电子,η 约为 1.1,对于空穴,η 约为

2.6。对于有±号的地方,上面的符号适用于体硅为 n 型的,下面的适用于体硅为 p 型的。例如,对于 nMOSFET,体硅为 p 型的,当 $x=0$ 时,$V_c=\phi_B$;当 $x=L_{ch}$ 时,$V_c=\phi_B+V_{DS}$。

将(12-63)式对 x 求导,并令 $x=W_B$,这样可以得到沟道中 $x=W_B$ 处电场强度 $\mathscr{E}$ 的表达式,

$$\mathscr{E}(W_B) = \mp \left[l\sinh\left(\frac{L_{ch}}{l}\right)\right]^{-1}$$
$$\times \left[(V_{bi} \mp V_{DS} - \Psi_{slc})\cosh\left(\frac{W_B}{l}\right) - (V_{bi} - \Psi_{slc})\cosh\left(\frac{L_{ch}-W_B}{l}\right)\right] \quad (12\text{-}66)$$

式中 W_B 为给定能量时的隧穿势垒宽度,可令(12-63)式中的 $x=W_B$,然后求解该式便可得到 W_B 的表达式。

2. 势垒隧穿模型

作者对势垒隧穿模型的处理,使用在多量子阱的情况下较为精确的爱里函数和矩阵变换方法,这种方法虽然比较复杂,但比 WKB 法要精确得多。根据这个方法,载流子穿过势垒的概率为

$$T_{TL} = \left(\frac{4k}{k'}\right) \times \left[\left(A+\frac{k'}{kD}\right)^2 + \left(\frac{C}{k}-k'B\right)^2\right] \quad (12\text{-}67)$$

式中 A,B,C,D 为 2×2 变换矩阵的四个元素,它们的表达式中包含一阶和二阶爱里函数以及爱里函数的导数,具体可参看。k 及 k' 由下式给出:

$$k = q\sqrt{\frac{2m^*m_0 E}{\hbar^2}}, \quad k' = q\sqrt{\frac{2m^*m_0(E+qV_{DS})}{\hbar^2}} \quad (12\text{-}68)$$

m^* 是载流子的有效质量。计算爱里函数时,它的变量为 $\rho(x)$,表达式为

$$\rho(x) = \left(x + \frac{\phi_B - \Delta\phi_B - E/q}{\mathscr{E}}\right)\left(\frac{2qm^*m_0\mathscr{E}}{\hbar^2}\right)^{1/3} \quad (12\text{-}69)$$

此处物理量 x 为沟道中的位置,ϕ_B 为肖特基势垒的高度,$\Delta\phi_B$ 为横向电场引起的肖特基势垒降低量,可表示成

$$\Delta\phi_B = \sqrt{\frac{q\alpha|\mathscr{E}|}{4\pi\varepsilon_s\varepsilon_0}} \quad (12\text{-}70)$$

α 为拟合参数,对于电子,大约为 0.1,对于空穴,大约为 1.0(0.9~1.1),$\Delta\phi_B$ 的值在 0.1~0.15 eV 之间。

3. 接触电势

在建立热发射电流模型时,除了要知道肖特基势垒高度之外,还要必须定量地知道接触电势 ϕ_c。可以按照以下方法得到 ϕ_c:①将(12-63)式对 x 求导,并令导数等于零,可以解出 x_{max},这样 x_{max} 所对应的沟道电势为极值点;②将 x_{max} 代回(12-63)式,并令 $\phi_B=0$,所得到的沟道电势即为接触电势 ϕ_c。x_{max} 的表达式如下:

$$x_{max} = \frac{l}{2}\ln\left[\frac{\exp(L_{ch}/l)-1}{(V_{bi}-V_{DS}-\Psi_{slc})/(V_{bi}-\Psi_{slc})-\exp(-L_{ch}/l)}\right] \quad (12\text{-}71)$$

4. 总的电流

利用弹道输运理论，可以得到表面处一维体系的隧穿电流密度 J_{tun} 和热发射电流密度 J_{therm}，它们的表达式如下：

$$J_{tun} = \frac{A^* T}{k_B} \int_{-q\phi_{Binv}}^{q\phi_{Bacc}} T_{TL}(E)[f_s(E) - f_d(E)]dE \tag{12-72}$$

$$J_{therm} = \frac{A^* T}{k_B} \int_{q(\phi_B + \phi_s - \Delta\phi_B)}^{\infty} [f_s(E \pm q\Delta\phi_B) - f_d(E \pm q\Delta\phi_B)]dE \tag{12-73}$$

式中，A^* 为有效理查逊常数，对于硅中的电子，取值为 112 A/(cm²K²)，对于硅中的空穴，取值为 32 A/(cm²K²)，ϕ_{Binv} 和 ϕ_{Bacc} 分别为反型时和积累型时肖特基势垒的高度，f_s 和 f_d 分别为源端和漏端处的费密分布。

对于热发射电流，$\Delta\phi_B$ 既可以引起电子势垒高度的变化，又可以引起空穴势垒高度的变化，可以等价于将载流子的能量相对于金属源/漏区的费密能级整体移动 $q\Delta\phi_B$。(12-73)式中的正号对应于电子，负号对应于空穴。

5. 模型与实验的比较

作者将模型计算结果与实验结果相比较，实验是选亚 30 nm 和亚 80 nm 的 SB PMOS，源-漏为 PtSi 结构，对于电子，势垒高度 ϕ_B 为 0.87 eV；对于空穴，ϕ_B 为 0.25 eV。$N_b = 1 \times 10^{18}$ cm⁻³，$t_{ox} = 1.8$ nm，使用 n^+ 多晶硅栅，L_{ch} 分别取 25 nm 和 75 nm，V_{GS} 取 3 V，使氧化层中的电场可以达到 7 MV/cm。

理论计算时，电流密度的单位取为"$\mu A/\mu m$"，根据有关实验结果，表面沟道 5 nm 厚度通过的电流占总电流的 90%，所以将电流密度公式乘以一个常数，5.56×10^{-5} μA·cm/A，这样就将(12-72)和(12-73)式中的单位由原来的"A/cm²"转换为"μA/μm"。由模型计算和实验结果的比较如图 12-10 所示。

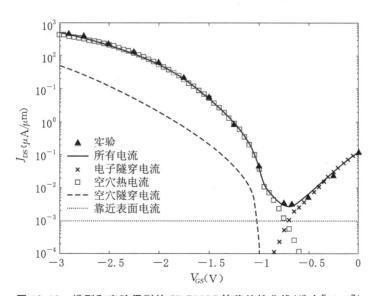

图 12-10 模型和实验得到的 SB PMOS 转移特性曲线(选自[12-6])

6. 有关结论

空穴隧穿电流比较小,只占到总电流的百分之几的量级;而空穴的热发射电流却比较大,起主导作用。

当 V_{GS} 增大时,电流会增大,这主要源自于肖特基势垒的降低而导致的热电流的增大,并非主要来自于势垒宽度的变窄而导致的隧穿电流的增大。

除非肖特基势垒比较高(如对电子而言的 PtSi 源-漏),其他情况下基本上都是热电流占主导地位。当肖特基势垒比较高且横向电场比较大时,隧穿电流才会占主导地位。

当肖特基势垒高度大约为 0.25 eV 时,对于 25 nm 的 CMOS 而言,无论是 PMOS 还是 NMOS,都可以得到大于 1 mA/μm 的驱动电流。

12.4.3 阈值电压特性

M. Zhang 等人从实验和理论上研究了 SB MOSFET 的阈值电压特性,结果表明,由于制作工艺的差别,导致肖特基势垒高度 ϕ_B 不稳定,从而会导致阈值电压变化,这可以通过使用薄的氧化层来消除。当使用的体硅厚度 t_{si} 比较薄时,虽然可以使器件的特性得到改善,但付出的代价却是导致阈值电压不稳定。当使用背栅时,可以使阈值电压的变化减小 15%。

作者们使用完全的硅化镍源和漏,使用 ⟨100⟩ p 型硅,掺杂浓度为 $N_A = 1 \times 10^{15}$ cm^{-3},器件制作在 SOI 上,一开始晶圆厚度为 100 nm,总共制作三套器件:一套是体硅的厚度 $t_{si} \sim$ 50 nm,但具有不同栅氧化层厚度 t_{ox};一套是 $t_{ox} = 3.5$ nm,但具有不同的 t_{si};还有一套就是 $t_{ox} = 3.5$ nm, $t_{si} = \sim 50$ nm,但使用杂质分凝(dopant segregation)方法,在形成硅化物的源-漏之前,将 5×10^{15} cm^{-2} 剂量的硼植入到源-漏区与沟道的交界处,这样做可以使空穴的有效肖特基势垒高度降低。为了减小短沟道效应,器件的沟道长度为 2 μm,宽度为 40 μm。

根据他们以前的研究,阈值电压可由下式给出:

$$V_{TH} = \frac{k_B T}{q}\ln\left(\frac{I_0}{C}\right)\left(\frac{1}{2}+\frac{\lambda}{d}\right)+\frac{q\phi_B+\Delta E}{q}\left(\frac{\lambda}{d}-\frac{1}{2}\right)+\frac{qV_{bi}+\Delta E}{q} \quad (12\text{-}74)$$

式中 $C = M_s(2q/h^2)\sqrt{2\pi m_l^*}(k_B T)^{3/2}$,当考虑量子效应和较高的能级时,靠 M_s 来调节,对于不考虑这些效应时,$M_s = 1$,内建电势 V_{bi} 取为 0.25 V。$\lambda = \sqrt{t_{si} t_{ox}(\varepsilon_{si}/\varepsilon_{ox})}$,为有效屏蔽长度。$d$ 是与隧穿相关的势垒宽度,当势垒宽度大于 d 时,隧穿电流可以忽略。I_0 是电流常数,取值为 10^{-8} A 左右,当施加的栅压使源漏电流达到 I_0 时,定义此时的栅压为阈值电压。ΔE 是由于 t_{si} 比较小时在垂直于沟道方向上要考虑量子力学效应,载流子的能量是量子化的,当 $t_{si} > 5$ nm 时,ΔE 可以忽略。

对(12-74)式进行变分,可以得到阈值电压的变化量为

$$\Delta V_{TH} = \frac{k_B T}{2q}\ln\left(\frac{I_0}{C}\right)\sqrt{\frac{\varepsilon_{si} t_{ox}}{\varepsilon_{ox} t_{si}}}\frac{\Delta t_{si}}{d}+\frac{\phi_B}{2d}\sqrt{\frac{\varepsilon_{si} t_{ox}}{\varepsilon_{ox} t_{si}}}\Delta t_{si}+\left(\frac{\lambda}{d}-\frac{1}{2}\right)\Delta\phi_B \quad (12\text{-}75)$$

由上式可以看出,ΔV_{TH} 与 $1/\sqrt{t_{si}}$,t_{ox} 以及 ϕ_B 成正比,所以当 t_{si} 很小以及肖特基势垒很高时,

阈值电压不稳定。并且不难看出，要使阈值电压稳定，可以减小栅氧化层的厚度和降低肖特基势垒的高度。

作者们使用前面提到的三套器件，对阈值电压的变化量与 t_{si}，t_{ox} 以及 ϕ_B 之间的关系进行实验研究，得到的结果与理论结果相一致。

12.4.4 亚阈值摆幅特性

J. Knoch 等人研究了单栅 SB MOSFET 的亚阈值摆幅特性，得到的解析表达式为

$$S \approx \frac{k_B T}{q}\ln(10)\left(\frac{1}{2}+\frac{\lambda}{d}\right) \tag{12-76}$$

当氧化层的厚度 $d_{ox} = 3.5$ nm 时，上式得到的解析结果与实验结果符合得非常好，参看图 12-11，图中 d_{si} 为体硅的厚度。并且由上式得到的解析结果与用非平衡格林函数方法模拟得到的结果在不同氧化层厚度的情况下，符合得非常好，具体可见图 12-12。

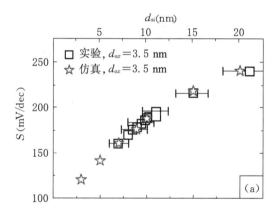

图 12-11　亚阈值摆幅的解析结果与实验结果的比较（选自[12-8]）

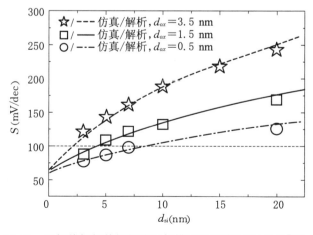

图 12-12　亚阈值摆幅的解析结果与模拟结果的比较（选自[12-8]）

12.5 肖特基势垒源/漏双栅结构 MOSFET 的模型介绍

G. J. Zhu 等人研究了非掺杂的双栅 SB MOSFET,通过求解二维泊松方程,得到准二维表面电势,然后求出沟道电流,现简单介绍如下。

1. 表面电势

这种器件的结构图如图 12-13 所示。根据以前的讨论可知,非掺杂双栅表面电势可由下式给出:

$$V_c(y) = \phi_s(y) + \phi_{s,s}(y) + \phi_{s,d}(y) \tag{12-77}$$

$$\phi_{s,s}(y) = (V_{bi,s} + V_s - \phi_s)\frac{\sinh[(L-y)/\lambda_s]}{\sinh(L/\lambda_s)} \tag{12-77a}$$

$$\phi_{s,d}(y) = (V_{bi,d} + V_d - \phi_s)\frac{\sinh(y/\lambda_d)}{\sinh(L/\lambda_d)} \tag{12-77b}$$

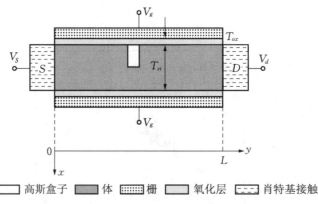

☐ 高斯盒子　■ 体　▦ 栅　▨ 氧化层　┅ 肖特基接触

图 12-13　双栅 SB MOSFET 结构草图(选自[12-9])

其中 $\phi_s(y)$ 是长沟道情况下的表面势,由下式给出:

$$\phi_s[V_c(y)] = V_{gf} - 2\frac{k_BT}{q}l\left\{\frac{\Upsilon}{2\sqrt{k_BT/q}}e^{q(V_{gf}-V_c)/2k_BT}\right\} \tag{12-78}$$

$l\{w\}$ 为 Lambert W 函数,即 $f(w) = we^w$ 的反函数, $V_{gf} = V_g - V_{fb}$, $\Upsilon = (2q\varepsilon_{si}n_i)^{1/2}/C_{ox}$,称为本征体因子。地面取为零点电势,其他点的电势都是相对地面的。$V_{GS} = V_g - V_s$, $V_{DS} = V_d - V_s$。

(12-77)式仅在忽略自由载流子的情况下是正确的,为了将其扩展到所有偏压情况下,引入如下的特征长度:

$$\lambda_{s(d)} = \frac{1}{2}[\lambda_{tun,s(d)} + \lambda_{sub} + \delta_{s(d)} - \sqrt{(\lambda_{tun,s(d)} - \lambda_{sub} - \delta_{s(d)})^2 + 4\delta_{s(d)}\lambda_{tun,s(d)}}] \tag{12-79}$$

其中 $\delta_{s(d)}$ 为平滑参数, η 为拟合常数, $\lambda_{sub} = (\varepsilon_{si}T_{ox}T_{si}/2\eta\varepsilon_{ox})^{1/2}$ 为不变的特征长度,适用于亚阈值时热电子发射电流起主要作用的情况。$\lambda_{tun,s(d)} = (2\varepsilon_{si}\phi_{B,s(d)}/qN_{eff})^{1/2}$ 是与偏压有关

的特征长度,适用于隧穿电流起主要作用的情况,$\phi_{B,s(d)}$为源-漏处的肖特基势垒高度。肖特基势垒感应电荷密度

$$N_{eff} = n_i \exp[\text{arcsh}(N_{sb}/2n_i)], \quad N_{sb} = 2(Q_{i,s} + Q_{i,d})/qT_{si}$$

且

$$Q_{i,s(d)} = \sigma_{s(d)} C_{ox}(V_g - V_{sbfb,s(d)} - \phi_{seff,s(d)}) \tag{12-80}$$

其中$\sigma_{s(d)}$为拟合参数,$V_{sbfb,s(d)}$为源-漏端的平带电压,$\phi_{seff,s(d)}$为源-漏端的有效表面电势,可以由(12-78)式求出。

2. 隧穿电流和热电子电流

文中作者们使用类似于 WKB 法的 Miller-Good 隧穿模型,可以使得隧穿电流与热电子电流比较平滑地相衔接。由 Miller-Good 隧穿模型得到的隧穿概率为

$$T_t(E) = \frac{1}{1 + \exp[S(E)]} \tag{12-81}$$

当$E \leqslant q(\phi_B - \Delta\phi_B)$时,有

$$S(E) = S_0(E) = \frac{4\sqrt{2m_n^*}(q\phi_B - E)^{3/2}}{3hq|F_s[W_B(E)]|} \tag{12-82}$$

其中F_s为表面电场强度,可以由(12-77)式求得,$W_B(E)$为给定能量为E时对应的肖特基势垒宽度。

当$E > q(\phi_B - \Delta\phi_B)$时,有

$$S(E) = S_0(E) + S_1(E) = S_0(E) + \frac{\partial S_0}{\partial E}(E - q\phi_B) \tag{12-83}$$

由电子输运而引起的电流为

$$I_{DS,n} = I_{d,n} - I_{s,n} = -\frac{SA^*T}{k_B}\Bigg[\int_{q(\phi_{B,d}-\Delta\phi_{B,d}+\phi_{C,d})}^{\infty} T_t(E)f_C\{-q(V_d - V_{\min})\}dE$$
$$- \int_{q(\phi_{B,s}-\Delta\phi_{B,s}+\phi_{C,s})}^{\infty} T_t(E)f_C\{-q(V_s - V_{\min})\}dE\Bigg] \tag{12-84}$$

式中$f_C\{x\}$为费密分布函数,$T_t(E)$为隧穿概率,S为肖特基势垒接触处的面积,A^*为有效理查逊常数,$V_{\min}$取为源-漏端电势比较低的那一个,$\Delta\phi_B$是由镜像力和有效接触电势而引起的肖特基势垒降低,ϕ_C为有效接触电势,当载流子的能量低于$q\phi_C$时,可认为隧穿概率为零。

采用类似的方法,可以得到由空穴输运而引起的电流$I_{DS,p}$,据此可以得到总的电流。

3. 结果和分析

作者们将解析结果与用 Medici 模拟得到的结果加以比较,两者符合得非常好。

图 12-14 给出了由电子引起的电流,从曲线上可以看到两个亚阈值摆幅,这已有实验报道。转折点就在V_{sbfb}处,其中$V_{sbfb} = V_{FB} + V_{bi}$,为使能带为平带时所需施加的栅压。当栅压

大于 V_{sbfb} 时，肖特基势垒是受栅压调节的，此时隧穿电流比热电子电流更重要，起着主导作用。仅在第一个亚阈值区域，即在栅压小于 V_{sbfb} 时，热电子电流才起主要作用，在此区域，器件的亚阈值特性与传统的源-漏结构的相类似。

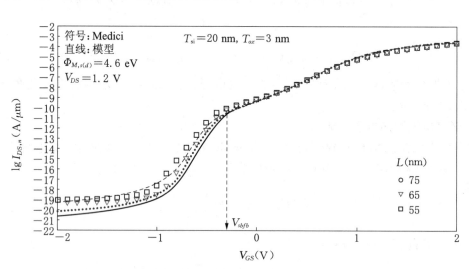

图 12-14 双栅 SB MOSFET 的电子电流曲线（选自[12-9]）

图 12-15 给出了电子和空穴形成的合电流，$I_{DS} = I_{DS,n} + I_{DS,p}$，当栅压为负的时候，电流主要是空穴电流，当栅压为正的时候，电流主要是电子电流。可以看出，对于不同的功函数之差 $\Phi_{M,s(d)}$，电流的最小值点的位置有所不同。

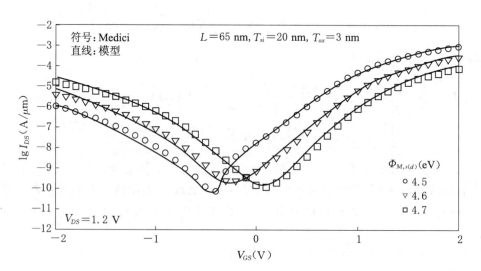

图 12-15 双栅 SB MOSFET 的转移特性曲线（选自[12-9]）

图 12-16 给出了双栅 SB MOSFET 的输出特性曲线，当漏端电压增大时，导致空穴电流增大，使得总的电流缓慢增大。

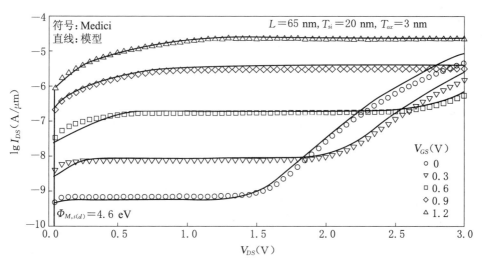

图 12-16 双栅 SB MOSFET 的输出特性曲线(选自[12-9])

参考文献

[12-1] 钱佑华、徐至展著,半导体物理,高等教育出版社,1999.

[12-2] 刘恩科、朱秉升、罗晋生著,半导体物理学(第 7 版),电子工业出版社,2008.

[12-3] Y. Nishi, "Insulated gate field effect transistor and its manufacturing method," Patent 587 527, 1970.

[12-4] M. P. Lepselter, S. M. Sze, *Proc. IEEE*, **56**, 1400(1968).

[12-5] J. M. Larson, J. P. Snyder, *IEEE Trans. Electron Devices*, **53**(5), 1048(2006).

[12-6] R. A. Vega, *IEEE Trans. Electron Devices*, **53**(4), 866(2006).

[12-7] M. Zhang, J. Knoch, S. -L. Zhang, S. Feste, M. Schroter, S. Mantl, *IEEE Trans. Electron Device*, **55**(3), 858(2008).

[12-8] J. Knoch, M. Zhang, S. Mantl, J. Apenzeller, *IEEE Trans. Electron Device*, **53**(7), 1669(2006).

[12-9] G. J. Zhu, X. Zhou, T. S. Lee, L. K. Ang, G. H. See, S. H. Lin, in Proc. ESSDERC, Edinburgh, U. K., Sep. 2008, pp. 182—185.

[12-10] P. Li, G. Hu, R. Liu, T. Tang, *Microelectr. J.*, doi: 10.1016/j.mejo.2011.06.002.

附录

附录 I 锗、硅、砷化镓的重要性质(300 K)

性　质	Ge	Si	GaAs
原子(或分子)数(cm^{-3})	4.42×10^{22}	5.0×10^{22}	4.42×10^{22}
原子(分子)量	72.60	28.09	144.63
晶体结构	金刚石	金刚石	闪锌矿
密度(g/cm^3)	5.326 7	2.328	5.32
介电常数	16.0	11.9	13.1
导带有效态密度, $N_C(cm^{-3})$	1.04×10^{19}	2.8×10^{19}	4.7×10^{17}
价带有效态密度, $N_V(cm^{-3})$	6.0×10^{18}	1.04×10^{19}	7.0×10^{18}
电子亲合势, $\chi(V)$	4.0	4.05	4.07
300 K 时的禁带宽度(eV)	0.66	1.12	1.424
本征载流子密度(cm^{-3})	2.4×10^{13}	1.45×10^{10}	1.79×10^6
本征德拜长度(μm)	0.68	24	2 250
本征电阻率($\Omega \cdot cm$)	47	2.3×10^5	10^8
晶格常数(Å)	5.646 13	5.430 95	5.653 3
熔点(℃)	937	1 415	1 238
电子漂移迁移率($cm^2/V \cdot s$)	3 900	1 500	8 500
空穴漂移迁移率($cm^2/V \cdot s$)	1 900	450	400
光学光子能量(eV)	0.037	0.063	0.035
光子平均自由程, λ_0(Å)	105	76(电子) 55(空穴)	58
比热($J/g \cdot ℃$)	0.31	0.7	0.35
300 K 时的热导率($W/cm \cdot ℃$)	0.6	1.5	0.46
蒸气压(Pa)	1(1 330 ℃) 10^{-6}(760 ℃)	1(1 650 ℃) 10^{-6}(900 ℃)	100(1 050 ℃) 1(900 ℃)
线热膨胀系数(1/℃)	5.8×10^{-6}	2.6×10^{-6}	5.9×10^{-6}
击穿电场强度(V/cm)	$\sim 10^5$	$\sim 3 \times 10^5$	$\sim 4 \times 10^5$
功函数(V)	4.4	4.8	4.7

附录 II 硅与几种金属的欧姆接触系数 R_c ($\times 10^{-4} \Omega \cdot cm^2$)

导电类型		n		p		
电阻率($\Omega \cdot cm$)		0.001	0.01	0.002	0.04	0.5
欧姆接触系数	Al	0.09	6*	0.03	1	20
	Al + PtSi	0.02	0.1	0.02	0.7	10
	Pt	0.08	5*	0.06	3*	80*
	Ni	0.02	2	0.02	4*	100*
	Ni + PtSi	0.02	0.3	0.02	2	20
	Cr	0.03	3*	0.04	8*	200*
	Cr + PtSi	0.03	0.2	0.04	1	15
	Ti	0.01	4	0.01		
	Ti + PtSi	0.01	0.2	0.01	0.01	15

* 已显示出单向导电性的整流接触。

附录 III 二氧化硅和氮化硅的重要性质 (300 K)

性质	SiO_2	Si_3N_4
结构	无定形	无定形
熔点(℃)	~1 600	—
密度(g/cm³)	2.2	3.1
折射率	1.46	2.05
介电常数	3.9	7.5
电介质强度(V/cm)	10^7	10^7
红外吸收带(μm)	9.3	11.5~12.0
禁带宽度(eV)	9	~5.0
线热膨胀系数(1/℃)	5×10^{-7}	—
热导率(W/cm·K)	0.014	
直流电阻率($\Omega \cdot cm$) 25 ℃时	$10^{14} \sim 10^{16}$	$\sim 10^{14}$
500 ℃时	—	$\sim 2 \times 10^{13}$
功函数(V)	8.9	

附录 IV 余误差函数

IV-1 余误差函数的某些性质

$$\text{erf}(x) = \frac{2}{\sqrt{\pi}} \int_0^x e^{-u^2} du$$

$$\text{erfc}(x) = 1 - \text{erf}(x) = \frac{2}{\sqrt{\pi}} \int_x^\infty e^{-u^2} du$$

$$\text{erf}(0) = 0$$

$$\text{erf}(\infty) = 1$$

$$\text{erf}(x) = \frac{2}{\sqrt{\pi}} \left(x - \frac{x^3}{1! \cdot 3} + \frac{x^5}{2! \cdot 5} - \frac{x^7}{3! \cdot 7} + \cdots \right) \quad (|x| < \infty)$$

$$\text{erf}(x) \approx \frac{2}{\sqrt{\pi}} x \quad (x \ll 1)$$

$$\text{erfc}(x) = \frac{e^{-x^2}}{\sqrt{\pi} x} \left[1 + \sum_{k=1}^\infty (-1)^k \frac{(2k-1)!!}{(2x^2)^k} \right]$$

$$\text{erfc}(x) \approx \frac{1}{\sqrt{\pi}} \frac{e^{-x^2}}{x} \quad (x \gg 1)$$

$$\frac{d}{dx}[\text{erf}(x)] = \frac{2}{\sqrt{\pi}} e^{-x^2}$$

$$\int_0^x \text{erfc}(u) du = x\, \text{erfc}(x) + \frac{1}{\sqrt{\pi}}(1 - e^{-x^2})$$

$$\int_0^\infty \text{erfc}(x) dx = \frac{1}{\sqrt{\pi}}$$

IV-2 余误差函数表

x	0	1	2	3	4	5	6	7	8	9
0.0	1.000 0	*9.887 2	*9.774 4	*9.661 6	*9.548 9	*9.436 3	*9.323 8	*9.211 4	*9.099 2	*9.087 2
0.1	8.875 4×10⁻¹	8.763 8	8.652 4	8.541 3	8.430 5	8.320 0	8.209 9	8.100 1	7.990 6	7.881 6
0.2	7.773 0	7.664 8	7.557 0	7.449 8	7.343 0	7.236 7	7.131 0	7.025 8	6.921 2	6.817 2
0.3	6.713 7	6.610 9	6.508 7	6.407 2	6.306 4	6.206 2	6.106 7	6.007 9	5.909 9	5.812 6
0.4	5.716 1	5.620 3	5.525 3	5.431 1	5.337 7	5.245 2	5.153 4	5.062 5	4.972 5	4.883 3
0.5	4.795 0	4.707 6	4.621 0	4.535 4	4.450 6	4.366 8	4.283 8	4.201 8	4.120 8	4.040 6
0.6	3.961 4	3.883 2	3.805 9	3.729 5	3.654 1	3.579 7	3.506 2	3.433 7	3.362 2	3.291 6
0.7	3.222 0	3.153 3	3.085 7	3.019 0	2.953 2	2.888 4	2.824 6	2.761 8	2.699 9	2.639 0
0.8	2.579 0	2.520 0	2.461 9	2.404 8	2.348 6	2.293 3	2.239 0	2.185 6	2.133 1	2.081 6
0.9	2.030 9	1.981 2	1.932 3	1.884 4	1.837 3	1.791 1	1.745 8	1.701 3	1.657 7	1.614 9
1.0	1.573 0	1.531 9	1.491 6	1.452 2	1.413 5	1.375 6	1.338 6	1.302 3	1.266 7	1.232 0
1.1	1.197 9	1.164 7	1.132 1	1.100 3	1.069 2	1.038 8	1.009 0	*9.800 0	*9.516 3	*9.239 2
1.2	8.968 6×10⁻²	8.704 4	8.446 5	8.195 0	7.949 5	7.710 0	7.476 4	7.248 6	7.026 6	6.810 1
1.3	6.599 2	6.393 7	6.193 5	5.998 5	5.808 6	5.623 8	5.443 9	5.268 8	5.098 4	4.932 7
1.4	4.771 5	4.614 8	4.462 4	4.314 3	4.170 3	4.030 5	3.894 6	3.762 7	3.634 6	3.510 2

续表

x	0	1	2	3	4	5	6	7	8	9
1.5	3.389 5	3.272 3	3.158 7	3.048 4	2.941 4	2.837 7	2.737 2	2.639 7	2.545 3	2.453 8
1.6	2.365 2	2.279 3	2.196 2	2.115 7	2.037 8	1.962 4	1.889 5	1.819 0	1.750 7	1.684 7
1.7	1.621 0	1.559 3	1.499 7	1.442 2	1.386 5	1.332 8	1.281 0	1.230 9	1.182 6	1.135 7
1.8	1.090 9	1.047 5	1.005 7	*9.653 4	*9.264 1	*8.889 0	*8.527 5	*8.179 3	*7.843 8	*7.520 7
1.9	7.209 6×10⁻³	6.910 1	6.621 8	6.344 3	6.077 4	5.820 7	5.573 7	5.336 3	5.108 0	4.888 6
2.0	4.677 7	4.475 2	4.280 5	4.093 7	3.914 2	3.741 9	3.576 5	3.417 8	3.265 6	3.119 5
2.1	2.979 5	2.845 2	2.716 4	2.593 0	3.474 7	2.361 4	2.252 5	2.148 9	2.049 4	1.954 1
2.2	1.862 8	1.775 6	1.692 1	1.612 2	1.535 8	1.462 7	1.392 9	1.326 1	1.262 3	1.201 4
2.3	1.143 2	1.087 6	1.034 5	*9.838 0	*9.354 3	*8.892 7	*8.452 2	*8.032 1	*7.631 4	*7.249 4
2.4	6.855 1×10⁻⁴	6.538 0	6.207 2	5.892 0	5.591 7	5.305 8	5.033 5	4.774 3	4.527 6	4.292 9
2.5	4.069 5	3.857 1	3.655 0	3.462 9	3.280 2	3.106 6	2.941 6	2.784 9	2.636 0	2.494 6
2.6	2.360 3	2.232 9	2.111 9	1.997 1	1.888 2	1.784 9	1.686 9	1.594 0	1.505 9	1.422 4
2.7	1.343 3	1.268 4	1.197 4	1.130 1	1.066 5	1.006 2	*9.491 8	*8.952 0	*8.441 3	*7.958 2
2.8	7.501 3×10⁻⁵	7.069 3	6.661 0	6.275 0	5.910 2	5.565 6	5.240 1	4.932 7	4.642 4	4.368 4
2.9	4.109 8	3.865 7	3.635 5	3.418 3	3.213 4	3.020 3	2.838 2	2.666 6	2.504 9	2.532 6
3.0	2.209 0	2.073 9	1.946 6	1.826 8	1.714 1	1.608 0	1.508 2	1.414 3	1.326 0	1.242 9
3.1	1.164 9	1.091 5	1.022 6	*9.578 0	*8.969 6	*8.398 2	*7.861 7	*7.358 1	*6.885 4	*6.441 9
3.2	6.025 8×10⁻⁶	5.635 4	5.269 4	4.926 1	4.604 4	4.302 8	4.020 2	3.755 4	3.507 4	3.275 2
3.3	3.057 7	2.854 1	2.663 6	2.485 3	2.318 5	2.162 5	2.016 6	1.880 1	1.752 6	1.633 4
3.4	1.522 0	1.417 9	1.320 7	1.229 9	1.145 2	1.066 1	*9.992 0	*9.232 9	*8.590 0	*7.990 3
3.5	7.431 0×10⁻⁷	6.909 5	6.423 4	5.970 3	5.548 2	5.154 8	4.788 5	4.447 3	4.129 5	3.833 9
3.6	3.558 6	3.302 5	3.064 2	2.842 6	2.636 5	2.444 8	2.266 7	2.101 5	1.947 2	1.804 3
3.7	1.671 5	1.548 5	1.433 7	1.327 4	1.228 8	1.137 5	1.052 4	*9.735 9	*9.005 5	*8.328 2
3.8	7.700 4×10⁻⁸	7.118 5	6.579 3	6.079 8	5.617 1	5.188 6	4.791 9	4.424 6	4.084 7	3.770 2
3.9	3.479 2	3.210 1	2.961 2	2.731 0	2.518 3	2.321 7	2.140 0	1.972 1	1.817 1	1.673 9
4.0	1.541 7	1.419 7	1.307 1	1.203 1	1.107 3	1.018 8	*9.372 5	*8.620 7	*7.297 6	*7.288 7
4.1	6.700 0×10⁻⁹	6.157 7	5.658 2	5.198 1	4.774 6	4.384 7	4.025 8	3.695 6	3.391 9	3.112 4
4.2	2.855 5	2.619 2	2.402 1	2.202 5	2.019 1	1.850 6	1.695 8	1.553 7	1.423 2	1.303 4
4.3	1.193 5	1.092 6	1.000 0	*9.151 6	*8.373 2	*7.659 4	*7.005 2	*6.405 6	*5.856 1	*5.352 8
4.4	4.891 7×10⁻¹⁰	4.169 5	4.082 9	3.729 1	3.405 2	3.108 9	2.837 6	2.589 8	2.363 0	2.155 7
4.5	1.966 2	1.792 9	1.634 7	1.490 1	1.358 0	1.237 4	1.127 5	1.026 8	*9.350 3	*8.513 3
4.6	7.749 6×10⁻¹¹	7.053 1	6.417 9	5.838 7	5.310 8	4.829 7	4.391 3	3.991 9	3.628 1	3.296 9
4.7	2.995 3	2.720 7	2.470 8	2.243 5	2.036 7	1.848 5	1.677 4	1.521 9	1.380 5	1.252 0
4.8	1.135 2	1.029 1	*9.327 9	*8.453 5	*7.658 6	*6.937 5	*6.283 1	*5.689 5	*5.150 6	*4.662 0
4.9	4.218 9×10⁻¹²	3.817 2	3.453 1	3.123 0	2.824 0	2.553 1	2.307 7	2.085 5	1.884 4	1.702 3

*数量级变化

附录 V 锗、硅电阻率与杂质浓度的关系

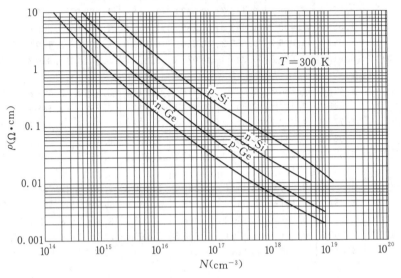

图 V-1 锗、硅电阻率与杂质浓度的关系

附录 VI 锗、硅迁移率与杂质浓度的关系

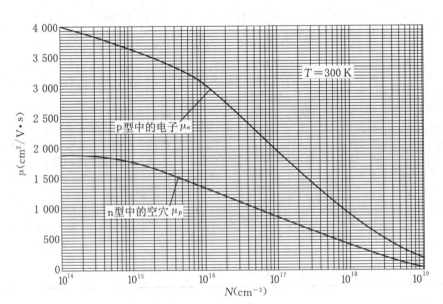

图 VI-1 锗中漂移迁移率

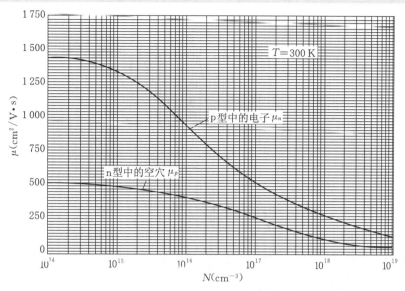

图Ⅵ-2 硅中漂移迁移率

附录Ⅶ 硅扩散层表面杂质浓度与扩散层平均电导率的关系曲线

Ⅶ-1 硅中 n 型余误差函数分布扩散层平均电导率（a～g）

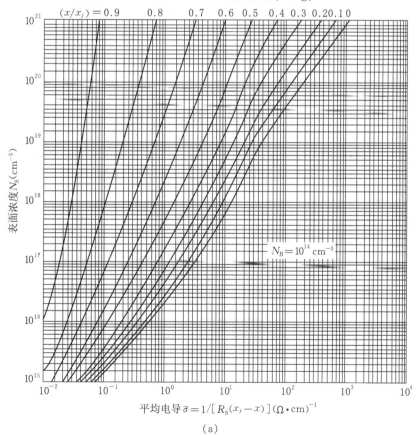

(a)

图Ⅶ-1

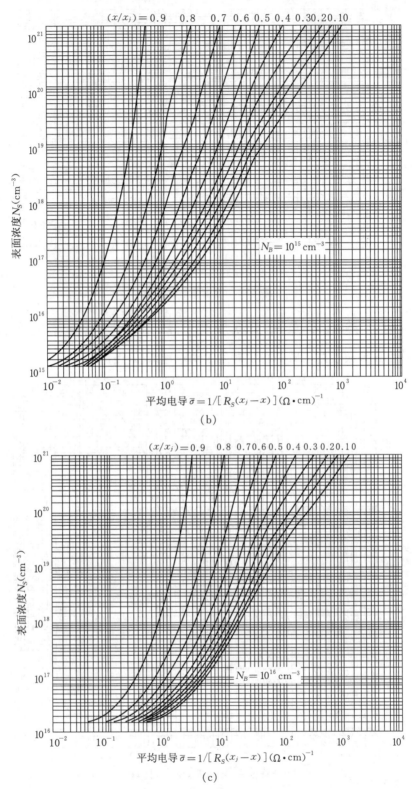

图 Ⅶ-1

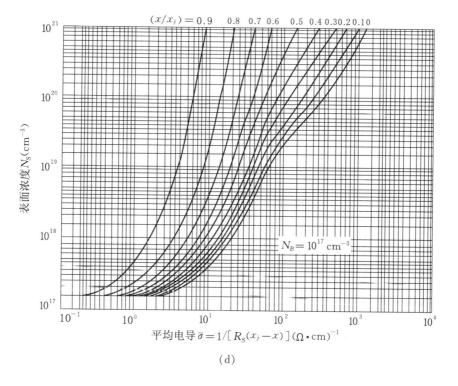

(d)

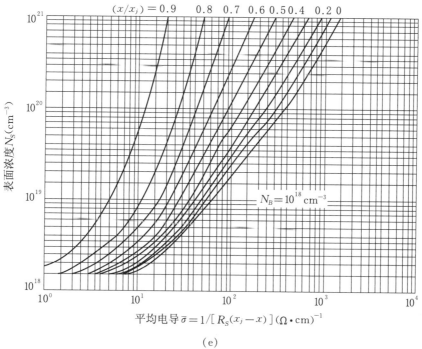

(e)

图 Ⅶ-1

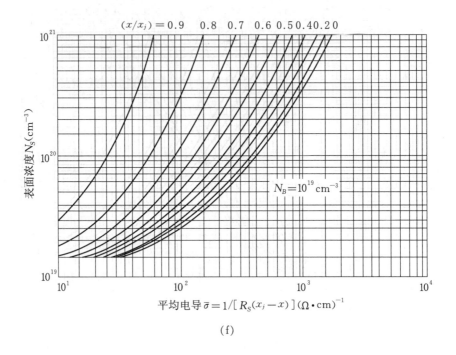

(f)

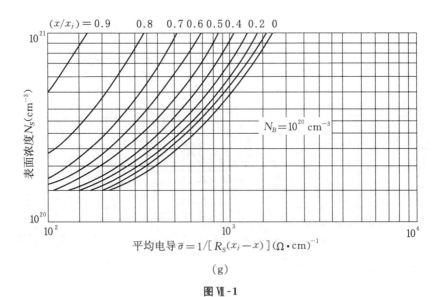

(g)

图 Ⅶ-1

Ⅶ-2 硅中 n 型高斯函数分布扩散层平均电导率(a～g)

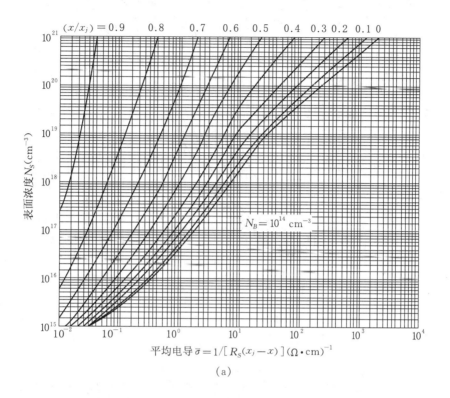

(a)

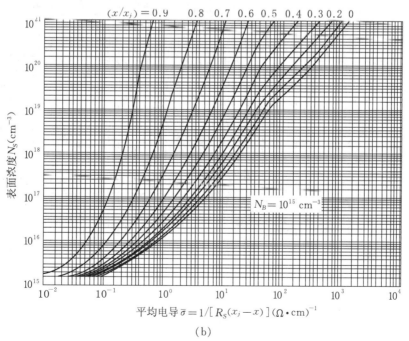

(b)

图 Ⅶ-2

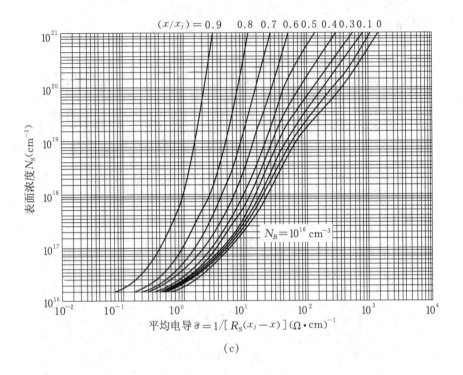

(c)

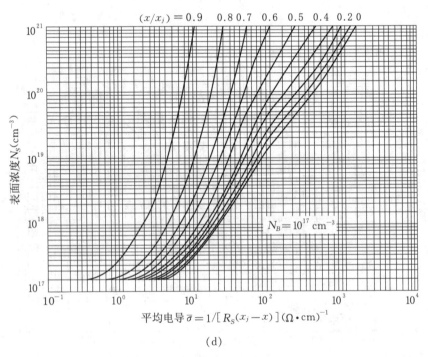

(d)

图 Ⅶ-2

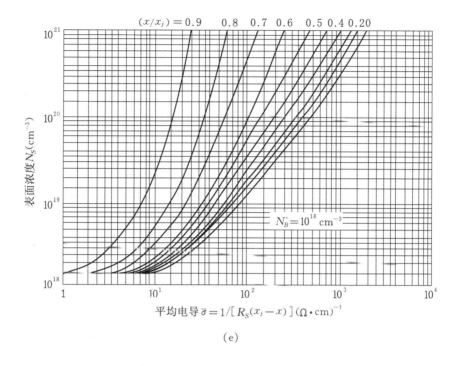

(e)

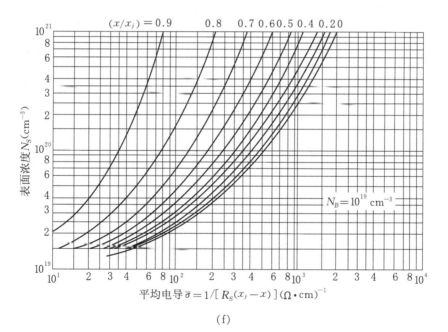

(f)

图 Ⅶ-2

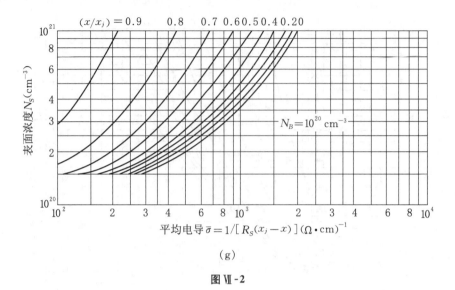

(g)

图 Ⅶ-2

Ⅶ-3 硅中 p 型余误差函数分布扩散层电导率 (a~g)

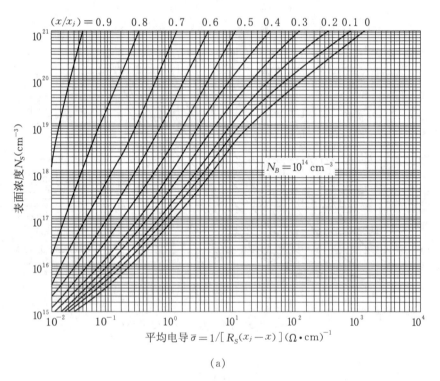

(a)

图 Ⅶ-3

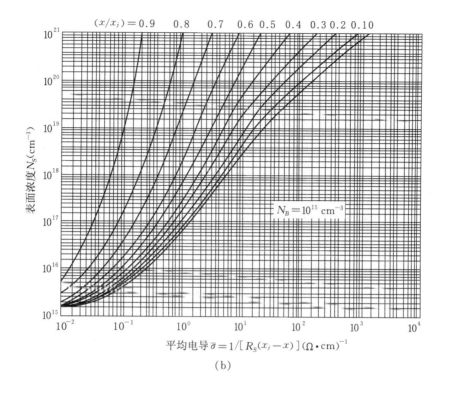

(b)

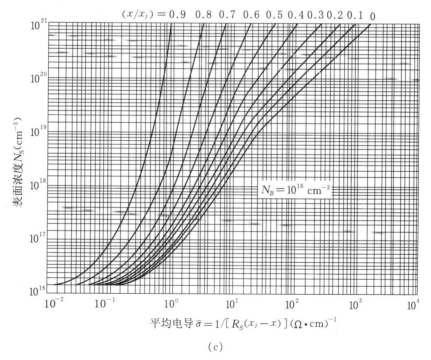

(c)

图 Ⅶ-3

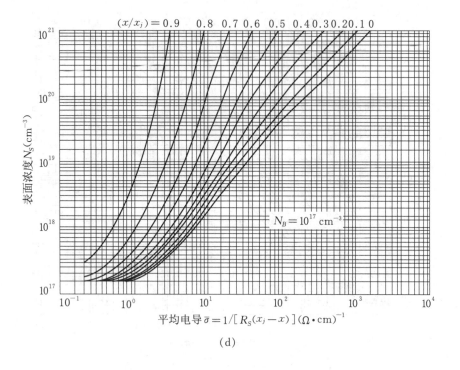

(d)

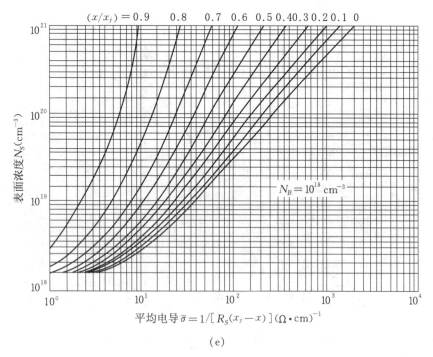

(e)

图 Ⅶ-3

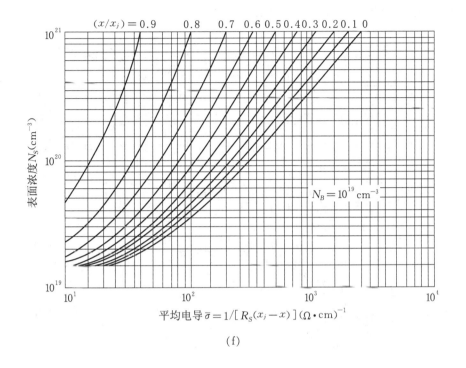

(f)

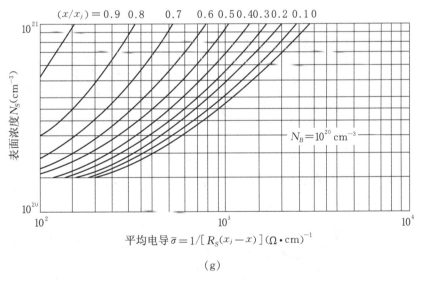

(g)

图 Ⅶ-3

Ⅶ-4 硅中 p 型高斯函数分布扩散层平均电导率（a～g）

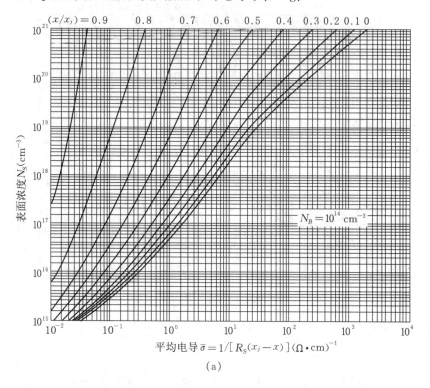

(a)

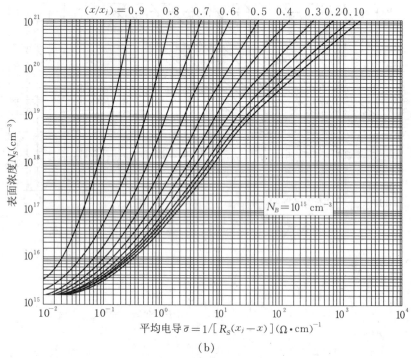

(b)

图 Ⅶ-4

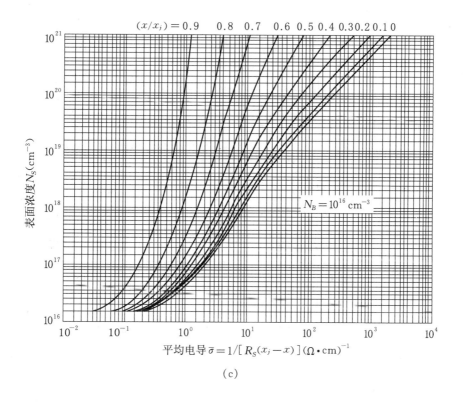

(c)

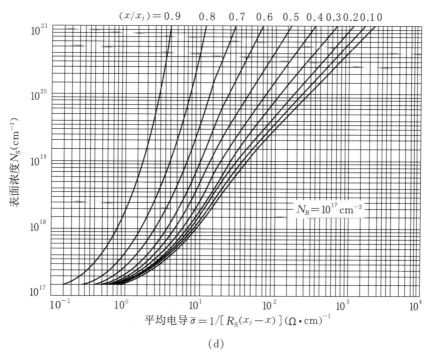

(d)

图 VII-4

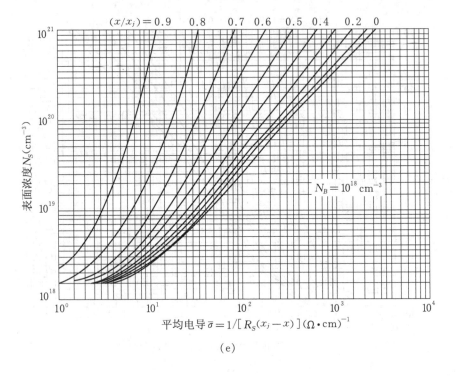

(e)

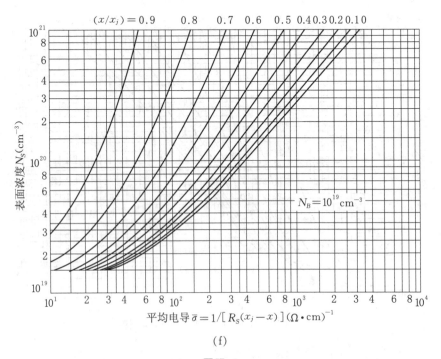

(f)

图 Ⅶ-4

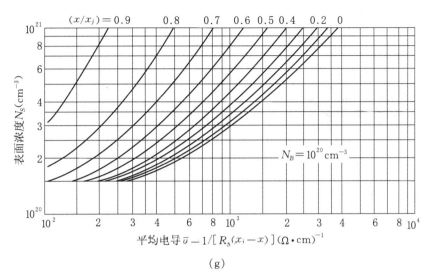

(g)

图 Ⅶ-4

半导体器件原理 Principles of Semiconductor Devices

主要符号表

A	面积	E, e	发射极
a	线性缓变 p-n 结的杂质浓度梯度	E_a	激活能
A_b	基区面积	E_C	导带底电子能量
A_c	集电结面积	$E_F(E_{Fn}, E_{Fp})$	(n 型半导体, p 型半导体) 费密能级处的电子能量
A_e	发射结面积		
B, b	基极	E_g	禁带宽度
BV_{CB0}	发射极开路时集电结击穿电压	E_i	本征费密能级处的电子能量
BV_{CER}	基极-发射极之间接电阻时集电极-发射极击穿电压	E_n	施主杂质能级
		E_p	受主杂质能级
BV_{CES}	基极-发射极短路时的集电极-发射极击穿电压	E_t	复合中心能级
		E_V	价带顶电子能量
BV_{CEX}	基极-发射极之间接电阻并加反偏时的集电极-发射极击穿电压	E_o	自由电子的势能
		e_b	基极噪声电压源
BV_{CE0}	基极开路时集电极-发射极击穿电压	e_e	发射极噪声电压源
BV_{DS}	漏源击穿电压	e_g	信号源噪声电压源
BV_{EB0}	集电极开路时发射结击穿电压	$\mathscr{E}$	电场强度
C	电容	$\mathscr{E}_b$	基区自建电场强度
C, c	集电极	$\mathscr{E}_m$	最大电场强度
C_C	集电结电容	$\mathscr{E}_{mB}$	击穿时临界电场强度
C_D	扩散电容	F	噪声系数
C_E	发射结电容	f	频率
C_{ER}	电场下降系数	$f(E)$	电子填充能级 E 的几率
C_{GD}	栅-漏单位面积电容	f_M	最高振荡频率
C_{GS}	栅-源单位面积电容	f_T	特征频率
C_n	复合中心产生电子的几率	$f_\alpha(\omega_\alpha)$	α 截止(圆)频率
C_{ox}	氧化膜单位面积电容	$f_\beta(\omega_\beta)$	β 截止(圆)频率
C_p	复合中心产生空穴的几率	G_P	功率放大倍数
C_s	表面微分电容	G_V	电压放大倍数
C_T	势垒电容	g	电导
D	杂质扩散系数	g_D	漏极电导, MOS 管输出电导
d	沟道厚度	g_m	跨导
D_n	电子扩散系数	h	普朗克常数
D_p	空穴扩散系数	I_b, I_B	基极直流电流

主要符号表

I_c, I_C	集电极直流电流	N_e, N_E	发射区杂质浓度
I_{CB0}	发射极开路时集电结反向电流	N_F	噪声系数(用 dB(分贝)表示)
I_{CE0}	基极开路时发射结反向电流	N_S	表面杂质浓度
I_{CM}	集电极最大电流	$N_{ss}(E)$	表面态密度
I_{DS}	漏源电流	N_t	复合中心浓度
I_e, I_E	发射极直流电流	N_V	价带顶有效能级密度
I_{EB0}	集电极开路时发射结反向电流	n	电子密度
I_G, I_g	栅极电流	n_i	本征载流子密度
$I_n(I_{nC}, I_{nE})$	(集电结,发射结)电子电流	$n_n(n_n^0)$	n 型半导体中的(平衡)电子密度
$I_p(I_{pC}, I_{pE})$	(集电结,发射结)空穴电流	$n_p(n_p^0)$	p 型半导体中的(平衡)电子密度
I_S	表面漏电流	n_t	被电子占有的复合中心密度
i	交流电流	n_I	费密能级与复合中心能级重合时导带电子密度
J	电流密度		
J_{CM}	集电极最大电流密度	P	功率
J_{CMl}	集电极最大线电流密度	P_{CM}	集电极最大耗散功率
J_{cr}	临界电流密度	P_i	输入功率
J_n	电子电流密度	P_o	输出功率
J_p	空穴电流密度	P_{SB}	二次击穿功率
J_o	反向饱和电流密度	p	空穴密度
K	热导	$p_n(p_n^0)$	n 型半导体中(平衡)空穴密度
K_P	功率增益	$p_p(p_p^0)$	p 型半导体中(平衡)空穴密度
k_B	玻耳兹曼常数	p_I	费密能级与复合中心能级重合时价带空穴密度
L	沟道长度,电感		
L_D	德拜长度	Q	电荷总量,单位面积电荷量
L_e	发射结总周长	Q_B	强反型时空间电荷密度
L_i	本征德拜长度	Q_b	基区电荷
L_n	电子扩散长度	Q_G	栅极上电荷面密度
L_p	空穴扩散长度	Q_{sc}	表面势垒区单位面积电荷
l_e	发射极条长度	Q_{ss}	Si-SiO$_2$ 界面单位面积电荷
l_{eff}	发射极有效条长	Q_x	超量储存电荷
M	雪崩倍增因子,高频优值	q	基本电荷
m	自由电子质量,超相移因子	R	电阻
m_e^*	电子有效质量	R_D	漏极电阻
m_h^*	空穴有效质量	R_e	发射极镇流电阻
N	杂质浓度,n 型半导体	R_G	栅极电阻
$N(E)$	能级密度	R_g	信号源内阻
N_a	受主杂质浓度	R_L	负载电阻
N_b, N_B	衬底杂质浓度,基区杂质浓度	R_{sb}	基区薄层电阻
N_c, N_C	导带底有效能级密度,集电区杂质浓度	R_{sb1}	发射结下有源基区薄层电阻
		R_{sb2}	淡基区扩散薄层电阻
N_d	施主杂质浓度	R_{sb3}	浓基区扩散层薄层电阻

R_{se}	发射区薄层电阻		V_{FB}	平带电压
R_1	复合中心俘获电子的速率		V_G	栅极电压
R_2	复合中心产生电子的速率		V_{GS}	栅源电压
R_3	复合中心俘获空穴的速率		V_{MS}	金属-半导体接触电位差
R_4	复合中心产生空穴的速率		V_P	夹断电压
$R_{\Box b}$	基区方块电阻		V_{PT}	穿通电压
$R_{\Box c}$	集电区方块电阻		V_{SB}, V_{SBR}	二次击穿电压
$R_{\Box e}$	发射区方块电阻		V_{TH}	阈值电压
r_b, r_{bb}	基极电阻		v	交流电压
r_{b1}	发射结下有源基区电阻		v_d	漂移速度
r_{b2}	发射区边缘至浓基区边缘的基区电阻		v_g	信号电压
r_{b3}	浓基区的基区电阻		W	耗尽层厚度
r_c	集电结电阻		W_b	基区宽度
r_{cs}	集电极串联电阻		W_{beff}	基区有效宽度
r_e	发射结电阻		W_c	集电区厚度
r_{es}	发射极串联电阻		W_M	金属功函数
S	表面复合速度,饱和深度		W_m	半导体表面耗尽区最大厚度
S_e	发射极条宽		W_S	半导体功函数
S_{eff}	发射极有效半宽度		W_t	外延层厚度
T	温度		x_j	结深
T_a	环境温度		x_{jc}	集电结结深
T_j	p-n 结的结温		x_{je}	发射结结深
T_{jM}	p-n 结的最高结温		x_m	p-n 结空间电荷区厚度
t_d	延迟时间		x_n	p-n 结 n 侧势垒厚度
t_f	下降时间		x_p	p-n 结 p 侧势垒厚度
t_{off}	关断时间		y	导纳
t_{on}	开启时间		$y_{11}、y_{12}、y_{21}、y_{22}$	Y 参数
t_{ox}	二氧化硅厚度		Z	阻抗
t_r	上升时间		α	共基极电流放大系数
t_s	储存时间		α_F	晶体管正常运用时共基极电流放大系数
V_{BS}	衬底偏置电压		α_I	晶体管反向运用时共基极电流放大系数
V_{BES}	发射结正向压降		α_i	电离率
V_c, V_C	集电极直流电压和交流电压幅值		α_o	共基极电流(低频)电流放大系数
V_{CES}	饱和压降		α^*	集电区倍增因子
V_D	p-n 结接触电位差		β	共发射极电流放大系数,MOS 管中的增益因子
V_{DS}	漏源电压			
V_{DSP}	漏源穿通电压		β_o	共发射极直流(低频)电流放大系数
V_{DSS}	漏极饱和电压		β^*	基区输运系数
V_E, V_e	发射极直流电压和交流电压幅值		γ	发射效率
$V_{EB(fl)}$	发射极浮动电压		γ_n	复合中心对电子的俘获系数
V_F	正向直流电压		γ_p	复合中心对空穴的俘获系数

γ_o	直流(低频)发射效率	τ_e	发射极延迟时间常数
ε	相对介电常数	τ_n	电子寿命
ε_o	真空电容率	τ_p	空穴寿命
η	基区电场因子	ϕ	剂量
μ_{ec}	发射极开路时反向电压转换比	ϕ_M	金属功函数
μ_n	电子迁移率	ϕ_{MS}	修正的金属半导体功函数差
μ_p	空穴迁移率	ψ	静电势
ρ	电阻率,电荷密度	ψ_F	费密势
ρ_b	基区电阻率	ψ_s	表面势
ρ_c	集电区电阻率	ω	圆频率
ρ_e	发射区电阻率	ω_b	基区渡越时间截止圆频率
σ	电导率	ω_c	集电极截止圆频率
τ_b	基区渡越时间	ω_d	集电结势垒区输运系数截止圆频率
τ_c	集电极延迟时间常数	ω_e	发射效率截止圆效率
τ_d	集电结势垒渡越时间		

图书在版编目(CIP)数据

半导体器件原理/黄均鼐,汤庭鳌,胡光喜编著. —上海:复旦大学出版社,2011.5(2024.1重印)
(复旦博学·微电子学系列)
ISBN 978-7-309-08144-2

Ⅰ.半… Ⅱ.①黄… ②汤… ③胡… Ⅲ.半导体器件 Ⅳ.TN303

中国版本图书馆 CIP 数据核字(2011)第 103487 号

半导体器件原理
黄均鼐 汤庭鳌 胡光喜 编著
责任编辑/梁 玲

复旦大学出版社有限公司出版发行
上海市国权路 579 号 邮编:200433
网址:fupnet@fudanpress.com   http://www.fudanpress.com
门市零售:86-21-65102580   团体订购:86-21-65104505
出版部电话:86-21-65642845
江苏句容市排印厂

开本 787 毫米×1092 毫米 1/16 印张 24.25 字数 532 千字
2024 年 1 月第 1 版第 3 次印刷

ISBN 978-7-309-08144-2/T·416
定价:79.00 元

如有印装质量问题,请向复旦大学出版社有限公司出版部调换。
版权所有   侵权必究